全国高职高专机电类专业规划教材

电子技术基础

主　编　张兴福　项盛荣
副主编　吴红霞　王雅芳　杨少昆
主　审　唐　振

黄河水利出版社
·郑州·

内 容 提 要

本书是全国高职高专机电类专业规划教材,是根据教育部对高职高专教育的教学基本要求及全国水利水电高职教研会制定的电子技术基础课程标准编写完成的。全书共17章,分模拟电子技术和数字电子技术两大部分。其中模拟电子技术部分包括半导体二极管及其应用、半导体三极管及其放大电路、半导体场效应管及其放大电路、负反馈放大电路、集成运算放大器及其应用、功率放大电路、正弦波振荡器和直流稳压电源,共8章;数字电子技术部分包括数字电路概述、逻辑函数及其化简、逻辑门电路、组合逻辑电路、触发器、时序逻辑电路、脉冲波形的产生与变换、数/模和模/数转换、半导体存储器和可编程逻辑器件简介,共9章。每章都有相应的知识与技能要求、小结和思考题与习题。

本书可作为高职高专院校机电类、通信类、电子信息类、自动化类和计算机类等专业的教材,也可作为本科院校中的应用技术学院和中等职业技术学校有关专业的选用教材,亦可供电子技术领域的工程技术人员参考。

图书在版编目(CIP)数据

电子技术基础/张兴福,项盛荣主编.—郑州:黄河水利出版社,2012.10

全国高职高专机电类专业规划教材

ISBN 978-7-5509-0339-5

Ⅰ.①电… Ⅱ.①张… ②项… Ⅲ.①电子技术-高等职业教育-教材 Ⅳ.①TN

中国版本图书馆CIP数据核字(2012)第200386号

组稿编辑:王路平 电话:0371-66022212 E-mail:hhslwlp@163.com

简 群 66026749 w_jq001@163.com

出 版 社:黄河水利出版社

地址:河南省郑州市顺河路黄委会综合楼14层 邮政编码:450003

发行单位:黄河水利出版社

发行部电话:0371-66026940、66020550、66028024、66022620(传真)

E-mail:hhslcbs@126.com

承印单位:黄河水利委员会印刷厂

开本:787 mm×1 092 mm 1/16

印张:18.75

字数:430千字 印数:1—4 100

版次:2012年10月第1版 印次:2012年10月第1次印刷

定价:37.00元

前　言

本书是根据《教育部关于全面提高高等职业教育教学质量的若干意见》(教高[2006]16号)、《教育部关于推进高等职业教育改革创新引领职业教育科学发展的若干意见》(教职成[2011]12号)等文件精神，由全国水利水电高职教研会拟定的教材编写规划，在中国水利教育协会指导下，由全国水利水电高职教研会组织编写的机电类专业规划教材。该套规划教材是在近年来我国高职高专院校专业建设和课程建设不断深化改革和探索的基础上组织编写的，内容上力求体现高职教育理念，注重对学生应用能力和实践能力的培养；形式上力求做到基于工作任务和工作过程编写，便于“教、学、练、做”一体化。该套规划教材是一套理论联系实际、教学面向生产的高职高专教育精品规划教材。

本书是由多年从事高职电子技术理论和实践教学的一线教师，结合多年的教学实践经验，针对目前高职学生的特点，并在高职教育改革要求的基础上编写的。在编写过程中，坚持实用性和适用性原则，力求全面体现高等职业教育的特点，满足当前教育的需要。

本书的主要特点如下：

(1)全书以电子技术基本知识、基本技能及相应的基本理论为主，充实实际应用型知识，淡化了理论的推导和叙述，语言通俗易懂，便于学生理解。

(2)注重内容的通用性、先进性和适用性。各单元均从最基本的知识入手，由易到难，循序渐进。模拟电子技术部分，在分析必要基本理论的基础上，给出实用电路；数字电子技术部分，以器件及应用为主，较多地介绍具体集成电路芯片，包括逻辑符号、外引脚排列图及功能表等，重点介绍器件的外特性和使用方法。

(3)有利于教学。全书在内容的安排顺序上，充分考虑了组织课堂教学的需要。

(4)注重理论和实践结合。理论讲授中贯穿实用性，实践中有理论，以基本技能和应用为主。

(5)注重吸收新技术、新产品、新知识和增加新内容。

本书编写人员及编写分工如下：沈阳农业大学高等职业技术学院张兴福编写第1、2、3、4章，长江工程职业技术学院项盛荣编写第5、6、7、8、9章，安徽水利水电职业技术学院吴红霞编写第10、11章，福建水利电力职业技术学院王雅芳编写第12、13、14章，长江工程职业技术学院杨少昆编写第15、16、17章。本书由张兴福和项盛荣担任主编，并由张兴福负责全书内容的统编和定稿；由吴红霞、王雅芳、杨少昆担任副主编；由安徽水利水电职业技术学院唐振担任主审。

由于编者能力有限，编审时间仓促，书中难免有不妥和错误之处，恳请读者批评指正。

编　者

2012年5月

目　录

第1章 半导体二极管及其应用

知识与技能要求

1. 知识点和教学要求

(1)掌握:PN结的单向导电特性与原理,二极管电路模型,二极管应用电路的分析方法。

(2)理解:本征激发、杂质半导体的构成及PN结的形成。

(3)了解:二极管(包括稳压管)的伏安特性及主要性能指标。

2. 能力培养要求

具有二极管的检测能力和二极管应用电路的分析能力。

半导体是制造各种半导体器件和电子元件的基础。PN结是构成各种半导体器件的基本结构。本章主要介绍关于半导体的基本知识,PN结的形成及二极管的物理结构、工作原理、特性曲线和主要参数及其应用。

1.1 半导体材料及其特性

在自然界中,物质按其导电性能分为导体、半导体、绝缘体。导电性能强的物质称为导体,如铜、铁、锌等。几乎或完全不导电的物质称为绝缘体,如橡胶、空气、陶瓷等。所谓半导体,是指其导电能力介于导体和绝缘体之间的物质,如硅(Si)、锗(Ge)、砷化镓(GaAs)等。半导体器件中用的最多的半导体材料是硅(Si)和锗(Ge)。

1.1.1 半导体的特点

半导体之所以成为制造半导体器件的原料,主要是它具有如下的特性:

(1)热敏性。随着温度的上升,其导电能力显著增强。利用这一特性,可以把它作为热敏材料,制成热敏元件。

(2)光敏性。随着光照强度的增加,其导电能力增强。利用这一特性,可以把它作为光敏材料,制成光敏元件。

(3)杂敏性。在半导体材料中掺入不同的杂质,掺入杂质浓度不同,其导电能力也不同。利用这一特性,可以把它制成具有各种性能和用途的半导体器件。

1.1.2 本征半导体

纯净晶体结构的半导体称为本征半导体。纯净的硅和锗是本征半导体,最外层都有4个电子,称四价元素。在构成晶体时,每个原子的最外层的4个电子分别与周围相邻原子的最外层电子构成共价键结构，如图 1-1(a)所示。

当半导体处于绝对温度零度（-273 ℃）和没有其他影响的条件下，由于共价键中的价电子被束缚着，而不能导电，相当于绝缘体。在室温下，有些价电子受到热或光的作用，获得了足够的能量而挣脱共价键的束缚，成为自由电子，这种现象称为本征激发。在价电子成为自由电子后，其共价键中出现了一个空位，显正电性，其正电量与电子的电量相等，通常称它为空穴，如图 1-1(b)所示。

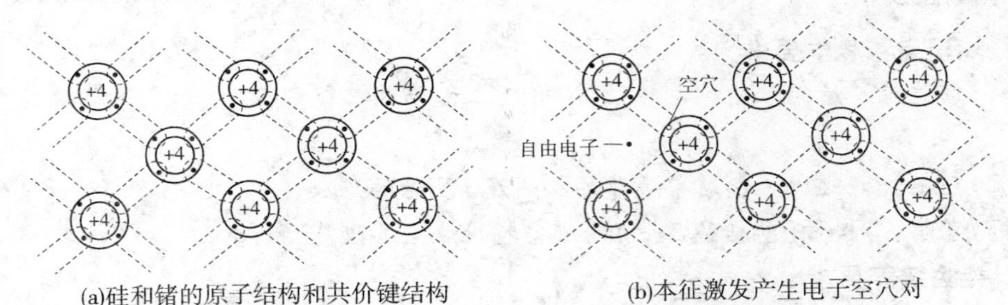

图 1-1　本征半导体

因激发而出现的自由电子和空穴是成对出现的，称为电子空穴对。本征激发产生的电子、空穴数量很少，在外电场的作用下会发生定向移动，形成电子电流和空穴电流。我们将运载电荷形成电流的粒子，称为载流子。综上所述，本征半导体的载流子为自由电子和空穴，温度越高，自由电子和空穴的数量越多。

1.1.3　杂质半导体

本征半导体两种载流子的浓度很低，因此导电性能很差。可以向晶体中有控制地掺入特定的微量元素（杂质）来改变它的导电性能，掺入的杂质主要是三价或五价的元素。这种半导体称为杂质半导体。杂质半导体主要包括 P 型半导体和 N 型半导体。

1. P 型半导体

如图 1-2 所示，在硅（或锗）中掺入少量三价的硼（B）、镓（Ga）等元素，硼原子和周围的硅原子组成共价键，三价杂质原子在与硅原子形成共价键时，因缺少一个价电子在共价键中留下一个空位，这个空位很容易俘获周围共价键中的电子，产生负离子，失去电子的共价键形成空穴。掺入一个三价原子，相当于在半导体中提供一个空穴，掺入的三价元素越多，空穴越多，电子和空穴的数量不再相等。空穴成为多数载流子，简称多子；自由电子为少数载流子，简称少子。这样的半导体为空穴型半导体，简称 P 型半导体。

2. N 型半导体

如图 1-3 所示，在硅（或锗）中掺入少量的磷（P）或砷（As）等五价元素，磷和硅形成共价键时多出一个价电子，它很容易成为自由电子，并产生正离子。掺入一个五价原子，相当于在半导体中提供一个自由电子，掺入的五价元素越多，自由电子越多，自由电子成为多子，空穴成为少子。这样的半导体为电子型半导体，简称 N 型半导体。

杂质半导体中的少数载流子由本征激发形成，所以其浓度与温度有关，这也导致半导体器件的一些参数会随温度的变化而变化。

值得注意的是，在本征半导体中，无论掺杂三价元素形成 P 型半导体，还是掺杂五价

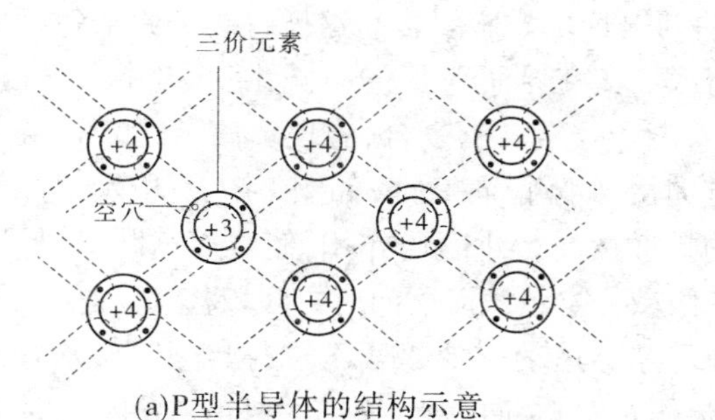

(a)P型半导体的结构示意

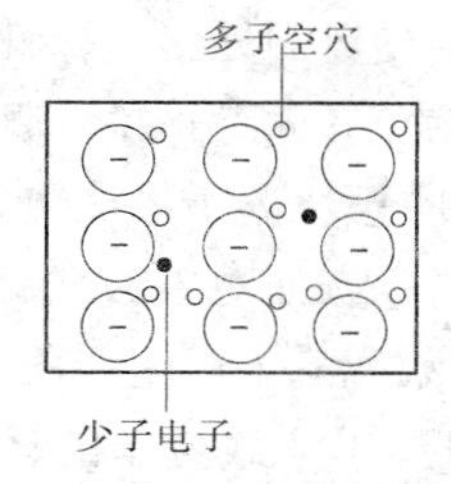

(b)P型半导体中的多子和少子

图 1-2　P 型半导体

元素形成 N 型半导体，半导体内两种载流子数量虽然不同，对外仍显示电中性。

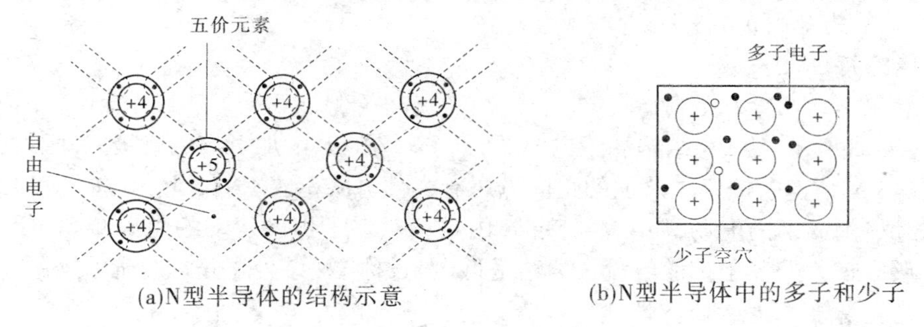

(a)N型半导体的结构示意　　(b)N型半导体中的多子和少子

图 1-3　N 型半导体

单纯的 P 型和 N 型半导体，只用来制造电阻，由它们形成的 PN 结是制造各种半导体器件的基础。

1.1.4　PN 结及特性

1. PN 结的形成

采用掺杂工艺，在一块本征半导体的两边，掺以不同的杂质，一边制造为 P 型半导体，一边制造为 N 型半导体，在两种不同类型的半导体交界处形成一个特殊的导电薄层，即为 PN 结。PN 结的形成过程如图 1-4 所示。

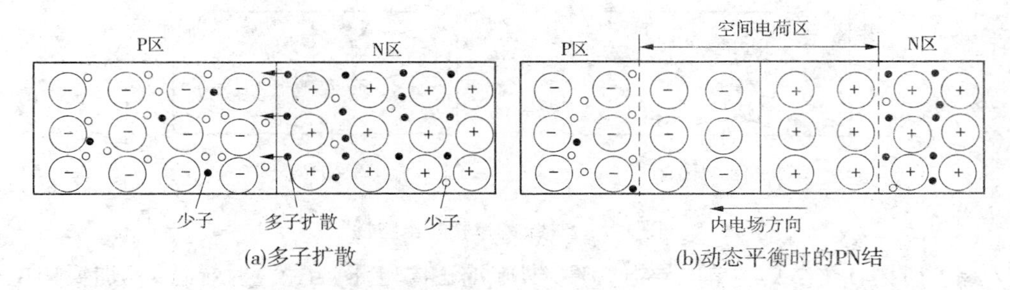

(a)多子扩散　　(b)动态平衡时的PN结

图 1-4　PN 结的形成

物质由于浓度差异而产生的运动，称为扩散运动。当把 P 型半导体和 N 型半导体制作在一起时，由于各区域多数载流子类型与浓度的不同，首先出现多数载流子的扩散运动，自由电子由 N 区向 P 区扩散,进入 P 区后与 P 区的空穴复合。这样打破了原来各区域的电中性,在两区域的交界面处出现异性电荷区。在交界面 N 区的一侧,随着电子向 P 区的扩散,出现正离子;在交界面 P 区的一侧,随着电子与空穴的复合,出现负离子,如图 1-4(a)所示。空间电荷区中的正负离子形成电场,方向由 N 区指向 P 区,如图 1-4(b)所示,称为内电场。内电场的出现,一方面对多数载流子的扩散运动产生阻碍作用,使之逐渐减弱;另一方面内电场力会对少数载流子产生作用,使各区域的少数载流子向对方区域移动。

在电场力作用下载流子的运动称为漂移运动。少数载流子的漂移运动方向正好与扩散运动的方向相反,即 P 区的少数载流子(电子)向 N 区移动,并随扩散运动的进行而增强。最终,两种运动达到动态平衡,空间电荷区宽度不再发生变化。在两种不同类型的半导体交界处形成的空间电荷区称为 PN 结。因结内载流子很少,所以又常称为耗尽层。PN 结很薄,一般为 0.5 μm 左右。

2. PN 结的特性

1)PN 结施加正向电压的特性

如图 1-5(a)所示,给 PN 结施加正向电压,即 PN 结的 P 区加电源的正极,N 区加电源的负极,又称 PN 结正向偏置。外加的正向电压有一部分降落在 PN 结上,方向与 PN 结内电场方向相反,削弱了内电场,使 PN 结变薄,内电场对多子扩散运动的阻碍减弱,使扩散运动增强,形成较大的多子扩散电流,PN 结呈低电阻,称 PN 结处于正向导通状态。

2)PN 结施加反向电压的特性

如图 1-5(b)所示,给 PN 结施加反向电压,即 PN 结的 P 区加电源的负极,N 区加电源的正极,又称 PN 结反向偏置。外加的反向电压有一部分降落在 PN 结上,方向与 PN 结内电场方向相同,加强了内电场。内电场对多子扩散运动的阻碍增强,电路中只有少子漂移运动形成的漂移电流,使空间电荷区变宽。在室温条件下,本征激发产生的少子数量十分有限,故漂移电流很小,PN 结呈高电阻,可视为 PN 结反向截止。由于少子的数量只与温度有关,在温度一定的条件下,少子的漂移电流具有饱和性,称之为反向饱和电流。

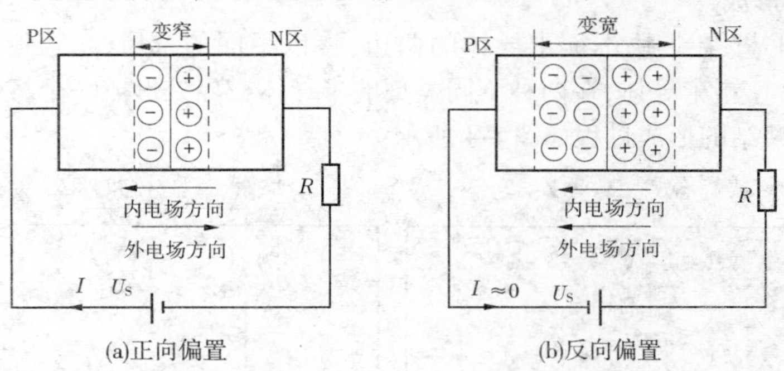

图 1-5　PN 结的单相导电特性

综上所述,PN 结具有单向导电特性,即施加正向电压(正偏)时导通,施加反向电压(反偏)时截止。

3. PN 结的电容效应

PN 结形成后,由于它的一侧是正电荷,一侧是负电荷,宛如一对带有不同电荷的平行板电容器，在二极管工作时出现电容效应。这种电容效应产生的电容，称为 PN 结的结电容。它的数值一般不大，只有几个皮法，但当半导体器件工作频率很高时，必须考虑它的影响。

1.2 半导体二极管

1.2.1 二极管的结构和类型

1. 二极管的结构与符号

将一个 PN 结加上相应的外引线，然后封装起来就构成一个半导体二极管。常用二极管的结构与符号如图 1-6 所示。接在二极管 P 区的引出线称二极管的阳极，也称为正极；接在 N 区的引出线称二极管的阴极，也称为负极。

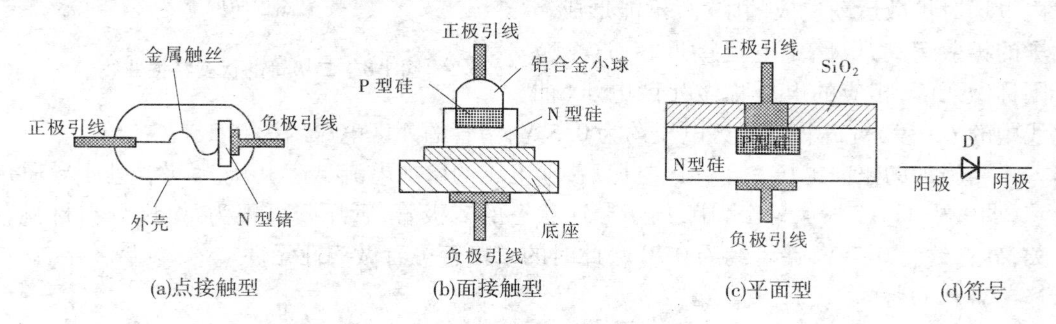

图 1-6 二极管的结构与符号

2. 二极管的类型

二极管有多种类型。按材料分为硅二极管和锗二极管，按用途分为普通二极管、整流二极管、稳压二极管、开关二极管等，按结构分为点接触型、面接触型和平面型。图 1-7 为常见的二极管外形。

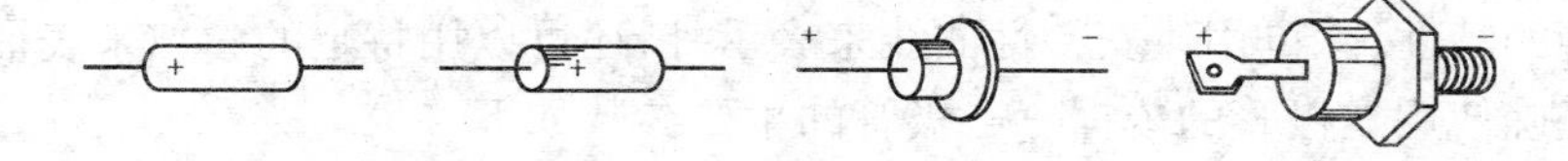

图 1-7 常见的二极管外形

点接触型二极管的 PN 结面积小，常用于检波和变频等高频电路；面接触型二极管的 PN 结面积大，常用于低频大电流整流电路；平面型二极管往往用于集成电路制造工艺中。

1.2.2 二极管伏安特性和参数

1. 二极管的伏安特性

与 PN 结一样，二极管也具有单向导电特性。与 PN 结相比，由于二极管存在半导体电阻和引线电阻，所以当外加正向电压时，在电流相同的情况下，二极管的端电压大于 PN 结上的压降；由于二极管表面泄漏电流的存在，外加反向电压时反向电流增大。

二极管的导电特性可用伏安特性来描述。二极管的伏安特性是指流过二极管的电流

i_D 与二极管两端电压 u_D 之间的关系。可用下式表示

$$i_D = I_S(e^{\frac{u_D}{U_T}} - 1) \tag{1-1}$$

式中,I_S 为反向饱和电流; U_T 为温度电压当量,对于室温,$U_T = 26$ mV。

图 1-8 为二极管的伏安特性曲线,与电阻元件的伏安特性曲线不同,呈现明显的非线性。所以,二极管是非线性元件。从图 1-8中可以看出,特性曲线分为两部分:反映正向特性的第一象限曲线和反映反向特性的第三象限曲线。

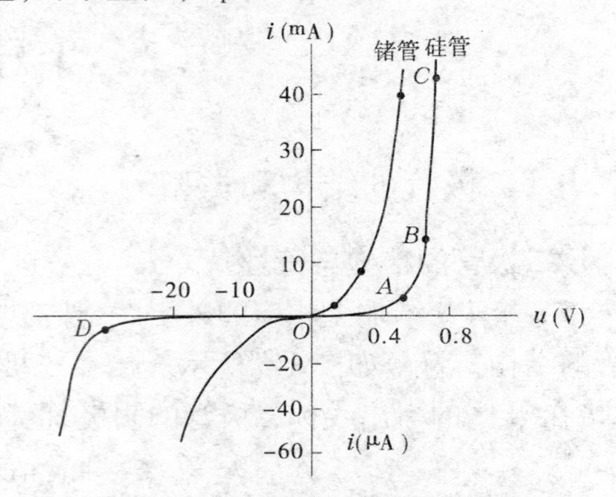

图 1-8 二极管的伏安特性曲线

1) 正向特性

在外加电压较小时,外电压不足以克服内电场对扩散运动造成的阻力,不能形成多子的扩散运动,电路中电流接近零,这个范围称做死区,相应的电压称做死区电压(曲线中的 *OA* 段)。硅管的死区电压约为 0.5 V,锗管的死区电压约为 0.2 V。

当施加的正向电压大于死区电压后,随电压的增加电流迅速上升,二极管处于导通状态(曲线中的 *BC* 段)。工程中,处于导通状态的二极管,管压降可视为常量,且与材料有关,硅管约为 0.7 V,锗管约为 0.3 V,此时的二极管可看做线性元件。

2) 反向特性

外加反向电压较小时,反向电流很小,为少子形成的反向饱和电流,几乎不随电压的增加而增大,而随着温度的升高而增加,此时二极管处于反向截止状态(曲线中的 *OD* 段)。当反向电压增大到某一数值时,反向电流急剧增大,二极管失去单向导电特性(曲线中 *D* 点以后的区域)。这样的特性称反向击穿特性,对应的电压称反向击穿电压。一般的二极管不允许工作在反向击穿区。

2. 二极管的主要参数

二极管的特性,除可用伏安特性曲线来表示外,还可以用特定的参数来表征。它是合理选用和正确使用二极管的依据。二极管的主要参数如下。

1) 最大整流电流 I_F

I_F 是二极管在长期运行时,允许通过的最大正向平均电流。它与二极管的材料、面积及散热条件有关。一般点接触型二极管的最大整流电流约为几十毫安,面接触型二极管的最大整流电流可达几十安以上。

2) 最高反向工作电压 U_{RM}

U_{RM} 是二极管运行时允许承受的最高反向电压。为避免二极管的反向击穿,规定其最高反向电压为其反向击穿电压的 1/2 或 2/3。一般点接触型二极管的最高反向工作电压为几十伏,面接触型二极管的最高反向工作电压可达数百伏。

3) 最大反向电流 I_{RM}

I_{RM} 是二极管在加上最高反向工作电压时的反向电流值。该值越大,说明管子的单向

导电性越差，而且受温度的影响大。硅管的反向电流较小，一般在零点几微安，甚至更小；锗管反向电流较大，为硅管的几十到几百倍。

4）最高工作频率 f_M

f_M 是保持二极管单向导电特性时外加电压的最高频率。此参数主要由 PN 结的结电容决定。结电容越大，二极管允许的最高工作频率越低。

1.2.3 二极管的模型

在电路分析中，二极管经常用电路模型来等效。二极管的模型有多种，根据不同的场合和使用条件应选择不同的模型。这里只介绍工作频率较低时的两种模型：二极管开关模型、固定正向压降模型。如图 1-9 所示是二极管低频电路模型。

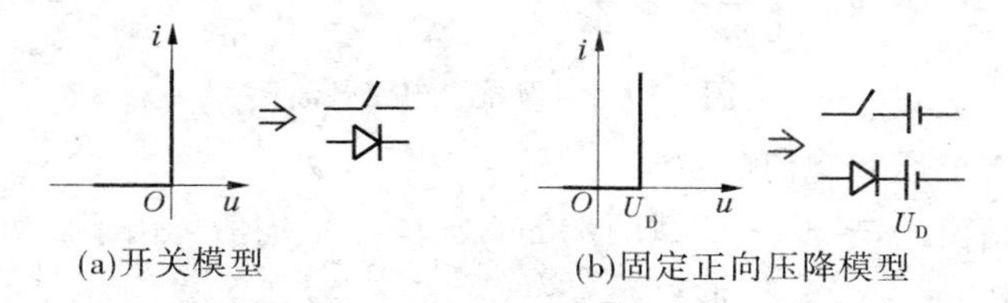

图 1-9 二极管低频电路模型

1. 开关模型

正向导通时，认为二极管的正向压降为 0；反向截止时，认为反向电阻为无穷大，反向电流为 0。该模型主要用于低频大信号电路之中，例如整流电路。此时二极管称为理想二极管，相当于理想开关，用二极管的符号去掉中间横线表示。

2. 固定正向压降模型

如果二极管电路中信号的幅度比较小，需要考虑二极管的正向压降。工程计算和设计中，常认为正向压降是一个固定值，硅管的正向压降为 0.7 V，锗管的正向压降为 0.3 V。等效电路用理想二极管串联电压源表示。

1.3 二极管应用电路

将交流电变为单方向脉动直流电的过程称为整流。单相整流电路是二极管应用电路的一种，有半波整流、全波整流、桥式整流和倍压整流电路等。本节只简单介绍单相半波整流电路和单相桥式整流电路。

1.3.1 单相半波整流电路

1. 电路组成和工作原理

单相半波整流电路由整流变压器 T、整流二极管 D 及负载 R_L 组成，如图 1-10（a）所示。设变压器和二极管都是理想元件（忽略变压器内阻，二极管用开关模型）。

若变压器的二次侧电压为

$$u_2 = \sqrt{2}U_2\sin\omega t$$

在 u_2 的正半周,变压器二次侧的瞬时极性为上正下负,整流二极管承受正向电压而导通。整流二极管视为理想二极管,其正向导通压降视为0,则输出电压 $u_o = u_2$。在 u_2 的负半周,变压器二次侧的瞬时极性为上负下正,整流二极管承受反向电压而截止,则输出电压 $u_o = 0$。

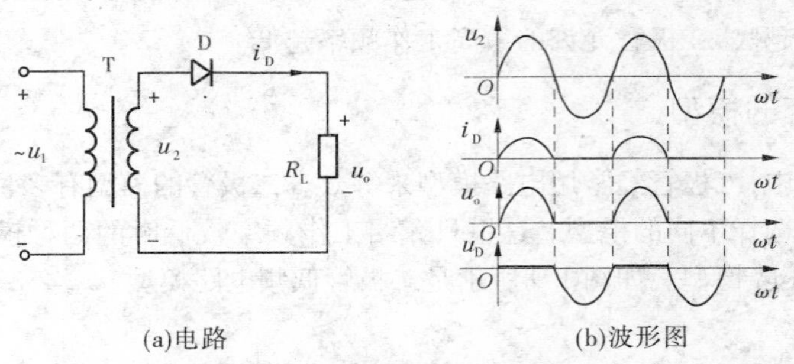

(a)电路　　(b)波形图

图1-10　半波整流电路及波形

2. 负载上直流电压和电流的估算

在单相半波整流的情况下,负载两端的直流电压平均值可由下式计算

$$U_o = \frac{1}{2\pi}\int_0^{\pi}\sqrt{2}U_2\sin\omega t\mathrm{d}(\omega t) = 0.45U_2 \tag{1-2}$$

负载中的平均电流

$$I_o = 0.45\frac{U_2}{R_L} \tag{1-3}$$

单相半波整流电路的特点是元件少、结构简单,但输出电压波动大,只利用了交流电的半个周期,电源利用率低。

为了克服半波整流电路的缺点,常采用全波整流电路,最常用的形式是桥式整流电路。

1.3.2　单相桥式整流电路

1. 电路组成和工作原理

电路如图1-11所示。它是由整流变压器T、4只整流二极管(理想二极管)、负载 R_L 组成的。单相桥式整流电路中的4只二极管可以是4只分立的二极管,也可以是一个内部装有4个二极管的桥式整流器(桥堆)。

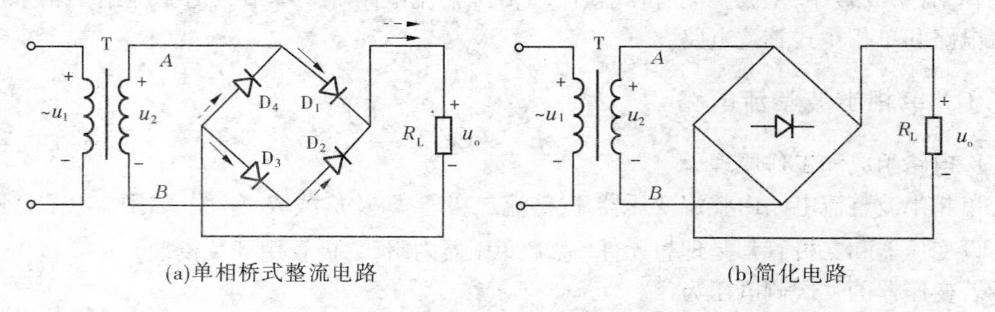

(a)单相桥式整流电路　　(b)简化电路

图1-11　单相桥式整流电路

设变压器的二次侧电压为

$$u_2 = \sqrt{2}U_2\sin\omega t$$

在 u_2 的正半周，变压器二次侧的瞬时极性为上正下负，整流二极管 D_1、D_3 因承受正向电压导通，D_2、D_4 因承受反向电压截止。电流从图中的 A 点出发，经 D_1，自上而下流经 R_L，再经 D_3 流回 B 点。整流二极管正向导通时压降视为0，则输出电压 $u_o = u_2$。

在 u_2 的负半周，变压器二次侧的瞬时极性为下正上负，整流二极管 D_2、D_4 因承受正向电压导通，D_1、D_3 因承受反向电压截止。电流从图中的 B 点出发，经 D_2，仍自上而下流经 R_L，再经 D_4 流回 A 点。整流二极管正向导通时压降视为0，则输出电压 $u_o = -u_2$。即

$$\begin{cases} u_o = \sqrt{2}U_2\sin\omega t & (0 \leqslant \omega t \leqslant \pi) \\ u_o = -\sqrt{2}U_2\sin\omega t & (\pi \leqslant \omega t \leqslant 2\pi) \end{cases}$$

负载 R_L 得到单向全波脉动直流电压和电流，波形如图1-12所示。

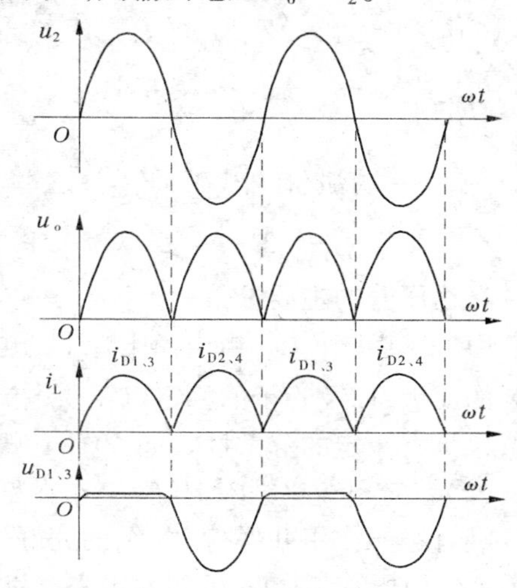

图1-12 单相桥式整流电路波形

2. 负载上直流电压和电流的估算

由图1-12可知，单相桥式整流电路输出电压波形的面积是单相半波整流时的两倍，所以负载上输出的直流平均电压和电流是单相半波整流时的两倍，即

$$U_o = 0.9U_2 \tag{1-4}$$

$$I_o = \frac{0.9U_2}{R_L} \tag{1-5}$$

1.4 特殊二极管及其应用

一般来说，整流、检波、开关等二极管具有前述的伏安特性，为普通二极管。此外，还有一些具有专门用途的特殊二极管，本节将介绍几种特殊用途的二极管。

1.4.1 稳压二极管

1. 稳压二极管的伏安特性及符号

硅稳压二极管（简称稳压管），是一种用特殊工艺制造的面接触型硅半导体二极管。反向击穿时，在一定的电流范围内，端电压几乎不变，表现出稳压特性，因而广泛用于稳压电源与限幅电路之中。

稳压管的伏安特性曲线和符号如图1-13所示。稳压管的正向伏安特性与普通二极管相同，为指数曲线。当稳压管外加反向电压的数值大到一定程度时击穿，击穿区的曲线很陡，几乎平行于纵轴，表现出很好的稳压特性。只要控制反向电流不超过一定值，管子就不会因过热而损坏。

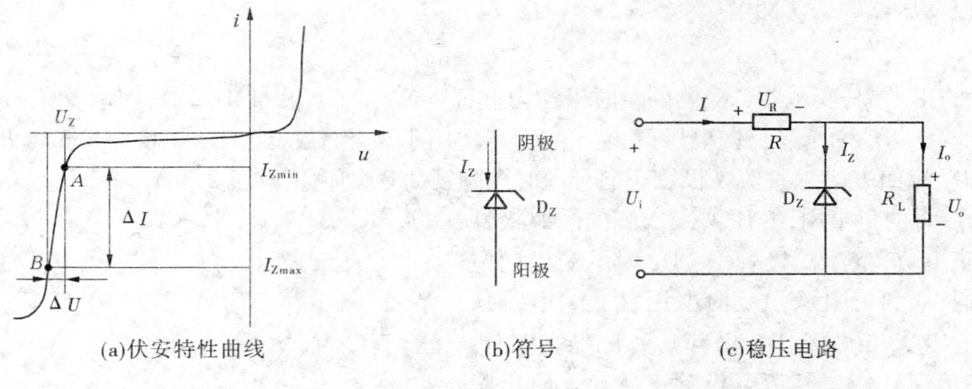

(a)伏安特性曲线　　(b)符号　　(c)稳压电路

图 1-13　稳压管

2. 稳压管的主要参数

(1)稳定电压 U_Z,指当稳压管中的电流为规定值时,稳压管两端的电压值。由于制造工艺的原因,以及管子的稳定电压受电流与温度变化的影响,即使同一型号的管子,其稳压值也具有一定的分散性。如,ZCWI 型稳压管的稳压范围就在 32 ~ 45 V。

(2)稳定电流 I_Z,指稳压管工作在稳压状态时的工作电流。为保持稳压管在反向击穿区具有稳压作用并保持 PN 结的完好,稳定电流 I_Z 有最大稳定电流 I_{Zmax} 和最小稳定电流 I_{Zmin}。稳压管工作时 I_Z 要介于 I_{Zmin} 和 I_{Zmax} 之间。

(3)动态电阻 r_Z,指在稳压管的稳压范围内,稳压管两端的电压变化量与电流变化量之比,即

$$r_Z = \frac{\Delta U_Z}{\Delta I_Z} \tag{1-6}$$

r_Z 越小,稳压的效果也就越好。该阻值一般很小,在十几欧至几十欧之间。

3. 稳压管稳压电路

稳压管稳压电路如图 1-13(c)所示,由限流电阻 R 和稳压管 D_Z 组成。R_L 是负载电阻,由于 D_Z 与 R_L 并联,所以称为并联稳压电路。

稳压管稳压的原理我们从以下两方面讨论。

1)电源电压不变,而负载电阻 R_L 变化

由图 1-13(c)得

$$U_R = IR, U_o = I_o R_L, U_o = U_Z$$
$$U_o = U_i - U_R$$
$$I = I_Z + I_o$$

设 R_L 减小,稳压管的稳压调节过程可表示如下:

$$R_L \downarrow \rightarrow U_o \downarrow \rightarrow U_Z \downarrow \rightarrow I_Z \downarrow \rightarrow I \downarrow \rightarrow U_R \downarrow$$
$$U_o \uparrow \leftarrow$$

通过上面的调节作用,输出电压 U_o 基本保持不变。若 R_L 增加,调节过程与上述情况相反。

2) 负载电阻 R_L 不变,电源电压变化

设电源电压增加,稳压管的稳压调节过程可表示如下:

$$U_i\uparrow \rightarrow U_o\uparrow \rightarrow U_Z\uparrow \rightarrow I_Z\uparrow \rightarrow I\uparrow \rightarrow U_R\uparrow$$
$$U_o\downarrow \leftarrow$$

通过上面的调节作用,输出电压基本保持不变。若电源电压减小,调节过程与上述情况相反。

上述分析说明,稳压电路确实起到了稳压作用。稳压管稳压,实质上是自身电阻随所加电压变化,改变所在支路的电流,从而把电压的变化量转移到限流电阻上,维持输出电压的恒定。所以,又把限流电阻称为调压电阻。

1.4.2 发光二极管

发光二极管简称 LED,是一种把电能直接转化成光能的固体发光器件。通常用化学元素周期表中的Ⅲ、Ⅴ族元素的化合物,如砷化镓(GaAs)、磷化镓(GaP)等制成,内部仍是 PN 结。当 PN 结施加正向电压时发光,光的颜色主要取决于制造所用的材料,如砷化镓发出红色光、磷化镓发出绿色光等。目前市场上发光二极管的颜色有红、橙、黄、绿、蓝五种,其外形有圆形、长方形等数种。发光二极管的正向工作电压一般在 1.5 ~3 V,允许通过的电流为 2 ~20 mA,电流的大小决定发光的亮度。图 1-14 是发光二极管的伏安特性曲线和符号。

发光二极管用途广泛,可单独使用,常用做微型计算机、电视机、音响设备、仪器仪表中的电源和信号的指示灯;还可制成数码管或阵列显示器,与光电二极管组合,构成光电耦合器等。

1.4.3 光电二极管

光电二极管又称光敏二极管,它的结构与普通二极管相同,特点是 PN 结面积大,管壳上有透光的窗口,便于接受光照。图 1-15 为光电二极管的伏安特性曲线和符号。

光电二极管工作时施加反向电压,在光的照射下,其反向电流与光照强度 E 成正比。

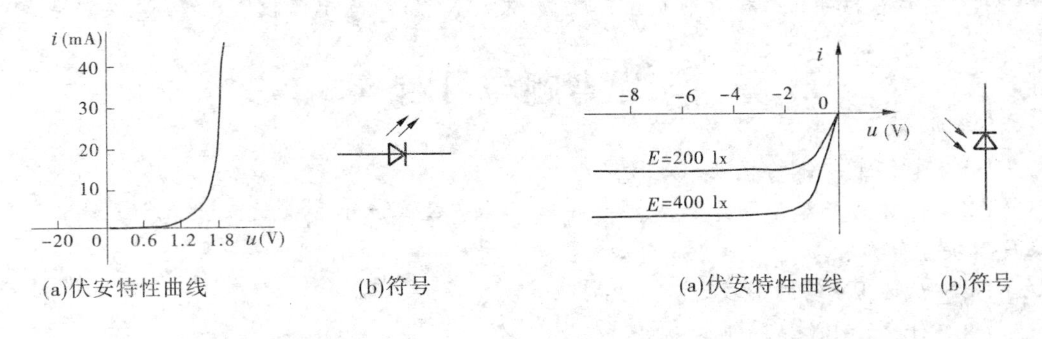

(a)伏安特性曲线　(b)符号

图 1-14　发光二极管

(a)伏安特性曲线　(b)符号

图 1-15　光电二极管

1.4.4 变容二极管

变容二极管是利用PN结的电容可变原理制成的半导体器件。它工作在反向偏置状态,当外加的反向偏置电压大小变化时,其结电容随之变化。即反向偏置电压增大时结电容减小,反之,结电容增大。变容二极管的电容量与施加的反向偏置电压大小有关,改变变容二极管的直流反向电压,就可以改变其电容量。

本章小结

1. 半导体是制造各种半导体器件和电子电路的基础,半导体具有热敏性、光敏性、杂敏性三种特性。在半导体材料中掺入不同的杂质,掺入杂质浓度不同,其导电能力不同,利用这一特性,可以把它制成具有各种性能和用途的半导体器件。P型半导体是在硅(或锗)中掺入少量的硼(B)、镓(Ga)等三价元素而形成的,N型半导体是在硅(或锗)中掺入少量的磷(P)或砷(As)等五价元素而形成的。PN结是半导体器件的基础,PN结正偏导通、反偏截止,具有单向导电性、反向击穿性和非线性的特点。

2. 二极管是一种由PN结构成的非线性器件,具有单向导电的特点。二极管的伏安特性曲线全面反映了二极管的特性。反映正向特性的参数主要有死区电压和线性段电压,反映反向特性的参数主要有反向饱和电流和反向击穿电压。硅管的死区电压约为0.5 V,锗管的死区电压约为0.2 V。处于导通状态的二极管,管压降可视为常量,且与材料有关,硅管约为0.7 V,锗管约为0.3 V,此时的二极管可看做线性元件。二极管的参数很多,实际应用时应查阅半导体器件手册,来合理选用二极管。

3. 将交流电变为单方向脉动直流电的过程称为整流。单相整流电路是二极管应用电路的一种,常用的有半波整流、全波整流、桥式整流和倍压整流电路。半波整流电路输出电压与输入电压的关系为

$$U_o = 0.45U_2$$

全波整流电路输出电压与输入电压的关系为

$$U_o = 0.9U_2$$

4. 普通二极管具有整流、检波、作为开关等用途。实际应用中还有一些专门用途的特殊二极管,常用的特殊二极管有稳压二极管、发光二极管、光电二极管、变容二极管等。

思考题与习题

1-1 本征半导体的载流子是什么?

1-2 什么是P型半导体和N型半导体?其多数载流子和少数载流子各是什么?其浓度取决于什么?

1-3 试述PN结的形成过程及其特性。

1-4 什么是PN结的单向导电特性?

1-5 简述二极管的主要结构及类型。

1-6　图 1-16(a)所示为输入电压 u_i 的波形，试画出对应于 u_i 的输出电压 u_o 的波形、电阻 R 上的电压 u_R 和二极管 D 上的电压 u_D 的波形。

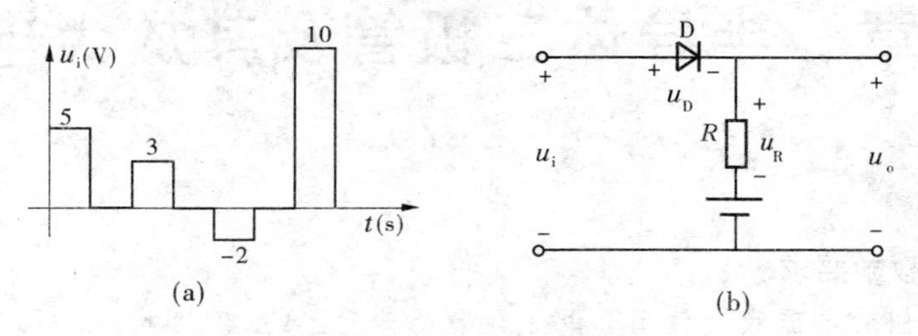

图 1-16

1-7　如图 1-17 所示，$E=5$ V，$u_i=10\sin\omega t$ V，二极管正向压降可忽略不计，试分别画出输出电压 u_o 的波形。

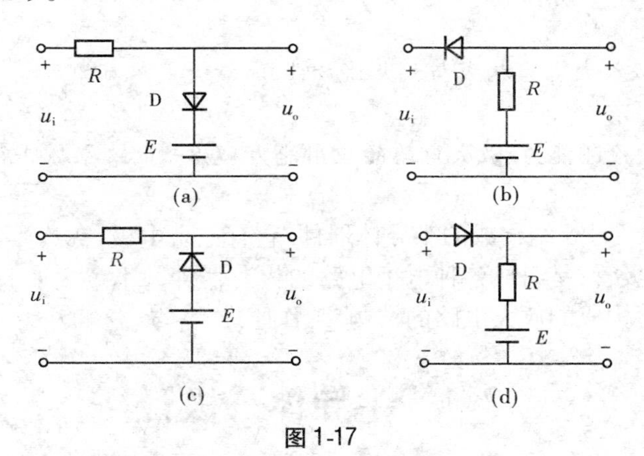

图 1-17

1-8　如图 1-18 所示的单相桥式整流电路中，如果①D_3 接反，②因过电压 D_3 击穿短路，③D_3 断开，试分别说明其后果如何。

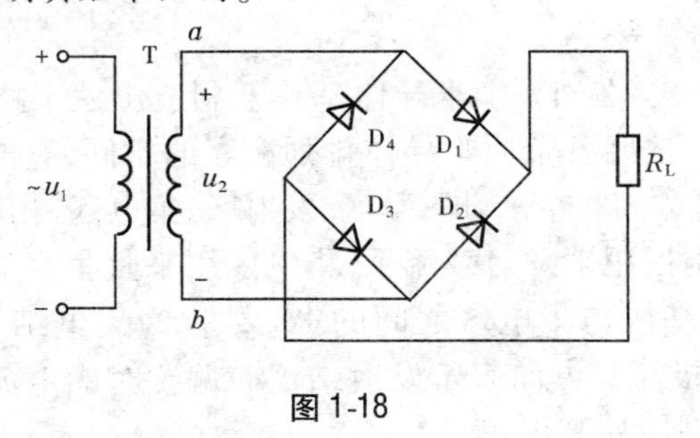

图 1-18

第2章 半导体三极管及其放大电路

知识与技能要求

1. 知识点和教学要求

(1)掌握:三极管电流放大作用和电流分配关系、三种工作状态(饱和、截止、放大)的外部条件和特点、主要参数、小信号电路模型及其参数计算、静态工作点及意义、常见放大电路结构与特点。

(2)理解:三极管工作原理、伏安特性及分析、放大电路的图解分析法、常用静态工作点稳定电路的工作原理。

(3)了解:多级放大电路构成与放大倍数计算、放大电路频率响应。

2. 能力培养要求

具有三极管的检测能力、放大电路的应用能力和放大电路参数计算能力。

三极管是由两个PN结构成的半导体器件,它有三个电极,称为半导体三极管或双极型三极管,简称三极管,是组成各种电子电路的核心器件。本章主要介绍三极管的结构、特性以及由三极管构成的放大电路的结构、工作原理、特点、分析方法等。

2.1 半导体三极管

2.1.1 三极管的结构、符号和类型

1. 三极管的结构与符号

根据不同的掺杂方式,在同一个半导体基片上制造出三个掺杂区,形成两个PN结,就构成半导体三极管。按照各杂质半导体排列次序的不同,有NPN和PNP两种结构形式。每一种三极管都可分为三个区,即:基区、发射区、集电区,相应的电极则为基极B、发射极E、集电极C。发射区用来发射载流子,集电区用来收集载流子,基区与发射区之间的PN结称为发射结,基区与集电区之间的PN结称为集电结。三极管结构与符号如图2-1所示。其中发射极箭头方向表示发射结正向偏置时的电流方向,因此从它的方向即能判断管子是NPN型还是PNP型。

从其结构可以看出,三极管的发射区与集电区是同一类型的半导体,但发射区载流子浓度大,集电区载流子浓度小,使用时C极、E极不能互换;基区是另一类型半导体,很薄,其厚度一般在几微米至几十微米,载流子浓度很低。这样的结构使得三极管不是单纯的两个PN结的组合,它具有不同于二极管的特性。

2. 三极管的类型

三极管的种类很多,有不同的分类形式。按制造管子的半导体材料可分为硅管和锗

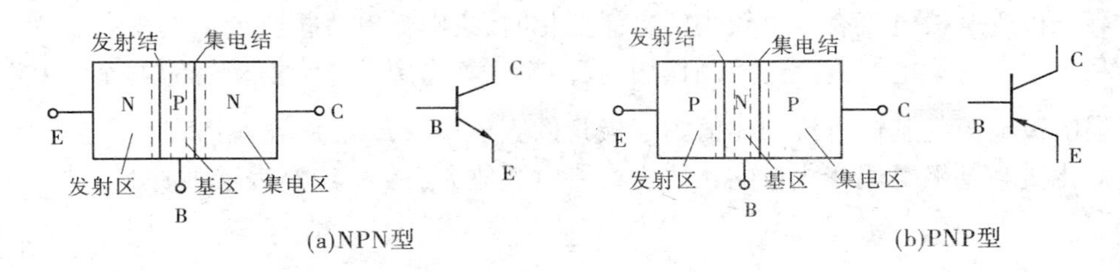

图 2-1　三极管结构与符号

管;按工作频率可分为高频管和低频管;按耗散功率可分为大功率管、中功率管和小功率管;按用途可分为放大管和开关管;按制造工艺可分为平面型和合金型。图 2-2 所示为几种常见的三极管外形。

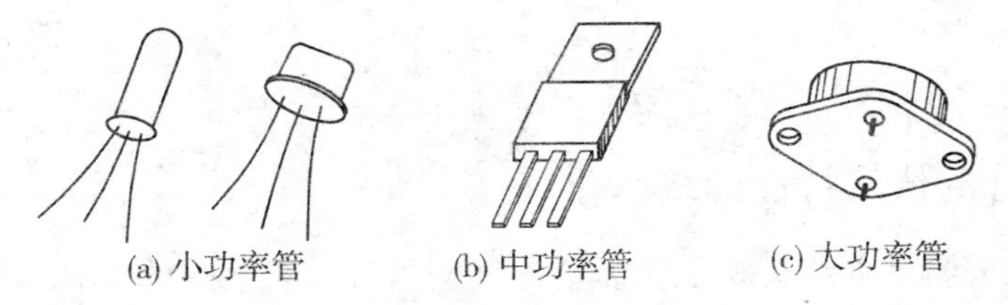

图 2-2　常见的三极管外形

国内生产的硅三极管多为 NPN 型,锗三极管多为 PNP 型,实际应用中多采用 NPN 型管。NPN 型与 PNP 型两种三极管的工作原理相似,但由于两种管参与导电的载流子类型不同,电路中连接电源的极性不同。本章多以 NPN 型管为例进行讨论。

2.1.2　三极管的基本电流关系和电流放大作用

图 2-3 所示为三极管基本放大电路。u_i 为输入电压信号,它接入基极—发射极回路,称为输入回路;放大后的信号在集电极—发射极回路,称为输出回路。由于发射极是两个回路的公共端,故称该电路为共射放大电路。用符号 i_B、i_C、i_E 分别代表流过三极管基极、集电极、发射极的电流。由电路结构和基尔霍夫定律可以确定,这三个电流之间的关系为

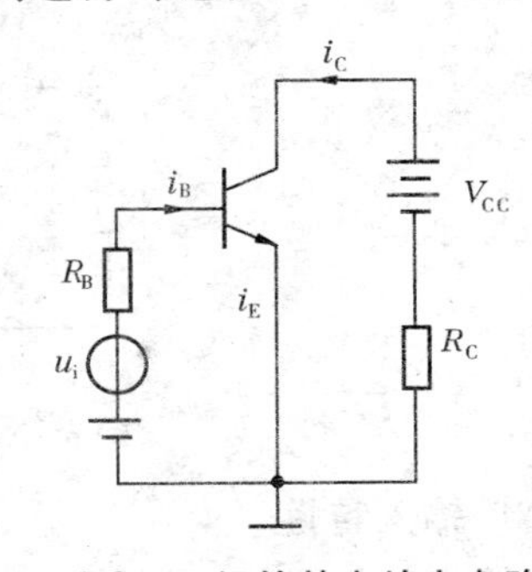

图 2-3　三极管基本放大电路

$$i_E = i_C + i_B \tag{2-1}$$

表 2-1 为该电路在输入不同电压信号时测得的一组数据。

表 2-1　三极管放大电路试验数据

基极电流 i_B(μA)	20	40	60	80	100	120	140	160	180
集电极电流 i_C(A)	2.5	5	7.5	10	12.5	15	17.5	20	22.5

分析表中的数据可以得出如下结论:

(1)集电极电流与基极电流的比值为一常量。

(2)集电极电流变化量与基极电流变化量的比值为一常量。

当三极管基极电流有一个较小的电流变化时，集电极电流相应会出现较大的变化，表现出基极电流对集电极电流的控制作用，我们将这种作用定义为三极管的电流放大作用。定义集电极电流与基极电流的比值为三极管的直流电流放大系数，用$\bar{\beta}$表示；定义集电极电流变化量与基极电流变化量的比值为交流电流放大系数，用β表示，即

$$\bar{\beta} = \frac{I_C}{I_B} \tag{2-2}$$

$$\beta = \frac{\Delta I_C}{\Delta I_B} \tag{2-3}$$

β与$\bar{\beta}$的数值很接近，在实际使用时，往往不严格区分β和$\bar{\beta}$，均用β表示。则三极管三个极的电流关系还可表示为

$$I_C = \beta I_B \tag{2-4}$$

$$I_E = (1 + \beta) I_B \tag{2-5}$$

2.1.3 三极管的伏安特性曲线

三极管的伏安特性曲线反映了三极管各极电压与电流之间的关系，它是三极管内部载流子运动的外部表现。三极管的伏安特性曲线有两种，即输入特性曲线和输出特性曲线，简称输入特性和输出特性。下面以三极管共射电路为例，讨论 NPN 管的特性曲线，其测试电路如图 2-4 所示。

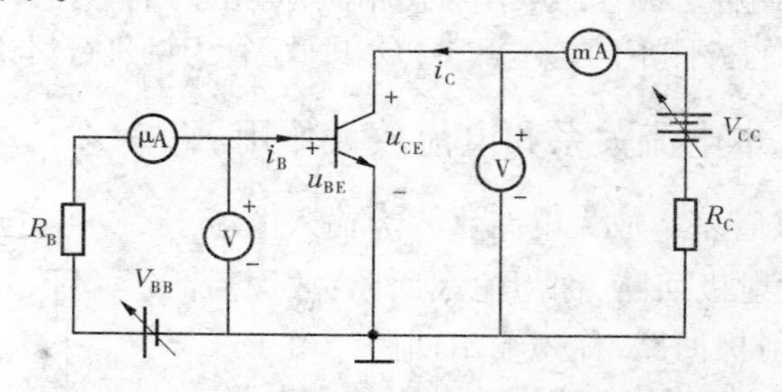

图 2-4 三极管特性曲线测试电路

1. 输入特性

输入特性是指三极管的集、射极电压u_{CE}一定时，输入回路中电流i_B与发射结电压u_{BE}之间的关系，即

$$i_B = f(u_{BE})\big|_{u_{CE}=\text{常数}}$$

图 2-5 是$u_{CE}=0$和$u_{CE}\geqslant 1$ V 时的输入特性曲线，与二极管的伏安特性曲线相似，显示出非线性和单向导电特性，所以三极管为非线性元件。当$u_{CE}>1$ V 时，输入特性曲线右移极小，与$u_{CE}=1$ V 时曲线几乎重合，说明u_{CE}对输入回路不再有影响。输入特性曲线的陡峭上升部分近似于直线，可认为i_B与u_{BE}成正比关系，是输入特性曲线的线性区。

由图 2-5 可以看出，三极管的输入特性曲线，具有一段死区。当发射结外加电压大于死区电压后，产生基极电流i_B，此时发射结导通。发射结导通后，管压降随电流的变化不大。工程中三极管的死区电压和管压降按下值估算。

$$死区电压 = \begin{cases} 0.5\ \text{V(硅管)} \\ 0.2\ \text{V(锗管)} \end{cases}, \quad 管压降 = \begin{cases} 0.6 \sim 0.7\ \text{V(硅管)} \\ 0.3\ \text{V左右(锗管)} \end{cases}$$

2. 输出特性

三极管的输出特性是指当 i_B 不变时,输出回路中的电流 i_C 与电压 u_{CE}之间的关系,即

$$i_C = f(u_{CE})\big|_{i_B=常数}$$

对于每一个确定的 i_B,都有一条曲线,所以输出特性曲线是一族曲线,如图 2-6 所示。

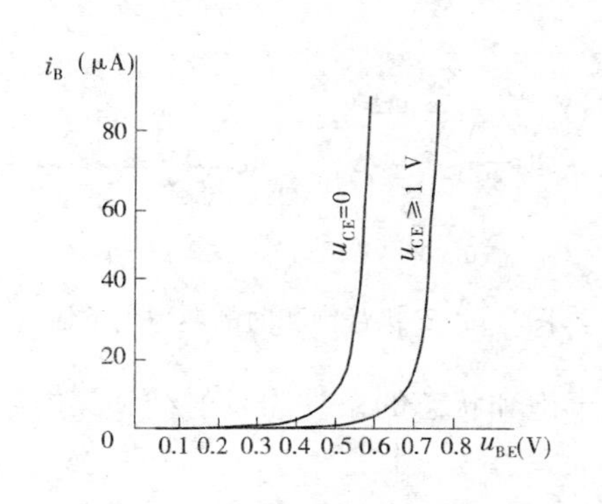

图 2-5　三极管输入特性

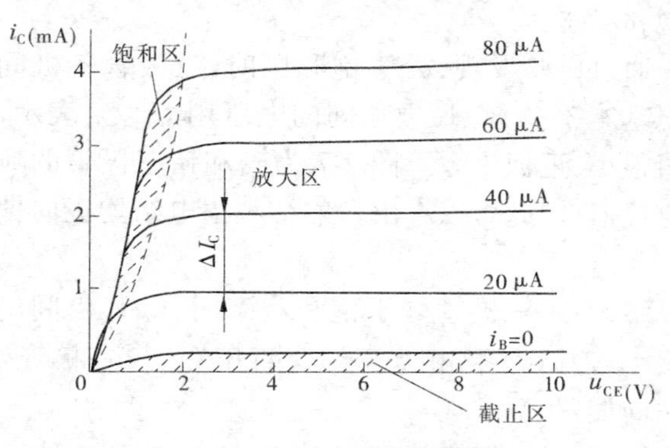

图 2-6　三极管输出特性

由特性曲线的变化特点,通常将其分为三个区:放大区、截止区、饱和区。下面分析三极管在各个区的工作条件及特性。

1)放大区

放大区是输出特性曲线近似于水平的部分。

在这个区域中,对应每一条输出特性曲线,$i_B>0$,$u_{CE}>1$ V,u_{CE}增加,i_C 基本保持不变;比较不同的特性曲线,相同的 u_{CE}下,i_B 增加,i_C 成正比地增大,表现出 i_C 受 i_B 的控制作用,三极管具有电流放大作用。三极管所处的工作状态称放大状态。

对放大状态的三极管进行电气量分析发现,$i_B>0$,发射结压降为0.7 V(硅管)或0.3 V(锗管);$u_{CE}>1$ V,则 $u_{BC}<0$。由此判定发射结施加正向电压,称正向偏置,集电结施加反向电压,称反向偏置,三个极之间的电位关系为 $U_C>U_B>U_E$。

结论:①三极管处于放大状态时具有电流放大特性,即 $I_C\approx\beta I_B$,三极管为电流控制电流的器件。②三极管处于放大状态的条件为发射结正向偏置,集电结反向偏置。三个极之间的电位关系为 $U_C>U_B>U_E$。

2)截止区

截止区表示基极电流 $i_B=0$ 所对应的曲线下方的区域。

在这个区域中,$i_B=0$,则 $u_{BE}\leqslant0$;$i_C=I_{CEO}$(穿透电流)≈0。由电路结构知 $u_{CE}=V_{CC}-i_CR_C\approx V_{CC}$,三个极之间的电位关系为 $U_C>U_B$,$U_B<U_E$,则发射结反向偏置,集电结反向偏置,三极管各极间呈现较高的电阻性,称三极管处于截止状态。

结论:①三极管处于截止状态的特性为:$i_B=0$,$i_C\approx0$。三个极之间相当于断开的开关。②三极管处于截止状态的条件为:发射结和集电结均反向偏置。三个极之间的电位关系为 $U_C>U_B$,$U_B<U_E$。

3)饱和区

饱和区为特性曲线左侧各个 i_B 值下输出特性曲线的起始部分。在这个区域中,三个极均有电流。对应每一条输出特性曲线,$i_B>0$,$u_{CE}\leqslant 1$ V,且 u_{CE} 增加,i_C 增加;比较不同的特性曲线,有重合的部分,即对应相同的 u_{CE},i_B 增加,i_C 基本不变,说明 i_B 失去了对 i_C 的控制作用。

我们定义:一定 u_{CE} 值下,i_B 增加 i_C 基本不变的特性称饱和特性,三极管的工作状态称饱和状态。

通过试验发现,处于饱和区时,三极管各极间电压基本不变,C、E 极之间的电压用 $U_{CE(sat)}$ 表示,数值很小,近似为零。图 2-7 为硅和锗三极管的典型电位值,由此可以看出发射结和集电结均正向偏置。

$U_{CE(sat)}=0.3$ V(硅管)　　$U_{CE(sat)}=-0.1$ V(锗管)

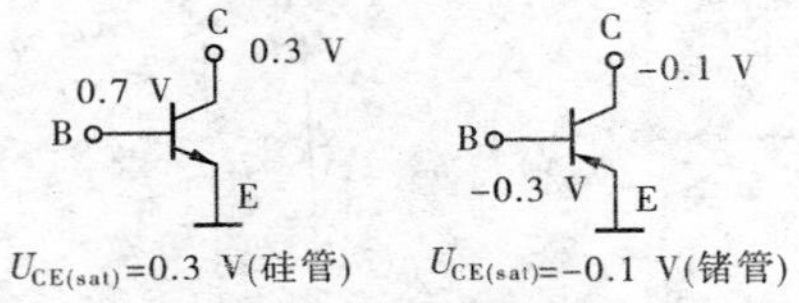

图 2-7　三极管饱和时的典型电位值

结论:①三极管处于饱和状态时,C、E 极间电压很小,近似为零,相当于闭合的开关。②三极管处于饱和状态的条件为发射结和集电结均正向偏置。

综上所述,三极管具有放大、截止、饱和三种工作状态,在放大状态时具有电流放大特性,利用这一特性可以组成各种类型的放大电路;在截止和饱和状态时具有开关特性,利用这一特性可以制成电子开关和基本数字电路。

2.1.4　三极管的主要参数

三极管的参数是表征管子性能和安全运用范围的物理量,是工程上正确选用晶体管的依据。

1. 电流放大系数

1)共射交流电流放大系数 β

共射交流电流放大系数 β 指共射接法时集电极电流变化量与基极电流变化量之比,其大小体现了共射接法时晶体三极管的放大能力。

$$\beta=\left.\frac{\Delta I_C}{\Delta I_B}\right|_{u_{CE}=\text{常数}}$$

2)共射直流电流放大系数 $\bar{\beta}$

三极管接成共射电路时,在没有信号输入的情况下,集电极电流 I_C 和基极电流 I_B 的比值叫做共射直流电流放大系数。

$$\bar{\beta}=\frac{I_C}{I_B}$$

在实际使用时,往往不严格区分 β 和 $\bar{\beta}$。

2. 极间反向电流

三极管的极间反向电流有 I_{CBO} 和 I_{CEO},它们是衡量三极管质量的重要参数。

(1)集电极—基极间的反向电流 I_{CBO},是指发射极开路时,集电极与基极间的反向电流，也称集电结反向饱和电流，用 I_{CBO} 表示。

（2）集电极—发射极间的反向电流 I_{CEO}，是指基极开路时，集电极与发射极间的反向电流，也称穿透电流，用 I_{CEO} 表示。

三极管的穿透电流与反向饱和电流的关系为

$$I_{CEO} = (1+\beta)I_{CBO} \tag{2-6}$$

3. 极限参数

晶体三极管的极限参数是指在使用时不允许超过的极限数值，若超过这些极限值，三极管可能发生永久性损坏。

1）集电极最大允许电流 I_{CM}

三极管工作在放大区时，若集电极电流超过一定数值，β 值下降，下降到 β 正常值的 2/3 时的集电极电流，叫做三极管的集电极最大允许电流，用 I_{CM} 来表示。集电极电流超过 I_{CM} 时，不一定会引起三极管的损坏，但 β 值会明显下降，影响放大器的性能。

2）集电极最大允许功率损耗 P_{CM}

P_{CM} 是指集电结上允许耗散的最大功率。三极管工作时 u_{CE} 的大部分降在集电结上，因此集电极功率损耗（简称功耗）$P_C = u_{CE}i_C$，近似为集电结功耗，它将使集电结温度升高而使三极管发热导致管子损坏。工作时的 P_C 必须小于 P_{CM}。

3）反向击穿电压 $U_{(BR)CEO}$、$U_{(BR)CBO}$、$U_{(BR)EBO}$

$U_{(BR)CEO}$ 为基极开路时集电结不致击穿，允许施加在 C、E 极之间的最高反向电压。$U_{(BR)CBO}$ 为发射极开路时集电结不致击穿，允许施加在 C、B 极之间的最高反向电压。$U_{(BR)EBO}$ 为集电极开路时发射结不致击穿，允许施加在 E、B 极之间的最高反向电压。

它们之间的关系为 $U_{(BR)CEO} > U_{(BR)CBO} > U_{(BR)EBO}$。

根据三个极限参数 I_{CM}、P_{CM}、$U_{(BR)CEO}$ 可以确定三极管的安全工作区，如图 2-8 所示。三极管工作时必须保证工作在安全区内，并留有一定的余量。

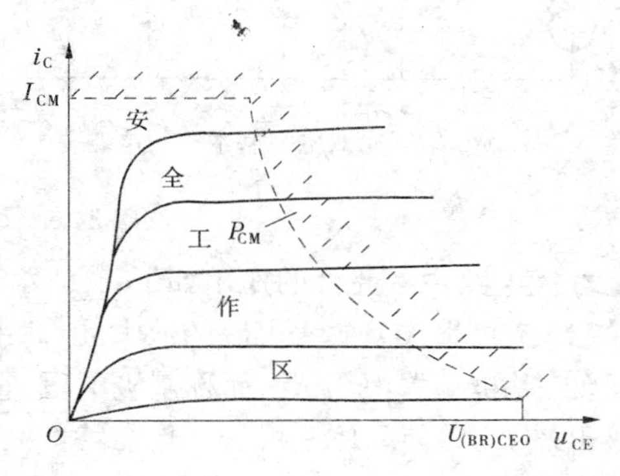

图 2-8　三极管安全工作区

2.2　三极管基本放大电路

对微弱的电信号进行放大的电路叫放大电路，也称放大器，是最常见的模拟电子电路，应用十分广泛。利用三极管的电流放大作用，可以组成放大电路。

2.2.1　放大电路中三极管的三种接法

放大电路中的三极管在其交流等效电路中通常有三种接法，即共发射极、共基极和共集电极，如图 2-9 所示。

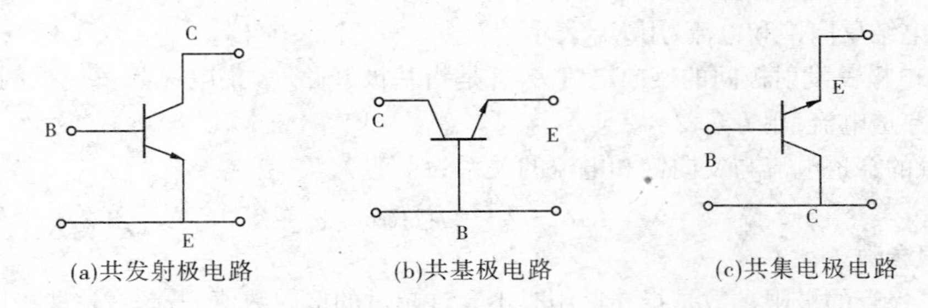

(a)共发射极电路　　(b)共基极电路　　(c)共集电极电路

图 2-9　三极管在交流电路中的三种接法

2.2.2　基本放大电路的组成及工作原理

1. 组成

如图 2-10(a)所示是三极管基本放大电路,由信号源 u_S、三极管 V、输出负载 R_L 及电源偏置电路(V_{BB}、R_B、V_{CC}、R_C)组成。其习惯画法见图 2-10(b)。

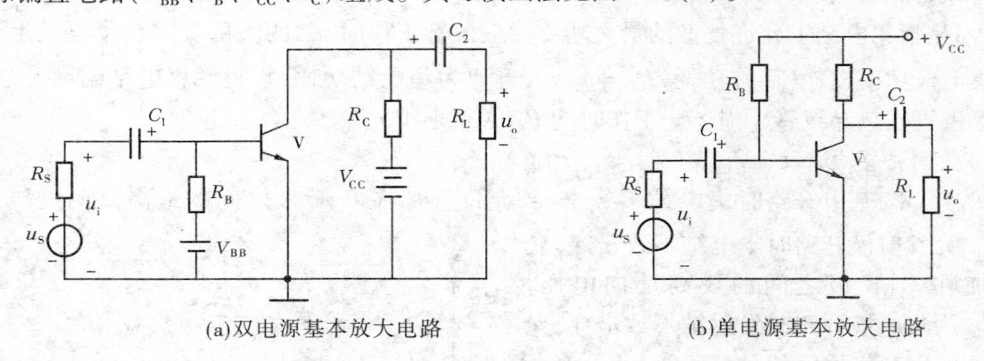

(a)双电源基本放大电路　　(b)单电源基本放大电路

图 2-10　基本放大电路

放大电路中各元件的作用如下:

(1)三极管 V。放大电路的放大元件,工作在放大状态,具有电流放大作用。

(2)基极偏置电阻 R_B,简称基极电阻,它使发射结正偏,并向三极管提供一个合适的基极电流 I_B,以使晶体三极管工作在特性曲线的放大区域。R_B 的阻值为几十千欧到几百千欧。

(3)集电极负载电阻 R_C,简称集电极电阻,由它实现将三极管的电流放大转化为电压放大。

(4)集电极电源 V_{CC}。它是放大电路的工作电源,它有两个作用:其一是与 R_B、R_C 配合,使发射结正偏、集电结反偏;其二是为电路提供所需的能量。V_{CC}一般为几伏到几十伏。

(5)耦合电容 C_1、C_2。它们的作用是隔断直流、传输交流,把信号源与放大电路之间、放大电路与负载之间的直流隔开,使交流信号正常通过,所以也称隔直电容。耦合电容一般多采用电解电容器。使用时,应注意它的极性与加在它两端的工作电压极性相一致,正极接高电位,负极接低电位。耦合电容 C_1、C_2 的值一般为几微法到几十微法。

2. 放大电路的两种状态

从图 2-10 中不难看出,放大器工作时,外加信号的加入与否,使三极管中的电流呈现不同的性质，从而使放大电路处于静态和动态两种不同的状态。

1）静态、静态工作点及直流通路

当外加信号为0或信号源短接时，放大电路在V_{CC}作用下只有直流电流流通，各电压、电流值不随时间的变化而变化，放大电路的这种状态称为静态。

定义放大电路中直流电流所走的路径为直流通路，所以直流通路与静态电路相同。直流通路中各电压、电流值为静态值，用大写字母加大写字母下标表示，如I_B、I_C、I_E、U_{BE}、U_{CE}。

放大器处于静态时，若电路结构参数一定，三极管的电压和电流值为一确定的值，用一组数值I_{BQ}、I_{CQ}、U_{BEQ}、U_{CEQ}来表示，它们在特性曲线上所确定的点称静态工作点，用Q来表示，故又称为Q点。静态工作点的估算可以从对直流通路的分析计算中获得。

2）动态及交流通路

外加信号u_S输入后，在V_{CC}与u_S的共同作用下，电路中的各电压、电流值随输入信号的变化而变化，称放大器处于动态。处于动态时的各电压、电流既有直流成分，也有交流成分，用小写字母加大写字母下标表示，如i_B、i_C、u_{BE}、u_{CE}。

只考虑信号源u_S作用下的电流通路，称交流通道。交流通道中只有交流电流流通，各电压、电流用小写字母加小写字母下标表示，如i_b、i_c、u_{be}、u_{ce}。

（编者注：为全书统一及简便起见，无论交流还是直流，输入输出均用小写字母下标（i、o）表示。）

运用叠加原理，放大器的动态电压和电流可以看成是V_{CC}作用的直流值与u_S作用的交流值的叠加，即

$$i_B = I_{BQ} + i_b \quad , \quad i_C = I_{CQ} + i_c \quad , \quad u_{CE} = U_{CEQ} + u_{ce}$$

3. 放大电路的工作原理

放大电路工作时，由于V_{CC}、R_B、R_C的作用，三极管的发射结正偏、集电结反偏，三极管工作在放大状态，电路各元件中产生直流电压和电流，如I_B、I_C、U_{BE}、U_{CE}，波形如图2-11（a）所示；外信号u_i输入，通过C_1的耦合作用，送入放大器中，在三极管的基极产生交流电流i_b并被放大为i_c，在R_C上产生电压i_cR_C，波形如图2-11（b）所示；交流与直流量叠加，使三极管的基极电流变化、集电极电流变化、三极管的输出端电压变化，最后在耦合电容C_2的作用下，将输出端电压的交流成分传输给负载，使负载获得比输入电压大得多的交流电压，从而实现了信号的放大。图2-11（c）为放大电路各极工作波形。

2.2.3 放大电路分析

放大电路分析主要是对放大电路进行静态和动态两个方面的分析，分析步骤是先静态、后动态。常用的分析方法有图解分析法、计算分析法和微变等效电路法。纯粹的图解分析法很少使用，只有在大信号输入时才可能使用图解分析法。静态分析常采用计算分析法。小信号动态分析常采用微变等效电路法。

1. 放大电路的静态分析

放大电路的静态分析，也是三极管的工作状态分析，目的是要确定其静态工作点和工作状态。

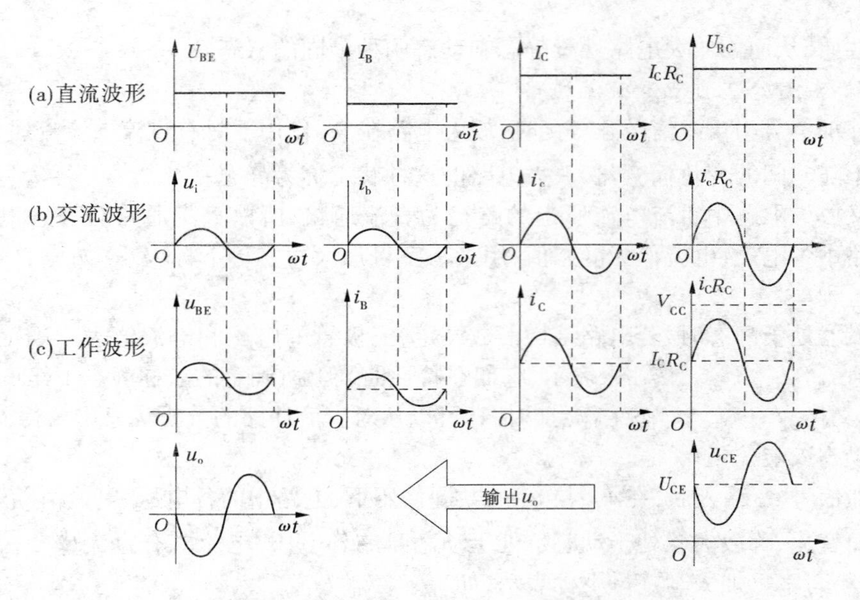

图 2-11　放大电路电压、电流波形

1)计算法静态分析

计算法静态分析首先要绘出电路的直流通路,然后根据电路定律计算各直流值,确定静态工作点,判断三极管的工作状态。画放大器的直流通路时,电容可以视做开路,电感可以视做短路,电源 V_{CC} 内阻忽略不计。

静态值计算时,U_{BEQ} 一般采用如下的估算值。

$$\begin{cases} U_{BEQ} = 0.7\ \text{V(硅管)} \\ |U_{BEQ}| = 0.3\ \text{V(锗管)} \end{cases}$$

若电路的电源电压大于 U_{BEQ} 10 倍以上,U_{BEQ} 的值可以忽略不计。

下面以固定偏置式电压放大电路为例说明静态工作点的计算,这是一种最简单的共发射极放大电路。

固定偏置式电压放大电路如图 2-12(a)所示,其直流通路见图 2-12(b),由直流通路得

$$V_{CC} = I_{BQ}R_B + U_{BEQ}$$

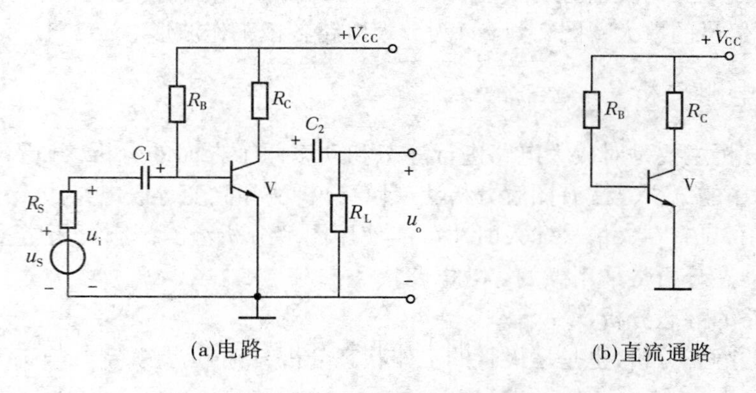

图 2-12　固定偏置式电压放大电路

则
$$I_{BQ} = \frac{V_{CC} - U_{BEQ}}{R_B} \tag{2-7}$$
$$I_{CQ} = \beta I_{BQ} \tag{2-8}$$
$$U_{CEQ} = V_{CC} - I_{CQ}R_C \tag{2-9}$$
最后由计算值判定三极管的工作状态。

2)图解法静态分析

图解分析法是借助三极管的输入和输出特性曲线，通过作图确定静态工作点的方法。图解分析法的前提是已知三极管的特性曲线。

图解法分析步骤如下：

(1)确定I_{BQ}的值，在输出特性曲线族中找到$I_B = I_{BQ}$的特性曲线。I_{BQ}一般根据式(2-7)估算。

(2)在$u_{CE} \sim i_C$坐标中绘出方程$U_{CEQ} = V_{CC} - I_{CQ}R_C$对应的直线，这条直线称直流负载线。

(3)确定直流负载线与$I_B = I_{BQ}$特性曲线的交点，该交点为静态工作点Q。由Q点向横轴投影，得静态管压降U_{CEQ}，向纵轴投影得静态集电极电流I_{CQ}，如图2-13所示。由图中Q点的位置直接确定三极管的工作状态。

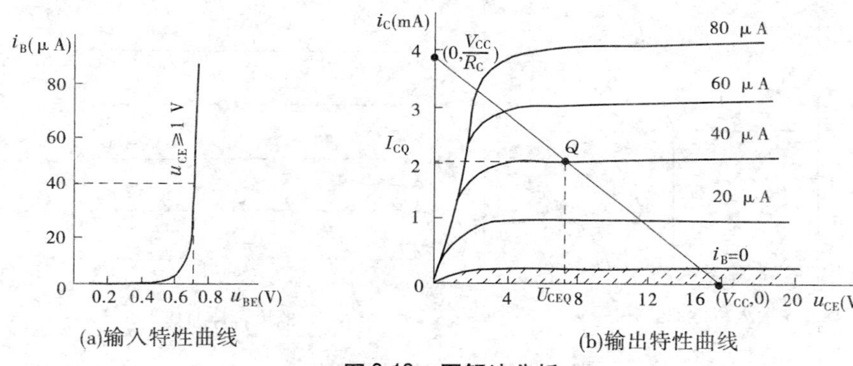

图2-13 图解法分析

3)静态工作点的影响因素与调整

由静态分析知，R_B、R_C、V_{CC}、β中任一个参数改变，都会改变三极管的静态值，从而改变静态工作点，所以电路参数是影响静态工作点的因素之一。除此之外，环境温度的变化将导致少数载流子数量的改变，使三极管的β值和各极电流发生变化，导致静态工作点改变，进而影响放大器的放大性能。

对结构一定的放大器来说，环境温度是影响静态工作点的主要因素。为减小环境温度对放大器的影响，放大电路中常安装温度补偿元件或采用具有稳定静态工作点的电路。改变R_B、R_C、V_{CC}、β的数值也可以实现静态工作点的调整，通常采用改变R_B的值来调整静态工作点，使之合适。放大电路具有合适的静态工作点有着非常重要的意义。

前已述及，放大电路放大信号时，其动态值可看成是静态值与交流值的叠加，因此动态工作点将围绕静态工作点上下波动。若静态工作点设置得高，在外信号正向增大时可能使工作点进入饱和区；若静态工作点设置得低，在外信号反向增大时可能使工作点进入截止区。工作点进入饱和区或截止区，都将使输出信号与输入信号不同，把这种情况的输出信号叫做失真信号。工作点进入饱和区出现的失真，称为饱和失真。工作点进入截止区出现的失真，称为截止失真。所以，要设置合适的静态工作点以保证不失真地放大信号。

2. 放大电路的动态分析

放大电路动态分析的目的是要确定电压放大倍数 A_u、放大电路的输入电阻 r_i 和输出电阻 r_o 等动态指标，以确定放大电路的运行性能。动态分析的方法常采用微变等效电路法。

1）三极管的微变等效电路

三极管的输入特性是非线性的，如图 2-14(a)所示，当输入信号较小时，可以把静态工作点附近的一段区域视做直线，则发射结等效为一个电阻，称三极管的输入电阻，用 r_{be} 表示，工程上常用下式来估算

$$r_{be} = r_{bb'} + (1+\beta)\frac{26(\text{mV})}{I_{EQ}(\text{mA})} \quad (\Omega) \tag{2-10}$$

式中，$r_{bb'}$为三极管的基区体电阻。对于低频小功率管，$r_{bb'}$一般取 300 Ω；当 $I_C = 1 \sim 2$ mA 时，r_{be}的值为 1 kΩ 左右。

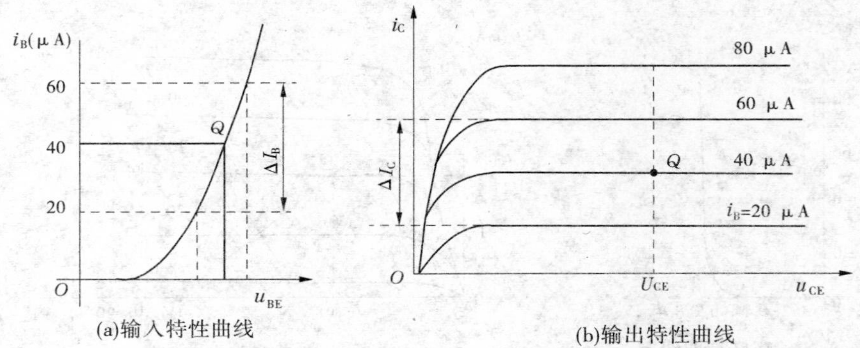

图 2-14 三极管的特性曲线

如图 2-14(b)所示，三极管的输出特性曲线在静态工作点附近是一组与横轴平行的直线，i_C 几乎不变，具有恒流特性。这样三极管的集电极和发射极之间等效成一个受控电流源，其输出电流为 $i_c = \beta i_b$。三极管的微变等效电路如图 2-15 所示。

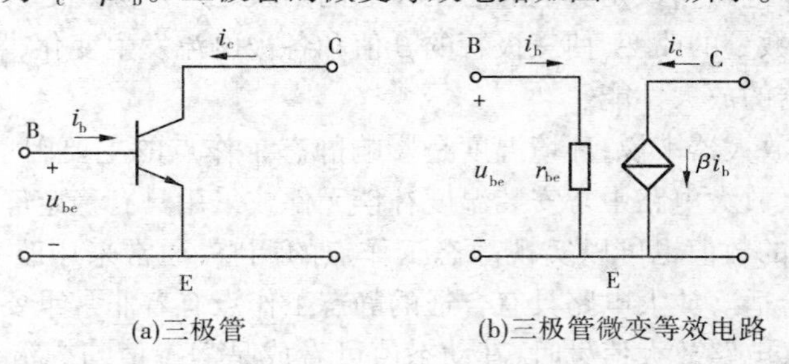

图 2-15 三极管的微变等效电路

2)放大电路的微变等效电路

将放大电路交流通路中的三极管用其微变等效电路代替,可得出放大电路的微变等效电路。

将放大电路转变为微变等效电路的步骤为:

(1)画出放大电路的交流通路。将放大电路中的电容、直流电源短接即为交流通路。

(2)三极管用微变等效电路代替,管外电路不变。

(3)标示各电压和电流量。

放大电路中传输的交流信号大多可以用正弦信号来模拟,即可视做正弦量,故电路中的电压、电流可用相量表示,电路的分析和计算也采用相量法。

通过上述方法可得到基本放大电路的交流通路和微变等效电路,如图 2-16 所示。

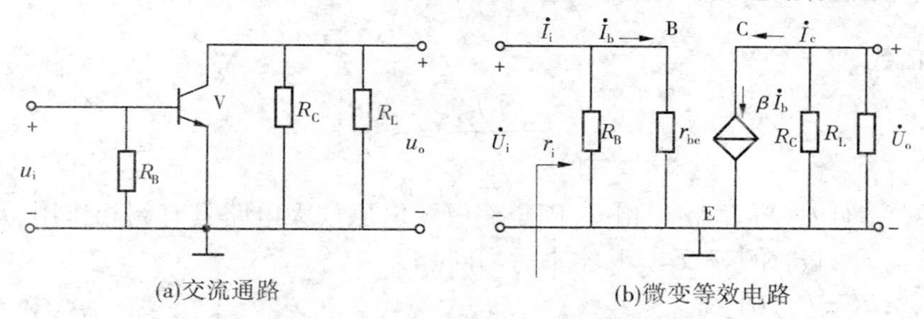

图 2-16　固定偏置式电压放大电路的交流通路及微变等效电路

3)用微变等效电路求动态指标

(1)电压放大倍数 A_u。

放大器的输出电压 $\dot{U}_o$ 与输入电压 $\dot{U}_i$ 的比值,叫做放大器的电压放大倍数,又称电压增益。这是衡量放大器放大能力的主要技术指标,即

$$A_u = \frac{\dot{U}_o}{\dot{U}_i} \tag{2-11}$$

(2)输入电阻 r_i 与输出电阻 r_o。

输入电阻和输出电阻是放大电路的动态电阻。图 2-17(a)为放大电路的结构示意图。对信号源来说,放大电路为信号源的负载,这个负载电阻就是放大器本身的输入电阻。负载 R_L 从放大电路获得交流信号,对 R_L 来说,放大电路是负载 R_L 的信号源,这个信号源的内阻就是放大电路的输出电阻。因此,依据电路等效变换的理论,定义:输入电阻 r_i 是从放大电路输入端看入的交流等效电阻,它等于输入电压和输入电流的比值,即

$$r_i = \frac{\dot{U}_i}{\dot{I}_i} \tag{2-12}$$

输出电阻 r_o 是从放大电路输出端看入的交流等效电阻,即

$$r_o = \frac{\dot{U}_o}{\dot{I}_o} \tag{2-13}$$

下面以固定偏置式电压放大电路为例,讨论放大电路动态指标的计算。

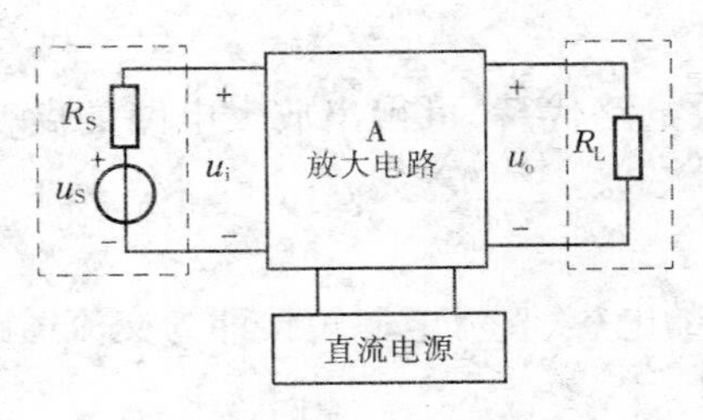

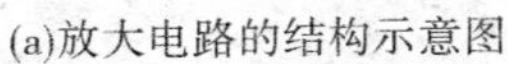
(a)放大电路的结构示意图

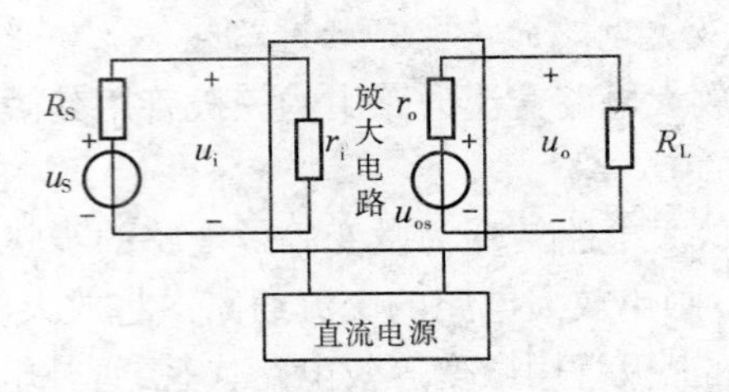

(b)放大电路的等效电路

图 2-17　放大电路结构示意及等效电路

在图 2-16 中，令

$$R'_L = R_L \mathbin{/\!/} R_C \tag{2-14}$$

$$\dot{U}_i = \dot{I}_b r_{be}$$

则电压放大倍数

$$A_u = \frac{\dot{U}_o}{\dot{U}_i} = \frac{\dot{I}_c R'_L}{\dot{I}_b r_{be}} = -\frac{\beta R'_L}{r_{be}} \tag{2-15}$$

式中“ - ”表明 $\dot{U}_o$ 与 $\dot{U}_i$ 相位相反，固定偏置式电压放大电路具有倒相作用（$R_L \mathbin{/\!/} R_C$ 表示电阻 R_L、R_C 并联时的等效电阻，本书后均同）。

若无负载，$R'_L = R_C$，则

$$A_u = \frac{\dot{U}_o}{\dot{U}_i} = -\beta \frac{R_C}{r_{be}} \tag{2-16}$$

输入电阻

$$r_i = \frac{\dot{U}_i}{\dot{I}_i} = R_B \mathbin{/\!/} r_{be} \approx r_{be} \tag{2-17}$$

若 $\dot{U}_i$ 为 0（除源），$\dot{I}_b = 0$，则 $\beta \dot{I}_b = 0$，受控电流源相当于开路，则输出电阻

$$r_o \approx R_C \tag{2-18}$$

根据以上动态指标的定义，还可以求出放大电路对信号源的电压放大倍数 A_{us}。

$$A_{us} = \frac{\dot{U}_o}{\dot{U}_S} = \frac{\dot{U}_i}{\dot{U}_S}\frac{\dot{U}_o}{\dot{U}_i} = \frac{r_i}{R_S + r_i} A_u \tag{2-19}$$

【例 2-1】　电路如图 2-18 所示，设 3DG6 的 $\beta = 50$，$U_{BEQ} = 0.7$ V，$r_{bb'} = 300$ Ω，其他参数见图 2-18(a)，试求：

(1) 计算静态工作点参数 I_{BQ}、I_{CQ}、U_{CEQ} 的值。

(2) 画出该电路的微变等效电路并计算 r_{be} 的值。

(3) 计算 A_u、r_i、r_o 的值，若 $R_S = 1$ kΩ，计算 A_{us} 的值。

解：(1) 计算静态参数。

$$I_{BQ} = \frac{V_{CC} - U_{BEQ}}{R_B} = \frac{(12 - 0.7)\text{V}}{280\ \text{k}\Omega} = 0.04\ \text{mA} = 40\ \mu\text{A}$$

$$I_{CQ} = \beta I_{BQ} = 50 \times 0.04\ \text{mA} = 2\ \text{mA}$$

$$U_{CEQ} = V_{CC} - I_{CQ} R_C = 12\ \text{V} - 2\ \text{mA} \times 3\ \text{k}\Omega = 6\ \text{V}$$

(2) 交流通路和微变等效电路如图 2-18(b)、(c) 所示。

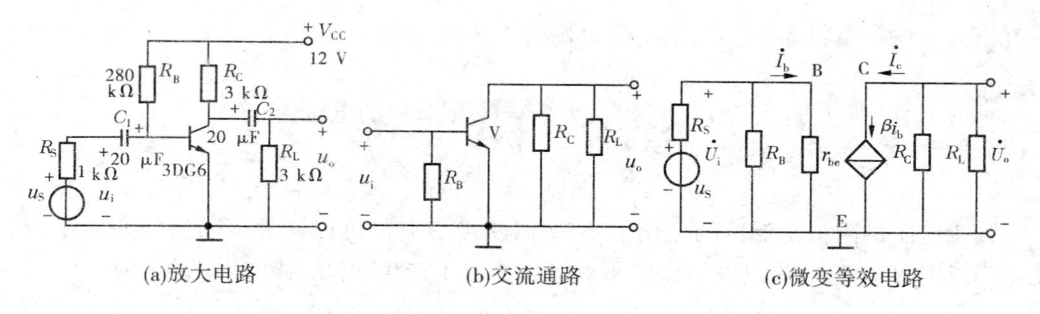

(a)放大电路　　(b)交流通路　　(c)微变等效电路

图 2-18　例 2-1 图

$$r_{be} = 300\ \Omega + (1+\beta)\frac{26\ \text{mV}}{I_{CQ}} = 300\ \Omega + 51 \times \frac{26\ \text{mV}}{2\ \text{mA}} = 963\ \Omega = 0.96\ \text{k}\Omega$$

(3)计算动态参数。

$$A_u = -\frac{\beta R'_L}{r_{be}} = -\frac{50 \times (3\ /\!/\ 3)\text{k}\Omega}{0.96\ \text{k}\Omega} = -78.1$$

$$r_i = R_B\ /\!/\ r_{be} = 280\ \text{k}\Omega\ /\!/\ 0.96\ \text{k}\Omega \approx 0.96\ \text{k}\Omega$$

$$r_o \approx R_C = 3\ \text{k}\Omega$$

$$A_{us} = \frac{r_i}{R_S + r_i}A_u = \frac{0.96\ \text{k}\Omega}{1\ \text{k}\Omega + 0.96\ \text{k}\Omega} \times (-78.1) = -38.25$$

2.3　共发射极放大电路

本节以分压式偏置电压放大电路为例,介绍共发射极放大电路。

2.3.1　电路结构及静态工作点的稳定

分压式偏置电压放大电路如图 2-19 所示,R_{B1} 和 R_{B2} 是上偏置电阻和下偏置电阻,R_E 是发射极电阻,C_E 是发射极旁路电容。R_{B1} 和 R_{B2} 对电源电压分压使基极有一定的电位。

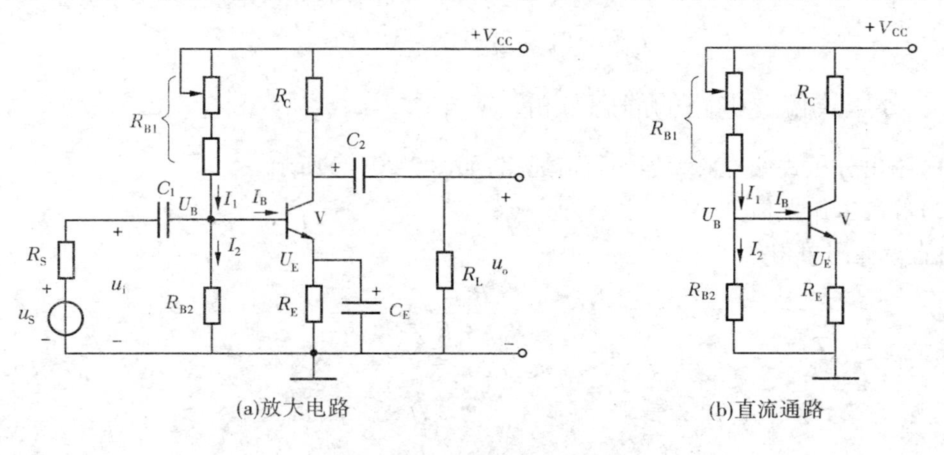

(a)放大电路　　(b)直流通路

图 2-19　分压式偏置电压放大电路

设流过偏置电阻 R_{B1} 和 R_{B2} 的电流分别为 I_1 和 I_2，则

$$I_{BQ} = I_1 - I_2$$

一般 I_{BQ} 很小，I_1 远大于 I_{BQ}，可以认为 $I_1 \approx I_2$，则基极的电位为

$$U_B \approx \frac{R_{B2}}{R_{B1} + R_{B2}} V_{CC}$$

因为电阻的阻值随温度的变化很小，所以基极的电位可以认为不随温度的变化而变化。当发射极电流 I_E 流过发射极电阻 R_E 时，在其上产生压降，则发射极的电位为

$$U_E = I_E R_E$$

假设温度上升，导致三极管的集电极电流上升，则发射极电流也上升，这必将引起发射极电位的上升，又因为

$$U_{BE} = U_B - U_E$$

所以 U_{BE} 将减小。U_{BE} 减小将使基极电流 I_{BQ} 降低，致使集电极电流降低。这样就实现了静态工作点的稳定。这个过程可以用下面的流程图来表示：

$$T(℃)\uparrow \rightarrow I_{CQ}\uparrow \rightarrow U_E\uparrow \rightarrow U_{BE}\downarrow \rightarrow I_{BQ}\downarrow \rightarrow I_{CQ}\downarrow$$

由上述分析可知，分压式偏置电路稳定静态工作点的实质是固定 U_B，通过 I_{CQ} 的变化，引起 U_E 的改变，使 U_{BE} 改变，从而调整 I_{BQ}，实现静态工作点的稳定。所以，为实现上述稳定过程，设计电路时必须满足以下两个条件：

(1) $I_1 \gg I_{BQ}$，使 U_B 基本不变。一般取

$$I_1 = (5 \sim 10) I_{BQ} \quad (硅管)$$

$$I_1 = (10 \sim 20) I_{BQ} \quad (锗管)$$

(2) $U_B \gg U_{BE}$。但 U_B 太大时必然导致 U_{BE} 太大，使 U_{CE} 减小，从而减小了放大电路的动态工作范围，所以也不能选取太大，一般取

$$U_B = (3 \sim 5)\ \text{V} \quad (硅管)$$

$$U_B = (1 \sim 3)\ \text{V} \quad (锗管)$$

2.3.2 分压式偏置电路的静态分析

(1) 画出分压式偏置放大器的直流通路，如图 2-20(a) 所示。

(2) 静态工作点估算。

由直流通路可得

$$U_B \approx \frac{R_{B2}}{R_{B1} + R_{B2}} V_{CC} \tag{2-20}$$

$$U_E = U_B - U_{BEQ} \tag{2-21}$$

$$I_{CQ} \approx I_{EQ} = \frac{U_E}{R_E} \tag{2-22}$$

$$U_{CEQ} = V_{CC} - I_{CQ}(R_C + R_E) \tag{2-23}$$

$$I_{BQ} = \frac{I_{CQ}}{\beta} \tag{2-24}$$

2.3.3 分压式偏置电路的动态分析

(1)绘出放大电路的交流通路,如图 2-20(b)所示。

(2)绘出放大电路的微变等效电路,如图 2-20(c)所示。

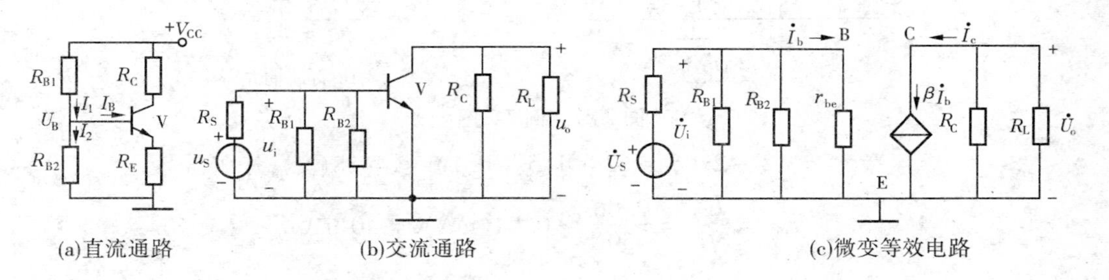

图 2-20　分压式偏置电路

(3)由微变等效电路计算其动态指标。

由电路得
$$R'_L = R_C // R_L$$

则
$$\dot{U}_o = -\beta \dot{I}_b R'_L, \qquad \dot{U}_i = \dot{I}_b r_{be} \tag{2-25}$$

电压放大倍数
$$A_u = \frac{\dot{U}_o}{\dot{U}_i} = -\beta \frac{R'_L}{r_{be}} \tag{2-26}$$

电路的动态输入电阻

$$r_i = \frac{\dot{U}_i}{\dot{I}_i} = R_{B1} // R_{B2} // r_{be} \tag{2-27}$$

将 R_L 开路,然后使 $\dot{U}_i = 0$,则 $\dot{I}_b = 0$,$\beta \dot{I}_b = 0$,则电流源开路,由输出端看入时,电路的动态输出电阻

$$r_o = R_C \tag{2-28}$$

【例 2-2】　放大器电路如图 2-21 所示。$R_{B1} = 20\ \text{k}\Omega$,$R_{B2} = 10\ \text{k}\Omega$,$R_{E1} = 100\ \Omega$,$R_{E2} = 1.5\ \text{k}\Omega$,$R_C = 2\ \text{k}\Omega$,$R_L = 2\ \text{k}\Omega$,电源电压 $V_{CC} = 12$ V,三极管为 3DG12,$\beta = 50$,$U_{BEQ} = 0.7$ V,电容对交流信号的容抗均可忽略不计。求:

(1)放大器的静态工作点。

(2)放大器的电压放大倍数 A_u、输入电阻 r_i 和输出电阻 r_o。

解:(1)放大器的直流通路如图 2-21(b)所示,按公式可求出:

$$U_B \approx \frac{R_{B2}}{R_{B1} + R_{B2}} V_{CC} = \frac{10}{20 + 10} \times 12 = 4(\text{V})$$

$$U_E = U_B - U_{BEQ} = 4 - 0.7 = 3.3(\text{V})$$

$$I_{CQ} \approx I_{EQ} = \frac{U_E}{R_E} = \frac{3.3}{1.5 + 0.1} \approx 2.06(\text{mA})$$

$$U_{CEQ} = V_{CC} - I_{CQ}(R_C + R_E)$$

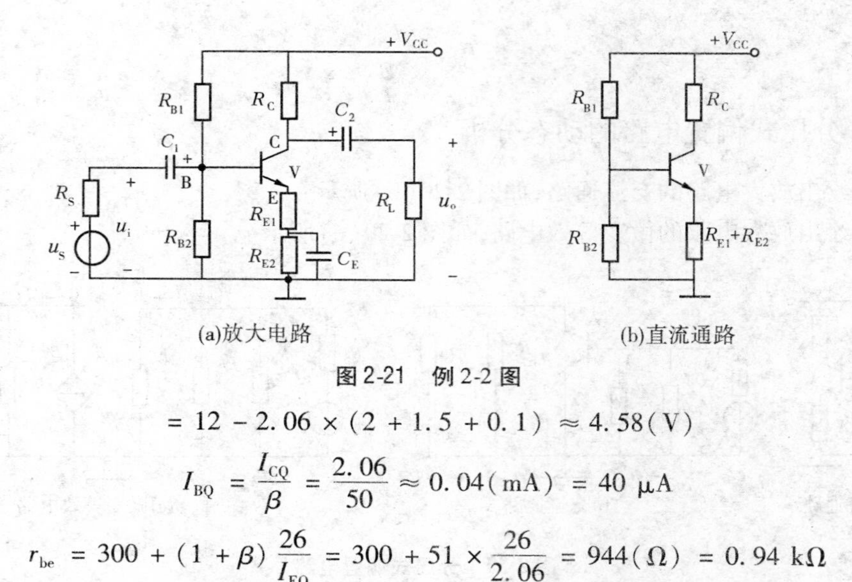

图 2-21 例 2-2 图

$$= 12 - 2.06 \times (2 + 1.5 + 0.1) \approx 4.58(\text{V})$$

$$I_{BQ} = \frac{I_{CQ}}{\beta} = \frac{2.06}{50} \approx 0.04(\text{mA}) = 40\ \mu\text{A}$$

$$r_{be} = 300 + (1+\beta)\frac{26}{I_{EQ}} = 300 + 51 \times \frac{26}{2.06} = 944(\Omega) = 0.94\ \text{k}\Omega$$

(2)放大器的交流通路如图 2-22(a)所示,发射极电阻 R_{E1} 因为没有旁路电容仍保留在电路中。该电路的微变等效电路如图 2-22(b)所示。

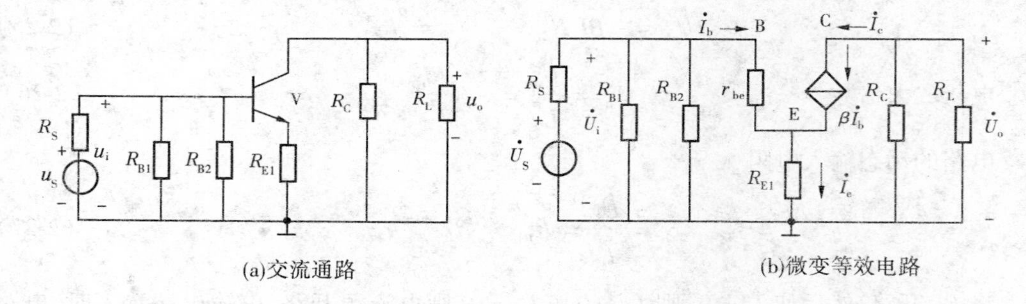

图 2-22 例 2-2 交流电路

对图 2-22(b)进行分析,并考虑到在 R_{E1} 中的电流是基极回路电流的 $(1+\beta)$ 倍,可进行等效变换。由电路得

$$\dot{I}_e R_{E1} = (1+\beta)\dot{I}_b R_{E1} = \dot{I}_b(1+\beta)R_{E1}$$

由基尔霍夫定律得

$$\dot{U}_i = \dot{I}_b[r_{be} + (1+\beta)R_{E1}]$$

$$\dot{U}_o = -\dot{I}_c R'_L = -\dot{I}_c \frac{R_C R_L}{R_C + R_L}$$

由电压放大倍数的定义式,可得

$$A_u = \frac{\dot{U}_o}{\dot{U}_i} = -\frac{\dot{I}_c \dfrac{R_C R_L}{R_C + R_L}}{\dot{I}_b[r_{be} + (1+\beta)R_{E1}]} = -\beta\frac{\dfrac{R_C R_L}{R_C + R_L}}{r_{be} + (1+\beta)R_{E1}}$$

$$= -50 \times \frac{\frac{2 \times 2}{2+2}}{0.94 + (1+50) \times 0.1} \approx -8.28$$

由输入电阻的定义式,可得

$$r_i = R_{B1} /\!/ R_{B2} /\!/ [r_{be} + (1+\beta)R_{E1}] = 20 /\!/ 10 /\!/ [0.94 + (1+50) \times 0.1] = 3.16(k\Omega)$$

输出电阻

$$r_o = R_C = 2\ k\Omega$$

与例 2-1 相比,电路中有了 R_{E1} 后,电压放大倍数会下降许多,但输入电阻会增加,放大器的性能有所改善。

2.4 共集电极放大电路

2.4.1 共集电极放大电路的组成

共集电极放大电路如图 2-23(a)所示,R_{B1}、R_{B2}、R_E 是基极和发射极电阻。图 2-23(b)、(c)、(d)分别是它的直流通路、交流通路和微变等效电路。从图 2-23(c)可以看出,它的输入和输出回路共用集电极,所以称为共集电极放大电路。由于是从发射极输出,这种放大电路也被称为射极输出器。

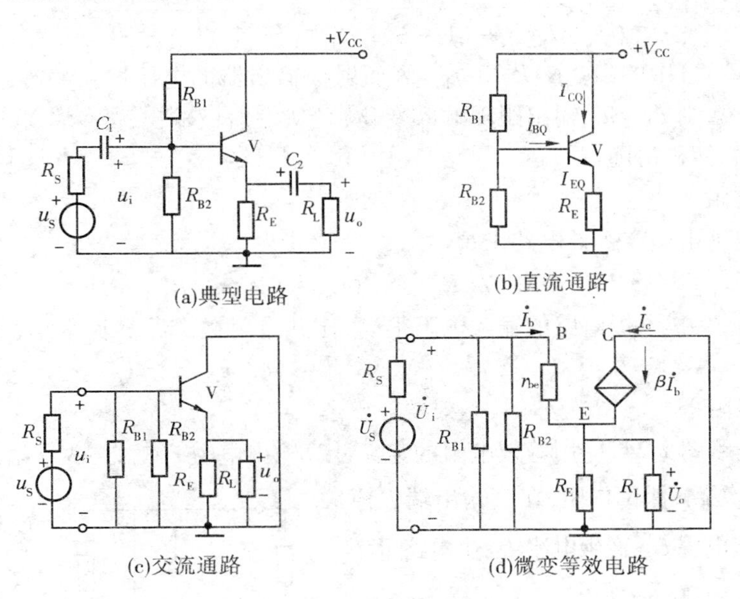

图 2-23 共集电极放大电路

2.4.2 共集电极放大电路静态分析

从图 2-23(b)可以看出,放大器直流通路输入回路与分压式偏置放大电路相同。则

$$U_B \approx \frac{R_{B2}}{R_{B1}+R_{B2}} V_{CC}$$

$$U_E = U_B - U_{BEQ} = U_B - 0.7$$

故
$$I_{EQ} = \frac{U_B - 0.7}{R_E} \tag{2-29}$$

则
$$I_{CQ} = \frac{\beta}{1+\beta} \cdot \frac{U_B - 0.7}{R_E} \tag{2-30}$$

$$U_{CEQ} \approx V_{CC} - I_{EQ} R_E \tag{2-31}$$

根据式(2-30)、式(2-31)可确定三极管的静态工作点并判定其工作状态。

2.4.3 共集电极放大电路动态分析

1. 电压放大倍数

由图2-23(d)所示的微变等效电路可求出电压放大倍数(电压增益)。

因为
$$\dot{U}_o = \dot{I}_e R'_L = (1+\beta)\dot{I}_b R'_L$$

$$R'_L = R_E \ /\!/ \ R_L$$

$$\dot{U}_i = \dot{I}_b r_{be} + \dot{I}_e R'_L = \dot{I}_b r_{be} + (1+\beta)\dot{I}_b R'_L$$

所以
$$A_u = \frac{\dot{U}_o}{\dot{U}_i} = \frac{(1+\beta)\dot{I}_b R'_L}{\dot{I}_b r_{be} + (1+\beta)\dot{I}_b R'_L} = \frac{(1+\beta)R'_L}{r_{be}+(1+\beta)R'_L} < 1 \tag{2-32}$$

由于式(2-32)中的$(1+\beta)R'_L \gg r_{be}$,因而射极输出器的电压增益略小于1;又由于输出、输入同相位,则$u_o \approx u_i$,输出跟随输入变化,且从发射极输出,故共集电极放大电路又称射极跟随器,简称射随器。

2. 输入电阻

输入电阻可由微变等效电路求得。

$$r_i = R_{B1} \ /\!/ \ R_{B2} \ /\!/ \ [\,(r_{be} + (1+\beta)R'_L\,] \tag{2-33}$$

由此可见,共集电极电路的输入电阻很高,比共发射极电路高许多倍,可达几千欧到几百千欧。

3. 输出电阻

由等效电路图2-24,应用等效电阻的定义计算输出电阻r_o。

将信号源短路,保留内阻,在其输出端去掉R_L,设施加交流电压$\dot{U}_o$,产生电流$\dot{I}_o$,由电路得

$$\dot{U}_o = \dot{I}_e R_E$$

$$\dot{U}_o = \dot{I}_b r_{be} + \dot{I}_b (R_{B1} \ /\!/ \ R_{B2} \ /\!/ \ R_S)$$

$$R'_S = R_{B1} \ /\!/ \ R_{B2} \ /\!/ \ R_S$$

则

$$\dot{U}_o = \dot{I}_b (r_{be} + R'_S)$$

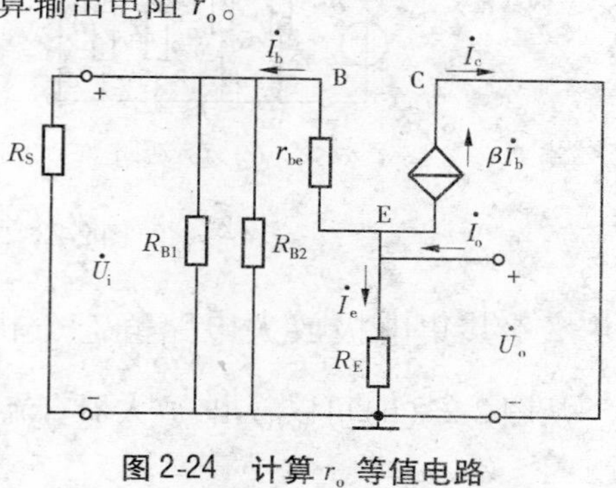

图2-24 计算r_o等值电路

$$\dot{I}_o = \dot{I}_b + \beta\dot{I}_b + \dot{I}_e = (1+\beta)\dot{I}_b + \dot{I}_e = (1+\beta)\frac{\dot{U}_o}{r_{be} + R'_S} + \frac{\dot{U}_o}{R_E}$$

$$\frac{1}{r_o} = \frac{\dot{I}_o}{\dot{U}_o} = \frac{1}{\dfrac{r_{be} + R'_S}{1+\beta}} + \frac{1}{R_E}$$

一般信号源内阻都很小,若将其忽略,则

$$r_o = \frac{r_{be} + R'_S}{1+\beta} \mathbin{/\!/} R_E \approx \frac{r_{be}}{1+\beta} \tag{2-34}$$

上式表明,射极输出器有很小的输出电阻。

综合上述分析可知,射极输出器具有如下特点:

(1)电压放大倍数小于1而接近1,输出电压与输入电压同相。

(2)输出电流是基极电流的$(1+\beta)$倍,具有电流放大和功率放大的作用。

(3)与共发射极放大电路相比较,输入电阻高、输出电阻低。

由于射极输出器的这些特点,它在应用中可用做输入级,因为它输入电阻大,向信号源汲取的电流小,对信号源影响也小;也可作为中间隔离级,起缓冲的作用;还可用做输出级,由于它的输出电阻小,负载能力强,当放大器接入的负载变化时,可保持输出电压稳定。

2.5 共基极放大电路

2.5.1 共基极放大电路组成

共基极放大电路如图2-25(a)所示,图2-25(b)、(c)分别是它的直流通路和交流通路。从图2-25(c)可以看出,它的输入回路和输出回路共用基极,所以称为共基极电路。

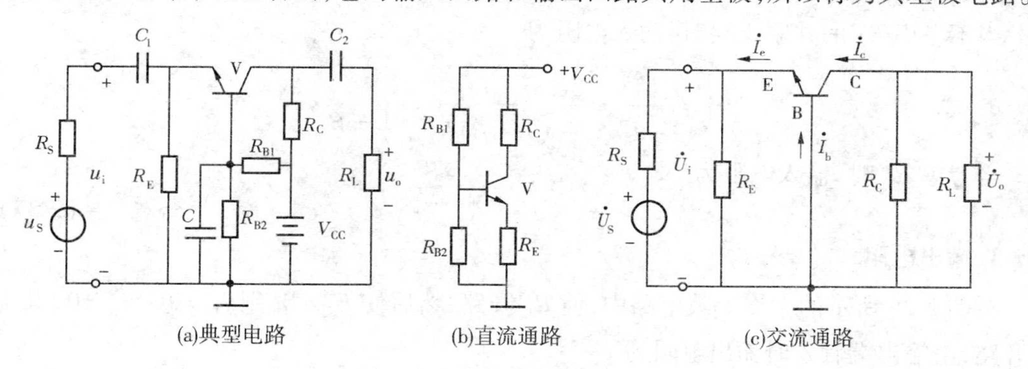

图2-25 共基极放大电路

2.5.2 共基极放大电路静态分析

共基极放大电路的直流通路如图2-25(b)所示,其电路结构与分压式偏置放大电路相同。静态工作点求法与共发射极放大电路相同,不再重述。

2.5.3 共基极放大电路动态分析

1. 电压放大倍数

由其微变等效电路图 2-26 得

$$\dot{U}_o = -\dot{I}_c R'_L = -\beta \dot{I}_b R'_L$$

$$R'_L = R_C \ /\!/ \ R_L$$

$$\dot{U}_i = -\dot{I}_b r_{be}$$

$$\dot{A}_u = \frac{\dot{U}_o}{\dot{U}_i} = \beta \frac{R'_L}{r_{be}} \tag{2-35}$$

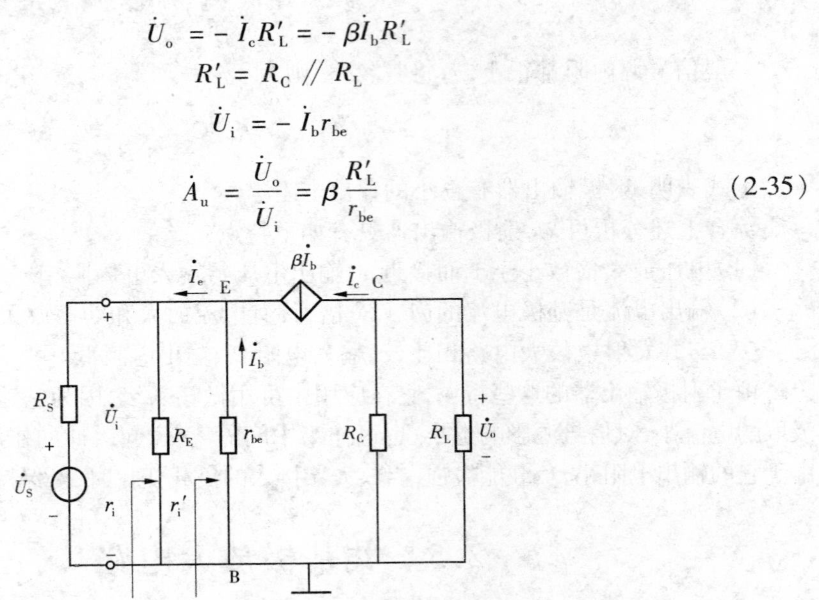

图 2-26 共基极放大电路的微变等效电路

共基极放大电路的电压放大倍数在数值上与共发射极电路相同，但共基极放大电路的输入与输出是同相位的。

2. 输入电阻

当不考虑 R_E 的并联支路时，输入电阻为

$$r'_i = \frac{\dot{U}_i}{-\dot{I}_e} = \frac{-r_{be}\dot{I}_b}{-(1+\beta)\dot{I}_b} = \frac{r_{be}}{1+\beta} \tag{2-36}$$

当考虑 R_E 时，输入电阻为

$$r_i = r'_i /\!/ R_E \tag{2-37}$$

3. 输出电阻

在图 2-26 所示的微变等效电路中，使 R_L 开路，然后使 $\dot{U}_i=0$，则 $\dot{I}_b=0$，$\beta\dot{I}_b=0$，电流源开路，由输出端看入时输出电阻为

$$r_o \approx R_C \tag{2-38}$$

由前述分析可知，与共发射极放大电路相比较，共基极放大电路的输入电阻很小，一般只有几十欧，适合与信号源是电流源的前级衔接；其输出电阻与共发射极放大器一样，阻值较高。共基极放大电路的输入电流为 i_e，输出电流为 i_c，所以不具备电流放大作用。但由于共基极电路的频率特性较好，因此多用于高频（10 MHz 以上）电压放大电路和宽频带电路中。

综合前面的分析，三种组态放大电路形式不同，各有自己的特点，这是从交流状态的角度来分析的。实际上，作为由三极管构成的放大电路，它们的直流状态是一样的，即发射结上有正偏电压，集电结有反偏电压。建立合适而稳定的静态工作点，是三种组态放大电路的共同要求。

2.6 多级放大电路

在实际应用中，放大器所接收的信号都非常微弱，一般为毫伏级甚至是微伏级。单级放大电路的放大倍数总是有限的。当单级放大电路不能满足要求时，就需要把若干单级放大电路串联连接，组成多级放大电路。图 2-27 所示为多级放大电路结构框图。多级放大电路由输入级、中间级及输出级组成。第一级与信号源相连，称为输入级，常采用有较高输入电阻的共集电极放大电路或共发射极放大电路。最后一级与负载相连，称为输出级，常采用大功率放大电路。其余为中间级，常由若干级共发射极放大电路组成，以获得较大的电压增益。

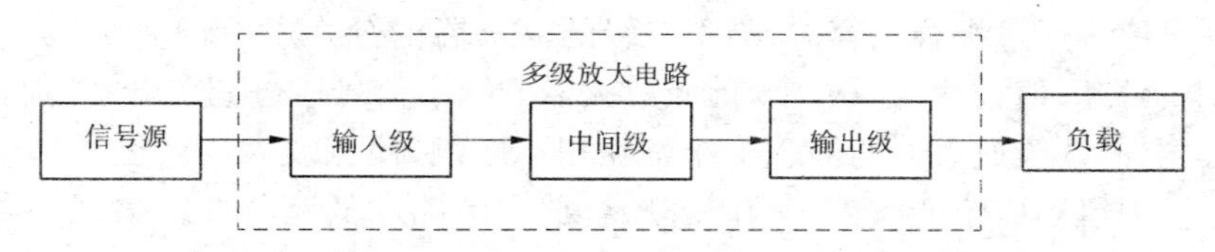

图 2-27　多级电压放大电路结构框图

2.6.1　多级放大电路的级间耦合方式

多级放大电路中级与级之间的连接称耦合。级间耦合应满足两点要求：一是静态工作点互不影响；二是前级输入信号应尽可能多地传送到后级。常用的耦合方式有三种：直接耦合、变压器耦合和阻容耦合。

1. 直接耦合

级间直接相连或用电阻相连称为直接耦合，如图 2-28 所示。直接耦合的优点是既能放大直流与变化缓慢的信号，又能放大交流信号，所用元件少，体积小，低频特性好，便于集成化。实际的集成运算放大器一般都采用直接耦合方式，但直接耦合放大电路的直流通路互相连通，各级放大器的静态工作点相互影响，不便于调试和维修。直接耦合放大电路还有一个问题，就是静态工作点会发生变化，这种现象称零点漂移。

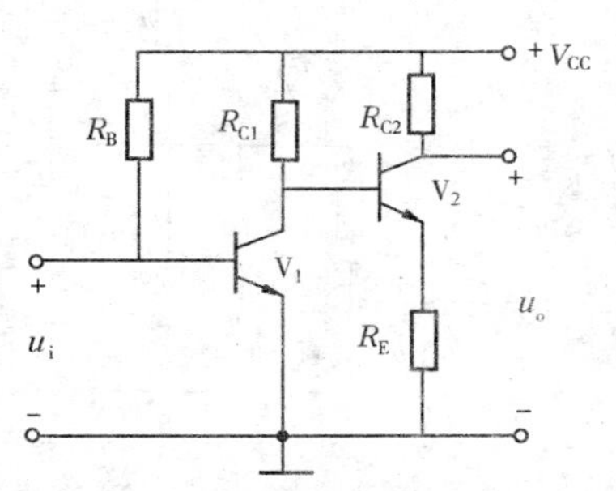

图 2-28　直接耦合多级放大电路

2. 变压器耦合

级间通过变压器连接的方式，称为变压器耦合，如图 2-29 所示。由于变压器不能传输直流信号，具有隔直作用，这种耦合方式使各级的静态工作点彼此独立。变压器在传输信号的同时还能够进行阻抗变换,可实现阻抗匹配,得到最大功率输出。但变压器耦合放大电路不能放大直流信号,也不适于集成,所以只在特殊场合应用。

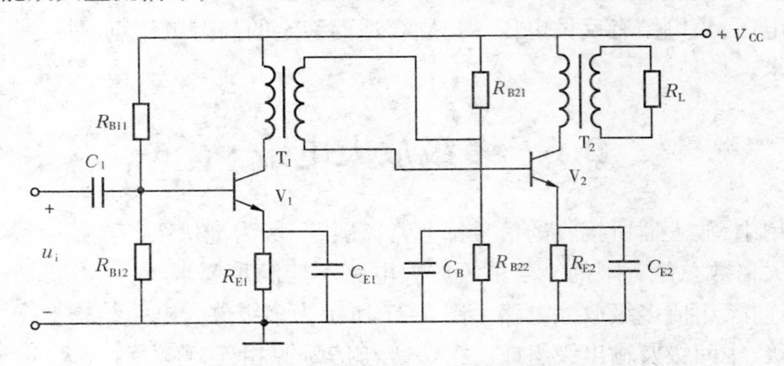

图 2-29 变压器耦合多级放大电路

3. 阻容耦合

级间通过耦合电容与下一级输入电阻连接的方式,称为阻容耦合,如图 2-30 所示。第一级的输出信号通过耦合电容 C_2 与第二级的输入端相连接。由于电容通交流、隔直流的作用,在电容器取值合适的条件下,前级放大器的输出信号通过耦合电容传递到后级放大器的输入端,而两级放大器的静态工作点互相不影响,便于放大器的设计和调试,使它在多级放大器中得到广泛的应用。但阻容耦合放大电路的低频特性不太好,不适合传递变化缓慢的信号。

2.6.2 阻容耦合多级放大电路分析

图 2-30 是两级阻容耦合放大电路,信号源或前级的输出信号通过耦合电容在下级输入电阻上产生压降,作为后级放大电路的输入信号。

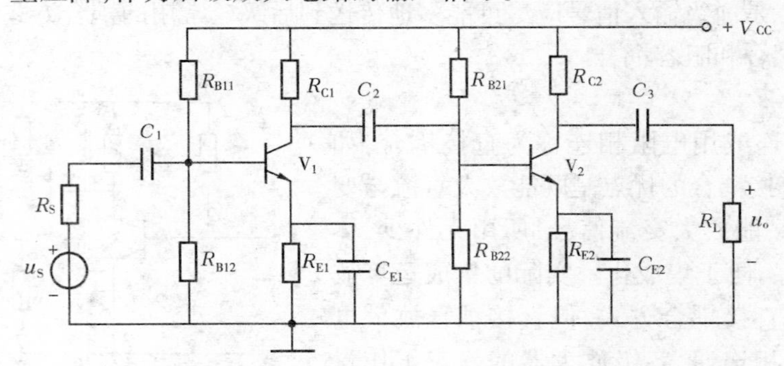

图 2-30 阻容耦合多级放大电路

1. 静态分析

由于各级的静态工作点互不影响,彼此独立,则可按分压式偏置放大电路的静态分析方法对每一级单独计算。在这里不再列出分析过程。

2. 动态分析

图 2-31 是图 2-30 的微变等效电路。

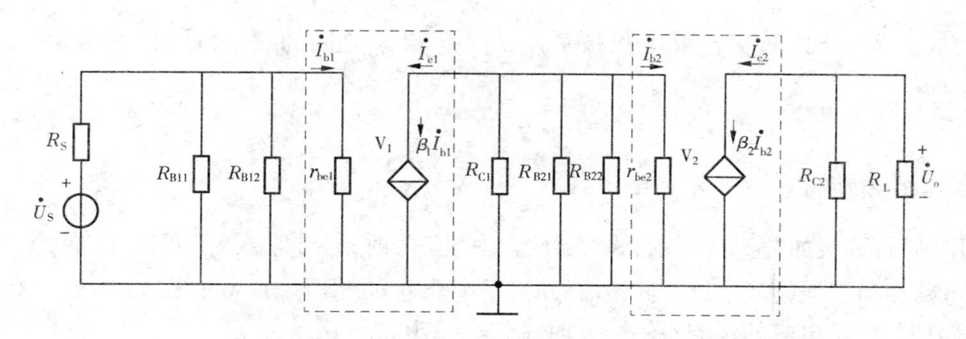

图 2-31　阻容耦合多级放大电路微变等效电路

第二级的输入电阻即为第一级的负载电阻，第一级的交流等效负载电阻

$$R'_{L1} = R_{C1} \mathbin{/\!/} R_{L1} = R_{C1} \mathbin{/\!/} r_{i2}$$

第二级的交流等效负载电阻

$$R'_{L2} = R_{C2} \mathbin{/\!/} R_L$$

从图 2-31 的微变等效电路中可以看出，第一级的输出电压就是第二级的输入电压，所以两级放大电路的电压放大倍数应为

$$A_u = \frac{\dot{U}_o}{\dot{U}_i} = \frac{\dot{U}_{o1}}{\dot{U}_i}\frac{\dot{U}_o}{\dot{U}_{i2}} = A_{u1}A_{u2}$$

同理，可推出多级放大电路的电压放大倍数等于各级电压放大倍数的乘积

$$A_u = A_{u1}A_{u2}\cdots A_{uN} \tag{2-39}$$

2.7　放大电路的频率响应

前面分析各类放大电路时，得到的放大倍数都与频率无关，这种情况只适合于中频频率信号。但在实际应用中，放大器所放大的信号往往具有复杂的频率成分。例如，语言、音乐信号的频率范围在 20 ~ 20 000 Hz，图像信号的频率范围在 0 ~ 6 MHz。由于电路中存在着许多与频率特性有关的器件，如电容、电感、PN 结的结电容、导线和电路板的分布电容等，这些器件的电抗随着信号频率的变化而变化，使得放大器对不同频率具有不同的放大效果。

放大电路的放大倍数与信号频率的关系称为放大电路的频率特性，又称电路的频率响应。电压放大倍数的模与频率的关系称为幅频特性，放大电路的输出电压与输入电压的相位差与频率的关系称为相频特性。

2.7.1　阻容耦合放大电路的幅频特性

共发射极放大电路的幅频特性曲线如图 2-32 所示。从幅频特性曲线上可以看出，在一个较宽的频率范围内，曲线平坦，这个频率范围称为中频区。在中频区之外有低频区和高频区。

在低频区和高频区，放大倍数都下降，当 $A_u(f)$ 下降到中频值的 0.707 倍时，相应频率称为放大器的下限频率 f_L 和上限频率 f_H。在 f_L 和 f_H 之间的频率范围称为通频带，记做 f_{BW}，即

$$f_{BW} = f_H - f_L \tag{2-40}$$

2.7.2 相频特性

相频特性曲线如图2-33所示，放大器放大中频信号时，输出与输入反相，相位差 $\varphi_A = -180°$，电路相当于纯电阻。放大低频信号时，受耦合电容的影响，$f \to 0$ 时，$\varphi_A = -90°$；放大高频信号时，受结电容的影响，在 $f \to \infty$ 时，$\varphi_A = -270°$。

综上所述，放大器放大不同频率的信号，有不同的放大效果。

当含有多种频率的信号输入放大器后，放大器输出端各种不同频率成分的相对幅度或相位发生变化引起的失真，称为放大器的频率失真。

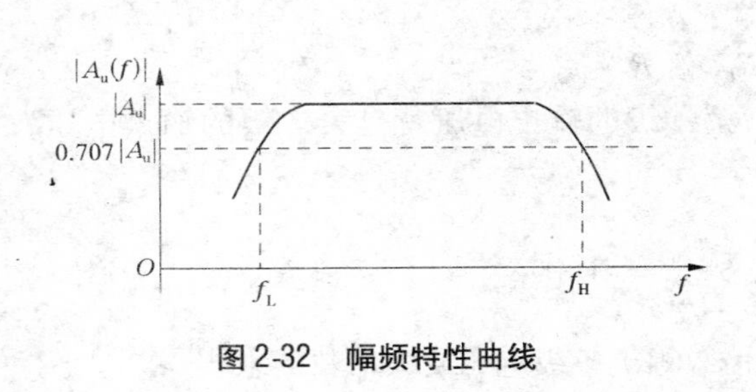

图2-32 幅频特性曲线

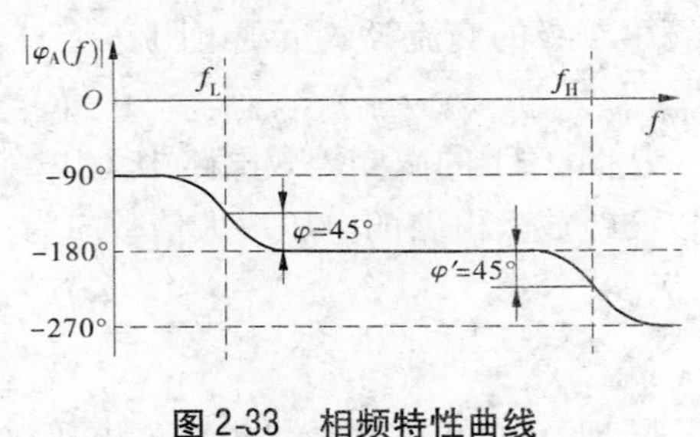

图2-33 相频特性曲线

本章小结

1. 半导体三极管又称双极型三极管，它由两个PN结构成，是一种电流控制型器件。它有三个工作区域：放大区、截止区和饱和区。当发射结正偏、集电结反偏时，三极管处于放大区，具有电流放大作用；当发射结与集电结都正偏时，三极管处于饱和区，C、E极之间相当于闭合的开关；当发射结与集电结都反偏时，三极管处于截止区，C、E极之间相当于断开的开关。放大电路中的三极管必须始终工作在放大区，以实现不失真地放大信号。

2. 三极管是组成放大电路的主要部件。三极管在交流电路中有三种接法，即共发射极、共集电极和共基极，故三极管放大器有三种组态。共发射极放大器的电压和电流放大倍数都较大，应用广泛；共集电极放大器的输入电阻大、输出电阻小，电压放大倍数接近1，适用于信号的跟随；共基极放大器适用于高频信号的放大。

3. 放大器的分析包括静态分析和动态分析，分析步骤是先静态、后动态。分析方法常用的有图解分析法、计算分析法和微变等效电路法。图解分析法只有在大信号输入才使用，静态分析常采用计算分析法，小信号动态分析常采用微变等效电路法。本章重点介绍了微变等效电路法。微变等效电路法只能用于分析放大电路的动态情况，用简化的微变等效电路代替三极管，并画出放大电路其余部分的交流通路，就得到放大电路的微变等效电路，然后就可以用线性电路分析方法求解。

4. 静态工作点直接影响到放大器的性能，分压式偏置放大电路是常用的工作点稳定

电路。

5. 多级放大电路有三种耦合方式:直接耦合、变压器耦合和阻容耦合。三种耦合方式各有特点。多级放大电路的电压放大倍数等于各级放大电路电压放大倍数的乘积。

6. 放大器对不同频率的信号有不同的放大倍数,用频率响应来表示这种特性。电压放大倍数的模与频率的关系称为幅频特性,放大电路的输出电压与输入电压的相位差与频率的关系称为相频特性。

思考题与习题

2-1　三极管有哪几种结构类型?

2-2　在什么条件下三极管工作在截止区、饱和区和放大区?

2-3　温度升高会引起三极管哪些参数的变化?如何变化?结果导致输出特性曲线如何变化?

2-4　说明共发射极交流放大电路中各元件的作用与信号的放大过程。

2-5　共发射极放大电路的电压放大倍数与哪些参数有关?

2-6　r_i、r_o 是交流电阻还是直流电阻?为什么 r_i 宜大而 r_o 宜小?

2-7　静态工作点不稳定的原因是什么?静态工作点不稳定对放大电路的工作有何影响?

2-8　分压式偏置放大电路是如何稳定静态工作点的?

2-9　在图 2-34 所示的电路中,判断能否实现交流放大。为什么?

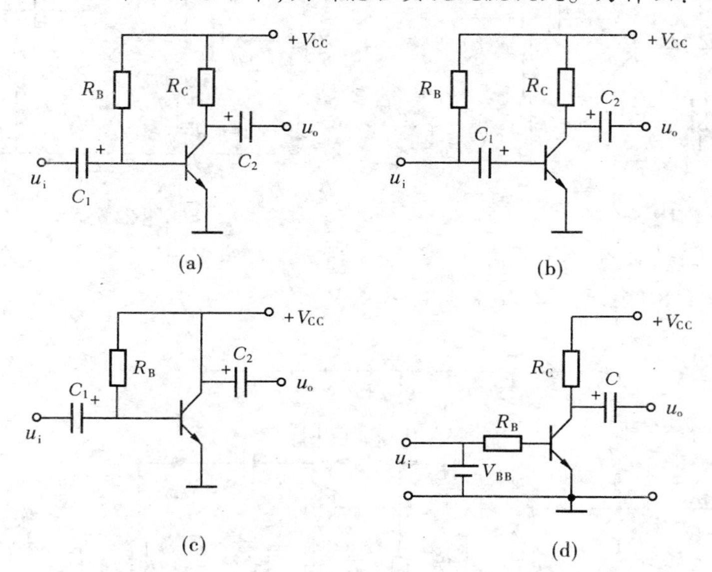

图 2-34

2-10　三极管各极对地电位的情况如图 2-35 所示,试分析各个三极管的情况。

(1)是 NPN 型还是 PNP 型?

(2)是锗管还是硅管?

(3)分别处在三极管输出特性的哪个区？有无损坏的？

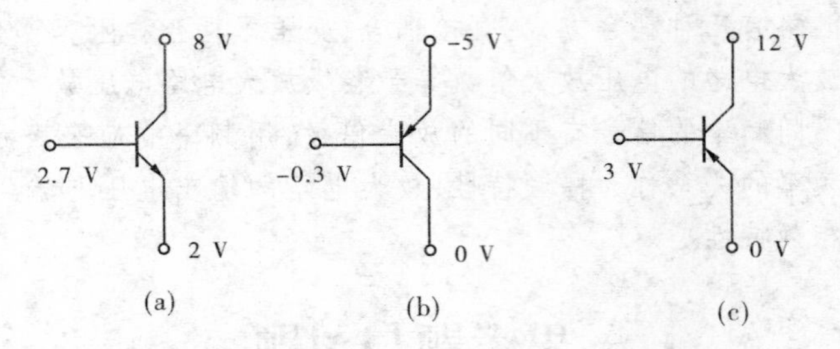

图 2-35

2-11　电路如图 2-36 所示，设 $V_{CC}=15\ V$、$R_{B1}=60\ k\Omega$，$R_{B2}=20\ k\Omega$、$R_C=3\ k\Omega$、$R_E=3\ k\Omega$、$R_S=600\ \Omega$，电容 C_1、C_2 的容量都足够大，$\beta=60$，$U_{BEQ}=0.7\ V$，$R_L=3\ k\Omega$，试计算：

(1)电路的静态工作点。

(2)电路的中频电压放大倍数、输入电阻和输出电阻。

(3)源电压放大倍数。

2-12　电路如图 2-37 所示，$\beta=50$，$r_{be}=1.5\ k\Omega$，计算电压放大倍数；若保持 $\beta=50$ 不变，将 R_L 由 4 kΩ 改为 2 kΩ，则电压放大倍数如何变化？在其他参数不变的情况下，β 变为 100，电压放大倍数如何变化？

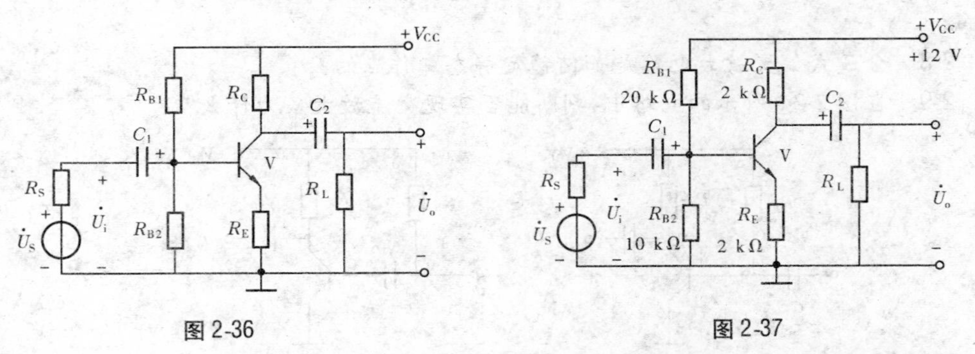

图 2-36　　　　图 2-37

2-13　有一仪器的部分放大电路如图 2-38 所示，已知 V_1 和 V_2 管的电流放大系数 $\beta_1=\beta_2=100$，$r_{be1}=1.8\ k\Omega$，$r_{be2}=1.8\ k\Omega$，$V_{CC}=6\ V$。

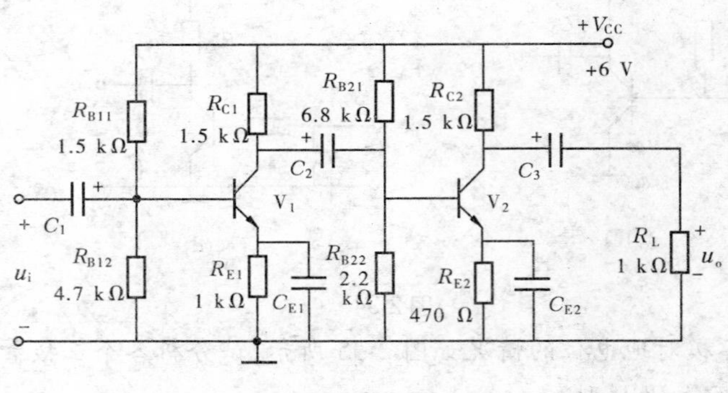

图 2-38

(1)画出电路的直流通路、交流通路和微变等效电路。

(2)估算两级放大电路的静态工作点。

(3)计算两级放大电路的电压放大倍数 A_u、输入电阻 r_i、输出电阻 r_o。

第3章　半导体场效应管及其放大电路

知识与技能要求

1. 知识点和教学要求

(1)掌握:增强型和耗尽型场效应管的特性、场效应管小信号电路模型及其参数。

(2)理解:场效应管工作原理和主要参数。

(3)了解:场效应管及其放大电路的特点。

2. 能力培养要求

具有正确应用场效应管及其放大电路的能力。

场效应管(简称FET)也是由PN结构成的半导体器件,它是利用输入电压产生的电场效应来控制输出电流的,称为电压控制型器件。场效应管工作时只有一种载流子(多子)参与导电,所以也称单极型晶体三极管。因为它具有输入电阻高、热稳定性好、功耗小、噪声低、制造工艺简单、适宜大规模集成等优点,因此在电子电路中得到了广泛的应用。

场效应管分为结型场效应管和绝缘栅型场效应管两大类,按导电沟道半导体材料不同,均又分为N沟道和P沟道两种;按导电方式来划分,场效应管分为耗尽型与增强型,结型场效应管均为耗尽型,绝缘栅型场效应管有耗尽型,也有增强型。本章主要介绍结型和绝缘栅型场效应管的结构、特性及基本放大电路。

3.1　结型场效应管

3.1.1　结型场效应管基本结构和符号

结型场效应管因具有两个PN结而得名,由于场效应管制造工艺和材料的不同,结型场效应管分为N沟道和P沟道两种。

如图3-1所示。在一块N型半导体的两侧各扩散出一个高掺杂浓度的P型区(用P^+表示),形成两个PN结。将两个P^+区连接并引出一个电极,称为栅极G;将N型半导体的上、下端各引出一个电极,分别称为漏极D和源极S,它们分别与三极管的基极B、发射极E、集电极C相对应。夹在两个PN结之间的N型区域是电流的通道,称为导电沟道,这种结构的管子称为N沟道结型场效应管。

若在一块P型半导体的两侧各扩散出一个高掺杂浓度的N型区(用N^+表示),就构成P沟道结型场效应管,如图3-2所示。

两种结构的场效应管工作原理相同,由于沟道内导电粒子种类不同,所以外加电源的极性不同,形成电流的方向不同。本节以 N 沟道为例,进行分析和阐述。

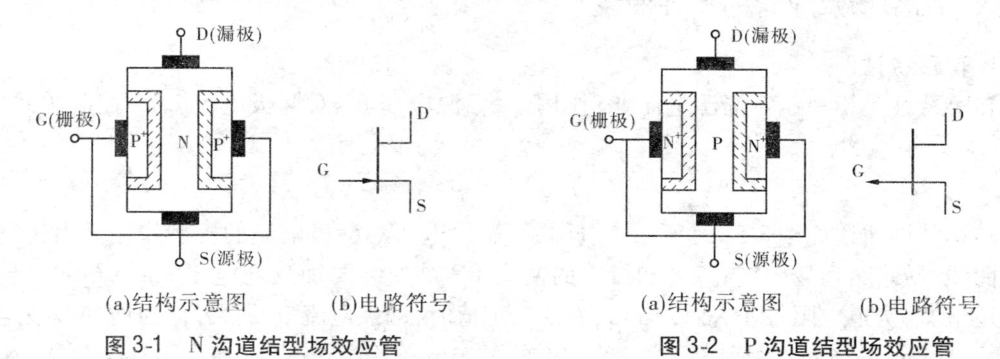

(a)结构示意图　　(b)电路符号

图 3-1　N 沟道结型场效应管

(a)结构示意图　　(b)电路符号

图 3-2　P 沟道结型场效应管

3.1.2　结型场效应管工作原理

为使 N 沟道结型场效应管正常工作,应在 D、S 极之间加正向电压 u_{DS}($u_{DS}>0$),源极和漏极之间形成电流 i_D,通过改变 G、S 极之间的反向电压 u_{GS},改变两个 PN 结阻挡层(耗尽层)的宽度,这样就改变了沟道电阻,从而改变了漏极电流 I_D。

图 3-3 所示为 $u_{DS}=0$ 时 u_{GS}对导电沟道的控制作用。当 $u_{GS}=0$(即 G、S 极短路)时,耗尽层很窄,导电沟道很宽;G、S 极间反向电压增大,耗尽层加宽,导电沟道变窄,沟道电阻增大;当反向电压增大到某一数值时,耗尽层闭合,沟道消失,沟道电阻趋于无穷大,场效应管截止。使耗尽层闭合的 u_{GS}电压为夹断电压,用 $U_{GS(off)}$表示。

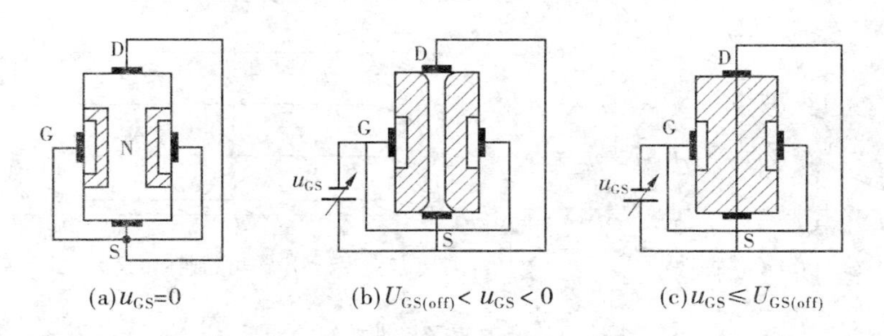

(a)$u_{GS}=0$　　(b)$U_{GS(off)}<u_{GS}<0$　　(c)$u_{GS}\leqslant U_{GS(off)}$

图 3-3　$u_{DS}=0$ 时 u_{GS}对导电沟道的控制作用

图 3-4 所示为 $u_{DS}>0$ 时 u_{GS}对导电沟道的控制作用。

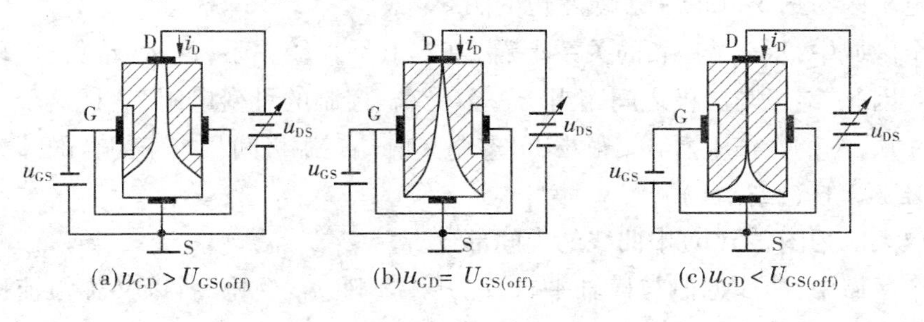

(a)$u_{GD}>U_{GS(off)}$　　(b)$u_{GD}=U_{GS(off)}$　　(c)$u_{GD}<U_{GS(off)}$

图 3-4　$u_{DS}>0$ 的情况

3.1.3　结型场效应管的特性曲线

1. 转移特性

转移特性是指在一定漏源电压 u_{DS} 作用下，栅源电压 u_{GS} 对漏极电流 i_D 的控制关系，即

$$i_D = f(u_{GS})\big|_{u_{DS}=常数} \tag{3-1}$$

转移特性曲线如图 3-5(a)所示，它反映了栅源电压对漏极电流的控制作用。由转移特性曲线可知，结型场效应管工作时，它的两个 PN 结始终要加反向电压。$u_{GS}=0$ 时，导电沟道最宽，沟道电阻最小，所以当 u_{DS} 为某一定值时，漏极电流 i_D 最大，称为饱和漏极电流，用 I_{DSS} 表示。当 u_{GS} 逐渐增大时，PN 结上的反向电压逐渐增大，沟道电阻逐渐增大，漏极电流 i_D 逐渐减小。当 $u_{GS}=U_{GS(off)}$ 时，$i_D=0$。

2. 输出特性

场效应管的输出特性，又称漏极特性，是指在栅源电压 u_{GS} 一定的情况下，漏极电流 i_D 与漏源电压 u_{DS} 之间的关系，即

$$i_D = f(u_{DS})\big|_{u_{GS}=常数} \tag{3-2}$$

图 3-5(b)所示为 N 沟道结型场效应管的输出特性。由图可知，输出特性也分为三个区：可变电阻区、线性放大区（恒流区）、截止区（夹断区）。

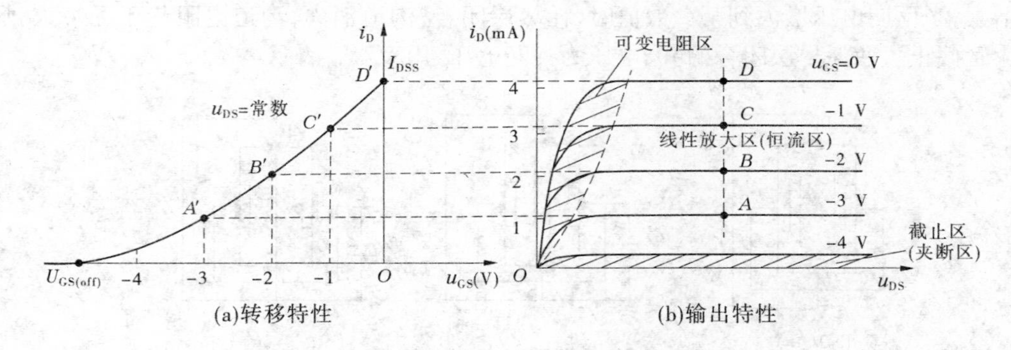

图 3-5　场效应管特性曲线

1）可变电阻区

可变电阻区为图 3-5(b)中虚线左边的阴影区。

在这个区域中，从 i_D 与 u_{DS} 的关系上看，基本上呈直线关系，且 u_{GS} 越负，表现为直线斜率越小。因此，漏极与源极之间相当于一个受 u_{GS} 控制的可变电阻，故称这个区域为可变电阻区。从 u_{DS} 的数值上看，u_{DS} 很小，可忽略其值，漏、源极间相当于闭合的开关。

2）线性放大区（恒流区）

线性放大区为图 3-5(b)中曲线的中间部分。

在这个区域中，曲线近似与横轴平行，i_D 几乎不随 u_{DS} 变化，所以又称恒流区。而相同的 u_{DS}，对应不同的 u_{GS}，有不同的 i_D 电流，表现出电压控制电流的特性。在放大电路中，场效应管就工作在这个区域。

在恒流区工作时，i_D 可用下式近似表示

$$i_D = I_{DSS}\left(1 - \frac{u_{GS}}{U_{GS(off)}}\right)^2 \tag{3-3}$$

式中，I_{DSS}为饱和漏极电流，它对应于 $u_{GS}=0$ 时的漏极电流；$U_{GS(off)}$ 为夹断电压。

3）截止区（夹断区）

截止区为图3-5（b）中横轴上方的阴影区。

当 $u_{GS} \leqslant U_{GS(off)}$ 时，PN结反向电压足够大，空间电荷区增厚，导电沟道全部夹断，$i_D \approx 0$，场效应管处于截止状态，对应的区域即为截止区，又称为夹断区。此时各极间呈现很大的电阻，漏、源极间相当于断开的开关。

综上所述，场效应管是一个电压控制器件，在电压 u_{GS}的控制下，场效应管有三种工作状态，不仅具有将微弱的电压信号放大为电流信号的放大特性，而且还具有开关特性。

3.2 绝缘栅型场效应管

绝缘栅型场效应管（MOSFET）由金属氧化物和半导体制成，又称为金属氧化物半导体场效应管，简称MOS管，有增强型和耗尽型两种，每种又有N沟道和P沟道之分，称为NMOS管和PMOS管。

3.2.1 增强型MOS管

1. 基本结构与符号

图3-6所示为N沟道增强型MOS管，简称增强型NMOS管。它是以一块掺杂浓度较低的P型硅片做衬底，在衬底上通过扩散工艺形成两个高掺杂的N型区，并引出两个极作为源极S和漏极D，在P型硅片表面制作一层很薄的二氧化硅（SiO_2）绝缘层，在二氧化硅表面再喷上一层金属铝，引出栅极G。

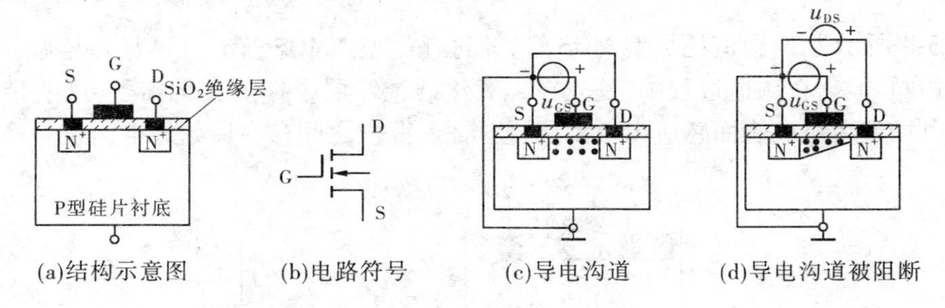

图3-6　N沟道增强型MOS管

2. 工作原理

NMOS管与结型场效应管相同，它也是电压控制电流的器件。在MOS管的漏极和源极之间，形成两个“背靠背”的PN结，当 $u_{GS}=0$ 时，不论 u_{DS}极性如何，其中总有一个PN结是反偏的，因而漏极电流 $i_D=0$，即漏极与源极之间不具有原始导电沟道。$u_{GS}>0$ 时，栅极与衬底之间产生了一个垂直于半导体表面、由栅极G指向衬底的电场。这个电场的作

用是排斥 P 型衬底中的空穴而吸引电子到衬底表面，当 u_{GS}增大到一定程度时，绝缘体和 P 型衬底的交界面附近积累了较多的电子，形成了 N 型薄层，称为 N 型反型层。反型层使漏极与源极之间形成一条由电子构成的导电沟道，当加上漏源电压 u_{DS}之后，就会有电流 i_D 流过沟道。通常将刚刚出现漏极电流 i_D 时所对应的栅源电压称为开启电压，用 $U_{GS(th)}$ 表示。

$u_{GS} > U_{GS(th)}$ 时，u_{GS}增大，电场增强，导电沟道变宽，沟道电阻减小，i_D 增大；反之，u_{GS}减小，沟道变窄，沟道电阻增大，i_D 减小。所以，改变 u_{GS}的大小，沟道电阻相应变化，从而控制电流 i_D 的大小。随着 u_{GS}的增强，NMOS 管的导电性能增强，故称之为增强型。

3. 特性曲线

增强型 NMOS 管和结型场效应管相同，其特性也由转移特性和输出特性表示。特性曲线如图 3-7 所示。

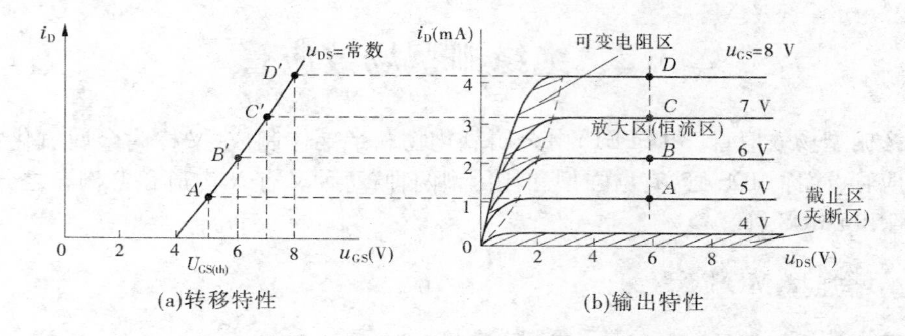

图 3-7 增强型 NMOS 管特性曲线

增强型 MOS 管也有 P 沟道结构形式(简称增强型 PMOS 管)，其结构、原理和特性与增强型 NMOS 管类同，在此不再赘述。

3.2.2 耗尽型 MOS 管

图 3-8 所示为 N 沟道耗尽型 MOS 管，简称耗尽型 NMOS 管。其结构与增强型 NMOS 管基本相同，但它在制造过程中，预先在二氧化硅绝缘层中掺入大量离子，这些带电离子产生的电场就在衬底表面感应出反型层，使得漏、源极之间存在原始导电沟道。

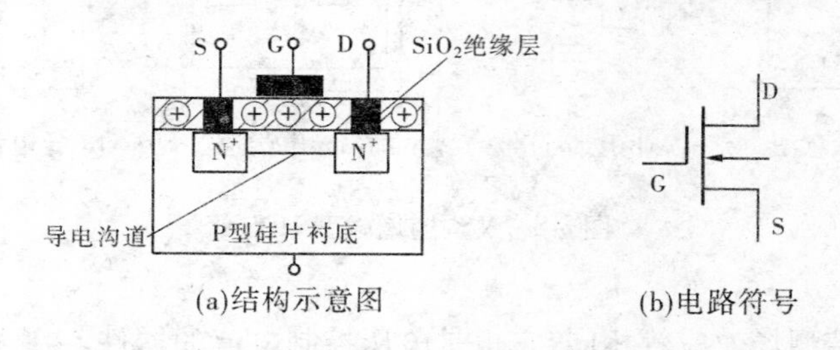

图 3-8 耗尽型 NMOS 管

在 $u_{GS}=0$ 时，加入 u_{DS}电压，形成 i_D 电流。u_{GS}增大，电场增强，沟道变宽，沟道电阻减小，i_D 增大；u_{GS}由零值向负值增大时，导电沟道变窄，达到一定负值时，反型层消失，漏源极之间失去导电沟道，此时的 u_{GS} 就称为夹断电压 $U_{GS(off)}$。可见耗尽型 NMOS 管在一定范围内，u_{GS} 正负值均可控制 i_D 的大小。其特性曲线如图 3-9 所示。

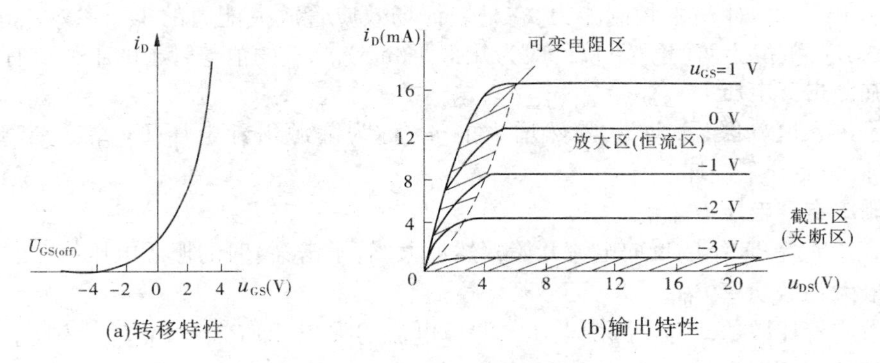

图 3-9 耗尽型 NMOS 管特性曲线

同样，耗尽型 MOS 管也有 P 沟道结构形式（简称耗尽型 PMOS 管），其结构、原理和特性与耗尽型 NMOS 管类同，只是工作时各电源极性接法应与 NMOS 管相反。PMOS 管电路符号如图 3-10 所示。

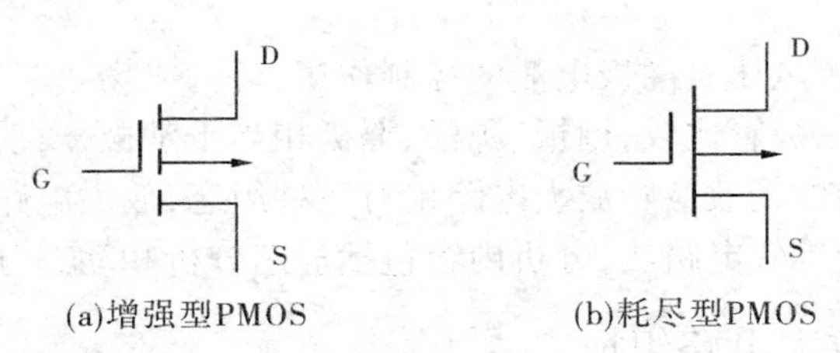

图 3-10 PMOS 管电路符号

3.2.3 MOS 管的主要参数

1. 开启电压 $U_{GS(th)}$

在 u_{DS} 为某一常量时，使 i_D 为一规定的微小电流所需的最小 $|u_{GS}|$ 值。手册中给出的是 i_D 为 5 μA 时 $|u_{GS}|$ 的值。$U_{GS(th)}$ 是增强型 MOS 管的参数。

2. 夹断电压 $U_{GS(off)}$

在 u_{DS} 为某一常量时，使 i_D 为一规定的微小电流（一般为 5 μA）时 u_{GS} 的值。它是结型场效应管和耗尽型 MOS 管的参数。

3. 饱和漏极电流 I_{DSS}

I_{DSS} 是指 u_{DS} 等于某一定值时，结型和耗尽型 MOS 管在 $u_{GS}=0$ 时的漏极电流。

4. 直流输入电阻 R_{GS}

R_{GS} 是指漏源极间短路时，栅源间的直流电阻值，一般大于 10^8 Ω。

5. 低频跨导 g_m（又称低频互导）

g_m 是指管子工作在恒流区，且 u_{DS} 为常量的条件下，漏极电流的微变量 Δi_D 和引起这个变化的栅源电压微变量 Δu_{GS} 之比，即

$$g_{\mathrm{m}} = \left.\frac{\Delta i_{\mathrm{D}}}{\Delta u_{\mathrm{GS}}}\right|_{u_{\mathrm{DS}}=常数} \tag{3-4}$$

g_{m} 反映了 u_{GS}对 i_{D} 的控制能力，它是表征场效应管放大能力的重要参数（相当于双极型管的β），单位为西门子(S)，一般为几毫西(mS)。g_{m} 的值与管子的工作点有关。

6. 漏源击穿电压 $U_{(\mathrm{BR})\mathrm{DS}}$

管子进入恒流区后，使 i_{D} 骤然增大的 u_{DS} 称为漏源击穿电压 $U_{(\mathrm{BR})\mathrm{DS}}$。当 u_{DS} 超过 $U_{(\mathrm{BR})\mathrm{DS}}$时，会使管子烧坏。

7. 栅源击穿电压 $U_{(\mathrm{BR})\mathrm{GS}}$

$U_{(\mathrm{BR})\mathrm{GS}}$是指 PN 结的反向电流开始骤然加大（管子击穿）时的栅源电压值。

8. 最大耗散功率 P_{DM}

场效应管耗散功率等于漏源电压与漏极电流的乘积，即 $P_{\mathrm{DM}} = U_{\mathrm{DS}}I_{\mathrm{D}}$。为防止温度过高致使场效应管烧坏，要对耗散功率进行限制，定义耗散功率不允许超过的值为最大耗散功率 P_{DM}。

3.3 场效应管放大电路

利用场效应管栅源电压对漏极电流的控制作用，可构成场效应管放大电路。

场效应管与晶体三极管比较，栅极、源极、漏极相当于基极、发射极、集电极，三极管放大电路有三种组态，同样场效应管放大电路也有三种组态，放大电路的分析方法也是采用估算法、图解法和微变等效电路法，分析内容包括静态分析和动态分析。

3.3.1 场效应管放大电路组成

在放大电路中，应使场效应管工作在恒流区。由于场效应管输入电阻很高，不需要提供栅极电流 I_{G}，只需要建立合适的静态偏压 U_{GS}。常用偏置电路有自给偏压式和分压式两种，如图 3-11 和图 3-12 所示。

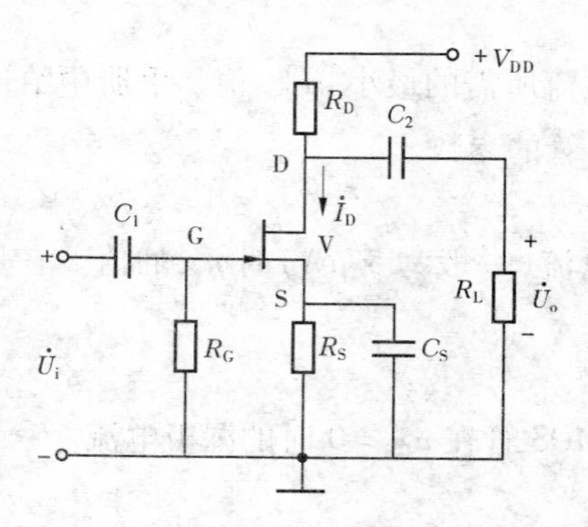

图 3-11 自给偏压式偏置放大电路

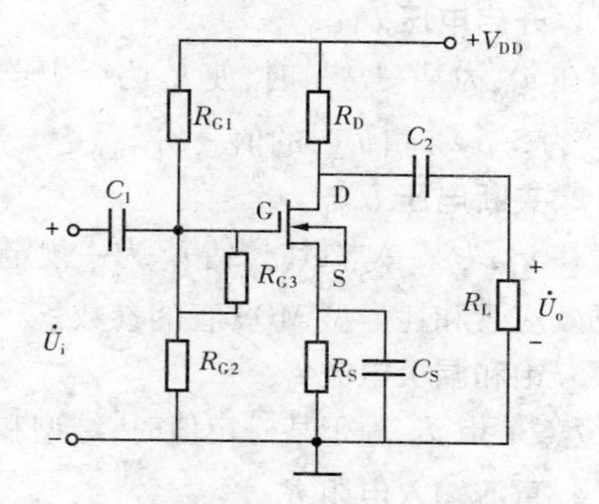

图 3-12 分压式偏置放大电路

3.3.2 静态分析

场效应管放大电路静态分析的目的是确定静态时的 U_{GS}、I_{D} 的值，以判断其静态工作点是否在恒流区合适的位置。

1. 自给偏压式偏置放大电路分析

结型场效应管常用的自给偏压式偏置放大电路如图 3-11 所示。在漏极电源作用下

$$U_{GS} = U_G - U_S = 0 - I_D R_S = -I_D R_S \tag{3-5}$$

$$U_{DS} = V_{DD} - I_D(R_D + R_S) \tag{3-6}$$

2. 分压式偏置放大电路

分压式偏置放大电路如图 3-12 所示，其中 R_{G1} 和 R_{G2} 为分压电阻，则

$$U_{GS} = U_G - I_D R_S = \frac{V_{DD} R_{G2}}{R_{G1} + R_{G2}} - I_D R_S \tag{3-7}$$

3.3.3 动态分析

场效应管放大电路的动态分析可采用图解法和微变等效电路法，其分析方法和步骤与三极管放大电路相同。下面以图 3-12 所示电路为例，用微变等效电路法来进行分析。

1. 场效应管的微变等效电路

场效应管的微变等效电路如图 3-13 所示，由于场效应管输入电阻很大，故输入端可看成开路，输出端等效为受控电流源。

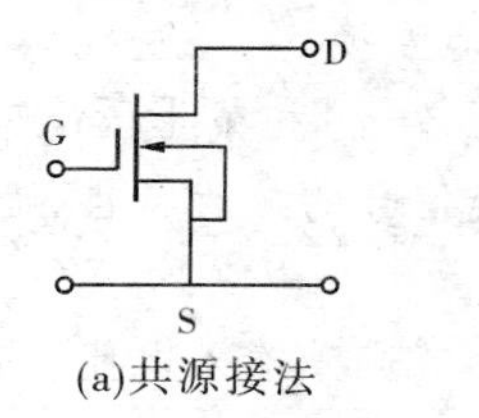

(a)共源接法

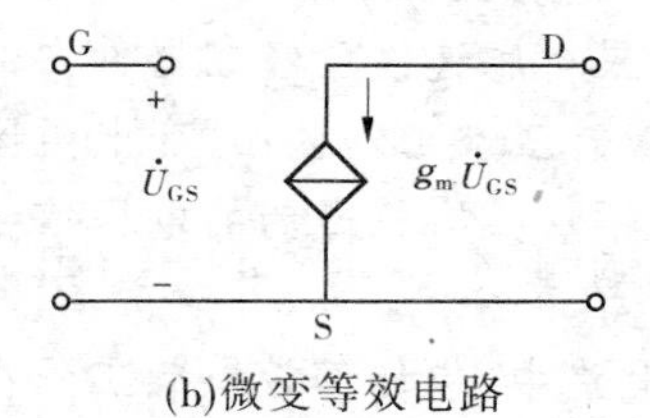

(b)微变等效电路

图 3-13 耗尽型 NMOS 管的微变等效电路

2. 放大电路动态分析

图 3-14 为图 3-12 所示电路的微变等效电路。

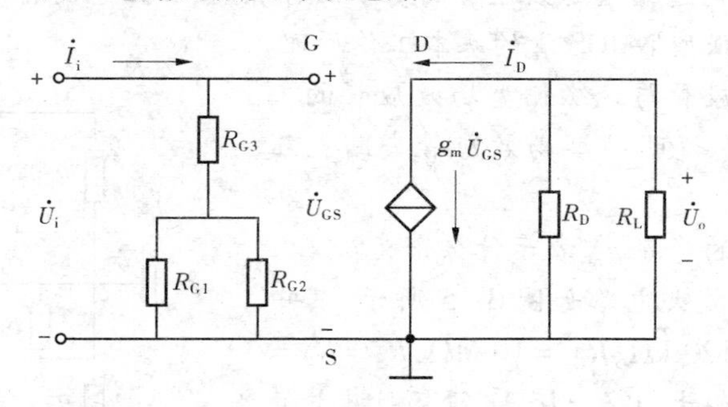

图 3-14 分压式共源极放大电路微变等效电路

令 $$R_L' = R_D // R_L$$

由图可知
$$\dot{U}_o = -g_m \dot{U}_{GS} R'_L \tag{3-8}$$
$$\dot{U}_i = \dot{U}_{GS} \tag{3-9}$$

电压放大倍数

$$\dot{A}_u = \frac{\dot{U}_o}{\dot{U}_i} = -g_m R'_L \tag{3-10}$$

输入电阻

$$r_i = \frac{\dot{U}_i}{\dot{I}_i} = R_{G3} + (R_{G1} \mathbin{/\!/} R_{G2}) \approx R_{G3} \tag{3-11}$$

当 $\dot{U}_{GS}=0$ 时,恒流源电流 $g_m\dot{U}_{GS}=0$(开路),输出电阻
$$r_o = R_D \tag{3-12}$$

本章小结

1. 场效应管是一种电压控制型器件,即用栅源电压控制漏极电流。它工作时只有一种载流子导电,是单极型晶体管。它的漏极和源极对称,可以互换使用。但是,MOS 管一般都有衬底,如果衬底连线已经在器件内部连好,就不能互换。

2. 场效应管有三个工作区:可变电阻区、放大区(恒流区)和截止区(夹断区),对应有三种工作状态,不仅具有将微弱的电压信号放大为电流信号的放大特性,而且还具有开关特性。

3. 在放大电路中,应使场效应管工作在恒流区。场效应管输入电阻很高,不需要提供栅极电流 I_G,只需要建立合适的静态偏压 U_{GS}。常用偏置电路有自给偏压式和分压式两种。

思考题与习题

3-1 试说明 N 沟道结型场效应管的基本工作原理,画出它的符号。

3-2 试说明增强型 NMOS 管的基本工作原理。

3-3 结型场效应管与绝缘栅型场效应管的工作原理有什么不同?说明结型场效应管夹断电压 $U_{GS(off)}$ 的含义。

3-4 场效应管的跨导 g_m 表示什么含义?

3-5 场效应管放大电路如图 3-15 所示,其中 $R_{G1}=300\ \text{k}\Omega$,$R_{G2}=120\ \text{k}\Omega$,$R_{G3}=10\ \text{M}\Omega$,$R_S=R_D=10\ \text{k}\Omega$,$C_S$ 的容量足够大,$V_{DD}=16\ \text{V}$,设场效应管的饱和电流 $I_{DSS}=1\ \text{mA}$,夹断电压 $U_{GS(off)}=-2\ \text{V}$,求静态工作点,用中频微变等效电路计算电压放大倍数。若 C_S 开路,再求电压放大倍数。

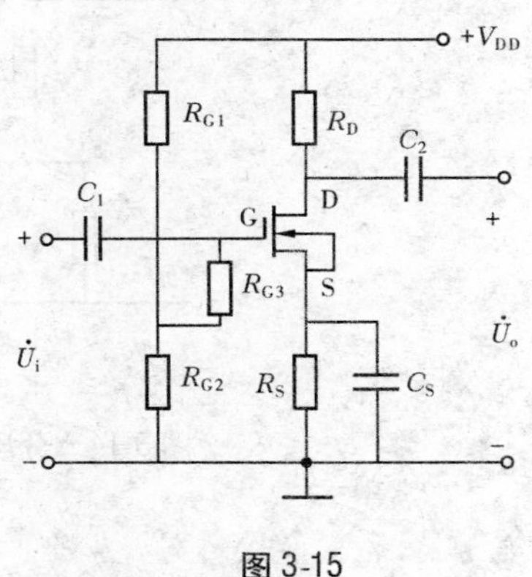

图 3-15

第 4 章　负反馈放大电路

知识与技能要求

1. 知识点和教学要求

(1) 掌握:负反馈对放大电路性能的影响、负反馈放大电路的四种基本组态和判别方法。

(2) 理解:反馈的概念、反馈的类别。

(3) 了解:深度负反馈条件下闭环增益的估算。

2. 能力培养要求

具有负反馈放大器的分析、应用能力。

在实用放大电路中,几乎都要引入反馈环节,以改善放大性能。因此,掌握反馈的基本概念及判断方法是研究实用电路的基础。本章主要介绍反馈的概念、反馈的组态及其判别方法、负反馈对放大电路性能的影响以及深度负反馈时电压放大倍数的估算。

4.1　反馈的基本概念

4.1.1　反馈的概念

1. 反馈的定义

将放大电路的输出量(电压或电流)的一部分或全部,通过一定的电路(称为反馈网络)送回到输入回路,这个过程称为反馈。反馈到输入回路的信号,称反馈信号。引入了反馈的放大电路叫做反馈放大电路或反馈放大器。

2. 反馈放大电路的结构

1) 反馈放大器结构框图

如图 4-1 所示,反馈放大器由基本放大电路和反馈网络两大部分组成,前者的主要功能是放大信号,后者的主要功能是馈送反馈信号。

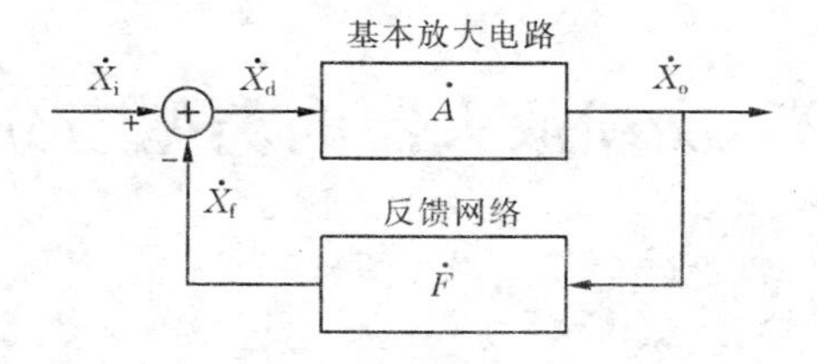

图 4-1　反馈放大器结构框图

从图 4-1 可以看出,基本放大电路和反馈网络正好构成一个环路,所以反馈放大器又称闭环放大器,无反馈的放大电路称开环放大器。

2)符号意义

在图 4-1 中,箭头表示信号传输方向;$\dot{X}_i$、$\dot{X}_o$、$\dot{X}_f$、$\dot{X}_d$ 分别表示输入信号、输出信号、反馈信号和净输入信号;$\dot{X}$ 代表电压信号或电流信号;$\dot{A}$ 为放大器的开环放大倍数,$\dot{F}$ 为反馈系数,符号"⊕"表示信号相叠加,输入信号 $\dot{X}_i$ 与反馈信号 $\dot{X}_f$ 叠加形成净输入信号 $\dot{X}_d$。

4.1.2 反馈放大电路基本方程

基本放大电路的放大倍数(又称放大器的开环放大倍数)为 $\dot{A}$,则

$$\dot{A} = \frac{\dot{X}_o}{\dot{X}_d} \tag{4-1}$$

反馈系数

$$\dot{F} = \frac{\dot{X}_f}{\dot{X}_o} \tag{4-2}$$

放大电路的闭环放大倍数 $\dot{A}_f$ 为

$$\dot{A}_f = \frac{\dot{X}_o}{\dot{X}_i} \tag{4-3}$$

净输入信号

$$\dot{X}_d = \dot{X}_i - \dot{X}_f \tag{4-4}$$

由关系式(4-1)~式(4-4)可得

$$\dot{A}_f = \frac{\dot{A}}{1 + \dot{A}\dot{F}} \tag{4-5}$$

如果放大电路工作在中频范围,且反馈网络显纯电阻性,$\dot{A}_f$ 可用 A_f 表示,则

$$A_f = \frac{A}{1 + AF}$$

$(1+AF)$称为反馈深度,若 $AF \gg 1$,则

$$A_f \approx \frac{1}{F} \tag{4-6}$$

表明电路引入深度负反馈。

4.2 反馈放大器的类型与分析

4.2.1 反馈放大器的类型

1. 正反馈和负反馈

根据反馈信号极性,反馈分为正反馈和负反馈。反馈信号与输入信号进行比较时,若

使放大电路的净输入信号增加，称正反馈；若使放大电路的净输入信号减少，称负反馈。

2. 直流反馈、交流反馈和交直流反馈

按反馈信号成分，反馈分为直流反馈、交流反馈和交直流反馈。如果反馈信号中只有直流成分，称直流反馈；只有交流成分，称交流反馈；若直流、交流成分都有，则称交直流反馈。

3. 串联反馈和并联反馈

按反馈信号与输入信号的连接关系，反馈分为串联反馈和并联反馈。如果反馈信号与输入信号在输入回路中串联，则为串联反馈，此时反馈信号以电压形式出现；如果反馈信号与输入信号在放大电路的输入端并联，则为并联反馈，此时反馈信号以电流形式出现。

4. 电压反馈和电流反馈

按反馈信号与输出信号的关系，反馈分为电压反馈和电流反馈。在输出端，若反馈信号的大小与输出电压成比例，则为电压反馈；反馈信号的大小与输出电流成比例，则为电流反馈。

4.2.2 反馈类型判别

1. 正反馈和负反馈的判别

正反馈和负反馈用瞬时极性法判别。

所谓瞬时极性法，就是在放大电路的输入端，首先假设一个输入信号对地的瞬时极性的变化趋势，增加或减小分别用“+”、“-”表示，按信号传输方向依次判断放大电路中相关点的瞬时极性，一直达到反馈信号的取出点；再按反馈信号的传输方向依次判断反馈信号的瞬时极性，直至反馈信号和输入信号的相加点，即反馈节点。如果反馈信号的瞬时极性使净输入信号减小，则为负反馈，反之为正反馈。

运用瞬时极性法时，电阻和电容在传输信号时不改变其极性的变化趋势；对于三极管，若基极电位瞬时升高，各极瞬时极性变化分析如下：

$$\text{基极电位升高记作}(+)\text{，则 } u_b\uparrow \rightarrow i_b\uparrow \rightarrow \begin{cases} i_c\uparrow \rightarrow u_c\downarrow & (\text{记作}-) \\ i_e\uparrow \rightarrow u_e\uparrow & (\text{记作}+) \end{cases}$$

因此，三极管三个极之间的电位关系如图 4-2(a)所示。

集成运放是集成运算放大器的简称，它实质上是一个由多级放大电路直接耦合构成的集成电路，具有很高的电压放大倍数。集成运放是反馈放大器的常用元件。有关集成运放的知识将在第 5 章详细介绍。集成运放的符号如图 4-2(b)所示，它有两个输入端(同相输入端和反相输入端)，一个输出端，其输出与输入的电位关系如图 4-2(b)所示。

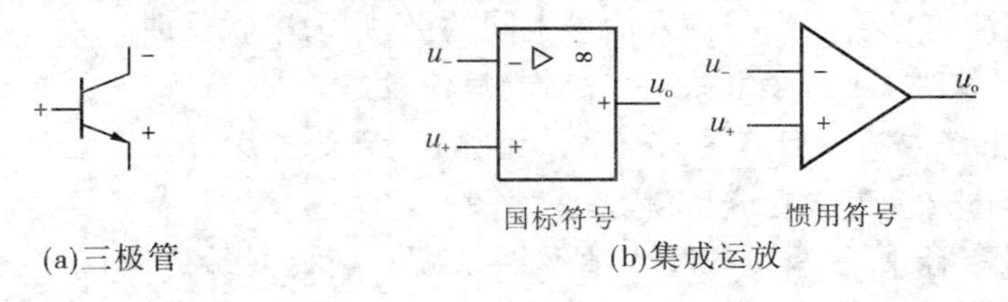

图 4-2 电位关系

2. 交、直流反馈的判别

交、直流反馈可以通过画出整个反馈电路的交、直流通路来判定。反馈回路存在于直流通路中即为直流反馈;反馈回路存在于交流通路中,即为交流反馈;反馈通路既存在于直流通路中,又存在于交流通路中,则称为交直流反馈。或根据定义,通过观察反馈网络从输出端或输出回路取得信号的成分来判定。

3. 串联反馈和并联反馈的判别

串联反馈和并联反馈的判别采用反馈节点接地法。假设将反馈节点接地,若输入信号还能加到放大器中去,则为串联反馈;若输入信号被短路,则为并联反馈。

4. 电压反馈和电流反馈的判别

电压反馈和电流反馈的判别采用负载短接法。假设把输出负载短接,则 $u_o=0$,若反馈信号因此而消失,则为电压反馈;如果反馈信号依然存在,则为电流反馈。

4.2.3 负反馈放大电路的类型分析

负反馈放大电路共有四种组态,即电压串联负反馈、电压并联负反馈、电流串联负反馈和电流并联负反馈。分析反馈放大电路时,一般按以下顺序进行:首先找出联系放大电路输出与输入回路的反馈网络,并用瞬时极性法判别反馈极性(正反馈还是负反馈);其次,从放大电路的输出回路来分析,判断反馈网络是取样于输出电压还是电流,从而确定是电压反馈还是电流反馈;最后从放大电路的输入回路分析,判断反馈信号与输入信号是串联还是并联,确定是串联反馈还是并联反馈,从而确定反馈放大电路的组态。

【例 4-1】 如图 4-3 所示电路,试说明其反馈组态。

解:(1)输出端与输入回路之间有联系元件 R_F,因此有反馈; u_o 中的交流和直流成分均可经 R_F 回送至输入回路,故为交直流反馈。

(2)应用瞬时极性法,若 u_i 瞬时对地为 +,则 u_o 为 +,R_1 上的电压(反馈电压 u_f),瞬时也为 +,净输入信号为 $u_d=u_i-u_f$。由于 u_f 的存在,净输入信号减小($u_d<u_i$),故为负反馈。

(3)从输出端来看,若将负载 R_L 短路,则 $u_o=0$,$u_f=0$,反馈不存在,由此判断为电压反馈。

(4)从输入回路来看,若将反馈节点接地,则 u_i 仍能输入,由此判断为串联反馈。

结论:此电路的反馈组态为交直流电压串联负反馈。

反馈组态也可用经验方法判别。具体判别方法是:反馈信号从 u_o 点引出,则为电压反馈,从与 u_o 不同的极引出,则为电流反馈;反馈信号引回到与输入信号相同的极,则为并联反馈,若反馈信号引回到与输入信号不同的极,则为串联反馈。

【例 4-2】 如图 4-4 所示电路,试说明其反馈组态。

解:(1)输出端与输入回路之间有联系元件 R_1,因此有反馈。而且 i_o 中的交流和直流成分均可反馈回来,故为交直流反馈。

(2)由瞬时极性来看,若 u_i 瞬时对地为 +,则 u_o 瞬时对地为 +,i_o 增大,故 u_f 瞬时极性也为 +,且 u_f 加到反相输入端,净输入信号 $u_d=u_i-u_f$,u_f 的存在使净输入信号减小,故为负反馈。

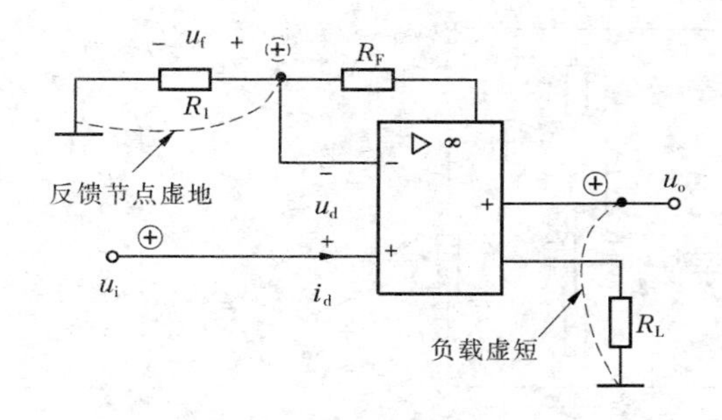

图 4-3　例 4-1 图

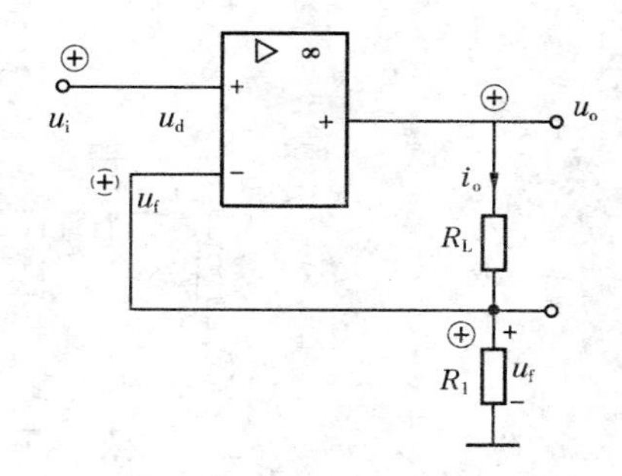

图 4-4　例 4-2 图

(3) 反馈信号 u_f 没有加到 u_i 点，故为串联反馈。

(4) $u_f \approx i_o R_1$, $u_f \propto i_o$，故为电流反馈。

结论：此电路的反馈组态为交直流电流串联负反馈。

【例 4-3】　电路如图 4-5 所示，试说明其反馈组态。

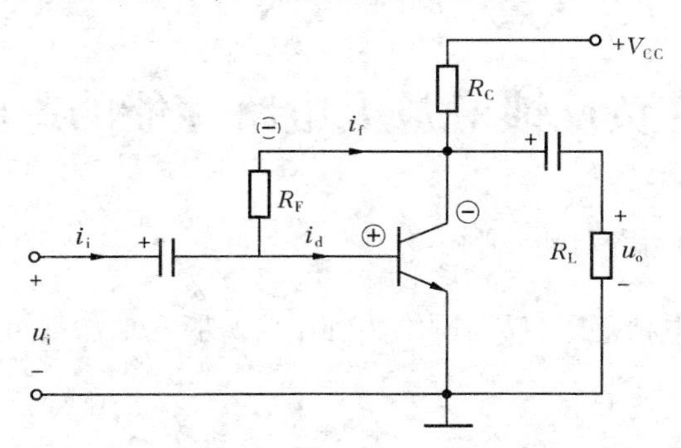

图 4-5　例 4-3 电路

解：(1) R_F 是输入回路和输出回路的公用元件，是联系输出回路与输入回路的反馈电阻，因而有反馈。输出信号中的直流和交流成分均在 R_F 中流通，因而为交直流反馈。

(2) 由瞬时极性来看，当 u_i 瞬时对地为 + 时，三极管基极瞬时极性为 +，集电极瞬时极性为 −，$i_d = i_i - i_f$，因反馈信号的存在，净输入信号 i_d 减小，故为负反馈。

(3) 反馈信号与输入信号加在同一极，可判定其反馈为并联反馈。

(4) 反馈信号

$$i_f = \frac{u_{be} - u_o}{R_F} \approx \frac{-u_o}{R_F}$$

即反馈信号正比于输出电压，故为电压反馈。

结论：此电路的反馈组态为交直流电压并联负反馈。

【例 4-4】　电路如图 4-6 所示，试说明其反馈组态。

解：(1) R_F 是输入回路和输出回路的公用元件，是联系输出回路与输入回路的反馈电阻，因而有反馈。输出信号中的直流和交流成分均在 R_F 中流通，因而为交直流反馈。

(2) 由瞬时极性来看，当 u_S 瞬时对地极性为 + 时，三极管 V_1 基极瞬时极性为 +，集

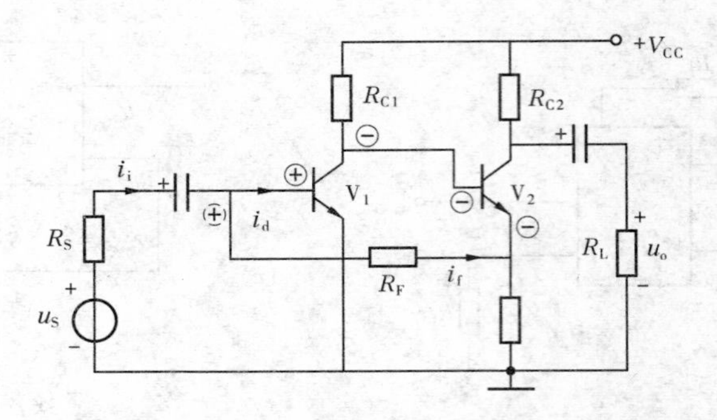

图 4-6　例 4-4 电路

电极瞬时极性为 -，再经三极管 V_2 放大后，发射极瞬时极性为 -。输入信号和反馈信号在同一节点引入且极性相反，故为负反馈。

(3) 在输入端，i_i、i_f、i_d 三者以电流形式并联于输入端，故为并联反馈。

(4) 在输出端将负载 R_L 短路，反馈信号并未消失，故为电流反馈。

结论：此电路的反馈组态为交直流电流并联负反馈。

4.3　负反馈对放大电路性能的影响

4.3.1　负反馈对放大倍数的影响

设放大电路工作在中频范围，反馈网络为纯电阻，所以 $\dot{A}$、$\dot{F}$ 都可用实数表示，则闭环放大倍数为

$$A_f = \frac{A}{1 + AF}$$

上式表明，负反馈放大电路的闭环放大倍数 A_f 是开环放大倍数 A 的 $\frac{1}{1+AF}$ 倍。反馈深度越大，闭环放大倍数 A_f 越低。

对 $A_f = \frac{A}{1+AF}$ 求微分，可得

$$dA_f = \frac{(1 + AF) \cdot dA - AF \cdot dA}{(1 + AF)^2} = \frac{dA}{(1 + AF)^2}$$

两边同除以 A_f，可得

$$\frac{dA_f}{A_f} = \frac{1}{1 + AF}\frac{dA}{A} \tag{4-7}$$

式(4-7)表明，引入负反馈后，闭环放大倍数的相对变化量是开环放大倍数相对变化量的 $1/(1+AF)$。可见反馈越深，放大器的增益越稳定，当然放大电路的放大倍数也就越低。即负反馈使电压放大倍数降低，但稳定性提高。

4.3.2　减小非线性失真

放大电路中含有非线性元件，或受外界干扰，都可能引起输出波形的失真。

假设正弦信号 u_i 经过开环放大电路后，输出正半周幅度大、负半周幅度小的失真信号，如图 4-7(a) 所示。引入交流负反馈，将失真信号回送至输入端，在输入端获得同样正半周幅度大、负半周幅度小的反馈信号，反馈信号与输入信号叠加后，使放大电路获得正半周幅度小而负半周幅度大的净输入信号。该净输入信号再经过基本放大电路放大后，使输出波形趋于正弦波，减小了非线性失真，如图 4-7(b) 所示。

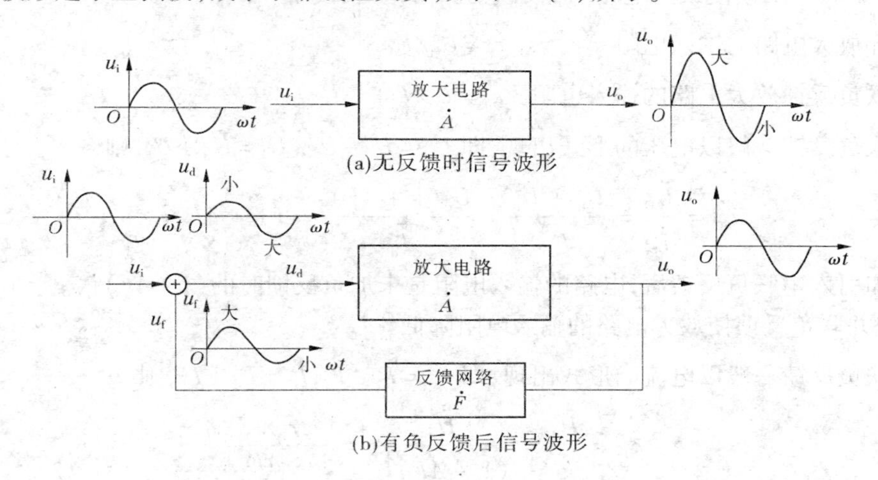

图 4-7 负反馈减小非线性失真

从本质上而言，负反馈是利用失真了的波形来改善输出波形的失真(即负反馈自动调整输出信号的作用)。为此，失真只能改善，不能消除。

同样道理，负反馈对噪声、干扰和温度的影响也具有抑制作用。

4.3.3 展宽放大电路的通频带

前已述及，由于电路中含有动态元件，以及三极管结电容的存在，放大电路在高频区及低频区放大倍数会下降。引入负反馈后，与放大中频信号相比较，放大倍数降低，放大器的输出减小，引起反馈量减小，从而使净输入量减小的程度比中频时少，高频和低频段放大倍数降低得少，幅频特性变得平坦，上限截止频率升高，下限截止频率下降，通频带被展宽，如图 4-8 所示。

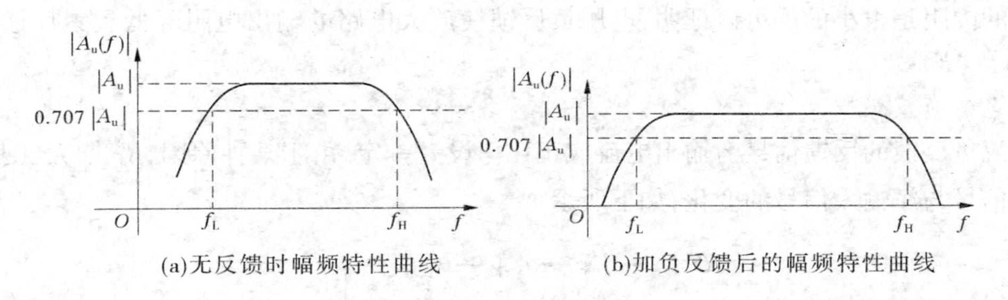

图 4-8 负反馈展宽通频带

4.3.4 改变放大电路的输入电阻和输出电阻

1. 负反馈对放大电路输入电阻的影响

负反馈对放大电路输入电阻的影响,与反馈网络在输入端的连接方式有关。

(1)串联负反馈使放大电路的输入电阻增加。

开环放大电路的输入电阻 $r_i = \dot{U}_d / \dot{I}_d$

串联负反馈放大电路的输入电阻 $r_{if} = \dot{U}_i / \dot{I}_i$

串联负反馈一般以电压的形式出现,即 $\dot{U}_d = \dot{U}_i - \dot{U}_f$, $\dot{U}_i = \dot{U}_d + \dot{U}_f$,则

$$r_{if} = \frac{\dot{U}_i}{\dot{I}_i} = \frac{\dot{U}_d + \dot{U}_f}{\dot{I}_d} = \frac{\dot{U}_d(1 + AF)}{\dot{I}_d} = (1 + AF)r_i \tag{4-8}$$

由此可知引入串联负反馈后,电路的输入电阻是未加负反馈时的$(1+AF)$倍。

(2)并联负反馈使放大电路的输入电阻降低。

并联负反馈一般以电流的形式出现,即 $\dot{I}_d = \dot{I}_i - \dot{I}_f$, $\dot{I}_i = \dot{I}_d + \dot{I}_f$,则

$$r_{if} = \frac{\dot{U}_i}{\dot{I}_i} = \frac{\dot{U}_d}{(1 + AF)\dot{I}_d} = \frac{r_i}{1 + AF} \tag{4-9}$$

由此可知引入并联负反馈后,电路的输入电阻减小到未加负反馈时的$1/(1+AF)$。

2. 负反馈对放大电路输出电阻的影响

负反馈对放大电路输出电阻的影响与反馈的类型有关。

1)电压负反馈

电压负反馈的反馈信号与输出电压成正比。设 u_i 一定,由于某种原因,R_L 增大,则引起反馈信号与净输入信号变化,如下所示:

$$R_L\uparrow \to u_o\uparrow \to u_f\uparrow \to u_d\downarrow \to u_o\downarrow$$

引入电压负反馈后,通过反馈的自动调节,输出电压趋于稳定,使电路更像恒压源,而恒压源的内阻是很小的。可以证明,电压负反馈使放大电路的输出电阻降低到无反馈时的$1/(1+AF)$。

2)电流负反馈

电流负反馈的反馈信号与输出电流成正比。设 i_i 一定,由于某种原因,R_L 增大,则引起反馈信号与净输入信号的变化,如下所示:

$$R_L\uparrow \to i_o\downarrow \to u_f\downarrow \to u_d\uparrow \to i_o\uparrow$$

引入电流负反馈后，通过反馈的自动调节，输出电流趋于稳定，使电路更像恒流源，而恒流源的内阻是很大的。可以证明，电流负反馈使放大电路的输出电阻增大到无反馈时的$(1+AF)$倍。

综上所述，放大电路中，要稳定直流量，可引入直流负反馈；要改善放大电路的性能，可引入交流负反馈；要提高输入电阻，可引入交流串联负反馈；要减小输入电阻，可引入交流并联负反馈；要稳定输出电流，提高输出电阻，可引入交流电流负反馈；要稳定输出电压，减小输出电阻，可引入交流电压负反馈。

4.4 深度负反馈放大电路

4.4.1 深度负反馈放大电路及特点

当反馈深度$|1+AF|\gg 1$时，负反馈放大电路称为深度负反馈放大电路（设放大电路工作在中频范围，$\dot{A}_f$、$\dot{F}$都可用实数表示）。

因为$|1+AF|\gg 1$，深度负反馈放大电路的放大倍数为

$$A_f=\frac{A}{1+AF}\approx\frac{1}{F}$$

而

$$A_f=\frac{\dot{X}_o}{\dot{X}_i}\quad,\quad F=\frac{\dot{X}_f}{\dot{X}_o}$$

故有

$$\frac{\dot{X}_o}{\dot{X}_i}\approx\frac{\dot{X}_o}{\dot{X}_f}$$

$$\dot{X}_i\approx\dot{X}_f$$

$$\dot{X}_d=\dot{X}_i-\dot{X}_f\approx 0$$

深度负反馈放大电路的特点如下：

(1)深度负反馈放大电路的放大倍数A_f取决于反馈系数F，只要F不变，深度负反馈放大电路的放大倍数就能够基本保持稳定，不受环境温度等外部环境的影响。

(2)在深度负反馈条件下，反馈信号和外加输入信号近似相等，则净输入信号近似为0。

(3)串联负反馈输入电阻r_{if}非常大，可认为$r_{if}\to\infty$；并联负反馈输入电阻r_{if}非常小，可认为$r_{if}\to 0$；电流负反馈输出电阻r_{of}非常大，可认为$r_{of}\to\infty$；电压负反馈输出电阻r_{of}非常小，可认为$r_{of}\to 0$。

4.4.2 深度负反馈放大电路计算

深度负反馈放大电路的计算，可依据其特点和电路结构，先计算出F值，再完成其他内容的计算。

【例4-5】 图4-9为由集成运放组成的负反馈电路，已知运放的开环增益$A_{od}\to\infty$，元件参数标于图中。设$|1+AF|\gg 1$，求这个放大电路的A_{uf}大小。

解：图4-9中，电路各处的瞬时极性已标在图上。经分析，可确定电路为电压串联负

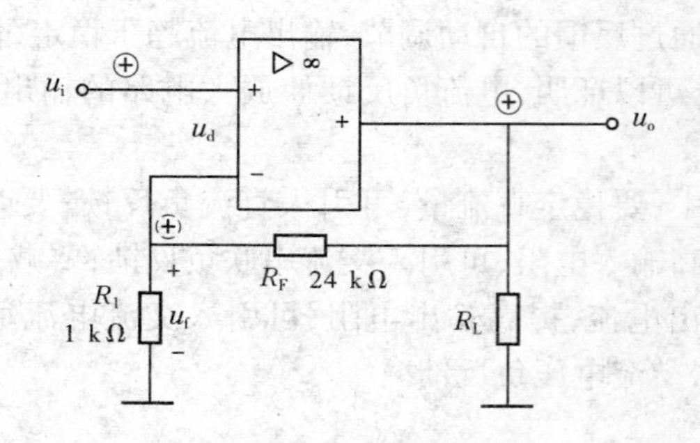

图 4-9 例 4-5 电路

反馈放大电路。由已知条件 $|1+AF| \gg 1$ 知,电路为深度负反馈放大电路,则

$$r_{if} \to \infty, A_f = \frac{A}{1+AF} \approx \frac{1}{F}, \ i_i \approx 0$$

$$F = \frac{u_f}{u_o} = \frac{R_1}{R_1 + R_F}$$

$$A_{uf} = A_f \approx \frac{1}{F} = 1 + \frac{R_F}{R_1} = 1 + \frac{24}{1} = 25$$

【例 4-6】 图 4-10 所示电路是一个深度负反馈两级放大电路,试求其电压放大倍数的表达式。

解:对图 4-10 所示电路进行分析,可知其为两级交流电压串联深度负反馈放大电路,则 R_F 和 R_{E1} 可视做串联,则

$$F = \frac{u_f}{u_o} = \frac{R_{E1}}{R_F + R_{E1}}$$

故其电压放大倍数

$$A_{uf} \approx \frac{1}{F} = \frac{R_F + R_{E1}}{R_{E1}} = 1 + \frac{R_F}{R_{E1}}$$

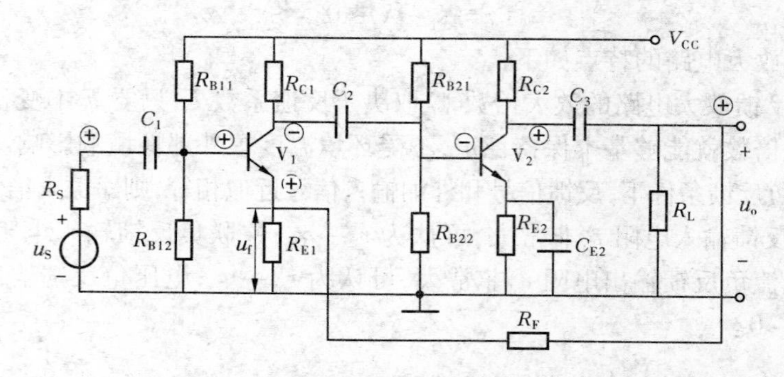

图 4-10 例 4-6 图

本章小结

1. 将放大电路输出量的一部分或全部,通过一定的电路送回到输入回路,这个过程称为反馈。反馈放大器的性能取决于反馈的方式。几乎所有的实用放大电路中都引入了负

反馈环节，以达到改善放大性能的目的。

2. 反馈有多种类型。按反馈信号极性分为正反馈和负反馈；按反馈信号成分分为直流反馈、交流反馈和交直流反馈；按反馈信号与输入信号的连接关系分为串联反馈和并联反馈；按反馈信号与输出信号的关系分为电压反馈和电流反馈。不同类型的反馈对放大电路产生的影响不同，电压负反馈使输出电压保持稳定，降低了输出电阻；电流负反馈稳定了输出电流，提高了输出电阻。串联负反馈提高了输入电阻；并联负反馈降低了输入电阻。直流负反馈的作用是稳定静态工作点。

3. 交流负反馈在降低了放大器的增益的同时，改善了其他方面的性能（提高了放大器增益的稳定性，降低了电路内部的噪声，改善了非线性失真，拓宽了通频带，改变了放大器的输入电阻和输出电阻）。

4. 深度负反馈放大器的估算具有实际意义。深度负反馈放大电路计算可依据其特点和电路结构，计算 F 值。

思考题与习题

4-1　简述反馈的类型与判别方法。

4-2　如果需要实现下列要求，在交流放大电路中应引入哪种类型的负反馈？

（1）要求输出电压基本稳定，并能提高输入电阻。

（2）要求输出电流基本稳定，并能减小输入电阻。

（3）要求输出电流基本稳定，并能提高输入电阻。

4-3　如果输入信号本身已是一个失真的正弦波，试问引入负反馈后能否改善失真，为什么？

4-4　什么是深度负反馈？怎样理解“负反馈愈深，A_f 降低得愈多，但电路工作愈稳定”？

4-5　图 4-11 所示的两级放大电路中，①哪些是直流负反馈？②哪些是交流负反馈？并说明其类型。③如果 R_F 不是接在 V_1 的发射极，而是接在 C_2 与 R_L 之间，两者有何不同？④如果 R_F 的另一端不是接在 V_2 的集电极，而是接在它的基极，两者有何不同？是否会变为正反馈？

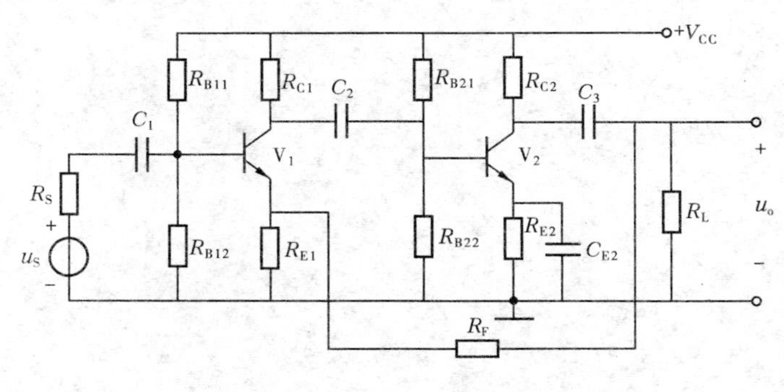

图 4-11

4-6 判断图 4-12 所示电路的反馈组态。

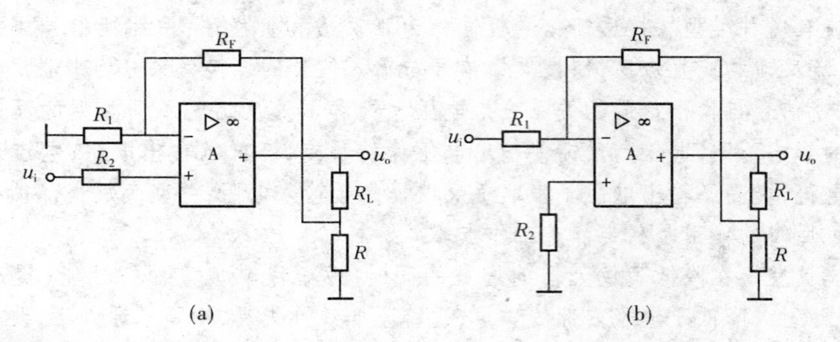

图 4-12

4-7 求图 4-13 所示电路的反馈系数和闭环放大倍数。

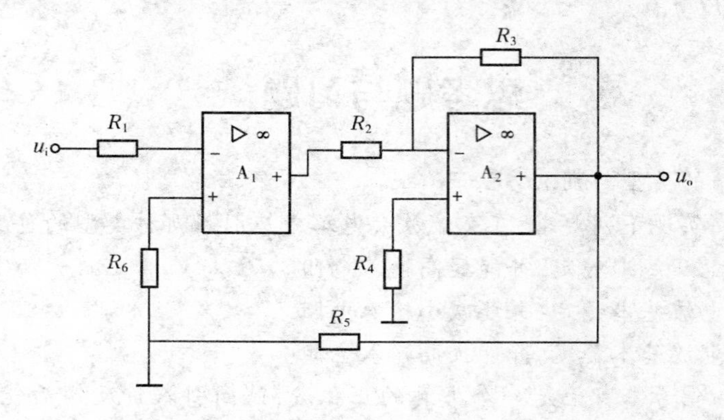

图 4-13

第5章　集成运算放大器及其应用

知识与技能要求

1. 知识点和教学要求

(1)掌握:理想运放的特性、应用电路的一般分析方法,集成组件构成的加法与减法、积分与微分运算电路。

(2)理解:差分放大电路与集成运算放大器各项指标的含义,虚短与虚断的含义,集成运算放大器常见应用电路的工作原理,实际电路中所采用输入方式的意图。

(3)了解:运放的内部组成、在非线性系统中的应用,零漂的含义,差分放大电路四种输入输出组合方式与电压放大性能及抗共模干扰的能力。

2. 能力培养要求

具有正确运用集成运算放大器的能力。

所谓集成电路,是把若干个晶体管、电阻、小容量电容及导线制作在一块晶体片上构成的电路。集成电路按其功能、结构的不同,可以分为模拟集成电路、数字集成电路和数/模混合集成电路三大类。用来产生、放大、处理模拟信号的集成电路叫模拟集成电路;用来产生、放大、处理数字信号的集成电路叫数字集成电路;内部既有模拟电路,又有数字电路的集成电路,则为数/模混合集成电路。模拟集成电路多种多样,应用最广泛的是运算放大器和集成稳压器,另外还有乘法器、电压比较器、高频放大器、中频放大器、频率合成器等。

本章从应用的角度重点讲述集成运算放大器在线性系统及非线性系统中的应用。集成稳压器将在第8章介绍。

5.1　集成运算放大器简介

集成运算放大器,简称集成运放。它最初大多用于模拟信号的运算,如比例、加、减、积分、微分运算等,也因此而取名,现在集成运算放大器的功能远不止这些。

5.1.1　集成运放的组成、符号

1. 集成运放的组成

如图5-1所示,典型集成运放由输入级、中间级、输出级和偏置电路组成。输入级为差分放大电路,主要起抑制零点漂移和共模干扰的作用。中间级主要由多个采用恒流源负载的共发射极放大器级联构成,主要是完成运放的电压放大。输出级多采用互补对称型射极输出器,主要起减小运放的输出电阻,提高负载能力,并且使静态输出电压为零等

作用。偏置电路采用恒流源电路，为运放中各级放大器提供合适的静态偏流，从而确定合适的静态工作点。

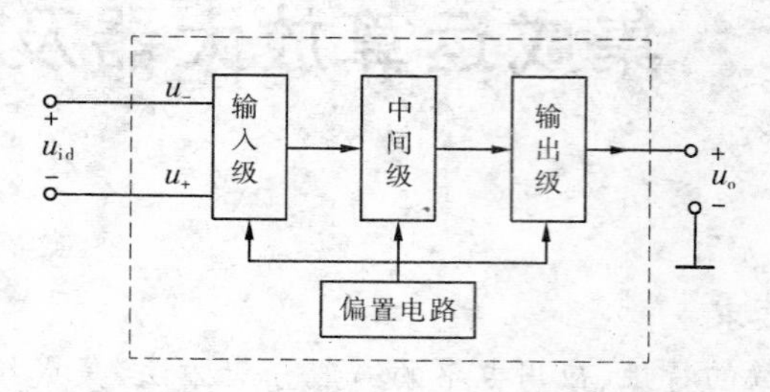

图 5-1　集成运放结构框图

2. 集成运放的符号

图 5-2 是集成运放的电路符号。运放的两个输入端就是输入级差分放大器的两个输入端。标“+”的输入端叫同相输入端，当信号从该端输入时，输出电压与输入电压同相；标“-”的输入端叫反相输入端，当信号从该端输入时，输出电压与输入电压反相。广义地说，当 u_i 的参考方向由同相输入端指向反相输入端时，u_o 与 u_i 同相；当 u_i 的参考方向由反相输入端指向同相输入端时，u_o 与 u_i 反相。

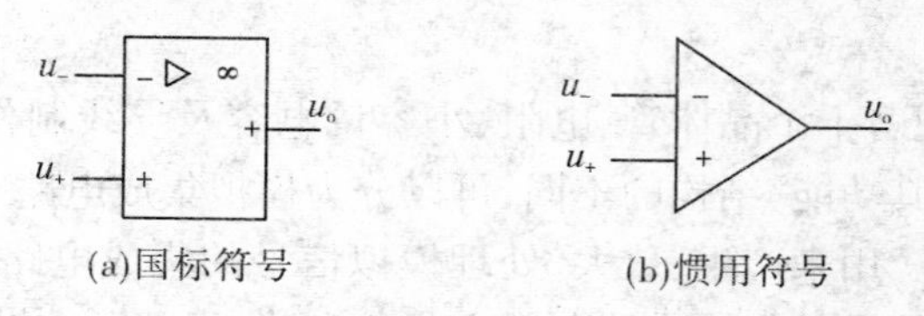

图 5-2　集成运放的电路符号

5.1.2　集成运放的主要技术参数

正确理解集成运放参数的含义是正确使用运放的前提。衡量集成运放质量好坏的技术指标很多，在实际工作中，可以从手册中查阅或直接测试。

1. 集成运放的静态特性参数

静态特性参数即输入信号为零时集成运放的特性参数。

1）输入失调电压 U_{io}

理想的运放，当输入信号为零时，输出电压亦为零。但由于实际运放中的差分电路很难做到完全对称，故在输入电压为零时，输出电压并不为零。为了使运放在输入电压为零时输出电压亦为零，在运放输入端加一个补偿电压，使输出电压为零，我们把这个电压称为输入失调电压 U_{io}。

2）输入失调电流 I_{io}

输入失调电流 I_{io} 是指在差模输入电压为零的情况下，同相端静态基极电流 I_{B+} 和反相端静态基极电流 I_{B-} 之差，即

$$I_{io} = I_{B+} - I_{B-} \tag{5-1}$$

I_{io} 的存在，使运放在无差模输入电压时，输出电压 U_o 亦不为零，导致运放进入非线性

区。造成I_{io}存在的原因主要是差分放大器左右不对称。

3）输入偏置电流I_B

输入偏置电流I_B是指输入信号为零时运放的两个输入端静态基极电流的平均值，即

$$I_B = \frac{1}{2}(I_{B+} + I_{B-}) \tag{5-2}$$

当运放的两个输入端对地的电阻不相等时，I_B的存在就会产生附加差模输入电压，故运放在输入信号为零时，输出电压不为零，严重时使运放工作于非线性区。

4）输入失调电压温漂dU_{io}/dT及输入失调电流温漂dI_{io}/dT

输入失调电压温漂和输入失调电流温漂分别指单位温度变化引起的输入失调电压和输入失调电流的变化量。

2. 差模特性参数

差模特性主要用于描述差模信号输入时集成运放输出信号与输入信号的关系。

1）开环差模电压放大倍数A_{uod}

开环差模电压放大倍数A_{uod}是指运放没有加反馈时输出电压变化量与两个输入端电压之差的变化量之比，即

$$A_{uod} = \frac{\Delta U_o}{\Delta(U_+ - U_-)} \tag{5-3}$$

用分贝（dB）表示时，称为运放的开环增益。运放的开环增益为

$$20\lg|A_{uod}| = 20\lg\left|\frac{\Delta U_o}{\Delta(U_+ - U_-)}\right| \tag{5-4}$$

2）差模输入电阻r_{id}

运放工作在线性区时，两个输入端的电压变化量与对应的输入端电流变化量之比称运放的差模输入阻抗。

输入阻抗包括输入电阻和输入电容，在低频时仅指输入电阻，称为差模输入电阻，用r_{id}表示。

差模输入电阻的大小将影响放大器对信号的放大作用，与信号源内阻相比，r_{id}越小，对信号的放大作用就下降得越厉害（源电压放大倍数下降）。

3）开环带宽f_0和单位增益带宽f_c

运放由于集成电路内部晶体管和场效应管极间电容的影响，高频时，放大倍数下降，故运放的开环带宽很窄，如LM324的开环带宽只有8 Hz。

单位增益带宽是指增益随着频率的增加而下降到0 dB时（放大倍数等于1）的频带宽度。

3. 共模特性参数

共模特性反映的是集成运放抗干扰的能力。

1）共模电压放大倍数A_{uoc}

共模电压放大倍数是指运放的两个输入端在同相共模电压变化量ΔU_{ic}的作用下，输出端电压的变化量ΔU_{oc}与输入端电压的变化量ΔU_{ic}的比值，即

$$A_{uoc} = \frac{\Delta U_{oc}}{\Delta U_{ic}} \tag{5-5}$$

共模电压放大倍数 A_{uoc} 越小越好，理想运放的 $A_{uoc}=0$，而实际运放的 A_{uoc} 很小。

2）共模抑制比 K_{CMR}

运放的差模电压放大倍数与共模电压放大倍数的比值的绝对值，称为共模抑制比，即

$$K_{CMR} = |A_{uod}/A_{uoc}| \tag{5-6}$$

用分贝（dB）表示，则

$$共模抑制比 = 20\lg K_{CMR} = 20\lg|A_{uod}/A_{uoc}| \tag{5-7}$$

由式（5-6）和式（5-7）知，共模抑制比 K_{CMR} 越大越好。运放的共模抑制比都很大，LM324 的共模抑制比的典型值为 80 dB。

4. 极限参数

为了保证集成运放不被损坏，在使用时不能超过其极限参数，这些极限参数有：最大电源电压、输入端允许输入的最大电压、允许输入的最大差分电压、输出端发生短路时允许的持续时间、最大输入电流、最大耗散功率、使用时允许的环境温度范围、运放储存时所允许的温度范围等。

5.2 集成运放的输入级——差分放大电路

为了便于集成，集成运放采用直接耦合放大电路。各级放大器的静态工作点相互影响，容易产生零点漂移。

5.2.1 直接耦合放大电路的零点漂移

所谓零点是指放大器在输入信号为零时的输出电压和输出电流。零点漂移是指在输入信号为零的情况下，放大器输出端出现一个变化不定（时大时小、时快时慢）的输出信号的现象，简称零漂。产生零漂的原因很多，如温度的变化、电路元件参数的变化、电源电压波动等，但主要是由晶体管参数（I_{CEO}，I_{CBO}，U_{BE}，β）随温度变化引起的，所以零漂又称为温漂。零漂的存在，有时会淹没有用信号，抑制零漂最实用、最广泛的方法是采用差分放大电路，简称差放电路。

5.2.2 差分放大电路

1. 电路组成

图 5-3 所示为差分放大电路，它由两个结构完全对称的单管放大电路组成。晶体管 V_1、V_2 的特性相同。R_{B1}、R_{B2} 是输入回路电阻，R_{C1}、R_{C2} 是集电极负载电阻，且 $R_{B1}=R_{B2}=R_B$，$R_{C1}=R_{C2}=R_C$。

2. 静态分析

差分放大电路静态分析的目的是确定它的静态值。它是通过其直流通路来计算的。

静态时，$u_{i1}=u_{i2}=0$，由于电路对称，所以 $I_{B1}=I_{B2}=I_B$，$I_{C1}=I_{C2}=I_C=\beta I_B$，$I_{E1}=I_{E2}=I_E=(1+\beta)I_B$。$R_E$ 中的实际电流为 $2I_E$，若用 $2R_E$ 代替 R_E，电流变为 I_E，则保持 R_E 上的电

压不变,得到该电路的直流通路一半的等效电路,如图 5-4 所示。

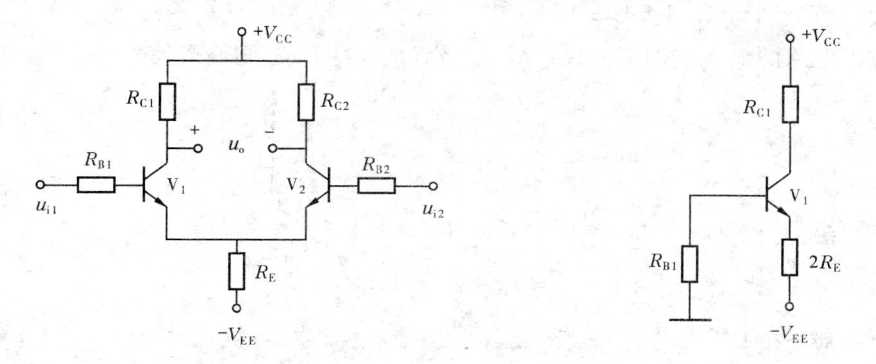

图 5-3 差分放大电路　　**图 5-4 差分放大电路的直流通路**

由图 5-4 可得静态值计算式

$$I_{BQ1} = I_{BQ2} = \frac{V_{EE} - U_{BEQ}}{R_{B1} + 2(1+\beta)R_E} \tag{5-8}$$

$$I_{CQ1} = I_{CQ2} = \beta I_{BQ1} \tag{5-9}$$

$$I_{EQ1} = I_{EQ2} \approx I_{CQ1}$$

$$U_{CQ1} = U_{CQ2} = V_{CC} - I_{CQ1}R_{C1} \tag{5-10}$$

$$U_{EQ} = -V_{EE} + 2I_{CQ1}R_E \tag{5-11}$$

$$U_o = U_{CQ1} - U_{CQ2} = 0$$

3. 动态分析

1)两种输入信号

(1)共模输入信号。差分放大电路的两个输入端加上大小相等、相位相同的信号称共模输入方式,即 $u_{i1}=u_{i2}$,这种信号称共模输入信号,用 u_{ic} 表示。零漂信号可视为共模输入信号。

(2)差模输入信号。差分放大电路的两个输入端加上大小相等、相位相反的信号称差模输入方式。即 $u_{i1}=-u_{i2}$,这种输入信号称差模信号,用 u_{id} 表示。集成运放的有用信号均为差模输入信号。

2)共模电压放大倍数 A_{uoc}

差分放大电路两个输入端接入共模输入电压,即 $u_{ic}=u_{i1}=u_{i2}$,在电路完全对称的条件下,V_1、V_2 两晶体管的电流或同时增加,或同时减少,则 $u_{o1}=u_{o2}$。$\Delta U_{oc}=u_{oc}=u_{o1}-u_{o2}=0$,$\Delta U_{ic}=u_{ic}$,所以共模电压放大倍数

$$A_{uoc} = \frac{u_{oc}}{u_{ic}} = 0 \tag{5-12}$$

结论:完全对称的差分放大电路对共模信号的放大倍数为零。实际电路中,由于差分放大电路不可能完全对称,所以 A_{uoc} 并不为零,但很小。

3)差模电压放大倍数 A_{uod}

差模电压放大倍数 A_{uod} 的大小与放大电路的输出方式有关。图 5-3 所示的差分放大

电路,信号从两个输入端输入,从两个输出端输出,称双端输入双端输出差放电路。设两管电压放大倍数分别为 A_1、$A_2(A_1 = A_2 = A)$。

差分放大电路两输入端加上差模信号 u_{i1}、$u_{i2}(u_{i1} = -u_{i2})$,则输入信号

$$u_{id} = u_{i1} - u_{i2} = 2u_{i1}$$

所以

$$u_{i1} = \frac{1}{2}u_{id} \quad , \quad u_{i2} = -\frac{1}{2}u_{id}$$

则各极输出电压 $u_{o1} = Au_{i1} = \frac{1}{2}u_{id}A \quad , \quad u_{o2} = Au_{i2} = -\frac{1}{2}u_{id}A$

差模输出电压

$$u_{od} = u_{o1} - u_{o2} = Au_{id}$$

差模电压放大倍数

$$A_{uod} = \frac{u_{od}}{u_{id}} = \frac{Au_{id}}{u_{id}} = A = A_1 = A_2 \tag{5-13}$$

结论:双端输入双端输出完全对称的差分放大电路对差模信号的放大倍数与单管放大电路的放大倍数相同。

差模电压放大倍数 A_{uod} 的值可根据交流通路来计算。图 5-3 所示的电路中,由于 $u_{i1} = -u_{i2}$,它们在 R_E 中产生的动态电流大小相等,方向相反,合成电流为 0,即 R_E 对交流电流的作用为 0,用短路线代替,由此可得其交流通路如图 5-5 所示。

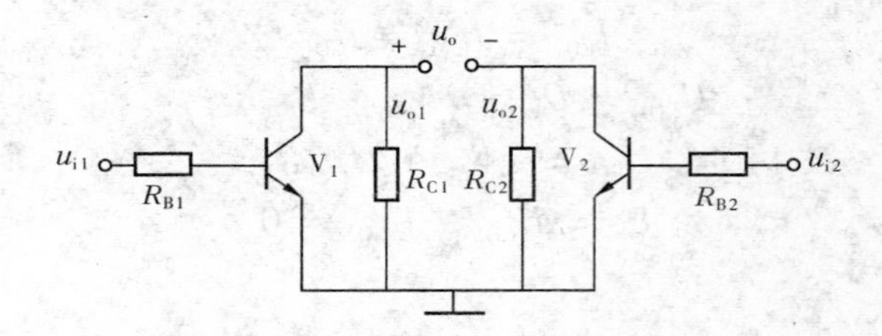

图 5-5　差分放大电路交流通路

差模电压放大倍数

$$A_{uod} = A_1 = -\beta\frac{R_{C1}}{r_{be} + R_{B1}} \tag{5-14}$$

4) 差模输入电阻和输出电阻

从差分放大电路两个输入端看进去所呈现的等效电阻,称为差分放大电路的差模输入电阻。由图 5-5 可知输入电阻为

$$r_{id} = 2(R_{B1} + r_{be}) \tag{5-15}$$

差分放大电路两个晶体管集电极之间对差模信号所呈现的电阻称为差模输出电阻。由图 5-5 可知输出电阻为

$$r_{od} = 2R_C \tag{5-16}$$

4. 差分放大电路对零点漂移的抑制原理

在差分放大电路中,无论是电源电压波动或温度变化都会使两管的集电极电流和集电极电位发生相同的变化,相当于在两输入端加入共模信号(称零漂信号)。由于电路的完全对称性,共模输出电压为零,共模电压放大倍数 A_{uoc} 为 0,从而抑制了零点漂移,但这种作用只是从双端输出中消除了零点漂移的影响,并未从输出端消除零漂值。加入 R_E,

在温度变化和加有共模信号时,能保持两个晶体管工作点的稳定,使共模抑制能力大大加强。差分放大电路抑制零点漂移的过程是

$$T\,(℃)\uparrow\rightarrow\left.\begin{matrix}I_{C1}\uparrow\\I_{C2}\uparrow\end{matrix}\right\}\rightarrow I_E\uparrow\rightarrow U_{RE}\uparrow\rightarrow U_E\uparrow\rightarrow\left\{\begin{matrix}U_{BE1}\downarrow\rightarrow I_{B1}\downarrow\rightarrow I_{C1}\downarrow\\U_{BE2}\downarrow\rightarrow I_{B2}\downarrow\rightarrow I_{C2}\downarrow\end{matrix}\right.$$

5. 共模抑制比

差分放大电路最重要的特点是能放大差模信号(有用信号),抑制共模信号(零漂信号)。共模抑制比 K_{CMR} 可用于全面衡量差动放大电路的优劣。

$$K_{CMR}=\left|\frac{A_{uod}}{A_{uoc}}\right|$$

用对数形式表示,则

$$K_{CMR}=20\lg\left|\frac{A_{uod}}{A_{uoc}}\right|\quad(\text{dB})$$

由此可见,共模抑制比越大,差分放大电路放大差模信号的能力越强,抑制共模信号的能力也越强。也就是说,共模抑制比越大越好。理想情况下 $K_{CMR}\to\infty$,一般差分放大电路的 K_{CMR} 为 40 ~60 dB,高质量的可达 120 dB。

5.2.3 恒流源差分放大电路

要使差分放大电路具有较强的共模抑制能力,可以从以下两个方面入手:①尽量提高电路的对称性;②增大射极耦合电阻的阻值,提高其负反馈强度。然而,这两个方面都受到集成工艺的限制,既做不到电路完全对称,也不允许把射极耦合电阻 R_E 的阻值做得很大。为此,我们需要一种直流电阻小而动态电阻又很大的器件。直流电阻小,直流压降就小,因此可以用低压电源供电;动态电阻大,就可以对共模信号产生强烈的负反馈,减小共模输出。恒流源就具有这种特性。用恒流源代替射极耦合电阻 R_E,就可以使差分放大电路在低压电源供电的情况下,具有很高的共模抑制比。恒流源差分放大电路如图 5-6 所示,图(a)为其实际电路,图(b)为其等效电路。

5.2.4 差分放大电路的四种接法

差分放大电路有两个输入端和两个输出端,它们组合起来共有四种输入、输出组合方式。在使用时究竟要选用哪种组合接线方式,要根据输入信号的实际情况和对输出电压的要求而定。下面对这四种接法在放大有用信号(差模信号)和抑制无用信号(共模信号)时的情况进行讨论。

1. 双端输入双端输出

电路如图 5-6 所示。信号从两个基极之间输入,从两个集电极之间输出。

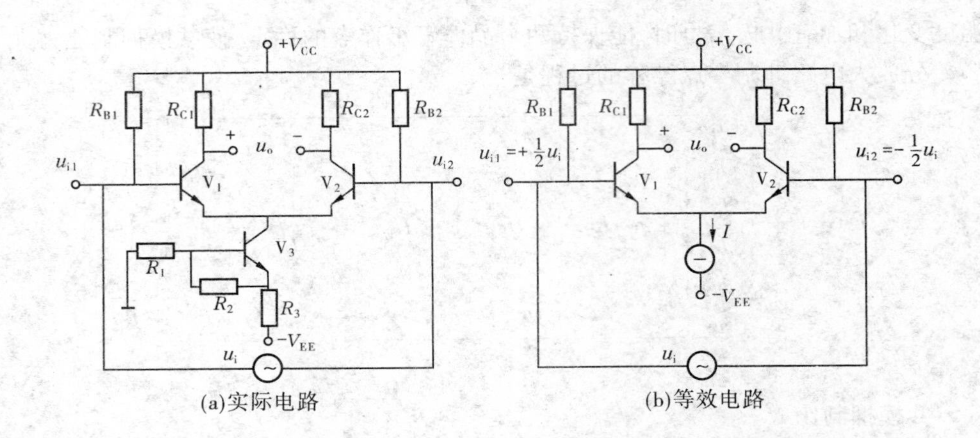

图 5-6　带恒流源的差分放大电路

1）差模和共模信号的形成

信号加在两个输入端之间，信号源是不接地的。如：测量人体体表两点（如左、右手）之间的心电信号，就属于这种情况。这时输入信号经两管的发射结形成差模信号 $u_i/2$ 和 $-u_i/2$。

双端输入时，输入信号不产生共模输入电压（但仍存在温漂等共模干扰电压）。

2）电压放大倍数

由电路可以推出，差模电压放大倍数为

$$A_{uod} = -\beta \frac{R_C}{r_{be}} \tag{5-17}$$

共模电压放大倍数为

$$A_{uoc} = 0（电路对称时） \tag{5-18}$$

2. 单端输入单端输出

电路如图 5-7 所示，信号从一个基极和地之间输入，另一个基极接地；放大后的信号从一个集电极和地之间输出。

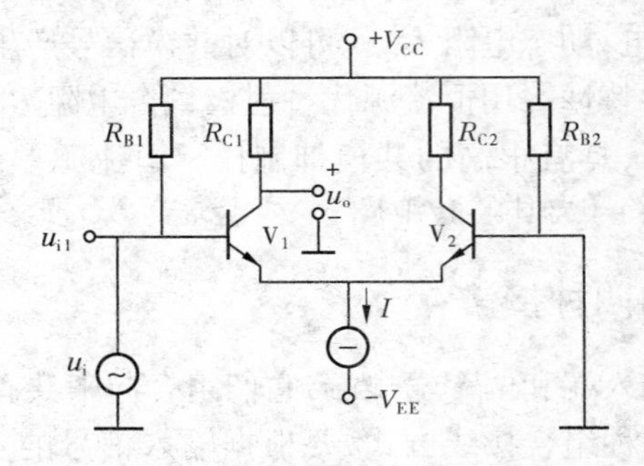

图 5-7　单端输入单端输出电路

1）差模和共模信号的形成

信号电压 u_i 从 V_1 管基极和地之间输入，V_2 管基极接地；放大后的信号 u_o 从 V_1 的集电极和地之间输出。话筒输出信号进行放大时就属于这种情况，因为话筒一般都和放大电路共地，话筒的语音信号从一个信号输出端输出，另一端接地。

将 V_1、V_2 两基极输入信号进行如下等效变换

$$\left.\begin{aligned} u_{i1} &= u_i = \frac{u_i}{2} + \frac{u_i}{2} \\ u_{i2} &= 0 = -\frac{u_i}{2} + \frac{u_i}{2} \end{aligned}\right\} \tag{5-19}$$

由式(5-19)可见，两个等式右边第一项 $u_i/2$ 和 $-u_i/2$，分别从 V_1、V_2的基极输入，形成一对差模信号；两个等式右边第二项 $u_i/2$，亦分别从 V_1、V_2 的基极输入，形成一对共模信号，这说明单端输入时，既有差模信号输入，又有共模信号输入（还存在温漂等其他共模干扰电压）。

2）电压放大倍数

单端输出时差模电压放大倍数是双端输出的一半，即

$$A_{uod} = -\beta\frac{R_C}{2r_{be}} \quad \text{（可以通过微变等效电路求出）} \tag{5-20}$$

单端输出时共模电压放大倍数为

$$A_{uoc} = -\frac{\beta R_C}{r_{be} + 2(1+\beta)R_e} \quad \text{（可以通过微变等效电路求出）} \tag{5-21}$$

式中，R_e为发射极支路等值电阻。

3. 单端输入双端输出

电路如图 5-8 所示。信号从一个基极和地之间输入，另一个基极接地；放大后的信号从两个集电极之间输出。

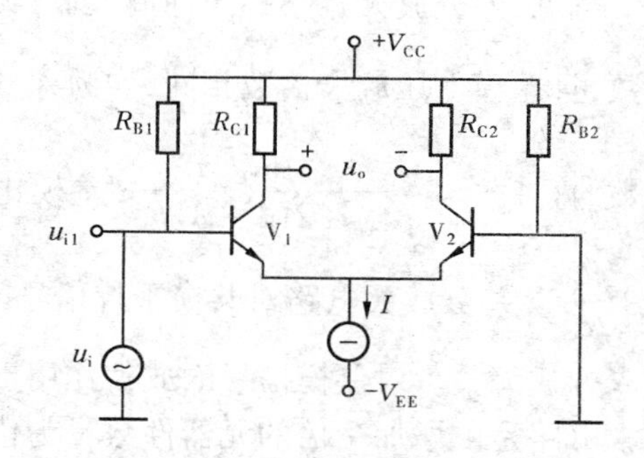

图 5-8　单端输入双端输出电路

1）差模和共模信号的形成

显然，V_1、V_2 两个输入端均有差模信号$\frac{u_{i1}}{2}$、$-\frac{u_{i1}}{2}$和共模信号$\frac{u_{i1}}{2}$、$\frac{u_{i1}}{2}$。

2）电压放大倍数

差模电压放大倍数和双端输入双端输出时的差模电压放大倍数相同，即

$$A_{uod} = -\beta\frac{R_C}{r_{be}}$$

若电路对称，共模电压放大倍数 $A_{uoc}=0$。

4. 双端输入单端输出

电路如图 5-9 所示。信号从两个基极之间输入，从一个集电极和地之间输出。

1）差模和共模信号的形成

信号电压 u_i 经两管发射结形成一对差模信号$\frac{u_i}{2}$、$-\frac{u_i}{2}$，u_i 不形成共模信号。

2)电压放大倍数

单端输出时差模电压放大倍数是双端输出时的一半,即

$$A_{uod} = -\beta\frac{R_C}{2r_{be}}$$

共模电压放大倍数和单端输入单端输出时相同,即

$$A_{uoc} = -\frac{\beta R_C}{r_{be} + 2(1+\beta)R_e}$$

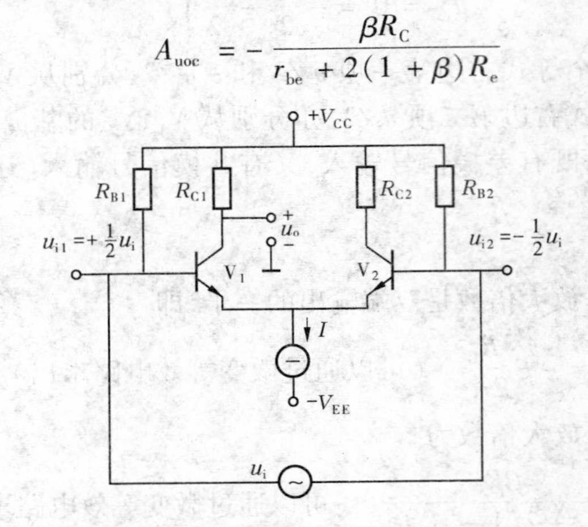

图 5-9 双端输入单端输出电路

可见,差分放大电路的四种输入输出组合方式,只要是双端输出,则无共模电压放大倍数,且差模电压放大倍数相同,均为 $A_{uod} = -\beta\frac{R_C}{r_{be}}$;只要是单端输出,则有共模电压放大倍数,且 $A_{uoc} = -\frac{\beta R_C}{r_{be}+2(1+\beta)R_e}$,差模电压放大倍数相同,为双端输出的一半,$A_{uod} = -\beta\frac{R_C}{2r_{be}}$。差分放大电路对共模干扰信号的抑制作用只与放大电路的输出方式有关,而与输入方式无关。对差模信号的放大作用也只与输出方式有关,而与输入方式无关。差分放大电路是以增加一倍的元器件数量为代价来换取它对共模干扰的抑制能力的。

5.3 集成运算放大器的基本特性

集成运算放大器一般具有高增益、高输入阻抗和低输出阻抗的特点。它的开环增益可达几万到几十万,输入阻抗一般也达数百万欧以上,为分析方便通常将实际的集成运放看成是理想运放,同时将实际运放看成理想运放进行分析计算,在一定的条件下也满足工程上的要求。因此,掌握了理想运放的基本性质也就基本掌握了实际运放的基本性质。

5.3.1 理想运放的主要特点

理想运放就是将实际运放的各项技术指标理想化,其主要参数如下:

(1)开环电压放大倍数 $A_{uod}\to\infty$;

(2)差模输入电阻 $r_{id}\to\infty$;

(3)开环输出电阻 $r_o \to 0$；

(4)共模抑制比 $K_{CMR} \to \infty$；

(5)通频带宽度 $f_{BW} \to \infty$；

(6)输入失调电压、失调电流及它们的温漂均为0。

根据理想运放的上述技术指标可以得到以下重要基本性质。

1. 理想运放工作于线性区域时的基本性质

1)*虚短路性质*

当理想运放工作于线性(放大)区时,则

$$u_o = A_{uod}(u_+ - u_-)$$

因为 $A_{uod} \to \infty$,所以 $u_+ - u_- \approx 0$,则

$$u_+ \approx u_- \tag{5-22}$$

式(5-22)说明理想运放工作于线性区域时,其同相端的电位等于反相端的电位,同相端与反相端好像连在一起,如同短路,但实际上并没有连在一起,我们把这种情况称为运放的两个端子虚短路,简称虚短。故理想运放工作于线性区域时存在虚短路的性质。

另外,如果将运放的同相端接地,则其反相端电位一定为零,好像反相端亦接地一样,把这种情况称为运放反相端虚地,虚地是虚短路的一个特例,它表示两个彼此虚短路的输入端,有一个输入端接地,另一个即为虚地。

2)*虚断路性质*

因为运放的输入电阻 $r_{id} \to \infty$,则

$$i_+ = i_- = 0 \tag{5-23}$$

式(5-23)说明理想运放工作于线性区域时,其输入电流为零,两个输入端好像断路,这一特性称为运放的两个输入端虚断路,简称虚断。

2. 运放工作于非线性区时的基本性质

(1)运放工作于非线性区时,同样由于输入电阻 r_{id} 为无穷大,存在虚断路,即 $i_+ = i_- = 0$。

(2)当输入电压 $u_+ - u_- > 0$ 时,输出电压为正的最大值,即 $u_o = +U_{om}$;当输入电压 $u_+ - u_- < 0$ 时,输出电压为负的最大值,即 $u_o = -U_{om}$。

5.3.2 理想运放的电压传输特性

运放的电压传输特性是指 u_o 与 $u_+ - u_-$ 之间的关系,又称对称性特性。理想运放的电压传输特性如图5-10所示。

从图5-10可见,当输入电压 $u_+ - u_- > 0$ 时,输出电压为正的最大值,即 $u_o = +U_{om}$;当输入电压 $u_+ - u_- < 0$ 时,输出电压为负的最大值,即 $u_o = -U_{om}$。

实际运放的电压传输特性如图5-11所示。曲线的斜线部分,输出信号与输入信号成正比,为集成运放线性工作区。u_o 与 $u_+ - u_-$ 之间的线性关系可用下式表示

$$u_o = A_{uod}(u_+ - u_-) \tag{5-24}$$

曲线平行于横轴的部分,为集成运放非线性工作区,集成运放的输出呈现饱和特性。输入增加,输出保持正(负)最大值基本不变。

由于A_{uod}很大,即使微小的输入信号,也足以使运放进入非线性区。实际应用中,可引入负反馈,构成运放的线性应用电路。

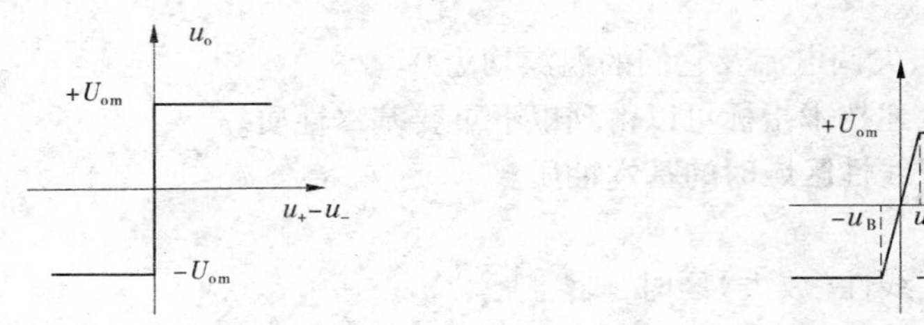

图 5-10　理想运放电压传输特性 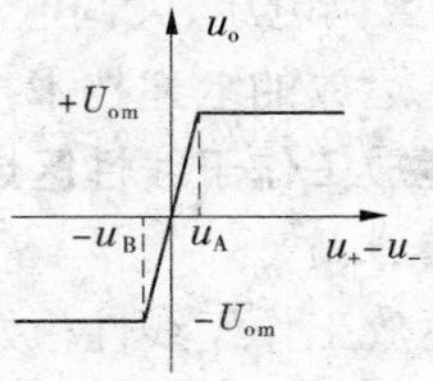　　　图 5-11　实际运放电压传输特性

5.4　集成运算放大器的线性应用

集成运放的线性应用很多,在此只介绍常用的几种应用。

5.4.1　比例运算电路

将输入信号按比例放大的电路,称为比例运算电路。按输入信号是加在反相端还是同相端,比例运算电路又分为反相比例运算电路和同相比例运算电路。

比例运算电路有两个特例,即比例系数(电压放大倍数)为 1 和 −1。当电压放大倍数为 1 时,称比例运算电路为电压跟随器(或同相缓冲器);当电压放大倍数为 −1 时,称比例运算电路为倒相电路(或反相缓冲器)。

1. 反相比例运算电路

电路如图 5-12 所示,输入信号 u_i 经 R_1 加至集成运放的反相输入端。电路引入了负反馈,以实现运放工作于线性放大状态。反馈支路由 R_F 构成,将输出电压 u_o 反馈至输入端,由反馈类型判别方法可以确定,该电路为电压并联负反馈,集成运放工作在线性区。R_2 为平衡电阻,其作用是使各输入端对地电阻相等,保持输入级电路的对称性($R_2=R_1/\!/R_F$)。

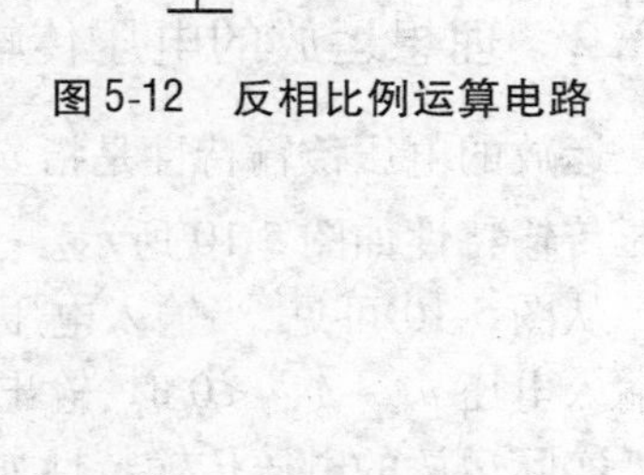

图 5-12　反相比例运算电路

运放工作于线性放大状态,则

$$i_+=i_-\approx 0, u_+\approx u_-$$

由电路结构得

$$i_i=i_f\quad, \quad u_+\approx u_-=0$$

$$i_i=\frac{u_i-u_-}{R_1}=\frac{u_i}{R_1}\quad,\quad i_f=\frac{u_--u_o}{R_F}=-\frac{u_o}{R_F}$$

整理后得

$$u_o=-\frac{R_F}{R_1}u_i \tag{5-25}$$

或 $$A_{uf} = -\frac{R_F}{R_1}$$

式(5-25)表明,集成运放的输出电压与输入电压成比例关系,比例系数仅取决于反馈网络的电阻比值 R_F/R_1,而与运放本身的参数无关。选用不同数值的 R_1、R_F,可获得不同的电压放大倍数。上式中负号表明输出电压与输入电压反相。当 $R_F/R_1=1$ 时

$$A_{uf} = -\frac{R_F}{R_1} = -1$$

则 $u_o=-u_i$,这样的反相比例运算电路称为反相器。

因为 $u_- \approx 0, u_i \approx i_i R_1$,输入电阻为

$$r_i = \frac{u_i}{i_i} = R_1 \tag{5-26}$$

由式(5-26)可见,反相比例运算放大器的输入电阻远比运放本身的输入电阻小,这是因为并联负反馈使输入电阻下降的缘故。因此,反相比例运算电路适合于内阻远小于 R_F 的电压信号源驱动或内阻远大于 R_1 的电流信号源驱动。

由于运放本身的输出电阻都只有几十欧,又因电路引入了电压负反馈,输出电阻更小,故可以认为输出电阻近似为零。

$$r_o \approx 0 \tag{5-27}$$

由式(5-27)可见,反相比例运算电路的电压负载能力很强,当我们需要带动电压性负载时,可以选用它。

综上所述,反相输入组态的线性应用运放电路具有如下共同特点:

(1)输出电压与输入电压反相。

(2)共模输入信号幅度小,抗共模干扰能力强。

(3)运放的两输入端之间是虚短和虚断,反相输入端是虚地。

(4)从信号源的电压两端向放大器看去的输入电阻等于信号源的等效内阻。

2. 同相比例运算电路

如图5-13所示为同相比例运算电路。输入信号 u_i 经 R_2 加至集成运放的同相输入端。电路引入了串联电压负反馈,故运放工作在线性区。根据反馈类型的判断方法可知,它是一个电压串联深度负反馈放大器。平衡电阻 $R_2=R_1/\!/R_F$。

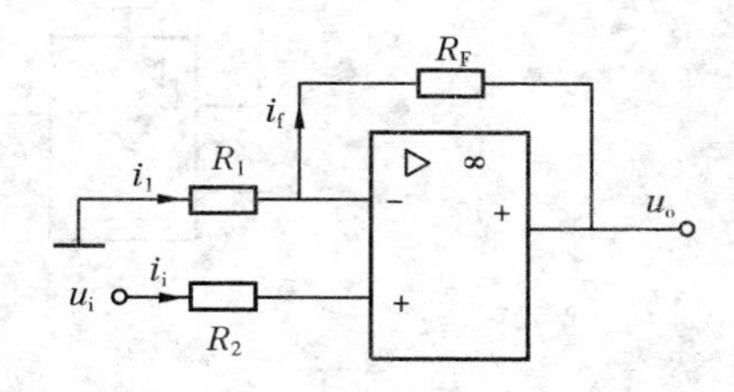

图5-13 同相比例运算电路

同反相比例运算电路一样,由于运放的输入电阻非常大,故运放的两个输入端电流为零,于是

$$i_1 = i_f \quad , \quad u_- = u_+ = u_i$$

由电路得 $$i_1 = \frac{0-u_-}{R_1} = -\frac{u_i}{R_1}$$

$$i_f = \frac{u_- - u_o}{R_F} = \frac{u_i - u_o}{R_F}$$

整理得 $$u_o = \left(1+\frac{R_F}{R_1}\right)u_i$$

或
$$A_{uf} = 1 + \frac{R_F}{R_1} \tag{5-28}$$

式(5-28)表明,集成运放的输出电压与输入电压成比例关系,比例系数仅取决于反馈网络的电阻比值 R_F/R_1,而与运放本身的参数无关。选用不同数值的 R_1、R_F,可获得不同的电压放大倍数。A_{uf}为正值表明输出电压与输入电压同相。因此,我们在实际应用中如果需要对输入信号进行同相放大,可以考虑选用同相比例运算电路。

输入电阻 r_i 为

$$r_i = \frac{u_i}{i_i} = \frac{\text{有限值}}{0} \to \infty \tag{5-29}$$

由式(5-29)可见,同相比例运算电路输入电阻很高。因此,同相比例运算电路适合于电压信号源驱动。

同相比例运算电路输出电阻和反相比例运算电路一样也近似为零。

$$r_o \approx 0 \tag{5-30}$$

由式(5-30)可见,同相比例运算电路的电压负载能力亦很强,当我们需要带动电压性负载时,可以选用它。

在同相比例运算电路中,$u_- = u_+ = u_i$,表明该电路的输入电压 u_i 几乎全部以共模信号的形式施加到运放的两个输入端,因此该电路的运放必须具有足够高的共模抑制比和足够大的共模输入电压范围,这是所有同相输入组态的线性应用运放电路共有的缺点。

图 5-13 中,若 $R_1 = \infty$ 或 $R_F = 0$,则

$$u_o = u_i$$

$$A_{uf} = \frac{u_o}{u_i} = 1 \tag{5-31}$$

输出电压等于输入电压,把这种运放电路称为电压跟随器,如图 5-14 所示。

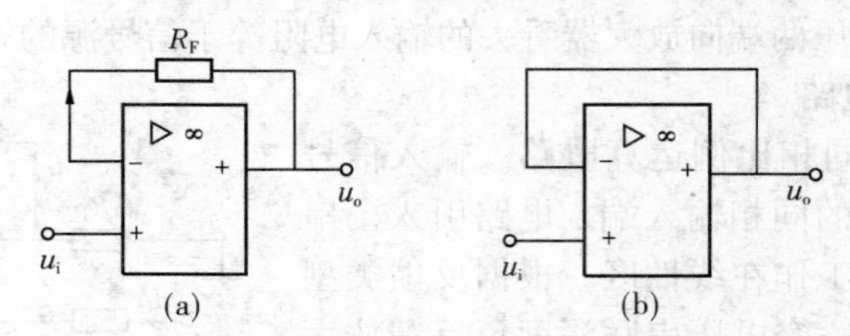

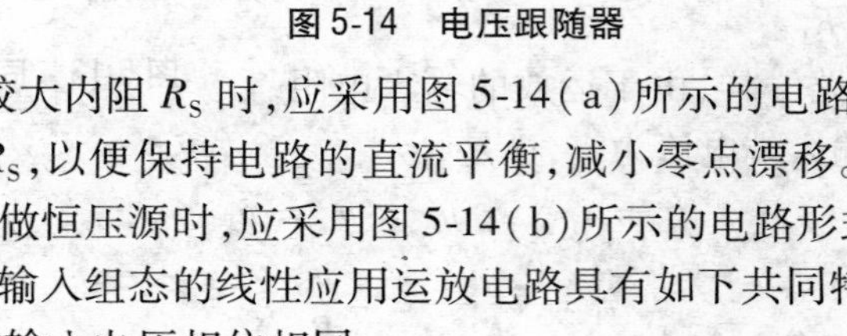

图 5-14　电压跟随器

当信号源具有较大内阻 R_S 时,应采用图 5-14(a)所示的电路结构,即在反馈支路中接上 R_F,并使 $R_F = R_S$,以便保持电路的直流平衡,减小零点漂移。当信号源的内阻很小时,可以把信号源看做恒压源时,应采用图 5-14(b)所示的电路形式。

综上所述,同相输入组态的线性应用运放电路具有如下共同特点:

(1)输出电压与输入电压相位相同。

(2)外部输入信号几乎全部以共模的形式施加到运放的两个输入端。

(3)两个输入端之间是虚短和虚断,但是反相输入端不是虚地。

(4)具有很大的输入电阻。

5.4.2 加法运算电路

加法运算电路又叫比例求和电路，其功能是对多个输入信号按比例求和。按输入信号是加到反相端还是同相端，分为反相比例求和电路与同相比例求和电路。不管多少个输入信号求和，电路的分析方法是一样的。

1. 反相比例求和电路

图 5-15 所示为三个输入信号的反相比例求和电路。输入信号从运放的反相端输入。电路引用了并联电压负反馈，故运放工作在线性区，运放同相端和反相端存在着虚短。

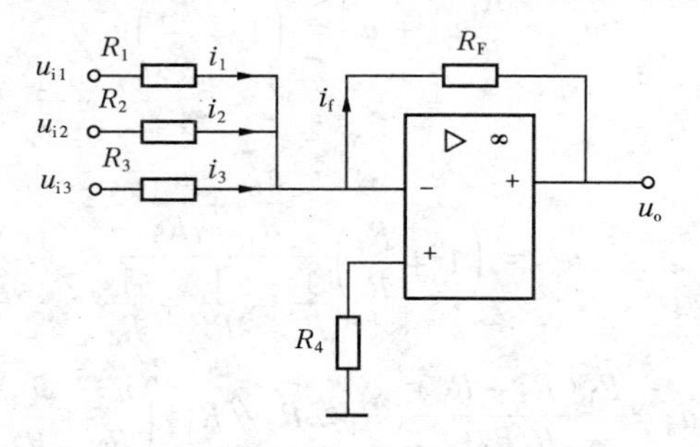

图 5-15　反相比例求和电路

根据基尔霍夫电流定律，有

$$i_1 + i_2 + i_3 = i_f$$

$$\frac{u_{i1} - u_-}{R_1} + \frac{u_{i2} - u_-}{R_2} + \frac{u_{i3} - u_-}{R_3} = \frac{u_- - u_o}{R_F}$$

$$u_- = u_+ = 0$$

整理后得

$$u_o = -\left(\frac{R_F}{R_1}u_{i1} + \frac{R_F}{R_2}u_{i2} + \frac{R_F}{R_3}u_{i3}\right) \tag{5-32}$$

由式(5-32)可见，输出电压的大小等于输入电压乘以各自不同的比例系数后求和，输出电压的相位与输入电压相反，故又称反相加法运算电路。

平衡电阻

$$R_4 = R_1 /\!/ R_2 /\!/ R_3 /\!/ R_F$$

2. 同相比例求和电路

图 5-16 所示为两个输入信号的同相比例求和电路。输入信号从运放的同相端输入。电路引用了串联电压负反馈，故运放工作在线性区，$i_+ = i_- \approx 0$，$u_+ = u_-$。

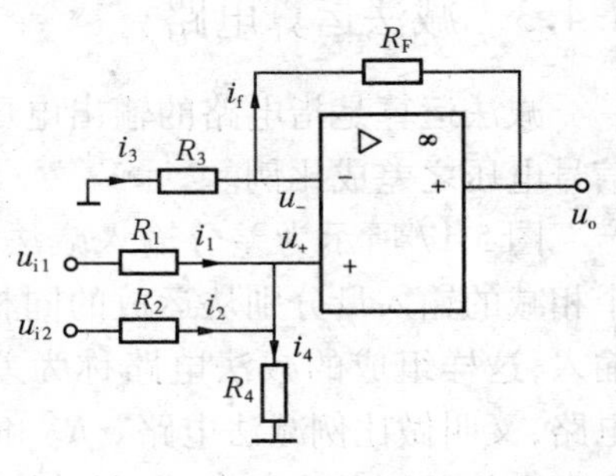

图 5-16　同相比例求和电路

利用节点电压法，有

$$\left(\frac{1}{R_1} + \frac{1}{R_2} + \frac{1}{R_4}\right)u_+ = \frac{u_{i1}}{R_1} + \frac{u_{i2}}{R_2}$$

$$u_+ = \frac{\dfrac{u_{i1}}{R_1} + \dfrac{u_{i2}}{R_2}}{\dfrac{1}{R_1} + \dfrac{1}{R_2} + \dfrac{1}{R_4}}$$

又根据基尔霍夫电流定律,有

$$i_3 = i_f$$

$$\frac{0 - u_-}{R_3} = \frac{u_- - u_o}{R_F}$$

$$u_o = \frac{R_F}{R_3}u_- + u_- = \left(1 + \frac{R_F}{R_3}\right)u_+$$

将 u_+ 代入得

$$u_o = \left(1 + \frac{R_F}{R_3}\right)\frac{\dfrac{u_{i1}}{R_1} + \dfrac{u_{i2}}{R_2}}{\dfrac{1}{R_1} + \dfrac{1}{R_2} + \dfrac{1}{R_4}}$$

则
$$u_o = \frac{R_F(R_3 + R_F)}{R_3 R_F}(R_1 /\!/ R_2 /\!/ R_4)\left(\frac{u_{i1}}{R_1} + \frac{u_{i2}}{R_2}\right) \tag{5-33}$$

因为运放在线性应用时,必须要保证两个输入端对地的电阻应相等,所以有

$$R_3 /\!/ R_F = R_1 /\!/ R_2 /\!/ R_4$$

即
$$\frac{R_3 R_F}{R_3 + R_F} = R_1 /\!/ R_2 /\!/ R_4 \tag{5-34}$$

将式(5-34)代入(5-33)中,有

$$u_o = \frac{R_F}{R_1 /\!/ R_2 /\!/ R_4}(R_1 /\!/ R_2 /\!/ R_4)\left(\frac{u_{i1}}{R_1} + \frac{u_{i2}}{R_2}\right) = \frac{R_F}{R_1}u_{i1} + \frac{R_F}{R_2}u_{i2} \tag{5-35}$$

由式(5-35)可见,输出电压等于两个输入电压乘以各自不同的比例系数后的和,输出电压的相位与输入电压相同,故又称同相加法运算电路。

图 5-16 所示电路具有同相输入组态的线性应用运放电路的所有特点,由于其调试过程麻烦,而且共模输入分量大,所以远不如反相比例求和电路应用广泛。实际工作中,通常在反相比例求和电路的后面加上一级反相器,来实现高精度的同相比例求和运算。

5.4.3 减法运算电路

减法运算是指电路的输出电压与两个输入信号电压之差成比例。

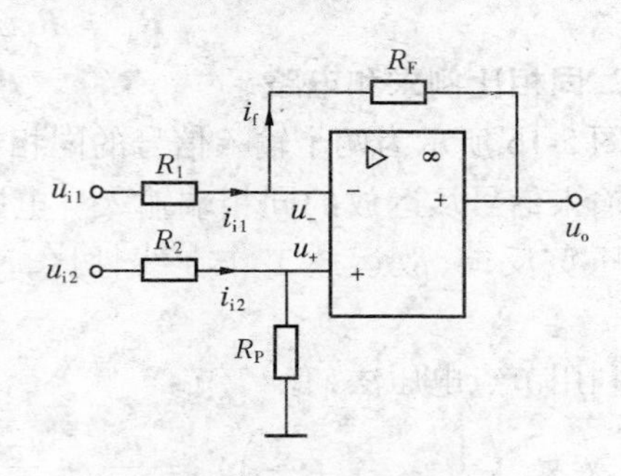

图 5-17 减法运算电路

图 5-17 所示为差分输入减法运算电路,两个相减的输入量分别从运放的同相端和反相端输入,这样组成的减法电路称为差分输入减法电路,又叫做比例减法电路。R_1 和 R_2 可以理解为两个信号源的内阻,R_P 叫补偿电阻,R_F 引入

电压负反馈，相对 u_{i1} 而言，是并联电压负反馈，相对 u_{i2} 而言，是串联电压负反馈。因此，运放工作在线性区，$i_+=i_-\approx 0$，$u_+=u_-$。

下面用叠加原理求 u_o 与 u_{i1} 及 u_{i2} 的关系。

令 $u_{i2}=0$，u_{i1} 单独作用，此时的等效电路如图 5-18 所示。显然，这是一个反相比例运算电路。

$$u_{o1}=-\frac{R_F}{R_1}u_{i1} \tag{5-36}$$

令 $u_{i1}=0$，u_{i2} 单独作用，此时的等效电路如图 5-19 所示。这是一个同相输入组态的线性应用运放电路。

$$u_{o2}=\left(1+\frac{R_F}{R_1}\right)u_+=\left(1+\frac{R_F}{R_1}\right)\frac{R_P}{R_2+R_P}u_{i2} \tag{5-37}$$

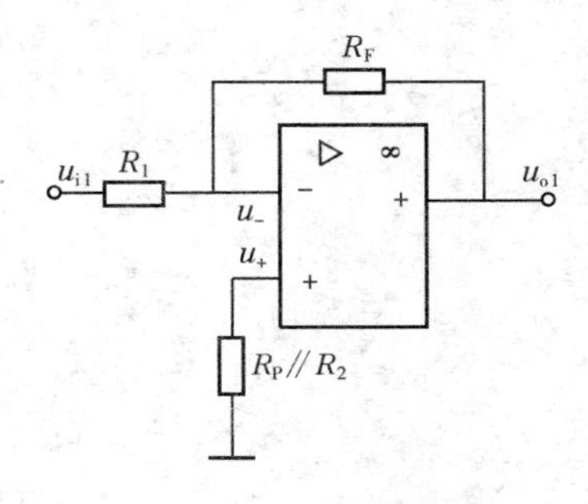

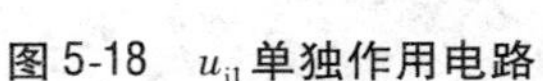
图 5-18　u_{i1} 单独作用电路

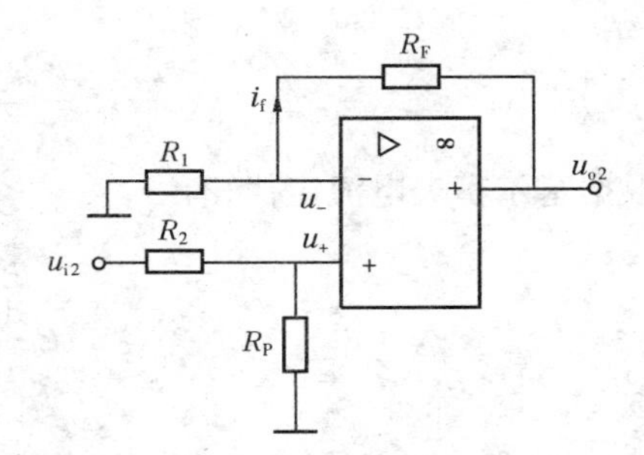

图 5-19　u_{i2} 单独作用电路

u_{i1} 和 u_{i2} 同时作用时，根据叠加定理，有

$$u_o=u_{o1}+u_{o2}=-\frac{R_F}{R_1}u_{i1}+\left(1+\frac{R_F}{R_1}\right)\frac{R_P}{R_2+R_P}u_{i2}$$

若满足平衡条件：$R_1 // R_F=R_2 // R_P$，则有

$$u_o=\frac{R_F}{R_2}u_{i2}-\frac{R_F}{R_1}u_{i1} \tag{5-38}$$

式(5-38)表明，输出电压等于输入电压 u_{i2} 和 u_{i1} 各自乘以不同的比例系数后的差。

若满足对称条件：$R_1=R_2$，$R_F=R_P$，则

$$u_o=\frac{R_F}{R_1}(u_{i2}-u_{i1}) \tag{5-39}$$

由式(5-39)可见，此时输出电压与两个输入电压之差成比例。

5.4.4　积分运算电路与微分运算电路

1. 积分运算电路

图 5-20 所示为积分运算电路，R_P 为平衡电阻，$R_P=R$。C_F 引入了交流并联电压负反馈，运放工作在线性区，存在着虚短和虚断，即 $i_+=i_-\approx 0$，$u_+=u_-$。

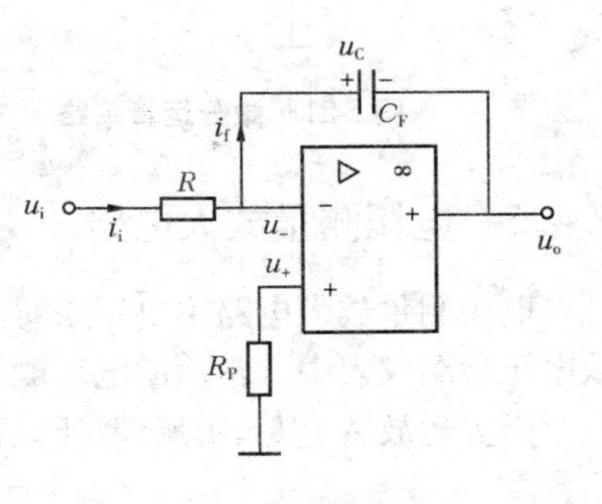

图 5-20　积分运算电路

$$\frac{u_i}{R} = C_F \frac{du_C}{dt} = C_F \frac{d(0 - u_o)}{dt} = -C_F \frac{du_o}{dt}$$

$$u_o = -\frac{1}{RC_F}\int u_i dt \tag{5-40}$$

由式(5-40)可见,该电路输出电压与输入电压成积分关系。

2. 微分运算电路

图 5-21 所示为微分运算电路。R_P 为平衡电阻,$R_P = R_F$。R_F 引入并联电压负反馈,故运放工作于线性区,存在着虚短和虚断。

$$u_- = u_+ = 0$$

$$i_C = C\frac{du_i}{dt}$$

$$i_f = \frac{u_- - u_o}{R_F} = -\frac{u_o}{R_F}$$

根据基尔霍夫电流定律,有

$$i_C = i_f$$

$$C\frac{du_i}{dt} = -\frac{u_o}{R_F}$$

故

$$u_o = -R_F C\frac{du_i}{dt} \tag{5-41}$$

由式(5-41)可见,输出电压与输入电压成微分关系。

该电路的缺点是,当输入端有高频干扰时,会在输出端产生很高的干扰电压。为了消除高频干扰,实际的微分运算电路如图 5-22 所示。

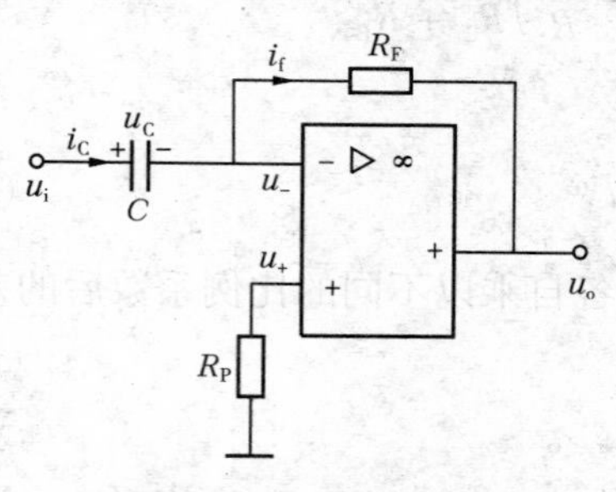

图 5-21 微分运算单路

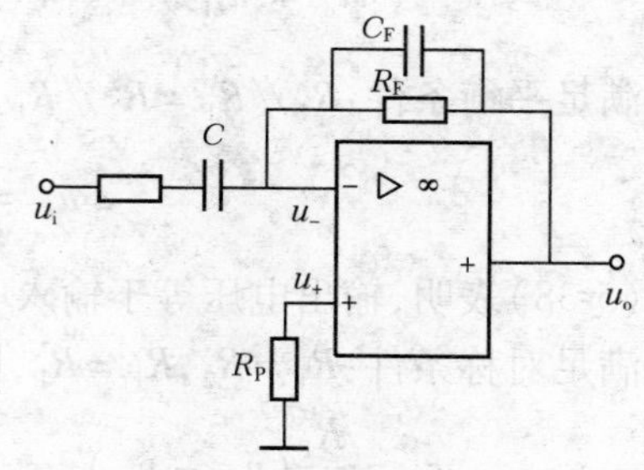

图 5-22 实际微分运算电路

5.4.5 电压测量放大电路

电压测量放大电路主要用来对微弱的电压信号进行精密检测,多用于自动控制系统或电压检测仪表中。常用的电压测量放大电路如图 5-23 所示。

因为运放 A_1 引入负反馈,所以其两个输入端虚短,于是 $u_a = u_{i1}$;同理,$u_b = u_{i2}$,故

$$i_P = \frac{u_{ab}}{R_P} = \frac{u_{i1} - u_{i2}}{R_P}$$

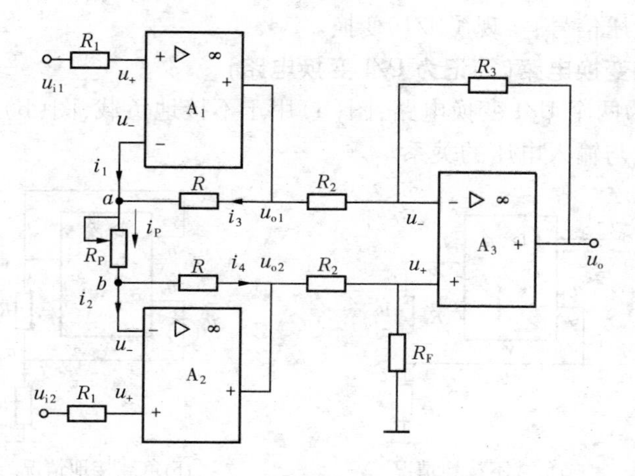

图 5-23 电压测量放大电路

因为 $i_1=0, i_2=0$,所以

$$i_3 = i_P = i_4$$

$$u_{o1} - u_{o2} = i_3R + i_PR_P + i_4R = \left(1 + \frac{2R}{R_P}\right)(u_{i1} - u_{i2})$$

因为运放 A_3 构成对称差分放大器,所以

$$u_o = -\frac{R_3}{R_2}(u_{o1} - u_{o2}) = \frac{R_3}{R_2}\left(1 + \frac{2R}{R_P}\right)(u_{i2} - u_{i1}) \tag{5-42}$$

$$A_{uod} = \frac{u_o}{u_{i2} - u_{i1}} = \frac{R_3}{R_2}\left(1 + \frac{2R}{R_P}\right) \tag{5-43}$$

调节 R_P 的动臂,即可使该电路具有合适的电压增益。

5.4.6 电压、电流转换电路

在控制系统中,为了驱动执行机构,常需要将电压变换为电流;为了数字化显示,又常将电流变换为电压。集成运放线性放大电路引入合适的反馈,可以实现上述变换。

1. 电流—电压变换电路(简记为 I/U 变换电路)

图 5-24 是一个把光电二极管形成的电流信号转换成电压信号的 I/U 变换电路。光电二极管在直流反偏电压的作用下,其反向电流会随着入射光的强度变化而改变,从而形成变化规律与光信号相同的电流信号 i_φ。

因为运放的两个输入端电流为零,所以

$$i_f = i_\varphi$$

又因为电路引入了并联电压负反馈,运放工作在线性状态,所以其两输入端存在着虚短,于是有

$$u_- = u_+ = 0$$

$$u_o = i_fR = i_\varphi R \tag{5-44}$$

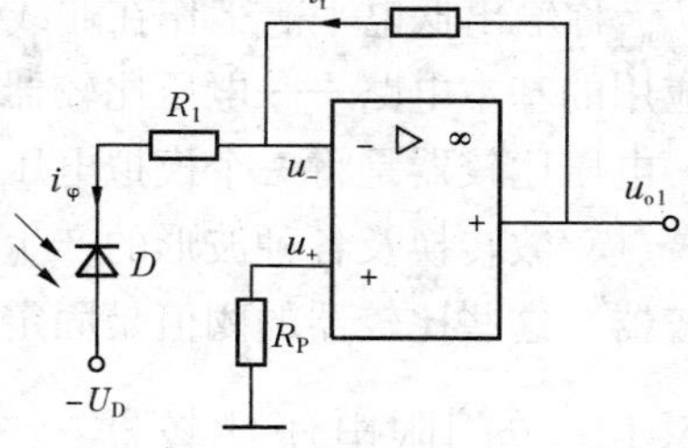

图 5-24 I/U 变换电路

由式(5-44)可见,在运放输出端即可得到与 i_φ

变化规律相同的电压信号,实现了 I/U 变换。

2. 电压—电流变换电路(简记为 U/I 变换电路)

图 5-25 所示为两个 U/I 变换电路,图(a)用于不接地负载,图(b)用于接地负载。下面来分析输出电流与输入电压的关系。

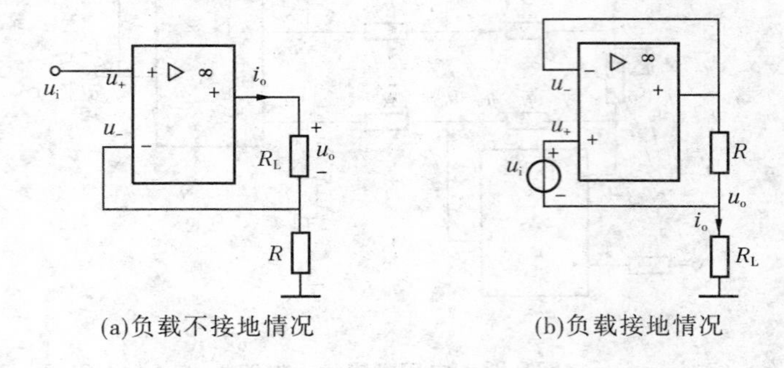

图 5-25 电压—电流变换电路

对于图 5-25(a),因为电路引入了串联电流负反馈,所以运放工作在线性区,其输入端存在着虚短和虚断,于是有

$$u_i = u_+ = u_-$$

$$i_o = \frac{u_-}{R} = \frac{u_i}{R} \tag{5-45}$$

对于图 5-25(b),因为电路引入了串联电压负反馈,所以运放工作在线性区,其输入端存在着虚短和虚断,于是有

$$i_o = \frac{u_i}{R} \tag{5-46}$$

由式(5-45)和式(5-46)可见,图(a)和图(b)所示 U/I 变换电路,其输出电流与输入电压成正比,均将输入电压变换成了输出电流。

5.5 集成运算放大器的非线性应用

工作在非线性区的运放,一般都处于开环或正反馈状态。由于运放的开环放大倍数很高,运放两输入端的电压略有差异,输出电压不是在最高值就是在最低值。当 $u_+ > u_-$ 时,输出电压是最高电压值 $+U_{om}$,称输出高电平;当 $u_- > u_+$ 时,输出电压是最低电压值 $-U_{om}$,称输出低电平。工作在非线性区的运放只有两种输出状态。本节只介绍典型非线性应用的基本电路——电压比较器。

电压比较器是将一个模拟电压信号与一个基准电压相比较的电路,常常应用于越限报警、模/数转换及各种波形的产生和变换。常用的电压比较电路有单门限比较器和滞回比较器。这些比较器的阈值是固定的,有的只有一个阈值,有的具有两个阈值。

5.5.1 单门限电压比较器

单门限电压比较器的特点是只有一个阈值。所谓阈值是指比较器的输出状态发生跳

变的时刻所对应的输入电压，它是同相端电压等于反相端电压时的输入电压，用 U_{TH} 表示，即 $U_{TH}=u_i|_{u_+=u_-}$，亦称门限电压。

图 5-26(a)是一个简单的单门限电压比较器。在图 5-26(a)中，运放的同相端接基准电压（或称参考电压）U_{REF}，被比较信号 u_i 由反相端输入。当 $u_i<U_{REF}$时，输出电压为正的最大值 $+U_{om}$；当 $u_i>U_{REF}$时，输出电压为负的最大值 $-U_{om}$。其电压传输特性如图 5-26(b)所示。由此可见，只要输入电压在基准电压 U_{REF}处稍有正负变化，输出电压 u_o 就在负最大值到正最大值之间跃变。改变 U_{REF}可方便地调节阈值。

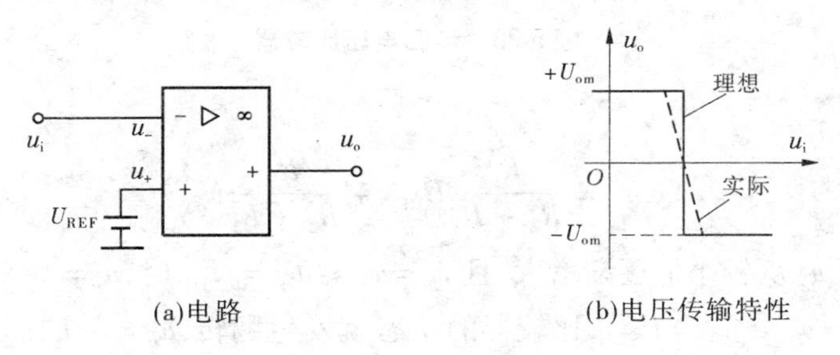

(a)电路 (b)电压传输特性

图 5-26 单门限电压比较器

作为特殊情况，$U_{REF}=0$，即运放的同相端接地，则阈值电压为0，这时的比较器称为过零电压比较器。当过零电压比较器的输入信号 u_i 为正弦波时，输出电压 u_o 为正负宽度相同的矩形波，电路及波形如图 5-27 所示。

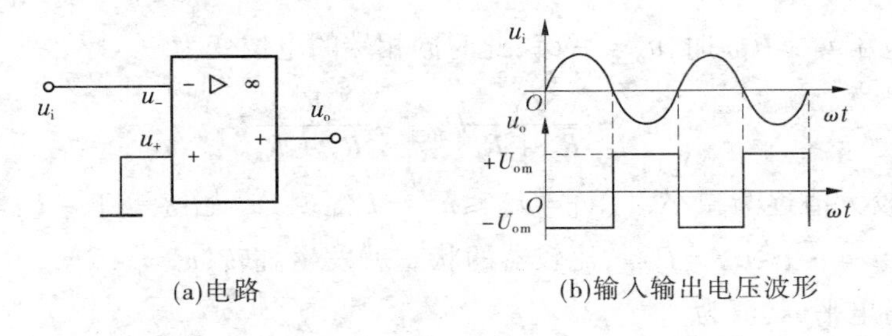

(a)电路 (b)输入输出电压波形

图 5-27 过零比较器

单门限电压比较器具有电路简单、灵敏度高等优点，但存在的主要问题是抗干扰能力差。滞回电压比较器就可克服这一缺点。

5.5.2 滞回电压比较器

滞回电压比较器又叫施密特触发器，其原理电路如图 5-28 所示。它是在单门限比较器的基础上，从输出端引一个电阻分压支路到同相输入端，形成正反馈而做成的。这样，作为参考电压的同相端电压 u_+ 不再是固定的，而是随输出电压 u_o 而变。图中 D_Z 为双向稳压二极管，用于限幅，把输出电压的幅度钳位于 $\pm U_Z$ 值。

从图 5-28(a)可见，u_o 的状态取决于 u_- 和 u_+ 电位的大小。而同相端的电位，根据叠

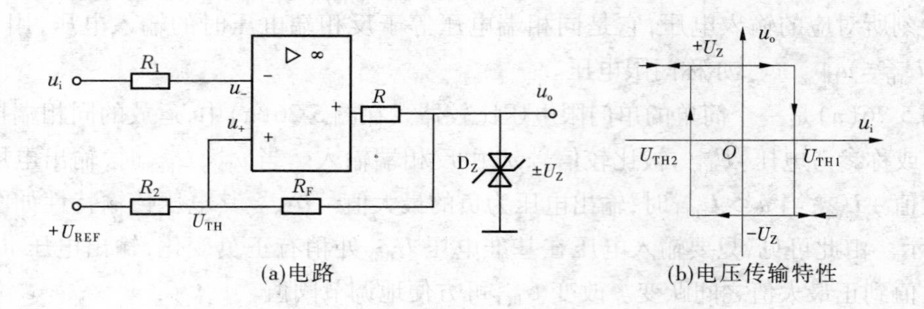

图 5-28　滞回电压比较器

加定理可求得

$$u_+ = \frac{R_F}{R_2 + R_F}U_{REF} + \frac{R_2}{R_2 + R_F}u_o$$

当输入电压 u_i 从较小值逐渐增大,且 $u_i = u_- \leqslant u_+ = U_{TH1}$ 时,$u_o = +U_Z$。随着 u_i 的增大,只要出现 $u_i = u_- \geqslant u_+ = U_{TH1}$,比较器的状态就发生翻转,$u_o = -U_Z$。$U_{TH1}$ 称为上触发电平或上阈值电平,其值为

$$U_{TH1} = u_i\big|_{u_- = u_+} = \frac{R_F}{R_2 + R_F}U_{REF} + \frac{R_2}{R_2 + R_F}U_Z \tag{5-47}$$

若 u_i 继续增大,u_o 的状态保持不变,即 $u_o = -U_Z$ 不变,输入输出电压的关系如图 5-28(b)所示。

当输入电压 $u_i \geqslant U_{TH1}$ 时,$u_o = -U_Z$,此时同相端的电位变为

$$u_+ = \frac{R_F}{R_2 + R_F}U_{REF} - \frac{R_2}{R_2 + R_F}U_Z$$

当 u_i 从较大值逐渐减小,且 $u_i = u_- \leqslant u_+ = U_{TH1}$ 时,u_o 始终等于 $-U_Z$。随着 u_i 的减小,只要出现 $u_i = u_- \leqslant u_+ = U_{TH2}$,比较器的状态就发生翻转,$u_o = +U_Z$。$U_{TH2}$ 称为下触发电平或下阈值电平,其值为

$$U_{TH2} = u_i\big|_{u_- = u_+} = \frac{R_F}{R_2 + R_F}U_{REF} - \frac{R_2}{R_2 + R_F}U_Z \tag{5-48}$$

若 u_i 继续减小,u_o 的状态保持不变,即 $u_o = +U_Z$ 不变,输入输出电压的关系如图 5-28(b)所示。由图 5-28(b)可见,传输特性出现了滞回现象,即 u_i 从小变大和从大变小时的两条曲线不重合,u_o 的变化滞后于 u_i 的变化。正因为这种特性,我们把此电压比较器称为滞回电压比较器。

前面说过,滞回电压比较器可以解决单门限比较器的抗干扰问题。它的抗干扰能力的强弱取决于回差电压的大小。回差电压越大,其抗干扰能力就越强,反之就越弱。回差电压是指上下触发电平之差,图 5-28 所示的滞回电压比较器的回差电压 ΔU 为

$$\Delta U = U_{TH1} - U_{TH2} = 2\frac{R_2}{R_2 + R_F}U_Z \tag{5-49}$$

5.6 集成运算放大器的应用电路

实际运放并非是理想运放，因此在实际电路中除前面所讲的原理电路外，还要附加一些电路，以解决一些实际问题，例如调零、减小温漂、消除自激和保护等。

5.6.1 消除自激振荡电路

所谓自激振荡是指电路无输入信号的情况下，仍然有振荡波形输出。运放内部是一个多级放大电路，输入信号从输入端传送到输出端，再经过内部或外部电路反馈到输入端，某些频率分量的信号很容易满足正反馈的条件，形成自激振荡。为了使电路更稳定，有的运放内部已有消振电路，有些应用电路外接消振电路。图 5-29 所示为几种常用消振电路。

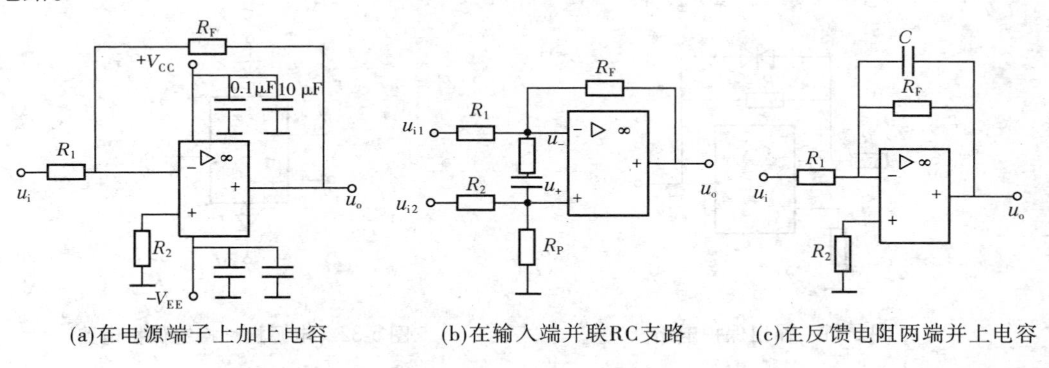

图 5-29 消振电路

5.6.2 保护电路

集成运放在使用过程中，电源极性接反、输入信号过大、输出端负载过重等都会造成运放损坏。因此，除操作过程中加以注意外，还应在电路上采取一定的保护措施。

1. 输入保护

运放的差模或共模输入信号电压过高会导致其输入级损坏，为此，可在运放输入端接入极性相反的两只二极管，用来将输入电压限制在二极管导通电压之内或限制在某安全值范畴内。图 5-30(a)为反相输入保护电路，将运放输入电压限制在二极管导通电压之内；图 5-30(b)为同相输入保护电路，将运放输入电压限制在 $\pm U$ 范围内。

2. 输出保护

输出保护是为防止输出碰到高电压时输出级击穿，可采用如图 5-31 所示电路。正常工作时，输出电压小于双向稳压管的稳压值，双向稳压管相当于开路。当输出端电压大于稳压管稳压值时，稳压管将击穿，使运放负反馈加深，将输出电压限制在双向稳压管击穿电压范围内。

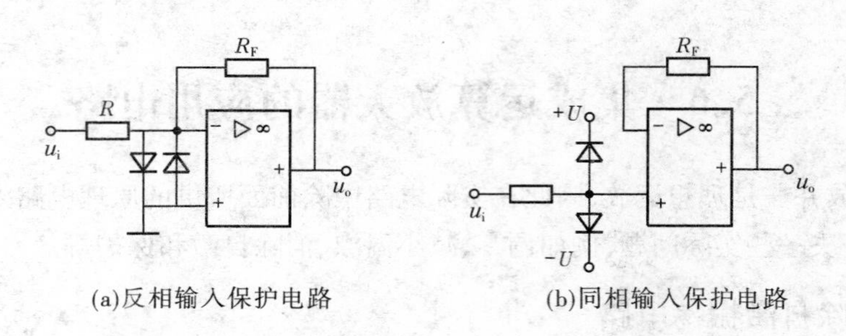

图 5-30　输入保护电路

3. **电源极性接错保护**

如图 5-32 所示为电源极性接错保护电路，它是利用二极管的单向导电性来防止电源极性接错造成运放损坏的。当电源极性接反时，二极管截止，相当于电源断路，从而保护了运放。

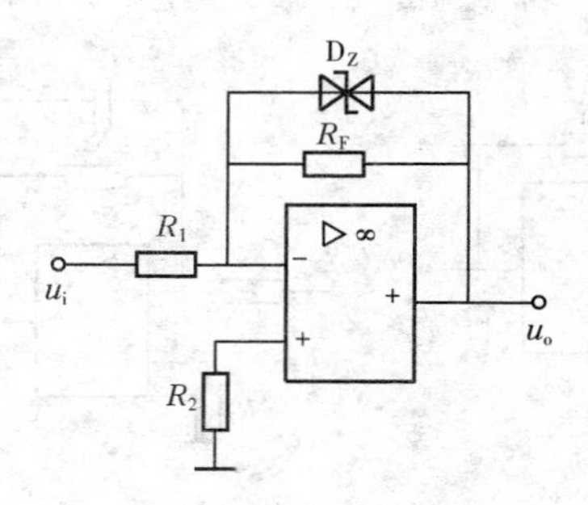

图 5-31　输出保护电路

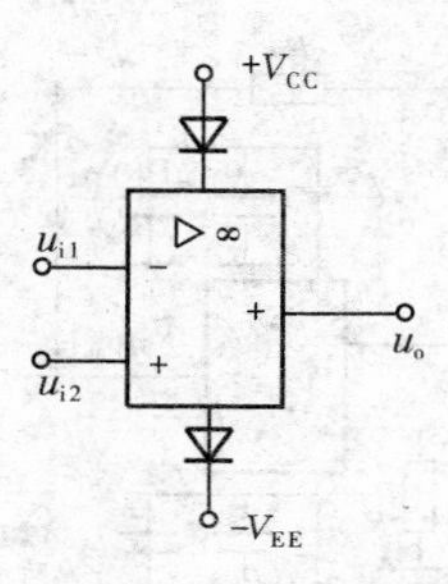

图 5-32　电源极性接错保护电路

5.6.3　调零电路

一般来说，实际运放的失调电压、失调电流都不为零。因此，当输入信号为零时，输出信号不为零。为此，有些运放在引脚中设有调零端子，接上调零电位器即可调零，如图 5-33 所示。调零的同时用最低挡直流电压表测其输出电压，使输出电压为零即可。

有些运放没有调零端子，使用时采用辅助调零的方法，R、R_4、R_5 及 V_{CC} 构成调零电路，加在同相输入端，如图 5-34 所示。也可以将辅助调零电路加在反相输入端。

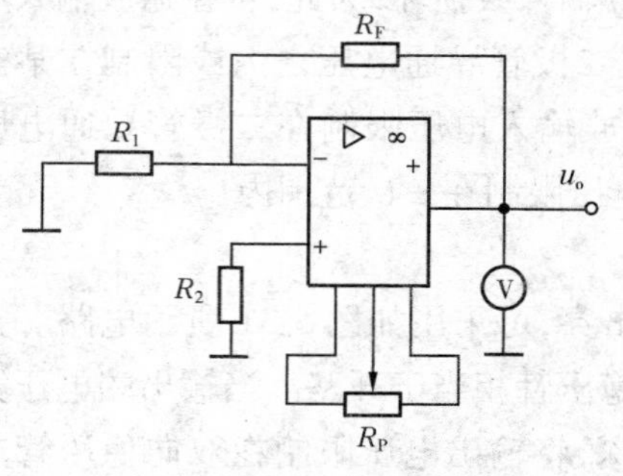

图 5-33　集成运放调零

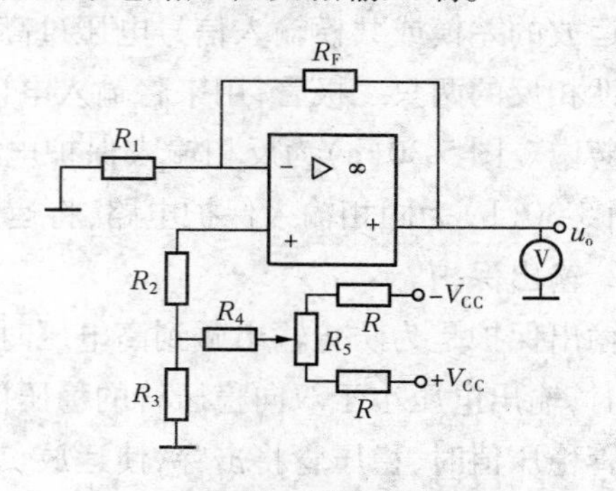

图 5-34　辅助调零电路

本章小结

1. 集成运放是一个高输入电阻、低输出电阻、电压放大倍数很高的直接耦合多级放大器。为了解决零点漂移和抗共模干扰的问题,集成运放的输入级都采用了差分放大电路。差分放大电路可以根据实际的需要,将输入输出组合成四种典型电路。这四种输入输出组合方式只有双端输出时才有抑制零点漂移和抗共模干扰的能力,单端输出时电压放大倍数只有双端输出的一半。

2. 正确使用集成运放要以理解其参数的含义及指标优劣对运放的影响为前提。差分放大电路与运放的许多指标含义相同。在分析集成运放电路时,常常将实际运放看做理想集成运放,即 $A_{uod}\to\infty$ 、$r_{id}\to\infty$ 、$r_o\to 0$、$K_{CMR}\to\infty$ 。共模抑制比是衡量差分放大电路与运放抑制零点漂移与共模干扰的重要指标,K_{CMR}越大越好。

3. 当运放电路存在负反馈时,则运放工作于线性区,此时,运放存在虚短与虚断。当运放开环或处于正反馈状态时,则运放输入端只有虚断而无虚短,运放工作于非线性区。在非线性区,当 $u_+ > u_-$ 时,$u_o = +U_{om}$;当 $u_+ < u_-$ 时,$u_o = -U_{om}$。

4. 运算放大器通常与外接反馈电路组成各种放大器,按其信号输入的连接方式有反相比例、同相比例、反相加法、同相加法、微积分等各种电路。用运放组成放大电路要根据信号传输对级联的要求、共模输入信号对输出的影响来选择输入方式。

5. 电压比较器的基本功能是对两个电压进行比较,有单门限电压比较器和滞回电压比较器,滞回电压比较器有抗干扰能力。每种电压比较器又有同相电压比较器和反相电压比较器。在分析它的传输特性和输出波形时,应抓住输出从一个电平翻转到另一个电平的临界条件,即 $u_+ = u_-$ 所对应的输入电压值(即门限电压)。

6. 电流、电压转换电路可以用来进行电流与电压的转换。

7. 当运放电路存在自激振荡时,可通过在电源端子接电容、在反馈电阻上并联电容和在运放输入端外加 RC 串联电路消去自激振荡。在应用时要外加输入、输出和电源极性接错保护电路。掌握运放应用时的这些实际问题是运放应用电路可靠安全工作的保证。

思考题与习题

5-1 电路如图 5-35 所示,试计算输出电压 u_o 的值。

5-2 在图 5-36 所示的电路中,已知 $u_{i1} = 0.6$ V,$u_{i2} = 0.3$ V,试计算输出电压 u_o 和平衡电阻 R_4。

5-3 图 5-37 所示电路是一增益可调的反相比例运算电路,设 $R_F \gg R_4$,试证明:

$$u_o = -\frac{R_F}{R_1}\left(1 + \frac{R_3}{R_4}\right)u_i$$

5-4 图 5-38 所示电路为增益可调的运放电路,试求电压增益 A_u 的调节范围。

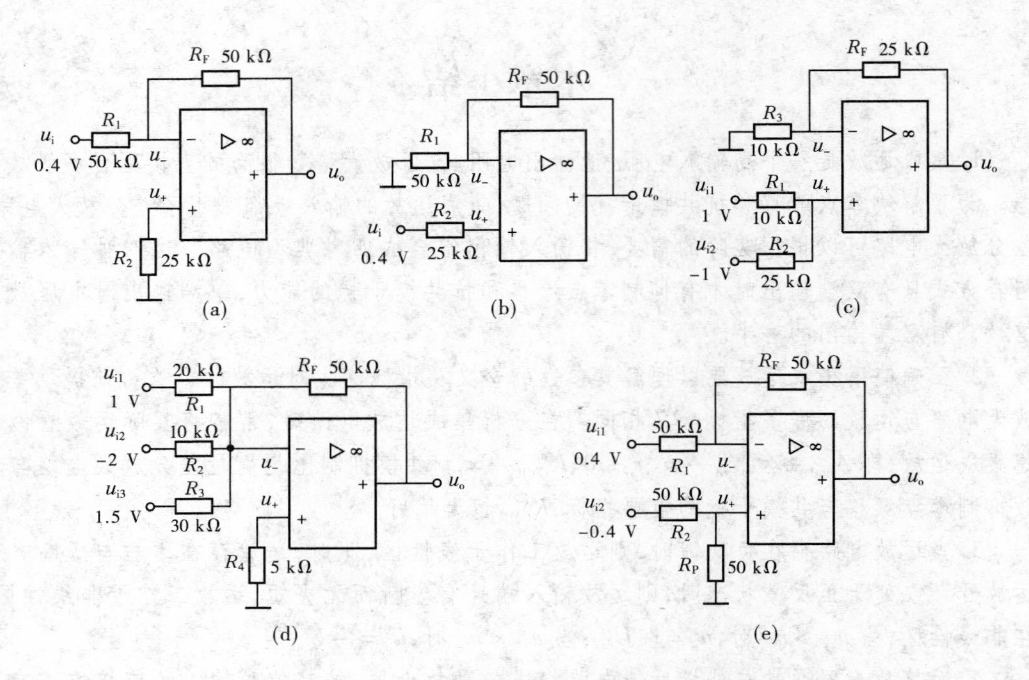

图 5-35

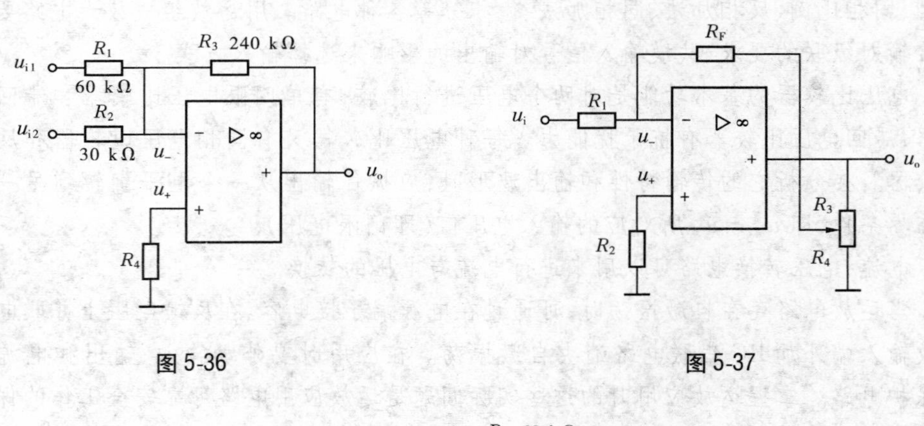

图 5-36

图 5-37

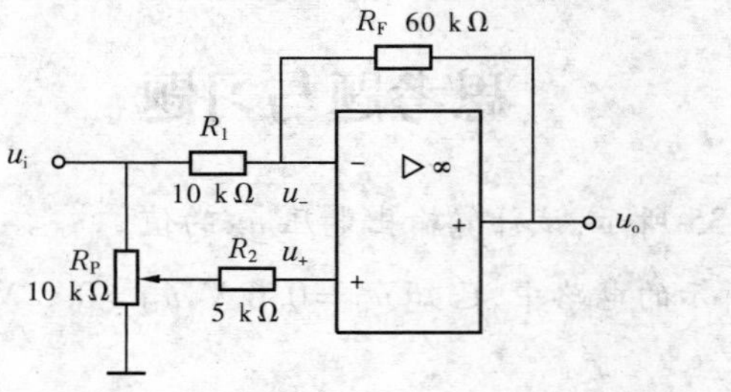

图 5-38

5-5 理想运放应用电路如图 5-39 所示。

(1) 各个运放构成何种基本电路?

(2)各个运放工作在线性区还是非线性区？

(3)若 $u_i=2\sin\omega t(\mathrm{V})$，对应 u_i 的波形画出 u_{o1}、u_{o2} 和 u_{o3} 的波形。

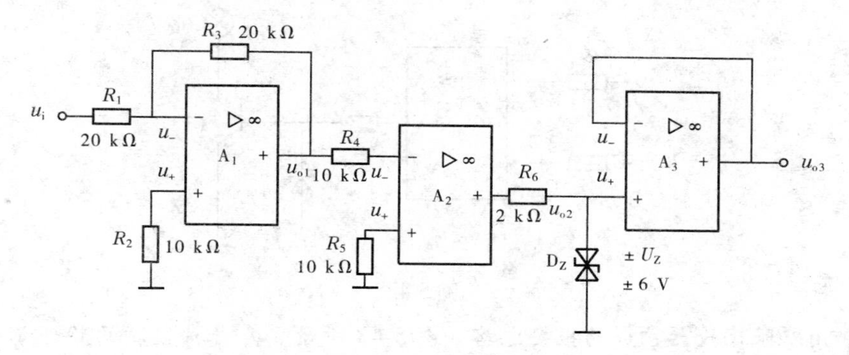

图 5-39

5-6 理想运放应用电路如图 5-40(a)所示，运放的 $\pm U_{om}=\pm10\ \mathrm{V}$，输入电压 u_i 的波形如图 5-40(b)所示，试画出 u_o 的波形。

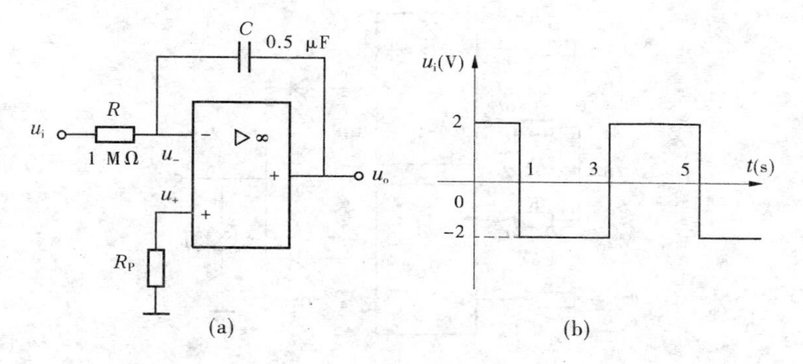

图 5-40

5-7 理想运放应用电路如图 5-41 所示，双向稳压二极管的稳定电压 $\pm U_Z=\pm6\ \mathrm{V}$。

(1)求该电路的阈值，并画出传输特性。

(2)若 $u_i=3\sin\omega t(\mathrm{V})$，对应 u_i 画出 u_o 的波形。

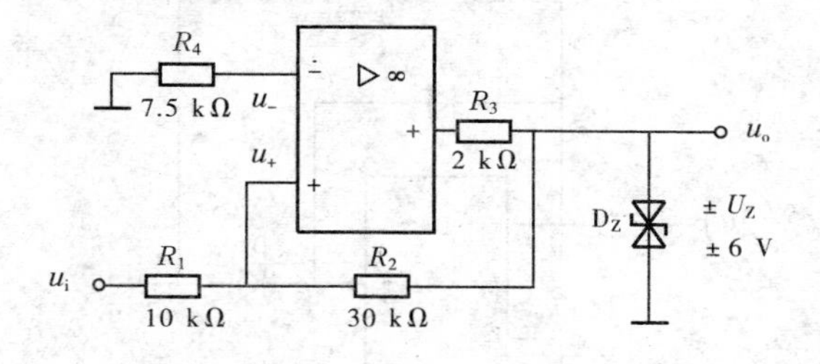

图 5-41

5-8 一个简单的报警电路如图 5-42 所示，u_i 是被监测的非电物理量通过传感器形成的电信号，其大小与被监测物理量的值成正比。U_R 是基准电压，它对应着被监测物理量的正常值。当被测物理量的实际值超过正常值时，报警灯即发光报警。说明该电路的工作原理。R_3 和稳压二极管 D_Z 是用来保护大功率三极管 VT 的，说明其保护过程。

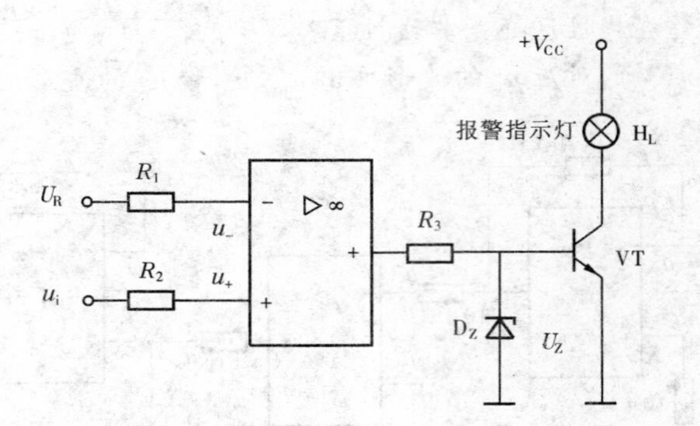

图 5-42

5-9 用双限比较器构成的报警电路如图 5-43 所示。u_i 是被监测的物理量通过传感器形成的电信号，其值与被监测物理量的值成正比。U_{R1} 和 U_{R2} 对应着被监测物理量的上限值和下限值，$U_{R1} > U_{R2}$。当被监测物理量的值超出上限值或下限值时，报警指示灯 H_L 发光报警。说明该电路的工作原理。

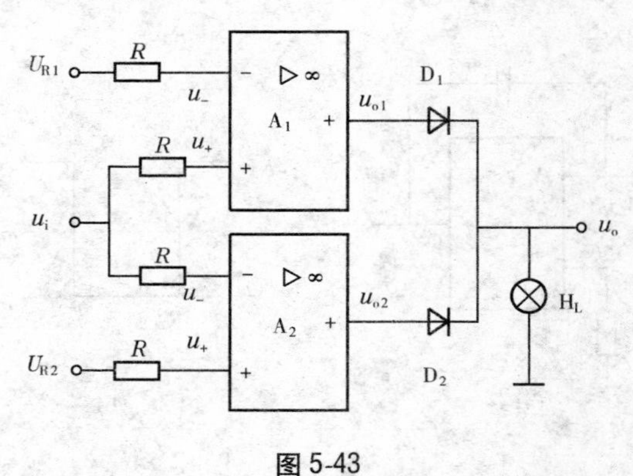

图 5-43

5-10 说明图 5-44 所示的集成运放电路输入、输出信号的关系；输入电压为正弦波时，画出输出电压的波形图。

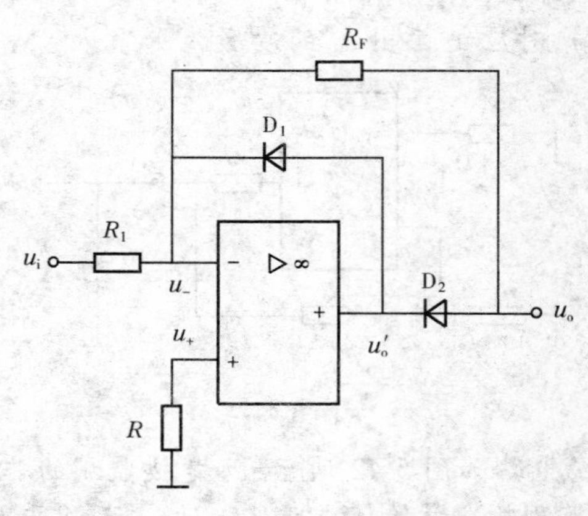

图 5-44

第6章　功率放大电路

知识与技能要求

1. 知识点和教学要求

(1)掌握:功率放大电路的构成与技术特点,功率放大电路的应用。

(2)理解:各技术指标的含义,功率放大电路的工作过程与原理。

(3)了解:功率放大电路的特点与分类,常见的集成功率放大电路。

2. 能力培养要求

(1)具有正确分析功率放大电路的能力。

(2)具有应用功率放大电路的能力。

前面讨论的主要是电压放大器,其主要任务是不失真地放大信号(电压或电流)的幅度。一个多级放大电路的末级往往为功率放大电路,以便驱动负载。功率放大电路(也称功率放大器,简称功放)的主要任务则是在保证信号不失真的条件下,提高输出功率,以便带动负载。

本章首先介绍功率放大器的特点及技术指标,然后介绍几种基本的功率放大器,如变压器耦合功放电路和互补对称功放电路,重点分析其构成、工作原理和输出功率、效率等指标的计算,最后介绍集成功率放大电路图的识读。

6.1　功率放大电路的特点及技术指标

6.1.1　功率放大电路的特点及分类

1. 特点

信号经过电压放大器放大后再送入功率放大器,功率放大器处于大信号状态下工作,有以下的特点。

1)输出功率大

为了获得足够大的输出功率,要求功率放大器的电压和电流都有足够大的输出幅度,功放管工作在接近极限的状态下。

2)能量转换效率高

功率放大器的效率是指负载上的信号功率与电源的功率之比。效率越高,意味着功率放大器的损耗越小,功放管发热越小,负载得到的功率越大。这样不但减少能源的浪费,还可以防止功放管因发热而性能衰退,甚至损坏,所以功放电路效率越高越好。

3）非线性失真明显

功率放大器在大信号状态下工作，输出信号不可避免地会产生非线性失真，且输出功率越大，非线性失真越严重，这使输出功率与非线性失真成为一对矛盾。在实际应用时不同场合对这两个参数的要求是不同的。例如，在功率控制系统中，主要以输出足够功率为目的，对非线性失真的要求不是很严格，但在测量系统、偏转系统和电声设备中，非线性失真就显得非常重要了。

在功率放大电路中，功放管处于高电压大电流状态下工作，其本身的管耗也大。在工作时，管耗产生的热量使功放管温度升高，当温度太高时，功放管易老化，甚至损坏。为此，通常把功放管做成全金属外壳，并加装散热片，还要采取过压过流过载保护措施。

2. 低频功放的种类

按功放与负载耦合方式不同，分变压器耦合功放、电容耦合功放（又称无输出变压器功放，简称 OTL 功放）、直接耦合功放（又称无输出电容功放，简称 OCL 功放）、桥式耦合功放（又称桥式推挽功放，简称 BTL 功放）。

根据功放电路是否集成，分为分立元件式功放和集成功放。

按三极管静态工作点位置的不同（或者说，按在输入信号的一个周期里，三极管集电极电流导通角的不同），分为甲类功率放大器、乙类功率放大器、甲乙类功率放大器。

1）甲类功率放大器

三极管工作在正常放大区，且 Q 点在交流负载线的中点附近，输入信号的整个周期都被同一个晶体管放大，如图 6-1（a）所示。所以，甲类功率放大器静态时管耗较大，效率低（最高效率也只能达到 50%）。前面我们学习的晶体管放大电路基本上属于这一类。

2）乙类功率放大器

三极管工作在放大区与截止区，且 Q 点为交流负载线和 $i_B=0$ 的输出特性曲线的交点。在输入信号的一个周期里，只有半个周期的信号被晶体管放大，如图 6-1（b）所示。乙类功率放大器需要放大一个周期的信号时，必须用两个管子分别对信号的正负半周放大。在理想状态下静态管耗为零，效率很高（最高效率可达到 78.5%），但会出现交越失真。

3）甲乙类功率放大器

工作状态介于甲类和乙类之间，Q 点在交流负载线的下方，靠近截止区的位置，输入信号的一个周期内，有半个多周期的信号被晶体管放大，晶体管的导通时间大于半个周期，小于一个周期，如图 6-1（c）所示。甲乙类功率放大器也需要两个互补型的晶体管交替工作才能完成对整个周期信号的放大。其效率较高（最高效率也接近 78.5%），并且消除了交越失真，使用广泛。

6.1.2 功率放大电路的主要技术指标

就放大信号而言，功率放大器和电压放大器没有本质的区别，都是利用晶体管的控制作用，将直流电源的直流功率转换为输出信号的交流功率。由于功率放大器是大信号放大器，要求输出功率大、效率高、失真小，同时又要求晶体管在极限状态下工作而不会损坏，所以其主要技术指标有下面几个。

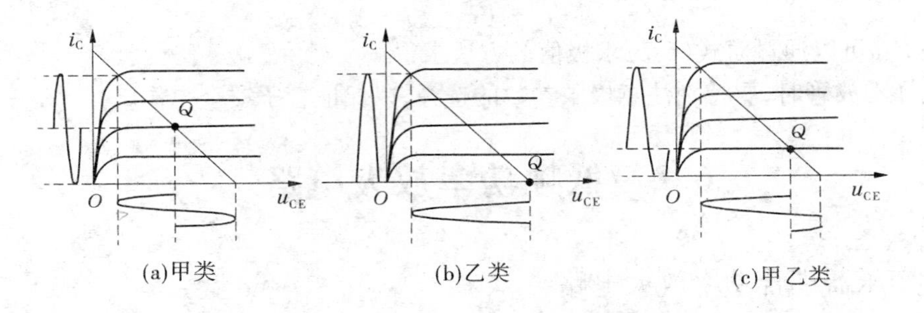

图 6-1　功率放大电路分类图

1. 最大输出功率 P_{omax}

功率放大电路提供给负载的信号功率称为输出功率,用 P_o 表示。在输入为正弦波且输出基本不失真的条件下,若输出电压的有效值为 U_o、输出电流的有效值为 I_o,则

$$P_o = I_o U_o \tag{6-1}$$

最大输出功率 P_{omax} 是在电路参数确定的情况下负载可能获得的最大交流功率。当负载 R_L 上的电压有效值最大或电流有效值最大时,则输出功率最大,即

$$P_{omax} = I_{omax} U_{omax} = \frac{1}{2} I_{ommax}^2 R_L = \frac{1}{2} \frac{U_{ommax}^2}{R_L} \tag{6-2}$$

式中,I_{omax} 和 U_{omax} 分别是输出电流有效值和输出电压有效值的最大值,I_{ommax} 和 U_{ommax} 分别为输出电流振幅值和输出电压振幅值的最大值。

2. 电源提供的功率 P_E

电源提供的功率 P_E 是直流功率,是指直流电源在交流输入信号的一个周期里输出电流平均值 I_E 与其电压 V_{CC} 之积,即

$$P_E = V_{CC} I_E \tag{6-3}$$

当电源输出的平均电流最大时,其输出功率也最大。电源提供的最大功率 P_{EM} 为

$$P_{EM} = V_{CC} I_{Emax} \tag{6-4}$$

3. 转换效率 η

功率放大电路的输出功率(即负载获得的功率)P_o 与电源所提供的直流功率 P_E 之比称为转换效率,用 η 表示,即

$$\eta = P_o / P_E \tag{6-5}$$

最大效率 η_{max} 为负载获得的最大功率 P_{omax} 与电源提供的最大功率 P_{Emax} 之比,即

$$\eta_{max} = P_{omax} / P_{Emax} \tag{6-6}$$

甲类功率放大器的最高效率只能达到 50%,乙类功率放大器的最高效率达 78.5%,甲乙类功率放大器的最高效率也接近 78.5%。

4. 最大管耗 P_{CM}

工作在放大状态的晶体管,其集电结压降远大于发射结压降,流过两个 PN 结的电流近似相等,故晶体管的功率损耗近似等于集电结的功耗,因此通常把集电结的功耗视为晶体管的功耗,记做 P_C。管耗 P_C 为直流电源提供的功率 P_E 与功放输出的功率 P_o 之差,即

$$P_C = P_E - P_o \tag{6-7}$$

最大管耗 P_{CM} 可以通过对式(6-7)求极值的方法求得。

在选择功放管时,要特别注意极限参数的选择,以保证管子安全工作。

6.2 低频功率放大电路

6.2.1 变压器耦合功率放大电路

1. 变压器耦合单管功率放大电路

变压器耦合功率放大器是一种适用于音频信号的交流放大器。它的输入级与前级之间用一只输入变压器耦合,而输出端与负载之间用一只输出变压器耦合,变压器主要起阻抗变换的作用。图 6-2(a)所示为变压器耦合单管甲类功率放大器的典型电路。T_1 为输入耦合变压器,T_2 为输出耦合变压器,R_{B1} 和 R_{B2} 组成分压偏置电路。R_{B2} 太大会使稳定性变差,太小会使耗电增加,R_{B2} 的阻值一般选几百欧至几千欧。R_E 是直流负反馈电阻,用来稳定工作点,一般取几欧至几十欧。C_E 是交流旁路电容。C_B 是偏置电路的旁路电容。

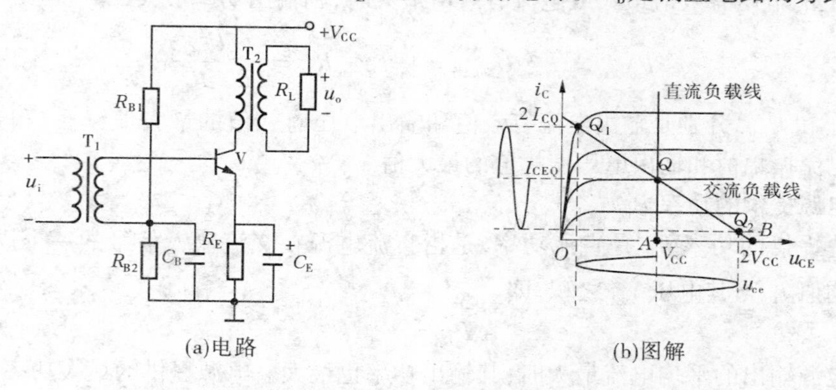

(a)电路　　(b)图解

图 6-2　变压器耦合单管甲类功率放大器

静态时,输出变压器原边的电阻很小,发射极电阻 R_E 也很小,均可忽略,则晶体管的直流负载线是一条与横轴交于 $u_{CE}=V_{CC}$ 点、几乎与横轴垂直的直线。静态工作点 Q 的位置根据输出功率的要求而定。为了获得尽可能大的输出功率,静态工作点的位置必须处于交流负载线的中点,即工作于甲类放大状态。理想情况下,即忽略晶体管的饱和压降和穿透电流,并使晶体管极限运用时,交流负载线是与横轴交于 $2V_{CC}$、与纵轴交于 $2I_{CQ}$ 的斜线,如图 6-2(b)所示。此时的输出功率最大,最大输出功率 P_{omax} 为图中 ABQ 的面积。

动态时,交流等效电阻为 R_L'($R_L'=n^2R_L$,n 为变压器的匝数比),故交流负载线是一条通过静态工作点 Q 的直线,其斜率取值以输出功率既最大又不失真为最佳,此时的 R_L' 称为最佳负载电阻。

变压器耦合单管功率放大器,当其工作于甲类状态时,即使是最理想情况,其效率也只有 50%。考虑到输出变压器的损耗,单管功率放大器的效率只能达到 40% 左右。在甲类放大电路中,静态电流 I_{CQ} 是造成管耗高、效率低的主要原因。降低静态电流,使功放管工作于乙类状态，可以减小管耗、提高效率，但这样会使输出波形出现削波，严重失真。

2. 变压器耦合推挽功率放大电路

1) 变压器耦合乙类推挽功率放大器

如图6-3(a)所示为一个典型的变压器耦合乙类推挽功率放大器的原理图及工作波形图。

T_1 为输入变压器，T_2 为输出变压器，在不考虑三极管的死区电压的情况下，当输入电压 u_i 为正半周时，V_1 导通，V_2 截止；当输入电压 u_i 为负半周时，V_2 导通，V_1 截止。两个三极管的集电极电流 i_{C1} 和 i_{C2} 均只有半个正弦波，但通过输出变压器 T_2 耦合到负载上，负载电流和输出电压则基本上是正弦波。

显然，由于三极管死区电压的影响，在两管交替工作点前后，会出现一段两管电流均为零或增长缓慢而使负载电流也为零或增长缓慢的一段时间，使输出波形出现失真，称交越失真。实际输入输出波形如图6-3(b)所示。

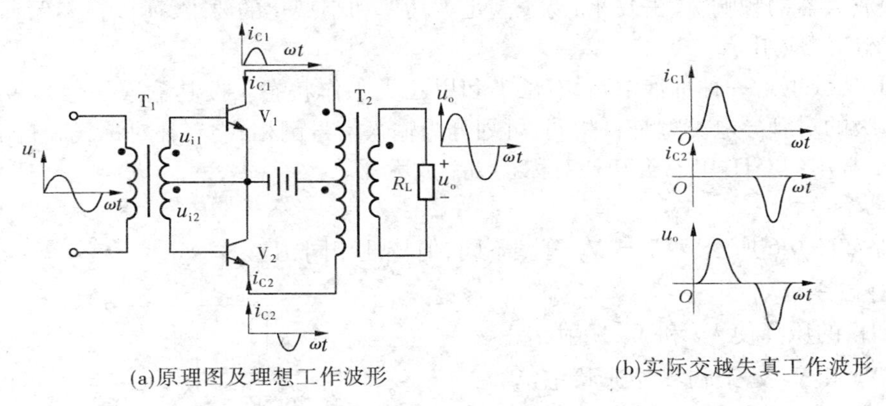

(a)原理图及理想工作波形

(b)实际交越失真工作波形

图6-3　变压器耦合乙类推挽功率放大器

2) 变压器耦合甲乙类推挽功率放大器

如图6-4所示，在图6-3(a)乙类功放电路的基础上加入偏置电路 R_{B1} 和 R_{B2}，使两只功放管获得一定的正向偏置电压，即让 V_1 和 V_2 工作于甲乙类状态，以消除交越失真。

当有正弦信号 u_i 输入时，通过输入变压器 T_1 的耦合，在 T_1 的次级感应出大小相等、极性相反(对中心抽头而言)的信号，分别加到 V_1 与 V_2 的输入回路。在 u_i 的正半周，设 A 点电位高于 B 点电位，即 $u_{AO}>0$、$u_{BO}<0$，则 V_1 导通、V_2 截止；在 u_i 的负半周，B 点电位高于 A 点电位，即 $u_{AO}<0$、$u_{BO}>0$，则 V_2 导通、V_1 截止。这样，在输入信号的一个周期里，两个功放管轮流导通、交替工作，两管集电极电流 i_{C1}、i_{C2} 按相反方向交替流过输出变压器初级的上、下半个绕组，并经次级绕组交替向负载 R_L 输出。在负载上就可得到一个完整的正弦波信号，其工作波形如图6-5所示。

6.2.2　互补对称功率放大电路

1. OTL 功率放大电路

两管乙类电容耦合功率放大电路称为“无输出变压器功放电路”，简称 OTL(Output

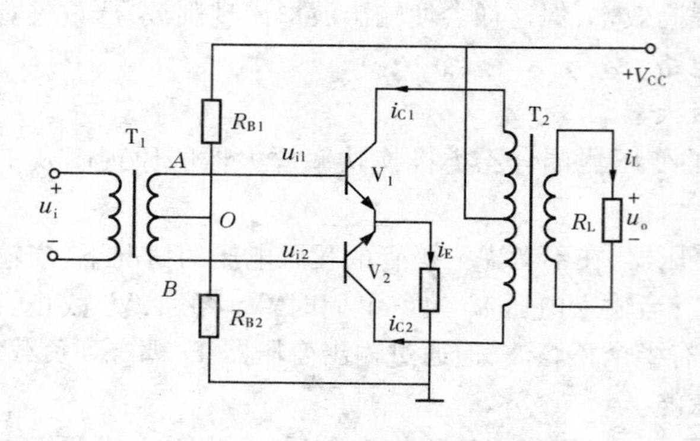

图 6-4　变压器耦合甲乙类推挽功率放大器

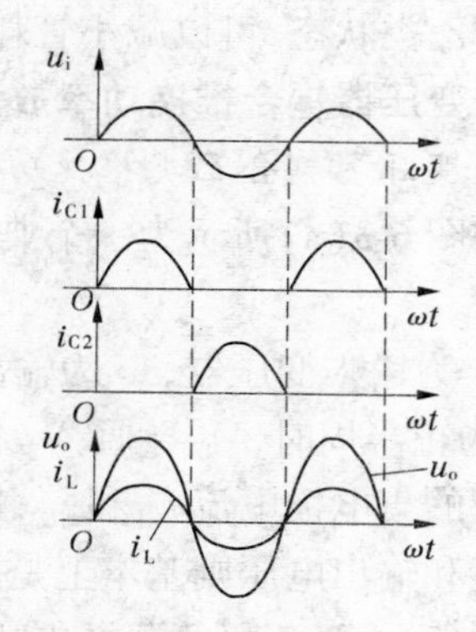

图 6-5　工作波形

Transformerless）功放，由于电路用电容耦合取代了输出变压器耦合，便于增加各种负反馈电路，使放大器的频响宽、失真小，易于满足大功率和小型化的要求，所以在高保真功率放大器中被广泛应用。

OTL 功放也是一种推挽电路，有乙类和甲乙类工作状态。按其输入信号是否需要倒相、输出级的对管导电类型是否相同，可划分为输入信号倒相式、互补对称式和自倒相式。下面介绍常用的 OTL 甲乙类互补对称式功率放大器。

1）电路结构

电路如图 6-6 所示。V_1 与 V_2 管型不同，但特性相同，β 一样。

2）静态分析

D_1、D_2 的压降使 V_1 和 V_2 发射结正向偏置，V_1 和 V_2 处于临界导通状态，V_1 和 V_2 的集电极静态电流趋于零。由于晶体管特性的对称性，静态情况下，两只晶体管的集电极电流相等，两个发射极连接点 B 点的电压为电源电压的一半，即 $U_B = V_{CC}/2$，A 点的静态电压也为 $V_{CC}/2$，于是 C_2 两端被充得电压 $V_{CC}/2$。

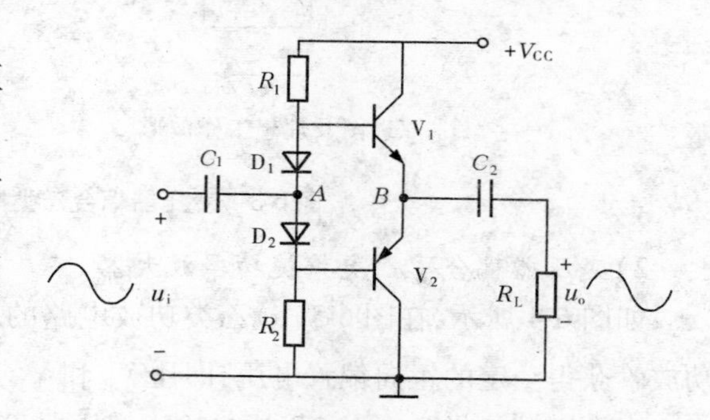

图 6-6　OTL 甲乙类互补对称式功率放大器

3）动态分析

在 u_i 的正半周（上正下负），V_1 导通，V_2 截止，V_1 的发射极电流经 C_2 为 R_L 供电，C_2 被充电。

在 u_i 的负半周（上负下正），V_1 截止，V_2 导通，C_2 经 V_2、R_L 放电（C_2 此时起着电源的作用），R_L 得到电压。于是，在 u_i 的一个周期里 V_1 与 V_2 轮流导通，在 R_L 上得到一个完整的波形。

4）电路特点

静态时集电极电流趋于零，故效率高；省略了输出变压器，克服了变压器耦合推挽方式功放电路体积大、质量重的弊病。缺点是耦合电容的容量要求很大，不易集成。电路的低频特性决定于 C_2 和 R_L 的乘积，R_L 阻值较低时，为了获得较好的低频特性，电容的容量高达几千微法。

2. OCL 功率放大电路

1)电路结构

OCL 与 OTL 电路相比,有以下两点改变:将单电源供电改为 $\pm V_{CC}$ 双电源供电,负载电阻直接连接到电路输出端,如图 6-7 所示。因省去了输出端耦合电容,故称为无输出电容功率放大电路,OCL 是 Output Capacitorless 的缩写。

2)静态分析

同 OTL 一样,静态时,V_1、V_2 处于临界导通状态,A、B 两点的电位为零,故静态时无电流流过 R_L。

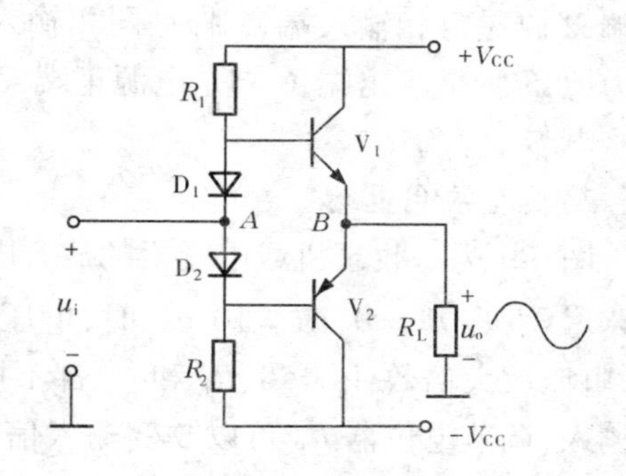

图 6-7　OCL 甲乙类互补对称功率放大器

3)动态分析

在输入端加入正弦波输入电压时,由于二极管 D_1、D_2 的动态电阻很小,故两只晶体管基极电压的交流成分近似相等,且都等于输入电压,即

$$u_{b1} \approx u_{b2} \approx u_i$$

也就是说,V_1 与 V_2 基极之间的直流电压为恒定值,约 1.4 V(硅管),但基极电压的交流成分是相同的。

输入信号的正半周(上正下负),两只管子的基极电位升高,V_1 导通,V_2 截止,正电源经 V_1 的集电极、发射极和负载形成电流回路。这一电流在输入信号的控制下从上向下流过负载 R_L,在 R_L上形成交流电压的正半周输出。输入信号的负半周(上负下正),两只管子基极电位下降,V_2 导通,V_1 截止,负电源经负载、V_2 发射极和集电极形成电流回路。这一电流在输入信号的控制下由下而上流过负载 R_L,在 R_L上形成交流电压的负半周输出。于是,R_L在输入信号的一个周期里得到了一个完整的正弦波信号输出。

6.2.3　集成功率放大电路

集成功率放大电路的种类很多,通常分为通用型和专用型两大类。通用型是指可以用于多种场合的电路;专用型是指只能用于某种特定场合的电路,如音响、电视专用等集成功率放大器。为了使用方便,集成功率放大器一般都把前置电压放大器和功率放大电路做在一起。为了保证器件在大功率状态下安全可靠地工作,通常设有过流、过压以及过热保护等电路。集成功率放大电路具有外接元件少,工作稳定,易于安装和调试等优点,作为应用技能型人才,我们只需了解其外部特性和引脚的正确连接方法。

集成功放的引脚一般包括电源端、地、信号输入端、信号输出端、调整元件引脚及其他外接元件。不同的集成运放,其引脚和功能安排各不相同。

集成功放的主要性能指标包括最大输出功率、电源电压范围、静态电流、电压增益、频带宽度和输入阻抗等。

下面对常见集成功放电路及应用作简单的介绍。

1. 音频集成功放 LM386

1)封装和引脚

LM386 是常用的 OTL 型集成功放,有 8 脚 DIP(双列直插式塑料封装)和 SOP(扁平塑料封装)两种封装,如图 6-8 所示。

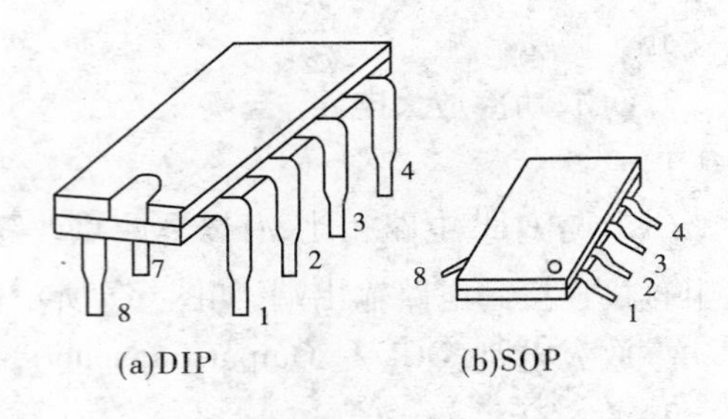

图 6-8 LM386 的封装

各引脚的功能如下:1 脚和 8 脚是增益调节端,2 脚是反相输入端,3 脚是同相输入端,4 脚为地,5 脚是输出端,6 脚是电源正端,7 脚是外接电容端。

2)典型应用电路

图 6-9 为一收录机或电视机的放音电路,其中,1 脚与 8 脚之间的 R_1 与 C_1 用来设置电路增益:当 $R_1=0$,$C_1=10\ \mu F$ 时,电压放大倍数 $A_u=200$;当 $R_1=1.2\ k\Omega$,$C_1=100\ \mu F$ 时,电压放大倍数 $A_u=50$;R_1 和 C_1 都不接时,电压放大倍数 $A_u=20$。2 脚接地,信号从 3 脚输入,调节电位器 R_P 可以改变输入信号的大小,起到调节扬声器音量的作用。5 脚所接的电容 C_5 和电阻 R_2 用于滤除高频成分,改善音质。C_2 和 C_3 为电源去耦合电容,大容量电容 C_2 滤除低频交流成分,小容量电容 C_3 滤掉高频交流成分。7 脚接旁路电容 C_6。由于 LM386 的功率放大电路属 OTL 类型,故输出端 5 脚需经大容量的电容 C_4 与扬声器耦合连接。

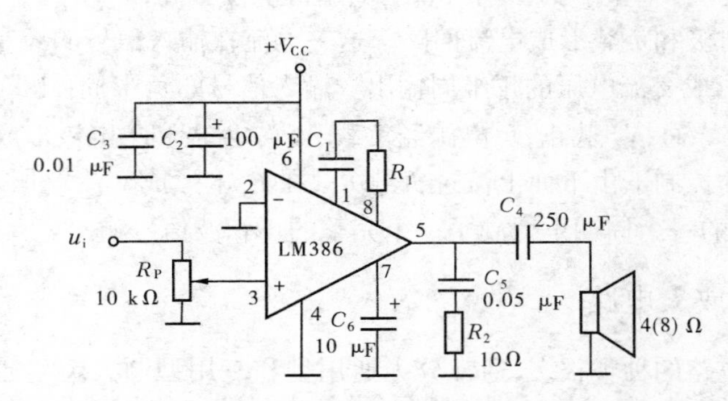

图 6-9 LM386 的典型应用电路

2. 高保真集成功放 TDA1514

TDA1514 是 philips(飞利浦)公司专为数码音响设计的 Hi-Fi 集成功放,属 OCL 类型。Hi-Fi 是英语“High Fidelity”的缩写,高传真的意思,现在常被用来作为“实现原声场完美重放的高保真音响”的代名词,因此也可以将 Hi-Fi 理解为“高保真”。

1)封装和引脚

TDA1514 采用 SIP 封装,即单列直插式封装,如图 6-10 所示。

各引脚功能如下:1 脚为同相输入端,2 脚为过流保护调节端,3 脚为开机时间延长调节端,4 脚为负电源端,5 脚为输出端,6 脚为正电源端,7 脚为自举电路连接端,8 脚为接地端,9 脚为反相输入端。

2)典型应用电路

TDA1514 典型应用电路如图 6-11 所示。u_i 为输入电压,输入信号从同相输入端输入,C_1 是隔直耦合电容,R_1 是输入级偏置电阻,C_2 是高频旁路电容,用来滤除来自输入信号的高频干扰。反相输入端经电容 C_3 和电阻 R_2 接地,经过电阻 R_3 接输出端。电路的增益取决于电阻 R_3 和 R_2 的比值。TDA1514 属于 OCL 类功放,输出端直接接负载扬声器,无需耦合电容,5 脚所接的电阻 R_5 和 C_7 为补偿电路,用来改善音质。两电源端所接电容 C_4 和 C_5 用来消除电源内阻耦合引起的振荡。TDA1514 具有过流和过热保护功能,输出电流过大或输出晶体管过热时会自动切断电源。2 脚所接电阻 R_4 用来调节这种保护的灵敏度。TDA1514 还具有开机延时功能,有了开机延时功能就可以消除开机时产生的噪声。延时时间的长短可以通过 3 脚所连接的电阻 R_6 和电容 C_6 的大小来调节,增加电容容量可使延时时间变长。7 脚是自举电路的连接脚(有关自举知识,请查阅其他功率放大电路资料)。

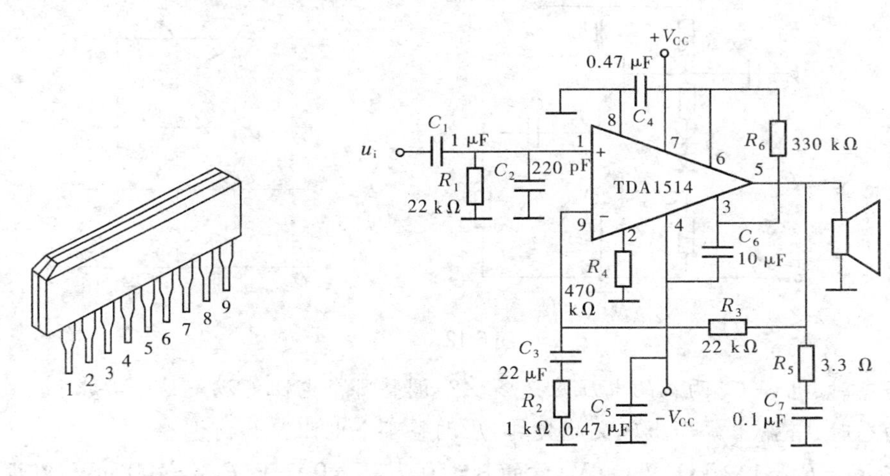

图 6-10　TDA1514 的封装　　**图 6-11　TDA1514 的典型应用电路**

本章小结

1. 对功率放大电路的主要要求是获得最大不失真的输出功率和具有较高的效率。相对于其他放大器来说,它具有输出功率大、效率高、失真明显、管子工作在极限状态的特点。

2. 与其他放大电路不同,它的主要技术指标是输出功率、电源提供的功率、效率和晶体管的极限参数。在应用功率放大电路时,要以这些指标来设计和分析它。

3. 按功放与负载耦合方式不同,有变压器耦合功放、OTL 功放、OCL 功放和 BTL 功放;根据功放电路是否集成,有分立元件式功放和集成功放;按集电极电流导通角大小的不同,有甲类功率放大器、乙类功率放大器和甲乙类功率放大器。不同类型功放的最大区别在于效率和失真程度不同,甲类效率低,但失真小;乙类效率高,但失真大;甲乙类效率高，失真也小。每一种功放的工作原理和工作过程也不同，乙类和甲乙类采用两管推挽式，甲类则由一个管子单独完成。集成功放具有使用方便的特点，只要按照各引脚的功能外加电路元件，就可以完成电路设计。要求掌握电路的构成，能看懂集成功放外围电路的作用。

4. 集成功率放大电路在使用时要注意过压、过流和过热保护，防止自激。要特别注意负载回路、输出补偿回路、输入和反馈回路的接地问题。

思考题与习题

6-1　OTL功率放大电路如图6-12所示。设 V_1 和 V_2 的特性完全对称，u_i 为正弦波，$V_{CC}=10$ V，$R_L=16$ Ω，试回答以下问题：

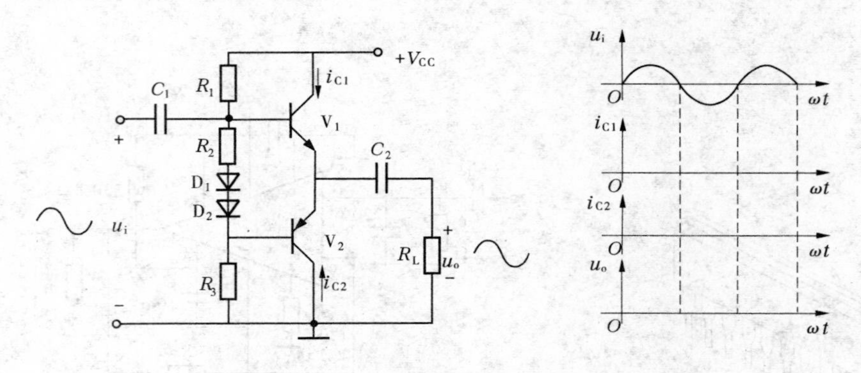

图6-12

(1) 静态时，电容 C_2 两端的电压应是多少？调整哪个电阻能满足这一要求？

(2) 动态时，若输出波形出现交越失真，应调整哪个电阻？如何调整？

(3) 若 $R_1=R_2=1.2$ kΩ，V_1 和 V_2 管的 $\beta=50$，$U_{BEQ}=0.7$ V，$P_{CM}=200$ mW，假设 D_1、D_2 和 R_2 中任意一个开路，将会产生什么后果？（提示：求出 D_1、D_2 和 R_2 开路后 V_1 或 V_2 的集电极静态功耗，$P_C=I_CU_{CE}=\beta I_BU_{CE}$，并与 P_{CM} 比较，分析是否存在管子烧毁的可能）

(4) 画出在 u_i 作用下 i_{C1}、i_{C2} 和 u_o 的波形图。

6-2　功率放大电路如图6-13所示。

(1) 该功率放大电路是何种功放？

(2) 说明该电路的工作过程。

(3) 说明电路中 R_4 和 C_3 的作用。

(4) 若考虑晶体管的饱和压降为0.5 V，在输出基本不失真的情况下，估算电路的最大输出功率。

6-3　功率放大电路如图6-14所示。

(1) 该功率放大电路是何种功放？

(2) 叙述该电路的工作过程。

(3) 电路中 R_4 有何作用？R_4 如何取值？

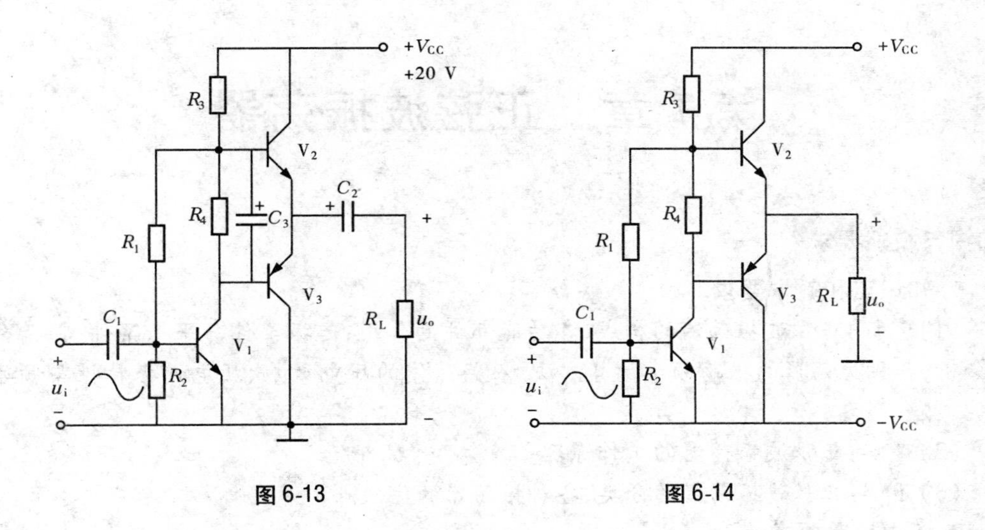

+V_{CC}
+20 V
R_3
V_2
R_4
C_3
C_2
R_1
V_3
C_1
V_1
R_L
u_o
u_i
R_2
+V_{CC}
R_3
V_2
R_4
R_1
V_3
R_L
u_o
C_1
V_1
u_i
R_2
$-V_{CC}$

图 6-13　　　　图 6-14

第7章　正弦波振荡器

知识与技能要求

1. 知识点和教学要求

(1)掌握:正弦波振荡器的构成、各功能部件的作用,起振条件与平衡条件、振荡条件的分析,各种振荡器的振荡频率计算方法,石英晶体的压电效应、压电谐振特性与频率特性。

(2)理解:正弦波振荡器的工作原理。

(3)了解:正弦波振荡器的分类、各种振荡器的优缺点。

2. 能力培养要求

具有正确分析电路的能力与正弦波振荡器的应用能力。

在科学研究、工业生产、医学、通信、测量、自动控制和广播技术等领域,经常需要各种各样的电信号,如正弦波、矩形波、方波、三角波、锯齿波、阶梯波等。产生各种信号的电子电路称信号发生电路或振荡器。振荡器无需外加信号就能自动地把直流电能转换成具有一定频率、一定振幅、一定波形的交流信号。电路的工作过程称自激振荡。根据产生信号的波形不同,振荡器分为正弦波振荡器和非正弦波振荡器两大类。在这里,我们只介绍正弦波振荡器。

7.1　正弦波振荡器的基本原理

7.1.1　产生正弦波振荡的条件

由反馈知识知道,正反馈使净输入信号增强。在振荡器刚通电的一瞬间,电路中的电流或电压从零突然跃变到某值,由傅里叶级数分析可知,跃变信号中含有丰富的正弦频率分量。只要振荡器设计合理,总有一频率分量符合正反馈的条件,使净输入信号从弱到强,最后使振荡器产生正弦波信号输出。正弦波振荡器组成框图如图7-1所示。

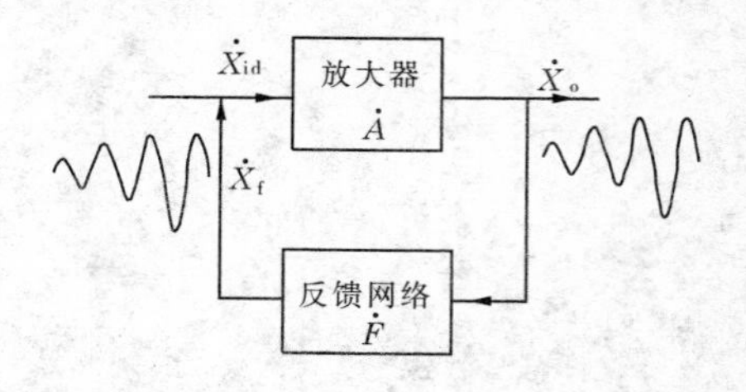

图7-1　正弦波振荡器组成框图

1. 起振条件

根据上述分析可知，为了使振荡器起振，必须在反馈放大器中引入正反馈，使输入输出信号的幅度逐渐增大。

设 t_0 时刻接通电源，则 $\dot{X}_{id}$经放大器放大 $\dot{A}$ 倍后，产生输出信号 $\dot{X}_o$，$\dot{X}_o=\dot{A}\dot{X}_{id}$。$\dot{X}_o$ 经反馈网络取样后形成反馈信号 $\dot{X}_f$，$\dot{X}_f=\dot{F}\dot{X}_o$。$\dot{X}_f$ 作为放大器在 t_1 时刻的输入信号再次被放大后，产生输出信号 $\dot{X}_{o1}$，$\dot{X}_{o1}=\dot{A}\dot{X}_f=\dot{A}\dot{F}\dot{X}_o$；再经反馈网络回送输入端再放大……依次类推循环下去，最后在振荡器的输出端得到正弦信号输出。

为了引入正反馈，应当使 $\dot{X}_f$ 与 $\dot{X}_{id}$同相，且$|\dot{X}_f|>|\dot{X}_{id}|$。

$$\frac{\dot{X}_f}{\dot{X}_{id}}=\frac{\dot{F}\dot{X}_o}{\dot{X}_{id}}=\frac{\dot{F}\dot{A}\dot{X}_{id}}{\dot{X}_{id}}=\dot{A}\dot{F}=AF\angle\varphi_A+\varphi_F \tag{7-1}$$

由式(7-1)可见，只要$(\varphi_F+\varphi_A)$等于$2n\pi(n=0,1,2,\cdots)$，$\dot{X}_f$ 与 $\dot{X}_{id}$就同相，反馈网络一定引入的是正反馈；只要 $\dot{A}$ 与 $\dot{F}$ 之积大于1，就有$|\dot{X}_f|>|\dot{X}_{id}|$。因此，振荡器的起振条件为

$$\dot{A}\dot{F}>1 \tag{7-2}$$

2. 平衡条件

由于正弦信号是等幅的，因此振荡器起振后，输出信号的幅度应稳定下来。稳定后 $\dot{X}_f=\dot{X}_{id}$，则

$$\dot{A}\dot{F}=1 \tag{7-3}$$

使振荡器维持等幅振荡的条件叫做平衡条件。由式(7-3)可得出两个平衡条件：

(1)幅值平衡条件

$$AF=1 \tag{7-4}$$

(2)相位平衡条件

$$\varphi_A+\varphi_F=2n\pi\quad(n=0,1,2,\cdots) \tag{7-5}$$

7.1.2 正弦波振荡器的组成

由正弦波振荡器的振荡原理可知，振荡器必须具有以下四大功能部件。

1. 放大电路

放大电路用来实现“直流电能到交流电能”的转换。放大器件可以是 BJT 放大器、FET 放大器或集成运放。

2. 选频网络

选频网络用来确定振荡频率，并滤除不需要的频率成分。常用的选频网络有 RC 电路、LC 谐振电路或石英晶体谐振器。

3. 反馈网络

反馈网络用来引入正反馈。

4. 稳幅环节

稳幅环节用来确保输出信号的幅度稳定。稳幅的方法有如下两种:

(1)内稳幅法。该方法是利用放大器件本身的非线性实现的。在振荡信号的幅度从小变大的过程中,放大器件从线性工作区进入非线性工作区,其放大性能下降,于是 A 就自动减小,使 $AF>1$ 减小到 $AF=1$,完成稳幅。

(2)外稳幅法。实现该方法有两个途径:一是利用自动增益控制(简称 AGC)自动调节 A。当输出信号幅度增加时,AGC 电路使 A 减小,实现 $AF=1$,达到稳幅的目的。另一种方法是在反馈网络中接入非线性元件,使反馈系数 F 随输出信号幅度的增加而减小,最终使 $AF=1$,达到稳幅的目的。

以上四个部分是按功能划分的。在实际电路中某一硬件可能同时具有多个功能,如:选频和正反馈可能是同一电路;内稳幅时,放大元件既完成放大(转换能量),又实现稳幅。

7.1.3 正弦波振荡器的分析方法与步骤

通常可以采用下面的方法与步骤来分析振荡电路的工作原理。

(1)检查电路是否具有放大电路、反馈网络、选频网络和稳幅环节。

(2)检查放大电路的静态工作点是否能保证放大电路正常工作。

(3)分析电路是否满足自激振荡条件,首先检查相位平衡条件,判断方法通常采用瞬时极性法,具体步骤是:

①断回路加输入:在反馈网络和放大电路输入回路的连接处断开反馈,并在放大电路输入端假设加入信号电压 $\dot{U}_i$,根据放大电路和反馈网络的相频特性确定反馈信号的相位。

②看反馈:如果在某一频率时,$\dot{U}_f$ 和 $\dot{U}_i$ 相位相同,则满足相位平衡条件。而振幅平衡条件一般比较容易满足,若不满足,在测试调整时可以改变放大电路的放大倍数 A 或反馈系数 F,使电路满足起振和平衡条件。

7.2 LC 正弦波振荡器

LC 正弦波振荡器采用 LC 谐振回路作为选频网络,它可以产生几十到几千兆赫的正弦信号。根据反馈网络的类型不同,LC 正弦波振荡器可以分为变压器反馈式、电感反馈式和电容反馈式。后两种也称做三点式振荡器。

7.2.1 变压器反馈式 LC 正弦波振荡器

1. 电路结构

变压器反馈式 LC 正弦波振荡器如图 7-2 所示。它由放大电路、变压器反馈电路和 LC 选频电路三部分组成。电路中三个线圈作变压器耦合,线圈 L 与电容 C 组成选频电路,L_1 是反馈线圈,L_2 与负载相连。该电路利用三极管的非线性实现内稳幅。可见,该电路具有正弦波振荡器的四个功能组成部分。

2. 放大电路

V_{CC}、R_{B1}、R_{B2}、R_E、V 组成分压式放大电路,振荡信号从集电极输出,反馈信号从基极

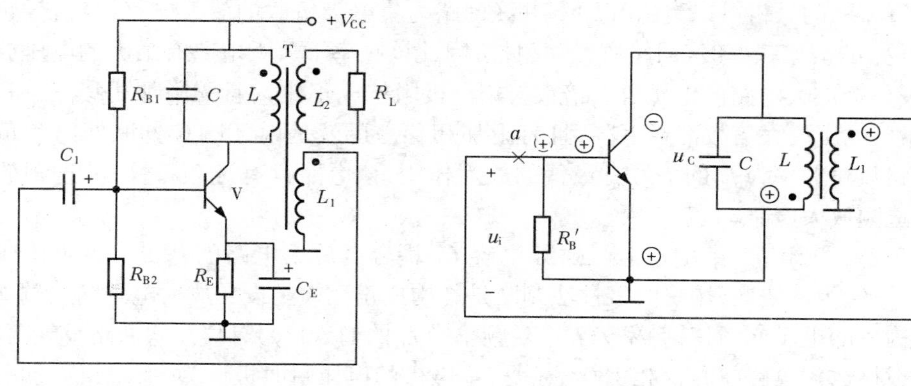

(a)振荡电路　　(b)交流通路($R_B' = R_{B1} // R_{B2}$)

图 7-2　变压器反馈式 LC 正弦波振荡器

输入,为共发射极电路。通过参数调整使三极管 V 处于放大状态,能够满足振幅条件。

3. 选频网络及特性

LC 并联回路的等值电路如图 7-3 所示,其中 R 为线圈的等效电阻。

在信号频率较低时,网络呈电感性;在信号频率较高时,网络呈电容性,只有当 $f = f_0$ 时,网络呈电阻性且阻抗最大,这时电路发生谐振。f_0 为电路的谐振频率。

在实际电路中,通常 R 很小,满足 $\omega L \gg R$,谐振频率为

$$f_0 \approx \frac{1}{2\pi \sqrt{LC}} \tag{7-6}$$

谐振角频率为

$$\omega_0 \approx \frac{1}{\sqrt{LC}} \tag{7-7}$$

LC 并联回路的品质因数为

$$Q \approx \frac{\omega L}{R} \tag{7-8}$$

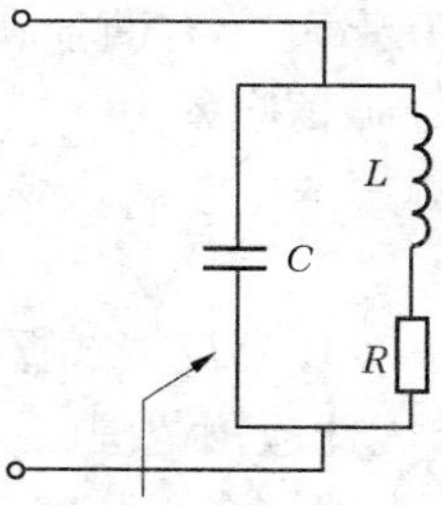

图 7-3　LC 并联回路

LC 并联回路等值阻抗和阻抗角随频率变化的特性称并联回路的幅频特性和相频特性,变化曲线如图 7-4 所示。

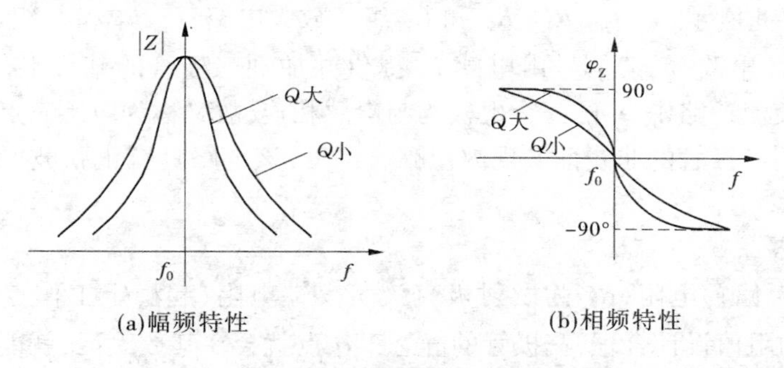

(a)幅频特性　　(b)相频特性

图 7-4　LC 并联回路的幅频和相频特性曲线

通过上面的分析可以看出,以 LC 并联回路为集电极负载的放大电路,当信号频率等于 LC 回路的谐振频率时,回路有最大阻抗,因此该频率下放大电路有最大的电压放大倍数(共发射极放大电路的电压放大倍数与集电极阻抗成正比),且无附加相移。对其他频率的信号,电压放大倍数都要下降,且有附加相移。也就是说,以 LC 并联回路为负载的放大电路只对频率为 f_0 的信号有最佳的放大作用,该电路具有选频特性,故这种放大电路称为选频放大电路。

图 7-2 中绕组 L_1 给出反馈电压,经电容 C_1 耦合至放大电路的基极。是否构成正反馈,取决于绕组的绕向,用瞬时极性法判断是否构成正反馈。设在放大电路输入端加一瞬时极性为 + 的电压 u_i,且其频率为 f_0。对频率为 f_0 的输入信号,LC 并联回路呈纯阻性,因此共发射极放大电路将其倒相 180°,于是,集电极的电压瞬时极性为 -,绕组 L 加黑点的一端电压的瞬时极性为 +,绕组 L_1 中加黑点的瞬时极性和 L 中黑点端相同,也为 +,经电容 C_1 耦合至输入端,和原来假设的瞬时极性相同,因此构成了正反馈,该电路满足了振荡器起振时的相位条件。

4. 振幅起振条件和振荡频率

可以证明振幅起振条件为

$$\beta > r_{be} R' C / M \tag{7-9}$$

式中,β 为晶体管 V 的电流放大倍数;r_{be} 为发射结电阻;R' 为折合到 LC 并联回路的等效损耗电阻,包括电感 L 的直流电阻等;M 为绕组 L 和 L_1 之间的互感。选择高 β 的晶体管,减小互感 M 等有助于满足起振条件。

振荡频率为

$$f_0 = \frac{1}{2\pi\sqrt{LC}}$$

变压器反馈式振荡电路的优点是容易满足起振条件,振荡频率较高,输出波形失真不大,因此应用范围广。缺点是变压器的体积和质量都比较大,输出电压和反馈电压靠磁路耦合,因耦合不紧密而损耗较大,变压器铁芯容易产生电磁干扰,振荡频率稳定性不高。

7.2.2 电感反馈式 LC 正弦波振荡器

1. 电路结构

电路如图 7-5 所示,V、R_{B1}、R_{B2}、R_E 和 C_E 组成放大电路;L_1、L_2 和 C 组成选频电路;L_1 和 L_2 又组成反馈电路,反馈信号由电感 L_1 提供并加到三极管的基极上,故称电感反馈式。又因为在交流通路中,V 的三个电极均与电感相连,故又称为电感三点式正弦波振荡器。该电路利用三极管的非线性实现内稳幅。可见,该电路具有正弦波振荡器的四个功能组成部分。

2. 放大电路

R_{B1} 和 R_{B2} 为偏置电阻,R_E 为发射极直流负反馈电阻,起稳定工作点的作用。只要 R_{B1}、R_{B2} 和 R_E 的阻值设计合理,三极管的静态工作点就会在其放大区,就能保证放大电路正常工作。C_1 为耦合电容,C_E 为 R_E 的交流旁路电容,R_L 为负载。输出信号从集电极输出,反馈信号从基极输入,输出输入信号共用发射极,为共发射极放大器。

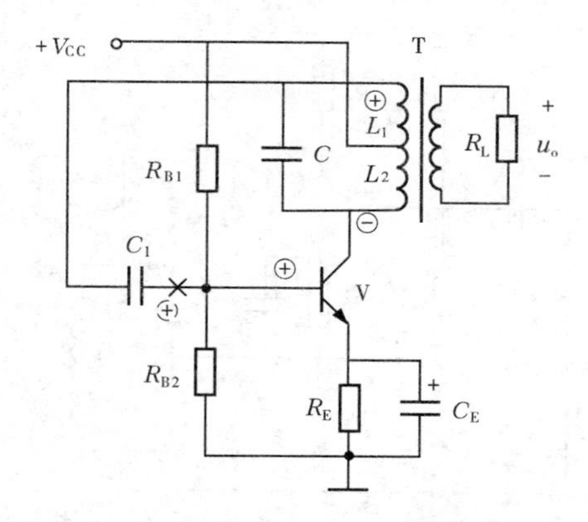

图 7-5　电感反馈式 LC 正弦波振荡器

3. 反馈网络

反馈电压从电感 L_1 获得,应用瞬时极性法判断,如图 7-5 所示。由各处的瞬时极性知,反馈为正反馈,满足了振荡器起振时的相位条件。

4. 振幅起振条件和振荡频率

可以证明振幅起振条件为

$$\beta > \frac{L_1 + M}{L_2 + M} \frac{r_{be}}{R'_L} \tag{7-10}$$

式中,β 为晶体管 V 的电流放大倍数;r_{be} 为 V 的发射结电阻;R'_L 为 R_L 折合到 V 集电极与基极之间的等效并联总损耗电阻;M 为 L_1 与 L_2 之间的互感。

电路的振荡频率为

$$f_0 \approx \frac{1}{2\pi \sqrt{(L_1 + L_2 + 2M)C}} \tag{7-11}$$

电感反馈式电路的优点是 L_1 与 L_2 之间的耦合紧密,输出信号振幅大,当 C 采用可变电容时,输出信号频率可调,且调节范围较大,最高频率可以达到几十兆赫。缺点是输出电压中包含有高次谐波,因此常用于对波形要求不高的场合,如高频加热器、接收机的本机振荡等。

7.2.3　电容反馈式 LC 正弦波振荡器

1. 电路结构

电路如图 7-6 所示,V、R_{B1}、R_{B2}、R_C、R_E 和 C_E 组成放大电路;L、C_1 和 C_2 组成选频和反馈电路,C_1 与 C_2 串联分压,由 C_2 从谐振回路中取得反馈电压加至 V 的基极,故称电容反馈式正弦波振荡器。又因为在交流通路中 V 的三个电极均与电容相连,故又称为电容三点式正弦波振荡器。该电路利用三极管的非线性实现内稳幅。可见,该电路具有正弦波振荡器的四个功能组成部分。

2. 放大电路

R_{B1} 和 R_{B2} 为 V 的基极偏置电阻,R_C 为集电极负载电阻,R_E 为发射极直流负反馈电

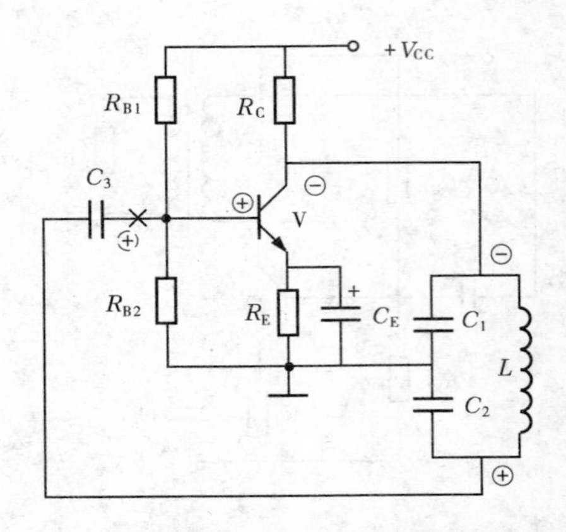

图 7-6 电容反馈式 LC 正弦波振荡器

阻,稳定 V 的静态工作点。只要 R_{B1}、R_{B2}、R_C 和 R_E 的阻值设计合理,三极管的静态工作点就会在其放大区,就能保证放大电路正常工作。C_E 为 R_E 的旁路电容,消除其交流负反馈,C_3 为耦合电容。输出信号与反馈信号共用发射极,故为共发射极放大电路。

3. 反馈、选频网络特性

C_1 与 C_2 串联对集电极输出电压信号进行分压,由 C_2 两端的电压反馈至 V 的基极,用瞬时极性法判别知,反馈为正反馈,满足了振荡器起振时的相位条件。

4. 振幅起振条件和振荡频率

可以证明振幅起振条件为

$$\beta > \frac{C_2}{C_1}\frac{r_{be}}{R'_L} \tag{7-12}$$

式中,β 为晶体管 V 的电流放大倍数;r_{be} 为 V 的发射结电阻;R'_L 为集电极电阻 R_C 折合到 V 集电极与发射极之间的等效电阻。

电路的振荡频率由 C_1、C_2 与 L 并联选频网络决定,振荡频率为

$$f_0 \approx \frac{1}{2\pi\sqrt{L\dfrac{C_1C_2}{C_1+C_2}}} \tag{7-13}$$

电容反馈式电路的优点是输出电压波形好。缺点是输出信号频率调节不方便。如通过 C_1 或 C_2 电容量调节频率,调节时会影响起振条件,因此常用于固定频率或频率调节范围不大的场合。

7.3 RC 正弦波振荡器

RC 正弦波振荡器结构简单,性能可靠,用来产生 1 MHz 以下的低频信号。常用的 RC 正弦波振荡器有 RC 桥式正弦波振荡器和 RC 移相式正弦波振荡器。

7.3.1 RC 串并联电路的选频特性

如图 7-7 所示,RC 串并联电路由 R_2 和 C_2 并联后与 R_1 和 C_1 串联组成。输出电压 $\dot{U}_o$

和输入电压 $\dot{U}_i$ 之比为 RC 串并联电路的传输系数，用 $\dot{F}$ 表示，即

$$\dot{F}=\frac{\dot{U}_o}{\dot{U}_i}=F\angle\varphi_F$$

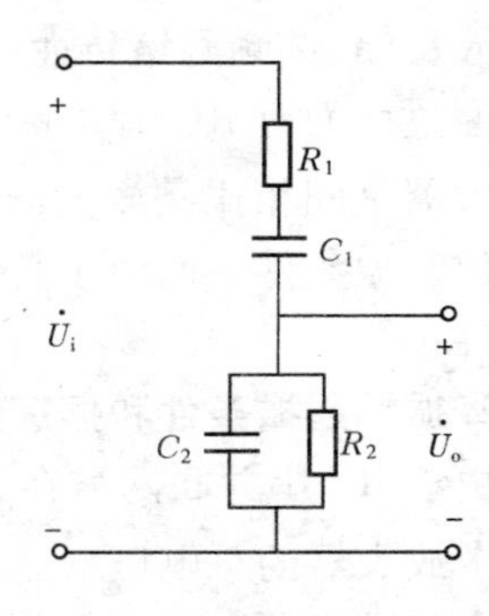

图 7-7　RC 串并联选频电路

当电路参数一定仅信号频率变化时，C_1 与 C_2 的容抗随之变化，电路的阻抗随之变化，F 与 φ_F 也随频率的变化而变化，F 随频率变化的特性称为 RC 串并联电路的幅频特性，φ_F 随频率变化的特性称为 RC 串并联电路的相频特性，曲线如图 7-8 所示。

由频率特性曲线可知，当 $f=f_0$ 时，F 达到最大值 1/3，相位角 φ_F 等于 0，电路显示电阻性，发生了谐振；偏离了 f_0 时 F 减小，φ_F 也不再是 0，所以 RC 串并联网络具有选频特性。

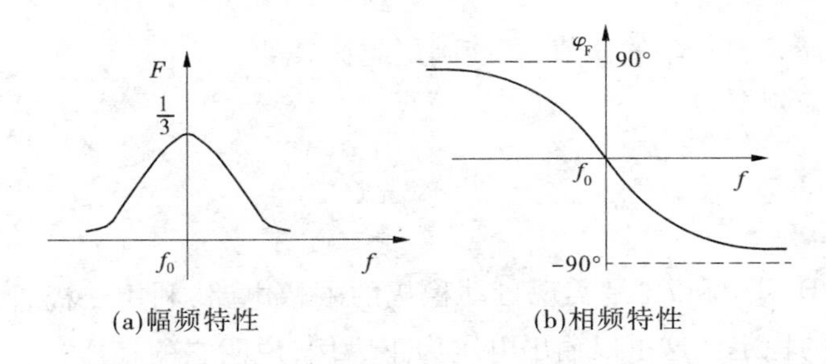

图 7-8　RC 串并联电路的幅频和相频特性曲线

7.3.2　RC 桥式正弦波振荡器

1. 电路结构

典型电路如图 7-9 所示，放大器由集成运放、R_1、R_F、R_2、D_1 和 D_2 组成，其中的集成运放也可以由分立元件放大器来代替，R_2、D_1 和 D_2 又组成稳幅电路；RC 串并联电路组成正反馈与选频电路。显然该电路具有正弦波振荡器的四个功能组成部分。

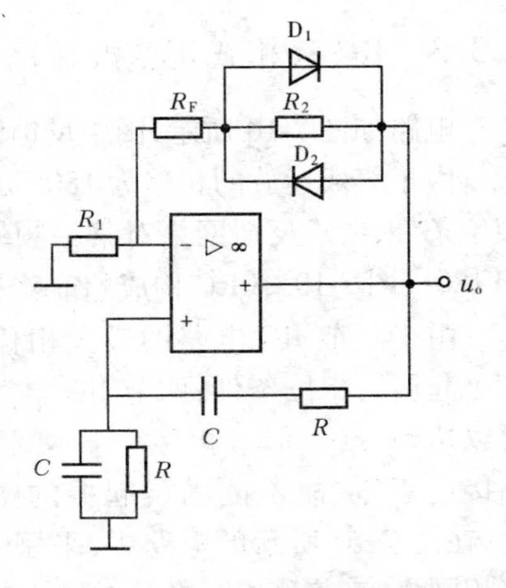

图 7-9　RC 桥式正弦波振荡器

2. 放大电路

图 7-9 中集成运放组成一个同相比例放大器，它的输出电压 u_o 作为 RC 串并联网络的输入电压，而将 RC 串并联网络的输出电压作为放大器的输入电压。放大器的电压放大倍数为

$$A_{uf}=1+\frac{R'_F}{R_1} \tag{7-14}$$

式中，R'_F 为 R_2、D_1 和 D_2 三者并联后的等效电阻与 R_F 之和。

3. 反馈、选频网络特性

通过前面对 RC 串并联电路的分析可知,当 $f=f_0$ 时,RC 串并联网络的相移为零,由于放大器是同相比例放大器,电路的总相移是零,对于频率为 f_0 的反馈信号为正反馈,满足相位起振条件。而对于其他频率的信号,RC 串并联网络的相移不为零,不满足相位起振条件。

4. 振幅起振条件和振荡频率

由于 RC 串并联网络在 $f=f_0$ 时的传输系数 $F=1/3$,根据振幅起振条件:$A_{uf}F>1$,因此要求放大器的总电压增益 A_{uf}应大于3(这对于由集成运放组成的同相比例放大器来说是很容易满足的),即

$$1+\frac{R'_F}{R_1}>3$$

故振幅起振条件为

$$R'_F>2R_1 \tag{7-15}$$

只要适当选择 R_F 与 R_1 的比值,就能满足起振条件。

该电路的振荡频率为

$$f_0=\frac{1}{2\pi RC} \tag{7-16}$$

5. 稳幅措施

在图 7-9 中,D_1、D_2 和 R_2 是实现自动稳幅的限幅电路,利用二极管的非线性自动完成输出电压振幅的稳定。这里以输出电压为正为例,说明它的稳压过程。当输出电压增大时,D_2 导通加深,其导通电阻变小,从而使反馈电阻变小,电压放大倍数 A_{uf} 下降;当输出电压减小时,D_2 导通变浅,其导通电阻变大,反馈电阻变大,电压放大倍数 A_{uf} 增大,从而实现了自动输出电压幅度的稳定。

7.3.3 RC 移相式正弦波振荡器

电路如图 7-10 所示,图中反馈网络由三节 RC 移相电路和放大器构成。

由于集成运放的相移为 180°,为满足振荡的相位条件,要求反馈网络对某一频率的信号再移相 180°,图 7-10 中 RC 构成超前移相网络。

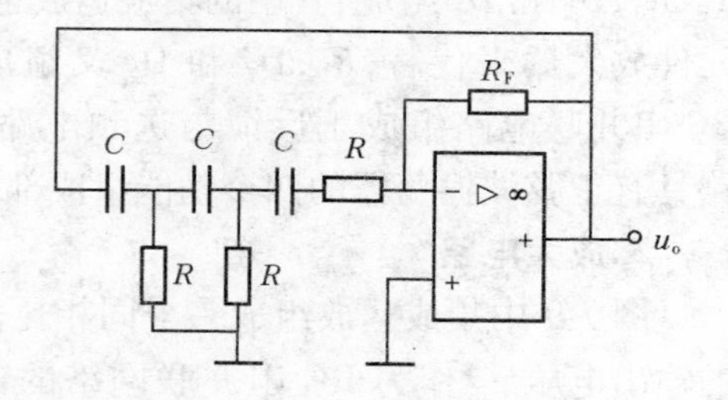

图 7-10 RC 移相式正弦波振荡器

由于一节 RC 电路的最大相移为 90°,不能满足起振的相位条件;两节 RC 电路的最大相移可以达到 180°,但当相移等于 180°时,输出电压已接近于零,故不能满足起振的幅度条件。为此,在图 7-10 所示的电路中,采用三节 RC 超前移相网络,三节移相网络对不同频率的信号所产生的相移是不同的,但其中总有某一个频率的信号通过此移相网络产生的相移刚好为 180°,满足相位条件而产生振荡,该频率即为振荡频率 f_0,即

$$f_0 = \frac{1}{2\pi\sqrt{6}RC} \tag{7-17}$$

RC 移相式正弦波振荡器具有结构简单、经济方便等优点。其缺点是选频性能较差，频率调节不方便，由于输出幅度不够稳定，输出波形较差，一般只用于振荡频率固定、稳定性要求不高的场合。

7.4　石英晶体正弦波振荡器

7.4.1　石英晶体谐振器

1. 石英晶体的结构

将二氧化硅晶体按照一定的方位角切割成晶片，表面抛光并涂敷银层，引出两个电极，然后封装，即为石英晶体。其结构示意图和电路符号如图 7-11 所示。

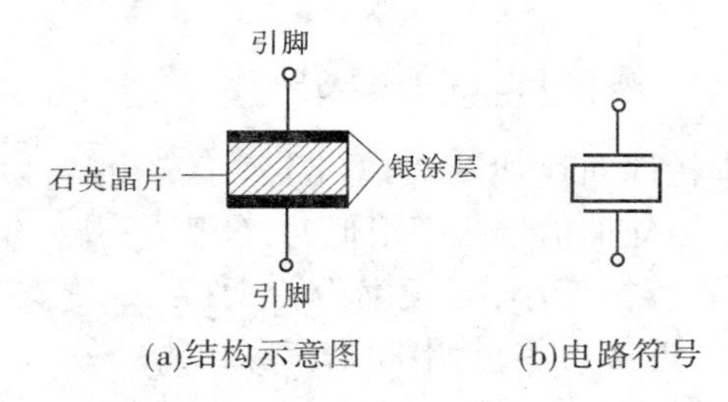

图 7-11　石英晶体结构与电路符号

2. 石英晶体的压电效应

当石英晶片受外力作用产生形变时，会在石英晶片的两个电极上产生数量相等、极性相反的电荷，其电荷量与形变程度近似成正比，改变外力方向，电荷极性也随之改变。反之，当在石英晶片两个电极上加上电压时，石英晶片会产生形变，形变程度与外加电压大小近似成正比。改变外加电压极性，其形变方向也随之改变，这一特性叫压电效应。可见，石英晶体是一种既能把机械能转换成电能，又能把电能转换成机械能的能量转换器件。

3. 石英晶体的压电谐振特性

当石英晶片两个电极上加有交变电压时，产生机械振动，石英晶片的振动又会在两个电极上产生交变电荷，结果在外电路中就会出现交变电流。当外加电压频率等于石英晶片固有振动频率时，石英晶片发生共振，此时振动的幅度最大，电路中的交变电流幅度达到最大，这种现象称为压电谐振。也因此把这种装置称石英晶体谐振器。

从上面的叙述中可以了解，石英晶体谐振器产生振荡的条件是所加交变电压的频率与晶片固有振动频率相等。

石英晶体的等效电路如图 7-12(a)所示。等效电路中的每个参数都与石英晶片的尺寸有关。C_0 是石英晶体不振动时呈现的电容，称为静态电容。它主要是由石英晶片两面的镀银层及支架形成的电容，一般为几皮法至几十皮法。L_q、C_q 及 R_q 是石英晶片振动时呈现的参数，统称为动态参数。L_q 叫动态电感，一般为几十毫亨至几百亨。C_q 叫动态电容，一般为 $10^{-4} \sim 10^{-2}$ pF。R_q 叫动态电阻，一般为几十欧至几百欧，它代表了石英晶片的能量损耗。由于 L_q 很大，C_q 和 R_q 都很小，所以石英晶体谐振器等效 LC 回路的品质因数 Q 很大，可达 $10^4 \sim 10^6$（由电感线圈和电容器构成的 LC 谐振回路的 Q 值在几百之内）。

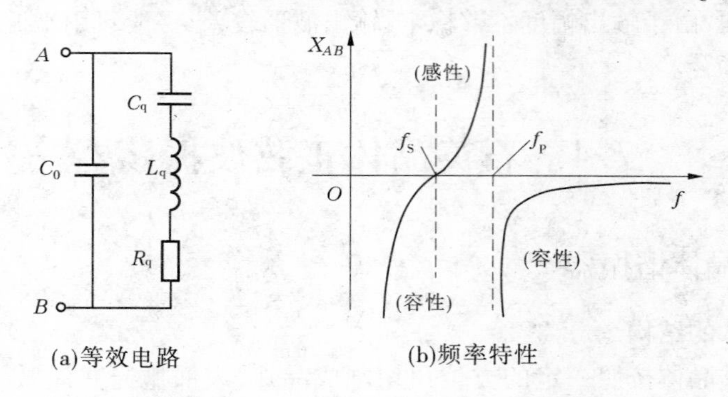

(a)等效电路　　(b)频率特性

图 7-12　石英晶体的等效电路及频率特性

7.4.2　石英晶体的电抗—频率特性与振荡频率

石英晶体谐振器的频率特性曲线如图 7-12(b)所示。由特性曲线可以看出，石英晶体谐振器有两个谐振频率。当外加信号频率很低时，L 视为短路，整个电路的总阻抗呈容性。随着外加信号频率升高，容抗变小，当频率为 f_S 时，L_qR_q 支路发生串联谐振。此时，石英晶体谐振器的阻抗最小，近似为零，其串联谐振频率为

$$f_S = \frac{1}{2\pi\sqrt{L_qC_q}} \tag{7-18}$$

当频率大于 f_S 时整个电路的总阻抗呈感性，当频率为 f_P 时，C_0 与 L_qR_q 支路发生并联谐振，此时石英晶体谐振器的阻抗最大。并联谐振频率为

$$f_P = f_S\sqrt{1 + \frac{C_q}{C_0}} \tag{7-19}$$

通常 $C_0 \gg C_q$，比较以上两式可见，两个谐振频率非常接近，且 f_P 稍大于 f_S。

7.4.3　并联型和串联型石英晶体正弦波振荡器

按照石英晶体在振荡电路中的作用原理，可以把石英晶体正弦波振荡器分为并联型和串联型。前者的振荡频率接近于 f_P，后者的振荡频率接近于 f_S，分别介绍如下。

1. 并联型石英晶体正弦波振荡器

若振荡器中的石英晶体工作在并联谐振状态，则称振荡器为并联型，如图 7-13(a)所示，V、R_{B1}、R_{B2}、R_E、R_C、C_B组成放大电路。石英晶体起着电感的作用，与 C_1、C_2 构成 LC 并联选频电路，工作在并联谐振状态。其交流等效电路如图 7-13(b)所示。当 $f = f_P$ 时电路满足相位条件，产生振荡。

2. 串联型石英晶体正弦波振荡器

图 7-14 所示为串联型石英晶体正弦波振荡器的实例。把石英晶体置入正反馈回路，当 $f = f_S$ 时电路满足相位条件，产生振荡。

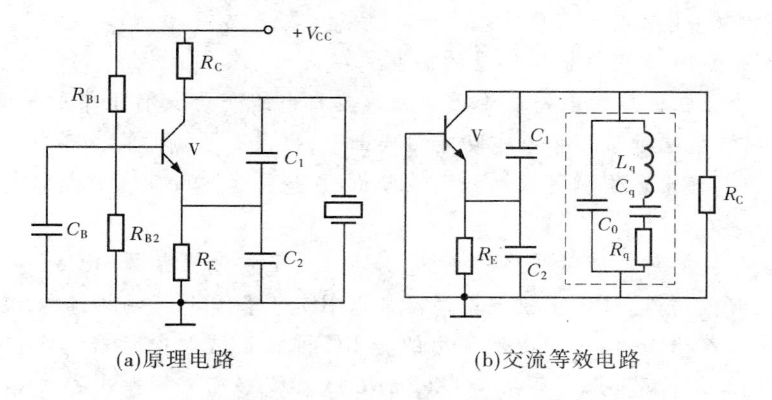

图 7-13　并联型石英晶体正弦波振荡器

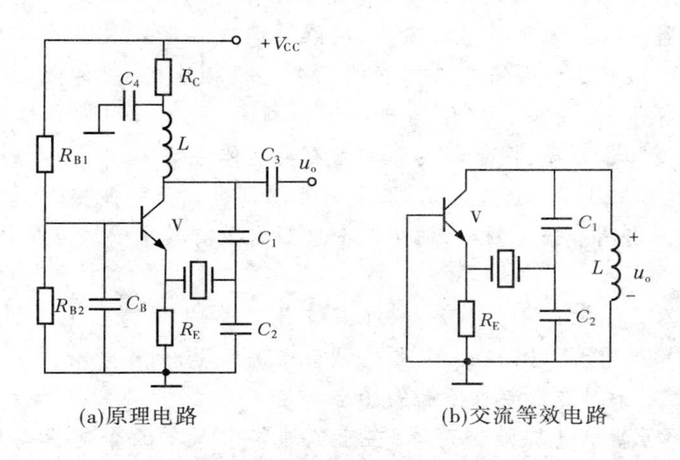

图 7-14　串联型石英晶体正弦波振荡器

石英晶体振荡器的优点是:频率非常稳定,但只能提供一个稳定的振荡频率,振荡频率几乎不可调,只能做单频振荡器。

本章小结

1. 正弦波振荡器的功能是在无外部输入信号的情况下,自动产生一定频率、一定幅度的正弦波信号输出。

2. 产生正弦波振荡的条件

(1)起振条件是:$\dot{A}\dot{F}>1$。

(2)平衡条件是:$\dot{A}\dot{F}=1$,它包含相位平衡条件:$\varphi_A+\varphi_F=2n\pi(n=0,1,2,3,\cdots)$和幅值平衡条件:$AF=1$。

3. 正弦波振荡器有以下基本功能组成部分:

(1)放大电路:用来实现“直流电能到交流电能”的转换。

(2)选频网络:用来确定振荡频率,并滤除不需要的频率成分。

(3)反馈网络:用来引入正反馈。

(4)稳幅环节:用来确保输出信号的幅度稳定。

4. 分析一个正弦波振荡电路能否正常工作要看电路是否具有正常的放大电路、反馈网络、选频网络和稳幅环节四个基本功能组成部分,以及是否满足振荡条件。振荡条件主要分析相位条件,通常采用瞬时极性法定性分析,而振幅条件要定量分析才能确定是否满足。

5. 根据正弦波振荡器选频网络的不同,分为LC正弦波振荡器、RC正弦波振荡器和石英晶体正弦波振荡器。RC正弦波振荡器是以RC电路作为选频网络的,常用的RC振荡电路有桥式和移相式两种,其中最常用的是RC桥式正弦波振荡器,其振荡条件是:电压放大倍数 $A_{uf}>3$。其振荡频率 $f_0=1/(2\pi RC)$。RC移相式振荡电路的振荡频率 $f_0=1/(2\pi\sqrt{6}RC)$。LC正弦波振荡器是以LC谐振回路作为选频网络的。根据反馈网络的类型不同,LC振荡器可以分为变压器反馈式、电感反馈式和电容反馈式。后两种因其交流通路中,LC谐振回路有3个端钮与晶体管的三个电极相连接,故称做三点式振荡器。其振荡频率均近似等于LC并联回路中的自然谐振频率,一般采用内稳幅。石英晶体正弦波振荡器有并联型和串联型,振荡器的频率由石英晶体决定。

(1)变压器反馈式LC正弦波振荡器,也叫互感耦合式正弦波振荡器,利用可变电容,可方便地在大范围内调节振荡频率,而不改变反馈系数。其主要缺点是体积大,频率稳定度也不高。

(2)对于电感三点式正弦波振荡器,在其交流通路中V的三个电极均与电感相连。通过改变谐振回路的电容,可以在大范围内调节振荡频率,而不影响反馈系数。其缺点是输出波形较差,常用于对波形要求不高的场合。

(3)对于电容三点式正弦波振荡器,在交流通路中V的三个电极均与电容相连。其输出电压波形好,但输出信号频率调节不方便,常用于固定频率或频率调节范围不大的场合。

(4)RC正弦波振荡器用来产生1 MHz以下的低频信号。其结构简单,性能可靠。RC桥式正弦波振荡器加了外稳幅电路后,波形失真小,利用可变电容可以方便地在较大范围内连续改变振荡频率。RC移相式振荡电路的缺点是选频性能较差,频率调节不方便,由于输出幅度不够稳定,输出波形较差,一般只用于振荡频率固定、稳定性要求不高的场合。

(5)石英晶体具有压电效应和压电谐振特性,它有串联谐振频率 f_S 和并联谐振频率 f_P,这两个频率十分接近。当外加信号的频率在 $f_S<f<f_P$ 频率范围内时,石英晶体呈现电感特性;当 $f<f_S$ 或 $f>f_P$ 时,石英晶体呈现电容特性;当 $f=f_S$ 时,石英晶体呈现纯电阻的特性。石英晶体用于谐振电路时一般当电感和纯电阻使用,对应的石英晶体正弦波振荡器分别为并联型石英晶体正弦波振荡器和串联型石英晶体正弦波振荡器。

思考题与习题

7-1　判断图7-15所示的电路是否满足相位起振条件,如果不满足,请改正。

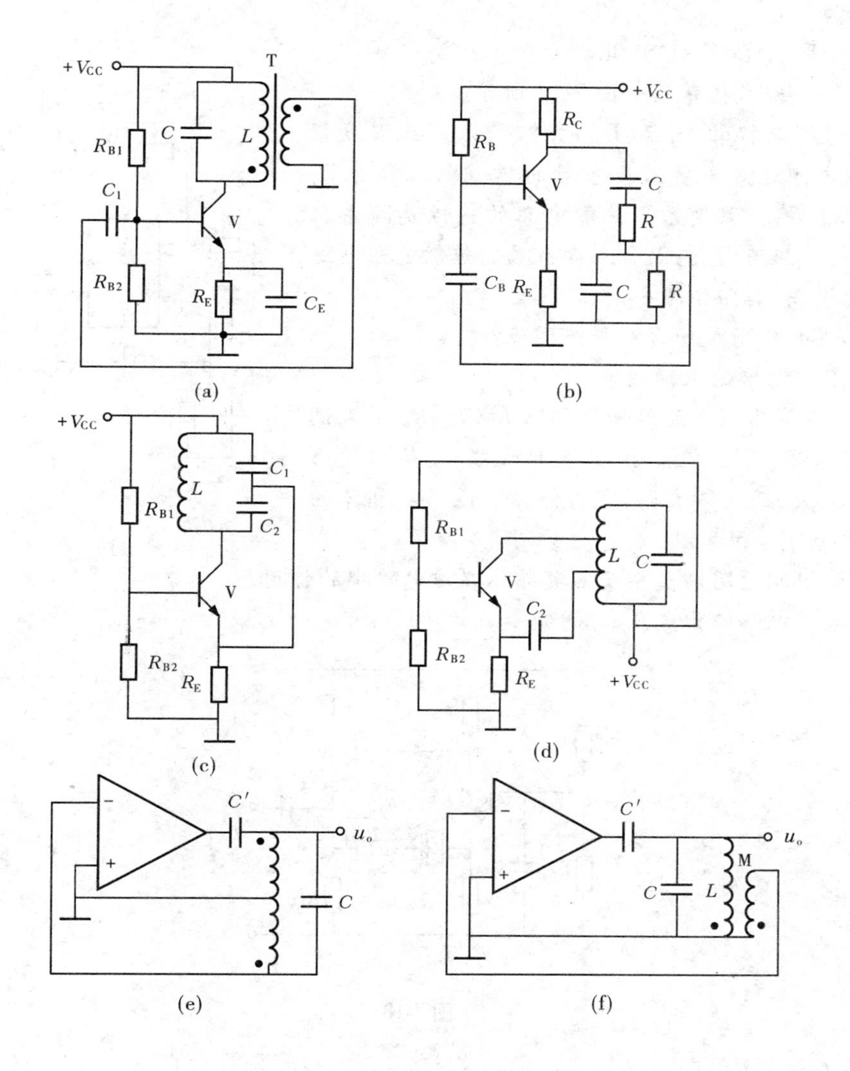

图 7-15

7-2　在图 7-16 中：

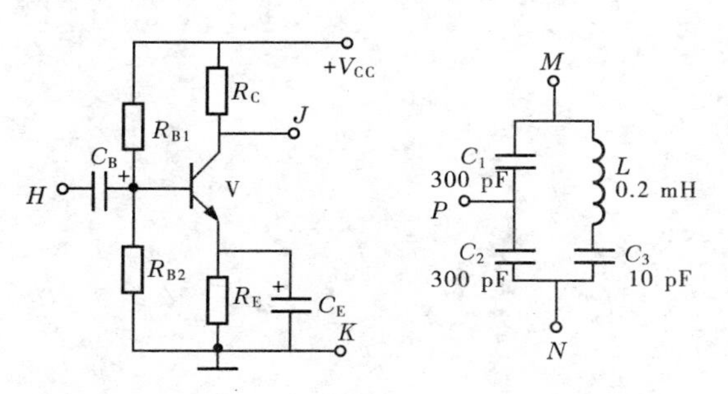

图 7-16

(1)将图中左、右两部分正确连接起来,使之能够产生正弦波振荡。

(2)估算振荡频率 f_0。

(3)如果电容 C_3 短路,此时 f_0 为多少?

7-3 RC 桥式振荡器如图 7-17 所示。

(1)说明二极管 D_1 和 D_2 的作用,是用正温度系数的热敏电阻还是用负温度系数的热敏电阻代替 D_1 和 D_2?(说明:正温度系数热敏电阻的特性是随着温度的增高,其阻值增大;而负温度系数的热敏电阻则随着温度的增高,其阻值减小。)

(2) R_P 的作用是什么?如何调节?

(3)求该电路的振荡频率。

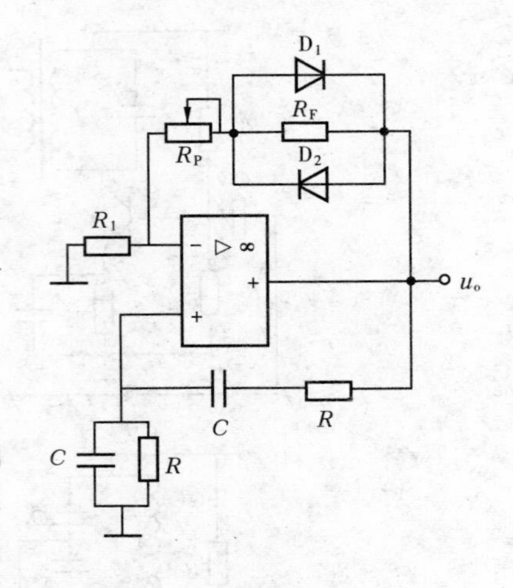

图 7-17

7-4 石英晶体振荡器如图 7-18 所示。R_P 用来调节正反馈深度,R_P 阻值太小,正反馈太强,使输出波形失真;R_P 太大,正反馈太弱,容易停振。设石英晶体的 $f_S = 500$ kHz,$f_P = 505$ kHz。

(1)请说明电路的类型及石英晶体在该电路中的作用。

(2)求该电路输出电压 u_o 的频率。

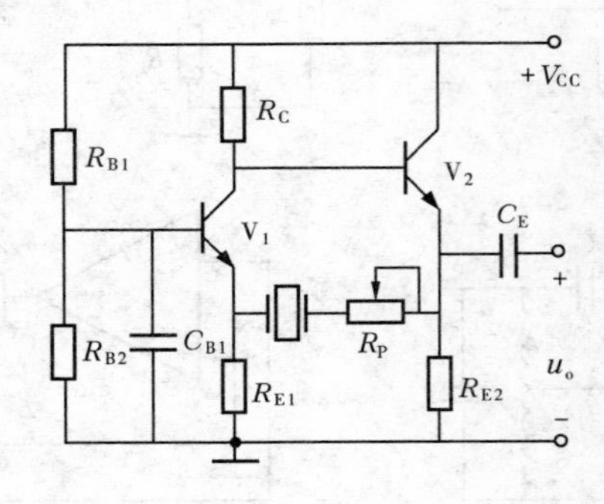

图 7-18

第 8 章　直流稳压电源

知识与技能要求

1. 知识点和教学要求

(1)掌握:各种直流稳压电源的组成及各部分的作用,集成稳压器各引脚的功能,三端稳压器输出电压和电流的识别,集成稳压器的选择与注意事项。

(2)理解:电源电路的工作原理及工作过程、主要性能指标的含义。

(3)了解:三端稳压器的扩展应用电路、分立开关稳压电源。

2. 能力培养要求

具有正确分析、应用电源电路的能力。

在电子电路中,通常需要电压稳定的直流电源供电。化学电池作为一种直流电源可以为电子电路供电,但大多数情况下是利用电网的交流电源,经变换,提供直流电能。把电网的交流电变成直流电就是利用直流稳压电源实现的。直流稳压电源电路很多,本章只介绍常用的直流稳压电源。

8.1　概　述

8.1.1　直流稳压电源的组成与工作原理

直流稳压电源的基本组成框图如图 8-1 所示,一般由降压变压器、整流电路、滤波电路和稳压电路四部分组成。其工作原理是,首先将市电 220 V 经变压器降压成大小合适的交流电压,再经过整流电路将交流变成脉动的直流,然后由滤波电路将脉动的直流变成稳定的带有波动的直流,最后由稳压电路将带有波动的直流变成非常稳定的直流。各部分的输出波形如图 8-1 所示。

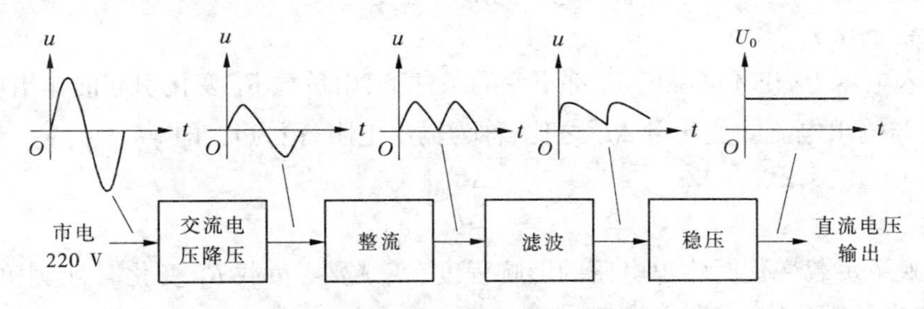

图 8-1　直流稳压电源的组成框图及输出波形

8.1.2 直流稳压电源的分类和特点

直流稳压电源的分类方法较多,按调整元件与负载的连接方式,分为串联型稳压电源和并联型稳压电源。串联型稳压电源输出电压能实现可调,带负载能力比较大;而并联型稳压电源电路简单,但输出电压不可调节,稳压效果不如串联型稳压电源,带负载能力也比较差。按调整管的工作状态,分为线性直流稳压电源和开关稳压电源。线性直流稳压电源的能量转换效率不如开关稳压电源,但其电路比开关稳压电源简单。按电路类型,分为简单稳压电源和反馈型稳压电源。简单稳压电源电路简单,但稳压效果不佳。反馈型稳压电源稳压效果好,但电路复杂。此外,还有集成稳压电源,使用方便。

8.1.3 直流稳压电源的主要性能指标

直流稳压电源的性能指标分为两种:一种是特性指标,主要用来说明输出直流电压和电流的大小;另一种是质量指标,用来衡量输出直流电压的稳定程度。

1. 特性指标

1)额定输入电压 U_{iN}

U_{iN}是指电源能输入的最大电压,超过该电压电源就会损坏。

2)额定输出电压 U_{oN}

U_{oN}是满足设计的输出电压,也就是所能输出的稳定电压。

3)额定输出电流 I_{oN}

I_{oN}是在额定输出电压下,能为负载提供的最大电流。当实际工作电流超过 I_{oN}时,输出电压的稳定性会明显下降。

2. 质量指标

1)稳压系数 S_u

在负载电阻和环境温度都不变的条件下,输出电压的相对变化量 $\Delta U_o/U_o$ 与输入电压的相对变化量 $\Delta U_i/U_i$ 之比,记作 S_u,即

$$S_u = \left.\frac{\Delta U_o/U_o}{\Delta U_i/U_i}\right|_{\substack{\Delta T_a=0\\ \Delta R_L=0}} \tag{8-1}$$

S_u 反映了输入电压变化对输出电压的影响程度。

2)输出电阻 r_o

在输入电压 U_i 和环境温度 T_a 都不变的条件下,由负载 R_L 变化引起的输出电压的变化量 ΔU_o 与输出电流的变化量 ΔI_o 之比,称为输出电阻,记为 r_o,即

$$r_o = \left.\frac{\Delta U_o}{\Delta I_o}\right|_{\substack{\Delta T_a=0\\ \Delta U_i=0}} \tag{8-2}$$

r_o 反映了负载变化对输出电压的影响程度。r_o 越小,负载 R_L 变化时,产生的 ΔU_o 越小,即输出电压越稳定,负载能力越强。

3)输出电压温度系数 S_T

在输入电压 U_i 和输出电流 I_o 都不变的情况下,环境温度变化 1 ℃引起的输出电压

的平均变化量称为输出电压的温度系数，记作 S_T，即

$$S_T = \left.\frac{\Delta U_o}{\Delta T_a}\right|_{\substack{\Delta U_i=0 \\ \Delta I_o=0}} \tag{8-3}$$

S_T 反映了温度变化对输出电压的影响程度。

4）转换效率 η_E

直流稳压电源的直流输出功率 P_o 和交流输入功率 P_A 之比，称为直流稳压电源的转换效率，记作 η_E，即

$$\eta_E = \frac{P_o}{P_A} = \frac{U_o I_o}{U_A I_A} \tag{8-4}$$

式中，U_A、I_A、P_A 分别是电源变压器初级电压、电流的有效值和有功功率；U_o 和 I_o 分别为直流稳压电源的输出电压与输出电流。

8.2 整流电路

整流电路的作用是将交流电变成脉动直流电。常用的整流电路除本书 1.3 节中介绍的单相半波与桥式整流电路外，在实际应用中，当整流电路的输出功率超过几千瓦又要求脉动较小时，就需要用三相整流电路。三相整流电路的组成方法与单相桥式整流电路相同，变压器副边的三端均接两只二极管，且一只接阳极，另一只接阴极，电路如图 8-2 所示。利用前面所述的方法分析电路，可以得出其波形，如图 8-2(b)所示。

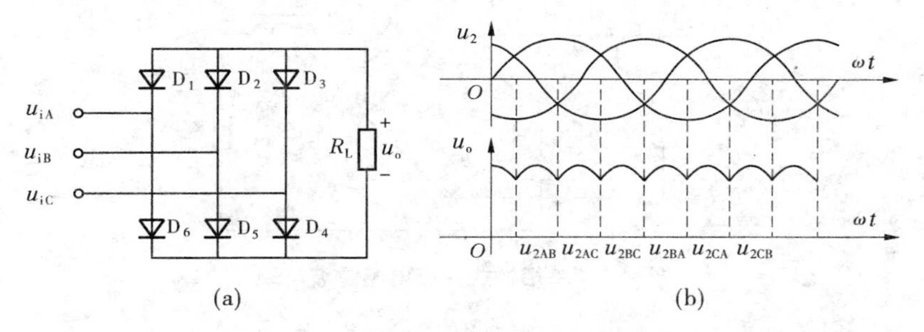

图 8-2 三相桥式整流电路及波形

8.3 滤波电路

整流输出的直流电压脉动较大，含有较多的交流成分，大多数电子设备中还不能采用这种电压来直接供电，在整流电路的后面常接有滤波电路来滤掉交流成分，使得输出电压为一个较为平滑的直流电压。常用的滤波电路有电容滤波电路、电感滤波电路、π 形滤波电路等。

8.3.1 电容滤波

图 8-3 所示为一单相半波整流电容滤波电路。由于电容 C 具有隔直流、通交流、两端

电压不突变的特性,将电容 C 与负载并联,交流通过电容旁路,直流通过负载,使负载获得较为平滑的直流输出电压,达到滤波的目的。

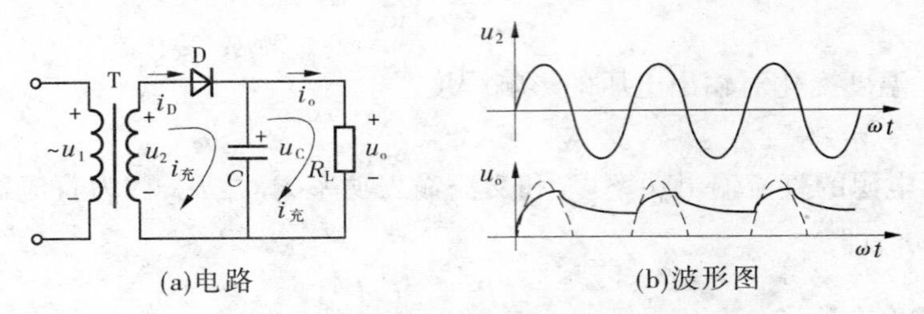

(a)电路 (b)波形图

图 8-3 单相半波整流电容滤波电路

在含电容的整流电路中,电容两端电压升高时,电容处于充电状态,而电容两端电压下降时,电容向负载放电,使负载直流电压的平均值增加。所以,含滤波电容的单相整流电路,负载上直流电压按下式估算

$$U_o = 0.9U_2 \quad (半波) \tag{8-5}$$

$$U_o = 1.2U_2 \quad (全波) \tag{8-6}$$

8.3.2 电感滤波

图 8-4 所示为电感滤波电路。由于电感 L 对交流呈现很大的感抗,频率越高,感抗越大,将电感与负载串联,使电感承担整流输出的大部分交流,电感对直流可视为导线,直流部分都落在负载上,所以负载两端获得较为平滑的直流输出电压,达到滤波的目的。

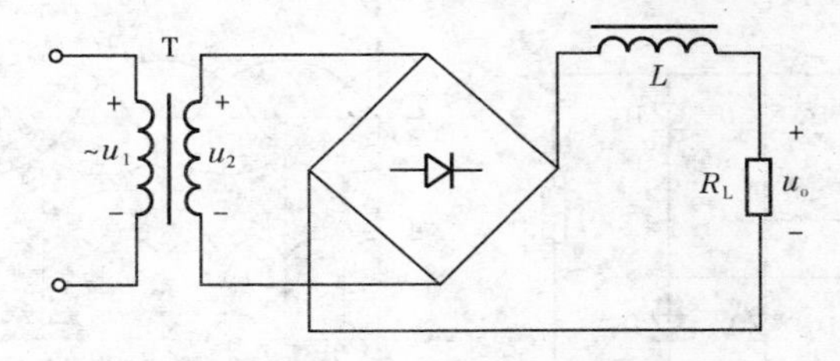

图 8-4 单相桥式整流电感滤波电路

8.3.3 π 形滤波

有些电子设备及应用场合对直流电压平滑程度要求很高,需要进一步减小输出电压的脉动程度,这时可采用 π 形滤波,利用电容或电感的反复滤波作用,使负载获得符合要求的直流。常见的 π 形滤波有 LC 和 RC 两种结构形式,如图 8-5 所示。

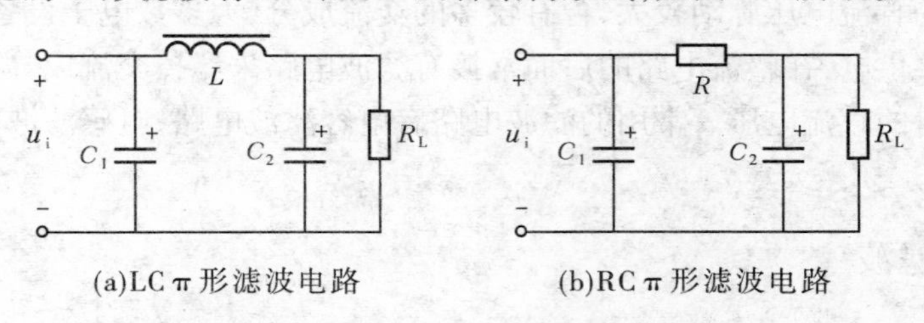

(a)LC π 形滤波电路 (b)RC π 形滤波电路

图 8-5 π 形滤波电路

8.4 线性直流稳压电路

整流输出电压虽然经过滤波电路滤波,可以得到波动较小的直流输出电压,但它的幅值仍不稳定,外界因素对输出电压也有影响,如负载电阻发生变化或电网电压波动等都会直接影响输出电压的数值。为了使电源的输出电压保持稳定,应在直流电源电路中增加稳压电路。下面介绍几种常见的线性直流稳压电路。

8.4.1 并联型稳压电路

1. 电路组成

如图 8-6 所示,并联型稳压电路是由稳压管构成的直流稳压电路。其中整流电路为由二极管构成的单相桥式整流电路,滤波电路由电容构成,稳压电路由于所用的电压调整元件硅稳压二极管与负载是并联关系,故称并联型稳压电路。这种稳压电路的输出电压就是稳压二极管的稳定电压。

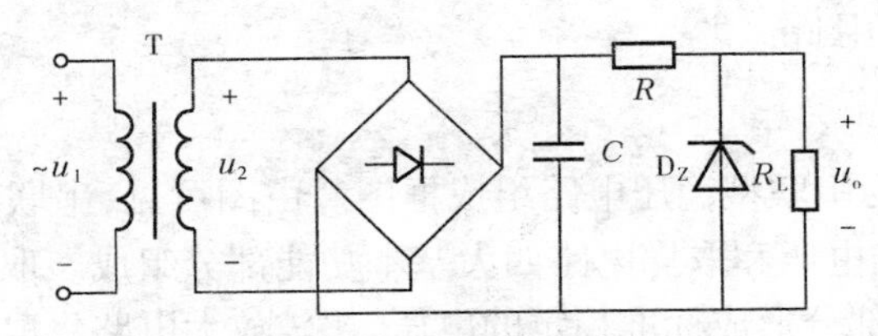

图 8-6 并联型稳压电路

并联型稳压电路的稳压原理在 1.4 节中已经介绍,这里只对稳压电路的参数选择作以介绍。

2. 稳压电路的参数选择

1)稳压二极管的选择

可根据下列条件初选管子

$$U_Z = U_o \tag{8-7}$$

$$I_Z = (1.5 \sim 3) I_{omax} \tag{8-8}$$

2)输入电压 U_i 的确定

U_i 取得太高,R 则要取大,稳定性能好,但损耗大。一般取

$$U_i = (2 \sim 3) U_o \tag{8-9}$$

3)限流电阻 R 的选择

由电路得

$$I_Z = I - I_o$$

$$I = \frac{U_R}{R} = \frac{U_i - U_o}{R}$$

所以

$$I_Z = \frac{U_i - U_o}{R} - I_o$$

限流电阻值的选择要保证稳压管具有稳压作用,需满足下面两种情况:

(1)输入电压波动到最低($U_i = U_{imin}$),负载电阻最小($I_o = I_{omax}$),此时流经稳压管的

电流最小,要使稳压管的电流大于稳压范围内的最小工作电流,即

$$I_Z = \frac{U_{imin} - U_o}{R} - I_{omax} > I_{Zmin}$$

由此得出

$$R < \frac{U_{imin} - U_o}{I_{Zmin} + I_{omax}} \tag{8-10}$$

(2)电网电压波动到最高($U_i = U_{imax}$),负载电阻最大($I_o = I_{omin}$),此时流经稳压管的电流最大,要使稳压管的电流小于稳压范围内的最大工作电流,即

$$I_Z = \frac{U_{imax} - U_o}{R} - I_{omin} < I_{Zmax}$$

由此得出

$$R > \frac{U_{imax} - U_o}{I_{Zmax} + I_{omin}} \tag{8-11}$$

限流电阻必须同时满足以上两种情况,故有

$$\frac{U_{imax} - U_o}{I_{Zmax} + I_{omin}} < R < \frac{U_{imin} - U_o}{I_{Zmin} + I_{omax}} \tag{8-12}$$

8.4.2 串联型稳压电路

1. 电路组成

如图8-7(a)所示为串联型稳压电路组成框图。由图可见,串联型稳压电路由调整元件、比较放大电路、基准电压和取样电路四大基本功能部分组成。取样电路检测输出电压的变化情况,基准电压部分形成标准稳定的电压,比较放大电路将取样电路输出的电压与基准电压进行比较并放大,调整元件在比较放大电路输出的误差电压的控制下去调节调整元件上的电压,使输出电压向相反的方向变化,达到输出电压稳定的目的。

图8-7(b)所示为串联型稳压电路的原理电路。V_1 为调整管(因调整管与负载串联,故称为串联型稳压电路),起电压调节作用;V_2 为比较放大管,将电路输出电压的取样值和基准电压进行比较并放大,然后再送到调整管进行输出电压的调整;R_4 是 V_2 的集电极电阻;R_3 与 D_Z 组成基准电压;R_1、R_P 和 R_2 组成取样电路,将输出电压的变化量取出,R_P 用于调节输出电压的大小。

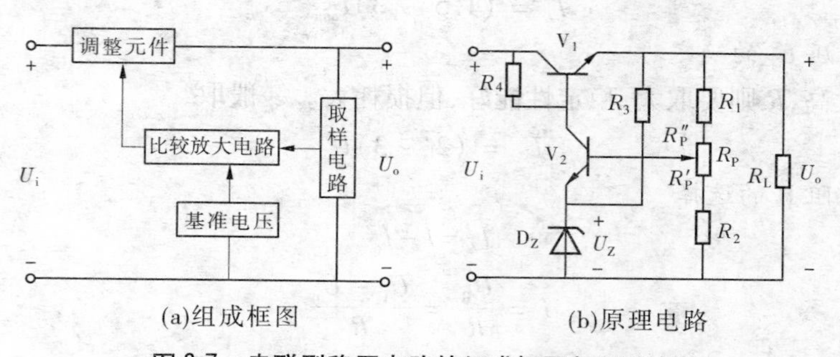

(a)组成框图　　(b)原理电路

图8-7　串联型稳压电路的组成框图与原理电路

2. 稳压过程

$U_i\uparrow$或$R_L\uparrow \to U_o\uparrow \to U_{B2}\uparrow \to U_{BE2}\uparrow \to I_{C2}\uparrow \to U_{C2}\downarrow \to U_{B1}\downarrow \to I_{C1}\downarrow \to U_{CE1}\uparrow \to U_o\downarrow$,从

而使 U_o 稳定;反之,当输入电压或负载电阻减小时,与上述的调节过程相反,亦使输出电压稳定。实际上,电路的稳压过程就是电路通过负反馈使输出电压维持稳定的过程。

3. 输出电压的调节

因为

$$U_Z + U_{BE2} = \frac{R'_P + R_2}{R_1 + R_P + R_2} U_o$$

所以

$$U_o = \frac{R_1 + R_P + R_2}{R'_P + R_2}(U_Z + U_{BE2}) = \frac{R_1 + R''_P + R'_P + R_2}{R'_P + R_2}(U_Z + U_{BE2})$$

$$= \left(1 + \frac{R_1 + R''_P}{R'_P + R_2}\right)(U_Z + U_{BE2}) \tag{8-13}$$

由式(8-13)可见,调节 R_P,可以改变 R'_P 和 R''_P 的值,从而调节 U_o 的大小。

如果将比较放大元件改成集成运放,不但可以提高放大倍数,而且能提高灵敏度,这样就构成了由运放组成的串联型稳压电路。

串联型稳压电源工作电流较大,输出电压一般可连续调节,稳压性能优越,目前这种稳压电源已制成了单片集成电路;其缺点是损耗较大,效率低。

8.5 集成稳压器

集成稳压器属于串联型稳压电路的集成电路,它是将串联型稳压电源和各种保护电路集成在一起而做成的。由于其使用非常方便,得到了广泛应用。

8.5.1 集成稳压器的结构和参数

1. 集成稳压器的电路符号与外形结构

集成稳压器对外大多只有输入端、输出端和公共端三个端子,故又称为三端稳压器。输入端用来输入电压,输出端向外输出电压,公共端通常接地或作为电压调整端。电路符号如图 8-8(a)所示,常见外形如图 8-8(b)所示。不同型号、不同封装的集成稳压器,三个电极的位置是不同的,使用时要查资料。

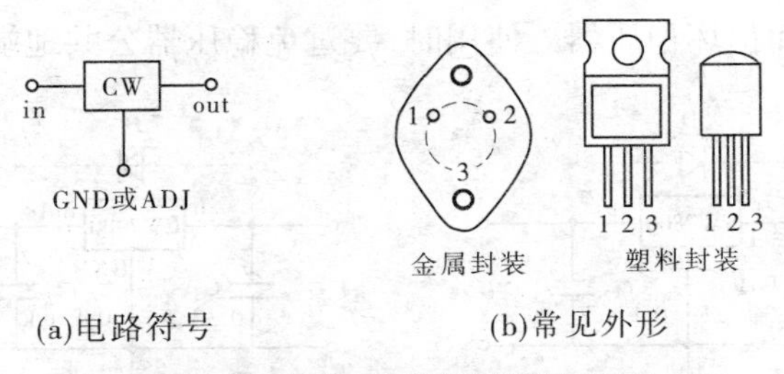

(a)电路符号　　(b)常见外形

图 8-8　集成稳压器的符号与外形

2. 三端稳压器的主要电路参数

1)特性指标

输出电流:78、79 系列为 1 A;78M、79M 系列为 0.5 A;78L、79L 系列为 0.1 A。

输出电压:每个子系列都有多种输出电压规格,常用的有 ±5 V、±6 V、±8 V、±9 V、±12 V、±15 V、±18 V 和 ±24 V 等(78 系列输出"+"电压,79 系列输出"-"电压),每只器件的输出电压值由型号最后两位数给出。例如,7812 表示输出电压为 +12 V,7915 表示输出电压为 -15 V。

2)质量指标

(1)电压调整率:是指在负载和环境温度保持不变的情况下,输入电压变化时,输出电压维持不变的能力。电压调整率既可以用输出电压的绝对变化量表示,也可以用输出电压的相对变化量表示。用绝对变化量表示时,定义为在负载和环境温度不变的情况下,输入电压在一定范围内(由测试条件给出)从最小值变化到最大值时,输出电压的变化量。用相对变化量表示时,定义为在负载和环境温度不变的情况下,单位输入电压变化量引起的输出电压变化量和输出电压的比值。

(2)电流调整率:是指在环境温度和输入电压保持不变的情况下,在负载变化时维持输出电压不变的能力。电流调整率也既可以用输出电压的绝对变化量表示,又可以用输出电压的相对变化量表示。用绝对变化量表示时,定义为在输入电压和环境温度不变的情况下,输出电流在一定范围内(由测试条件给出)从最小值变化到最大值时,输出电压的变化量。用相对变化量表示时,定义为在输入电压和环境温度不变的情况下,输出电流在规定范围内的变化量从最小变到最大(由测试条件给定)所引起的输出电压相对变化量的百分数。

(3)输出电阻:它反映三端稳压器带负载的能力。输出电阻一般都很小。

(4)输出电压温度系数:它反映了三端稳压器随温度变化的情况。不同输出电压的稳压电路,输出电压温度系数略有不同,输出电压越高,输出电压温度系数也越大,输出电压为 5~24 V 的各种型号的电路,输出电压温度系数从 0.5 mV/℃增至 2.0 mV/℃。

8.5.2 集成稳压器的应用

1. 固定输出电压的稳压电路

如图 8-9 所示,电容 C_1 的作用是在输入线较长时抵消电感效应,防止自激,C_2 用来消除高频干扰,改善输出的瞬态特性。当输出电压较高且 C_2 容量较大时,必须在输入端 1 和输出端 2 之间跨接一个保护二极管,如图 8-9 中虚线所示。否则一旦输入端短路时,C_2 会通过内部电路放电而损坏稳压器。使用时,要避免稳压器公共地端开路。

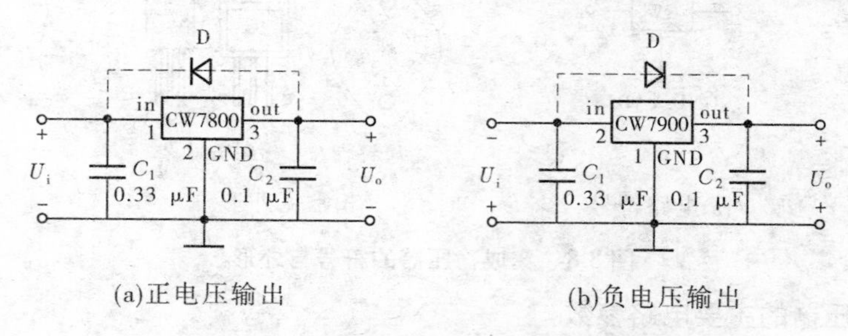

(a)正电压输出　　(b)负电压输出

图 8-9　固定输出电压的稳压电路

2. 扩大输出电压的稳压电路

当电子设备所需的直流电压不能由固定电压输出的三端稳压器满足时,可采用扩大输出电压的稳压电路,如图 8-10 所示。

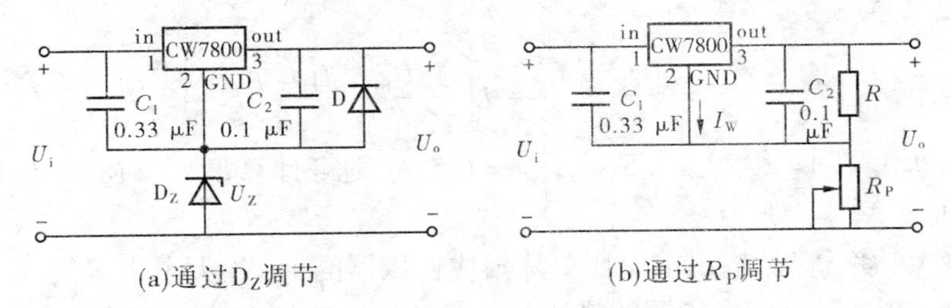

图 8-10 扩大输出电压的稳压电路

在图 8-10(a)中

$$U_o = U_{oXX} + U_Z \tag{8-14}$$

式中,U_{oXX}为三端稳压器的输出电压;U_Z 为稳压管的稳定电压。

在图 8-10(b)中

$$U_o = U_{oXX} + U_{RP} = U_{oXX} + R_P I_{RP} = U_{oXX} + R_P(I_W + \frac{U_{oXX}}{R})$$

$$= \left(1 + \frac{R_P}{R}\right)U_{oXX} + R_P I_W \tag{8-15}$$

式中,U_{oXX}为三端稳压器的输出电压;I_W 为三端稳压器的静态工作电流。

当流过 R 的电流大于 $5I_W$ 时,可忽略 $R_P I_W$ 的影响,即有

$$U_o = \left(1 + \frac{R_P}{R}\right)U_{oXX} \tag{8-16}$$

由式(8-16)可见,通过改变 R_P 的大小,输出电压可以在一定范围内调节。

3. 扩大输出电流的稳压电路

当电子设备所需的最大直流电流不能由三端稳压器满足时,可采用如图 8-11 所示的扩大输出电流的稳压电路。

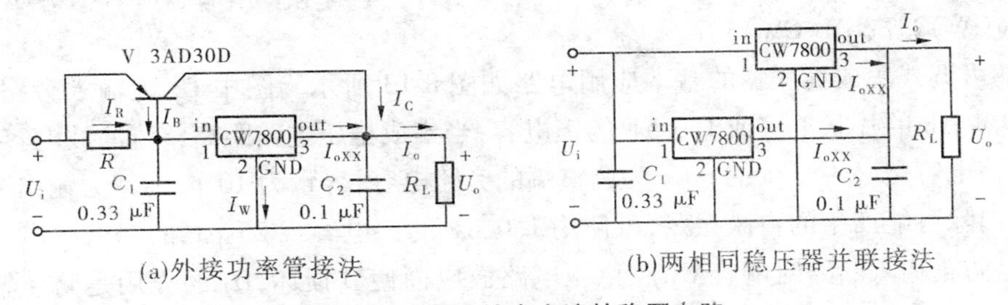

图 8-11 扩大输出电流的稳压电路

图 8-11(a)中,采用外接功率管的接法来扩大输出电流。由图 8-11(a)可见

$$I_o = I_{oXX} + I_C$$

$$I_{oXX} = I_R + I_B - I_W = \frac{U_{BE}}{R} + \frac{I_C}{\beta} - I_W$$

在 I_W 很小的情况下，可忽略 I_W，所以有 $I_{oXX}=U_{BE}/R+I_C/\beta$，即

$$I_C=\left(I_{oXX}-\frac{U_{BE}}{R}\right)\beta$$

故有

$$I_o=\frac{U_{BE}}{R}+\frac{I_C}{\beta}+I_C=\frac{U_{BE}}{R}+\frac{1+\beta}{\beta}I_C \tag{8-17}$$

设 $U_{BE}=0.3\ \text{V}$，$\beta=20$，$R=0.5\ \Omega$，$I_{oXX}=1.5\ \text{A}$，则可计算得 $I_C=18\ \text{A}$，$I_o=I_{oXX}+I_C=1.5+18=19.5(\text{A})$。

可见，接上功率管后，输出电流比单片集成稳压器的 I_{oXX} 扩大了十多倍。

图 8-11(b)中，采用两个相同的稳压器并联的接法来扩大输出电流，输出电流显然为单片集成稳压器的两倍，即

$$I_o=2I_{oXX} \tag{8-18}$$

4. 具有正、负电压输出的稳压电路

当需要正、负电压同时输出的电源时，可用 CW78××单片稳压器和 CW79××单片稳压器接成图 8-12 所示的电路。由图 8-12 可见，这两组稳压器有一个公共接地端，其整流部分也是公共的。

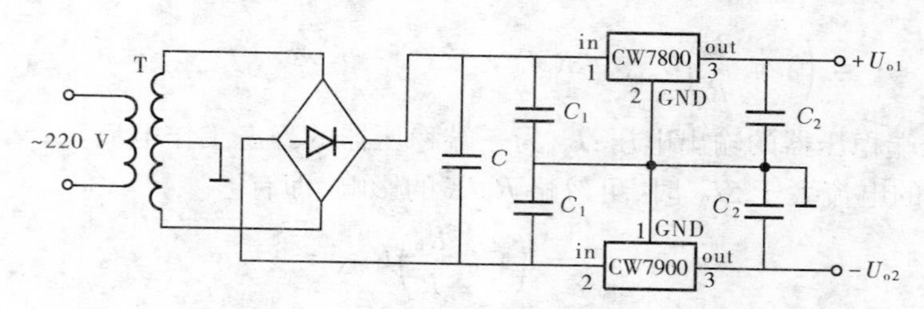

图 8-12 具有正、负电压输出的稳压电路

5. 三端可调式集成稳压器

三端可调式集成稳压器也有正电压输出和负电压输出两种类型。典型的正电压输出芯片有：LM(CW)117、LM(CW)217、LM(CW)317；典型的负电压输出芯片有：LM(CW)137、LM(CW)237、LM(CW)337。

三端可调式集成稳压器的基本应用电路如图 8-13 所示。图中 C_1 为输入旁路电容，可采用0.1 μF 的片状电容或 1.0 μF 的钽电容，当集成稳压电路距离整流滤波电容 10 cm 以上时，该电容是必不可少的。C_2 为调整端的旁路电容，容量为 10 μF；C_3 为输出旁路电容，用来消除可能产生的自激振荡，可使用 1.0 μF 的钽电容或 25 μF 的铝电解电容。D_1 的作用是防止输入断路时电容 C_3 经稳压电路放电而使其损坏，D_2 的作用是防止输出短路时电容 C_2 经稳压电路放电而使其损坏，D_1、D_2 联合可防止输入短路时 C_2 经稳压电路放电而使其损坏。电位器 R_P 用来调节输出电压的大小。

在三端可调式集成稳压器的内部，其输出端和公共端(调整端)之间有一个 1.25 V 的参考电压 U_{REF}。对于图 8-13(a)所示电路，输出电压 U_o 和电位器 R_P 的阻值有如下关系

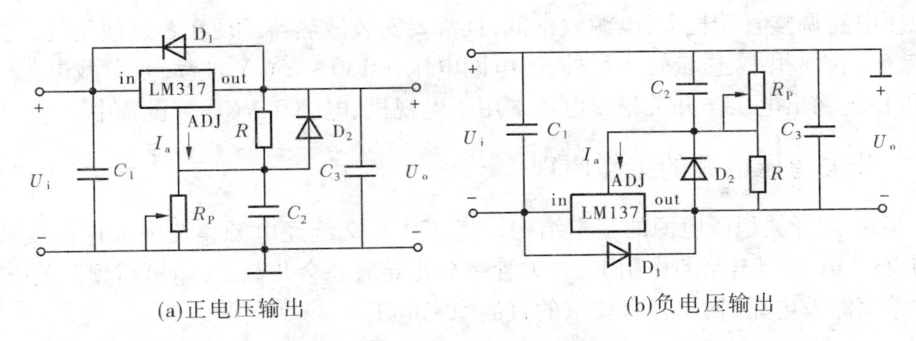

图 8-13　三端可调式集成稳压器的应用电路

$$U_o = U_{REF} + \frac{U_{REF}}{R}R_P + I_aR_P \approx 1.25\left(1 + \frac{R_P}{R}\right) \tag{8-19}$$

对于图 8-13(b)所示电路,输出电压 U_o 和电位器 R_P 的阻值有如下关系

$$U_o = -\left(U_{REF} + \frac{U_{REF}}{R}R_P + I_aR_P\right) \approx -1.25\left(1 + \frac{R_P}{R}\right) \tag{8-20}$$

由式(8-19)和式(8-20)可见,调节电位器 R_P 可以改变输出电压的大小。

8.5.3　使用集成稳压器的注意事项

(1)不要接错引线。对于多端稳压器,接错引线会造成永久性损坏;对于三端稳压器,输入和输出接反,当两端电压差超过 7 V 时,有可能使稳压器损坏。

(2)输入电压不能过低。输入电压 U_i 不能低于输出电压 U_o 和调整管的最小压差 $(U_i - U_o)_{min}$ 以及输入端交流分量峰值电压 U_p 三者之和,即 $U_i > U_o + (U_i - U_o)_{min} + U_p$,否则稳压器的性能将降低、波纹增大。

(3)输入电压也不可过高,不要超过最大输入电压 U_{imax},防止集成稳压器损坏。

(4)功耗不要超过额定值。对于多端可调稳压器,若输出电压调得较低,为防止调整管上压降过大而超过额定功耗,应同时降低输入电压。

(5)防止瞬时过电压。对于三端稳压器,如果瞬时过电压超过输入电压的最大值且具有足够的能量,将会损坏稳压器。当输入端离整流滤波电容较远时,可在输入端与公共端之间加一个电容器(如 0.33 μF)。

(6)防止输入端短路。如果输出电容 C_o 较大,又有一定的输出电压,一旦输入端短路,由于输出端的电容存储电荷较多,将通过调整管泄放,有可能损坏调整管,所以要在输入与输出端之间连接一个保护二极管。正电压输出的稳压器,二极管的正极连输出端,负极连输入端;负电压输出的稳压器,则二极管的正极连输入端,负极连输出端。

(7)防止负载短路,尤其对未加保护措施的稳压器而言更要注意。

(8)大电流稳压器要注意缩短连接线和安装足够的散热器。

8.6　开关稳压电源

以上所讨论的串联型稳压电路属于线性稳压电路,即调整管工作于线性放大状态。

这种稳压电路调整管功耗大,电源效率低,且常要安装散热器。现在普遍使用的开关稳压电源,效率高、体积小、质量轻。另外,当电网电压在 130 ~ 256 V 波动,且负载电流变化较大时,可稳定输出电压。开关稳压电源常用于电视机、电脑和 VCD 等设备中。

8.6.1 开关稳压电源的工作原理

图 8-14 为开关稳压电源的基本结构。将 220 V 交流经电源整流滤波电路变成比较平稳的直流,在控制电路的作用下,开关管一会儿导通一会儿截止,输出高频开关电压,再经脉冲整流滤波电路,输出符合要求的直流稳定电压。

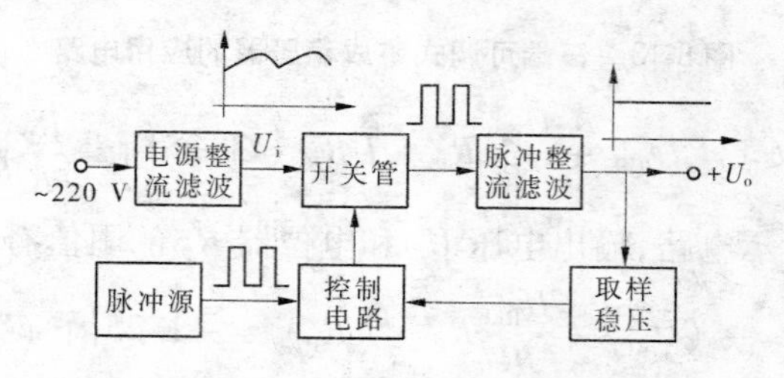

图 8-14 开关稳压电源基本结构

取样稳压部分是对输出的直流电压进行取样,反映输出电压的大小。脉冲源电路用来产生高频振荡脉冲信号。控制电路在开关脉冲和取样稳压电路输出信号的双重控制下,输出脉冲宽度可以改变的脉冲开关信号,去控制开关管的导通与截止时间,以维持电压的稳定输出。

开关稳压电源按调整管与负载的连接关系,可分为串联型和并联型两类。

1. 串联型开关稳压电源的工作原理

如图 8-15 所示,负载电阻 R_L 与储能电感 L 为串联关系,故属于串联型开关稳压电源。由图可见,开关管 V 在开关脉冲的控制下,工作在饱和与截止状态,即开关状态。当开关管饱和导通时,电源通过开关管 V、电感 L 对滤波电容 C_2 充电,为负载 R_L 供电,电感 L 中电流近似线性增加,同时电感 L 储能;当开关管截止时,电感 L 两端产生左负右正的感应电压,续流二极管 D 导通,维持电感中的电流对 C_2 充电,为负载 R_L 供电。

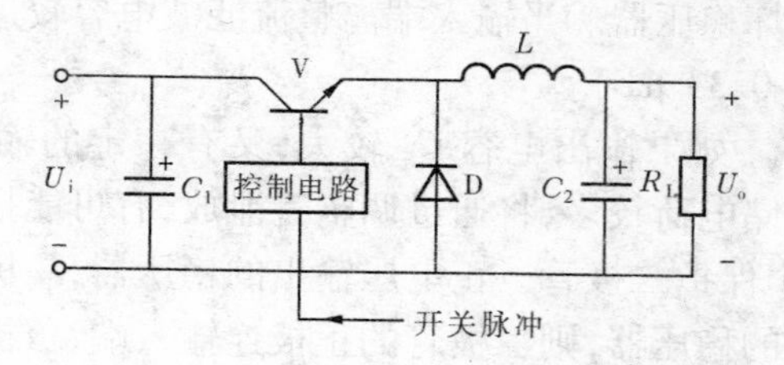

图 8-15 串联型开关稳压电源

2. 并联型开关稳压电源的工作原理

如图 8-16 所示,负载电阻 R_L 与储能电感(变压器 T)为并联关系,故属于并联型开关稳压电源。由图可见,该电路是一种变压器耦合的并联型开关稳压电源的基本电路。开关管 V 在开关脉冲的控制下,工作在开关状态。当开关管饱和导通时,电源通过开关管 V

为脉冲变压器的初级绕组供电,初级绕组中电流近似线性增加,在次级绕组产生上负下正的互感电压,整流二极管 D 截止,变压器储能;当开关管截止时,次级绕组两端产生上正下负的感应电压,D 导通,对 C_2 充电,为负载 R_L 供电,磁场能转变为电场能。当开关管 V 再次导通时,电容 C_2 为负载供电,同时变压器再次储能。

变压器耦合的并联型开关稳压电源的最大优点是可以实现变压器初、次级绕组的完全隔离,即可以使电源的底板(输出电压 U_o 的负极)为冷底板,防止了电源的底板与电网相连而带电,故安全性更好,现在的彩色电视机广泛采用这种开关电源。

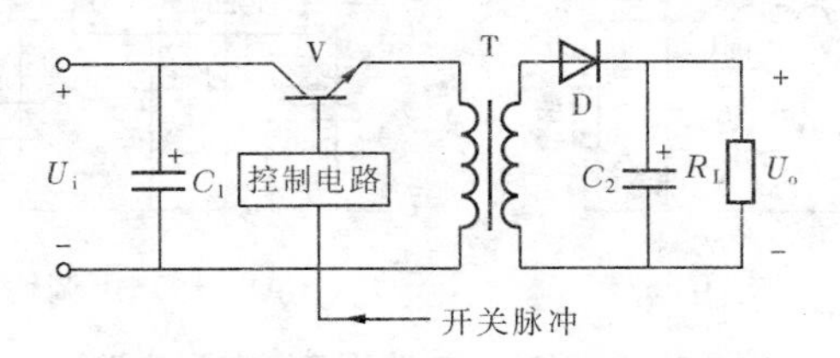

图 8-16 并联型开关稳压电源

8.6.2 脉宽调制型开关电源

改变开关管导通与截止的时间就可以改变开关电源输出的直流电压的大小,而改变开关管基极脉冲占空比(脉宽调制)、频率或同时改变其脉冲占空比与频率都可以改变开关管的导通与截止时间。开关管基极脉冲源可由自激或它激振荡电路产生。实际的开关稳压电源电路很多,在此只介绍应用最广的集成脉宽调制型开关电源。

目前,自激式脉宽调制开关稳压电路的性能日趋完善,已有大量集成化稳压器面世。这里主要介绍典型的自激式脉宽调制开关稳压器的应用。

开关稳压器把开关稳压电路必需的调整管、比较放大电路、基准电压、采样电路(输出可调者除外)、启动电路、输入欠压锁定控制电路的保护电路都集成在同一芯片内。集成五端开关稳压器把脉冲源也集成在芯片上,工作时只需外加少量元件,使用起来非常方便。它们内部振荡器的频率固定在 52 kHz,因而滤波电容不大,体积小。由于滤波电路全部使用现成的标准电感,极大地简化了电路的设计。它们的占空比可达 98%,从而使电压和电流的调整率更理想。它们的转换效率可达 75% ~88%,且一般不需要散热器,有取代三端线性稳压器的趋势。

1. 串联型五端稳压器

CW2575/2576 是串联型开关稳压器,输出电压有固定式 3.3 V、5 V、12 V、15 V 和可调式 5 种,由型号的后缀两位数字标定。两种系列的主要区别是 CW2575 的额定输出电流是 1 A,而 CW2576 的额定电流达 3 A。两种系列的引脚含义一样,见表 8-1。

表 8-1 CW2575/2576 系列稳压器引脚功能

引脚号	1	2	3	4	5
功能	输入	输出	接地	反馈	开关

CW2575/2576 系列芯片的 5 脚在稳压器正常工作时应接地,它可由 TTL 高电平关闭

而处于低功耗备用状态。4 脚一般与应用电路的输出端相连，在可调输出时与采样电阻相连，此引脚提供的参考电压 U_{REF} 为 1.23 V。芯片工作时，要求输出电压值不得大于输入电压。

两种芯片的应用电路相同，现以 CW2575 为例加以说明。如图 8-17(a)所示是 CW2575 固定输出典型应用电路，由芯片号可知

$$U_o = 5\ \text{V}$$

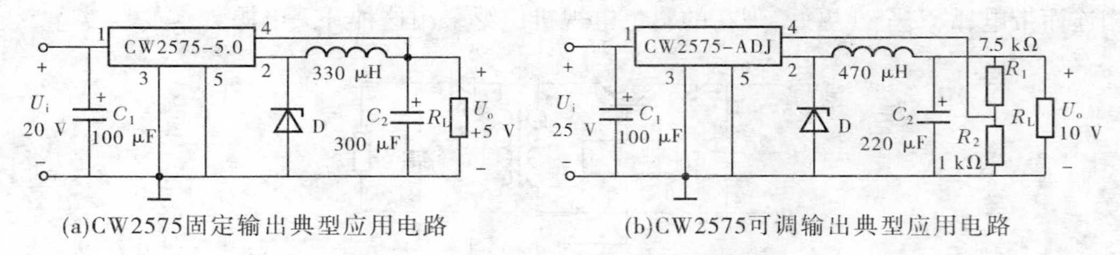

图 8-17　CW2575 串联型开关稳压电路

图 8-17(b)所示是 CW2575 可调输出典型应用电路，输出电压为

$$U_o = \left(1 + \frac{R_1}{R_2}\right)U_{REF} = \left(1 + \frac{7.5}{1}\right) \times 1.23 \approx 10(\text{V}) \tag{8-21}$$

芯片的工作频率较高，图 8-17 所示两种电路中的续流二极管最好选用肖特基二极管。为了保证直流电源工作的稳定性，电路的输入端至少应加一个 100 μF 的旁路电容 C_1。

2. 并联型五端稳压器

CW2577 是并联型开关稳压器，输出电流可达 3 A，输出电压有固定 12 V、15 V 和可调 3 种，使用时要求输出电压高于输入电压。它的引脚含义与 CW2575/2576 不同，各引脚的功能见表 8-2。

表 8-2　CW2577 系列稳压器引脚功能

引脚号	1	2	3	4	5
功能	公共	反馈	接地	开关	输入

如图 8-18 所示为用 CW2577 系列芯片由 5 V 输入电压产生 12 V 输出电压的典型应用电路。图中 5 脚是电源的输入脚，应接一个 0.1 μF 的电容，用于旁路噪声信号。4 脚是电源调整管(开关管)的输出。1 脚所接的电阻 R_C 和电容 C_2 构成电路的频率补偿环节。与 CW2575/2576 系列芯片一样，电路的续流二极管 D 最好选用肖特基二极管。图 8-18(a)所示电路采用固定输出方式，可直接得到

$$U_o = 12\ \text{V}$$

图 8-18(b)所示电路采用可调输出方式，芯片 2 脚与采样电阻相连，基准电压 U_{REF} = 1.23 V，同样输出电压也可由下式确定

$$U_o = \left(1 + \frac{R_1}{R_2}\right)U_{REF} = \left(1 + \frac{17.4}{2}\right) \times 1.23 = 12(\text{V})$$

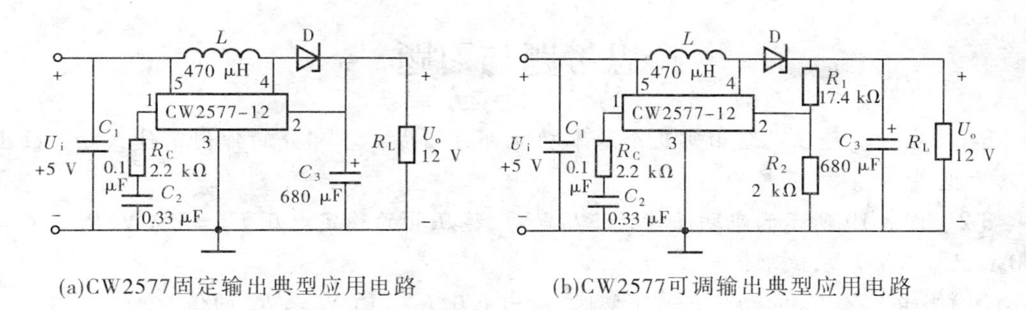

(a)CW2577固定输出典型应用电路　　(b)CW2577可调输出典型应用电路

图 8-18　CW2577 并联型开关稳压电路

本章小结

1. 直流稳压电源的基本功能是将电网的交流电压变成大小和极性符合负载要求的稳定直流电压输出。它由降压、整流、滤波和稳压四大基本功能部分组成。

2. 直流稳压电源的种类较多,按稳压电路与负载的连接方式分为串联型稳压电源和并联型稳压电源。串联型稳压电源输出电压能实现可调,带负载能力比较大,而并联型稳压电源电路简单,但输出电压不可调节,稳压效果不如串联型稳压电源,带负载能力也比较差。按调整管的工作状态分为线性直流稳压电源和开关稳压电源。线性直流稳压电源的能量转换效率不如开关稳压电源,但其电路比开关稳压电源简单。

3. 稳压电源的性能指标分为两种:一种是特性指标,主要有额定输入电压 U_{iN}、额定输出电压 U_{oN}、额定输出电流 I_{oN} 以及输出电压的调节范围等。另一种是质量指标,主要有稳压系数 S_u、输出电阻 r_o、输出电压温度系数 S_T 和转换效率 η_E 等。集成稳压器性能指标的表示形式与普通稳压电源性能指标的表示形式略有不同,但它们所表达的物理含义一样。

4. 并联型稳压电路通常利用稳压二极管进行稳压,为了使稳压管能正常稳压,其工作电流必须满足 $I_{Zmin} < I_Z < I_{Zmax}$。串联型稳压电路是在后级采用负反馈技术,使输出电压稳定的。

5. 集成稳压器具有体积小、成本低、使用方便的特点,所以获得普遍应用。三端稳压器属于串联型稳压电路,有输出正电压的 78 系列和输出负电压的 79 系列,两种系列除输出电压极性不同外,其他性能完全一样,其代号中最末尾两位数字表示额定输出电压值。开关集成稳压器发展迅速,它的电压和电流调整率更理想,转换效率高,有代替线性集成稳压器的趋势。集成稳压器可灵活地接成固定电压输出、可调电压输出、对称电压输出、扩大输出电压和扩大输出电流等方式,以满足电路的需要。在选用集成稳压器时要结合性能、使用和价格几个方面综合考虑;线性集成稳压器在使用时,不能接错线,输入电压不能过低和过高,功耗不能超过额定值,还应防止瞬间过电压、输入短路、负载短路,大电流稳压器要注意缩短连接线和安装足够的散热器。

思考题与习题

8-1　串联型稳压电路由哪几个基本功能部分组成？各部分的作用是什么？试画出电路方框图。

8-2　图 8-19 所示的串联反馈式稳压电源，稳压管的稳定电压 $U_Z = 5.3\ \text{V}$，$R_1 = R_2 = 200\ \Omega$，$U_{BE} = 0.7\ \text{V}$，试求：

(1) 当电位器 R_P 的动端在最下端时，输出电压 $U_o = 15\ \text{V}$，求 R_P 的值。

(2) 当电位器 R_P 的动端在最上端时，求 U_o。

(3) 设电容器的容量足够大，若要求调整管的管压降 $U_{CE} > 4\ \text{V}$，则变压器次级电压至少为多大？

(4) $R_1 = R_2 = 1\ \text{k}\Omega$，$R_P = 500\ \Omega$，$U_2 = 15\ \text{V}$，当电位器 R_P 位于中点时，估算电路中 A、B、C、D 和 E 点对地的电位。

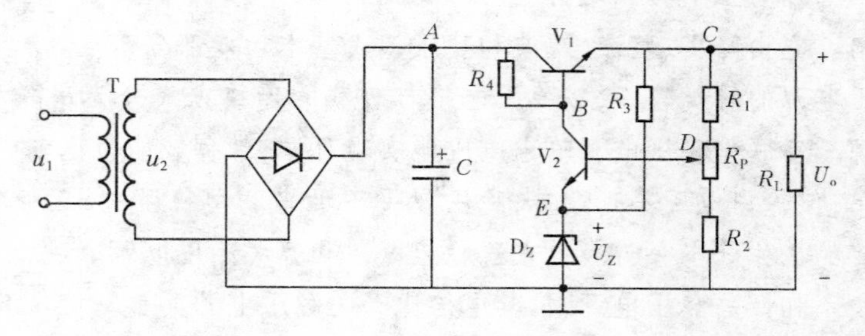

图 8-19

8-3　利用三端稳压器构成一个能输出 ±9 V 的稳压电源，试画出电路原理图。

8-4　在下面几种情况中，可选用什么型号的三端稳压器？

(1) $U_o = +12\ \text{V}$，R_L 最小值为 15 Ω。

(2) $U_o = +6\ \text{V}$，最大负载电流 $I_{Lmax} = 300\ \text{mA}$。

(3) $U_o = -15\ \text{V}$，输出电流 I_o 范围为 10 ~ 80 mA。

8-5　三端稳压器应用电路如图 8-20 所示，$I_W = 50\ \mu\text{A}$，说明 C_1 和 C_2 的作用，并求 U_o。

8-6　图 8-21 所示电路，若要输出电压 U_o 为 15 V，R_1 为多少？并说明 C_1、C_2、C_3 和 R_C 等元件的作用。

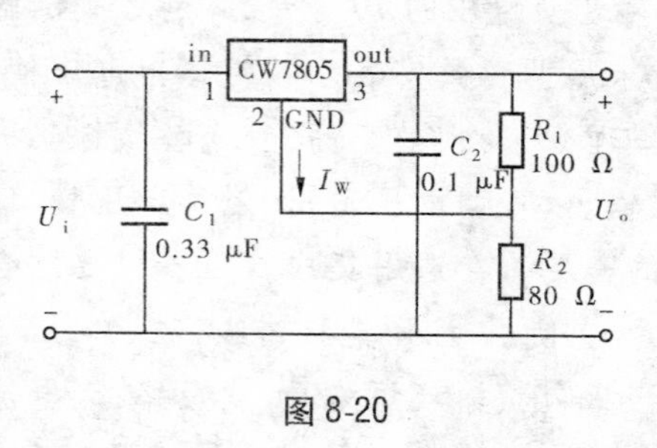

图 8-20

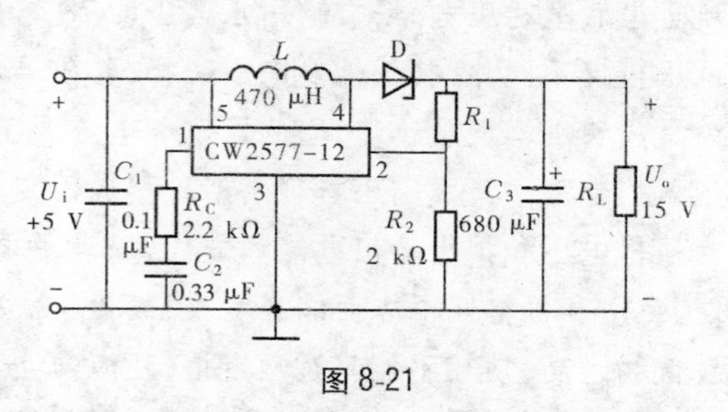

图 8-21

第9章 数字电路概述

知识与技能要求

1. 知识点和教学要求

(1)掌握:常用数制的表示及常用数制之间的相互转换,常用的BCD码。

(2)理解:数字信号与数字电路的概念、编码。

(3)了解:数字信号与数字电路的特点、二进制的优缺点。

2. 能力培养要求

具有鉴别模拟信号与数字信号、模拟电路与数字电路的能力,初步建立用二进制代码表示事件的能力。

电子信号分模拟信号和数字信号,传送和处理这两种信号的电路分别为模拟电路和数字电路。数字电路按其结构可分为组合逻辑电路和时序逻辑电路。组合逻辑电路是由门电路组合形成的逻辑电路,时序逻辑电路是由触发器和门电路组成的具有记忆能力的逻辑电路。数字电路的分析与计算采用二进制代码。本章主要介绍数制和编码等最基本的知识。

9.1 数字信号与数字电路

9.1.1 数字信号及其特点

电子电路处理的信号分为两大类:一类是在时间和数值上都是连续变化的信号,称为模拟信号,如连续的电流或电压等;另一类是在时间和数值上都是离散的信号,称为数字信号,如图9-1所示。在电路中,数字信号往往表现为突变的电压或电流,并且只有两个可能的状态,用数字0和1表示。例如电子表的秒信号、产品计数器的计数信号等。

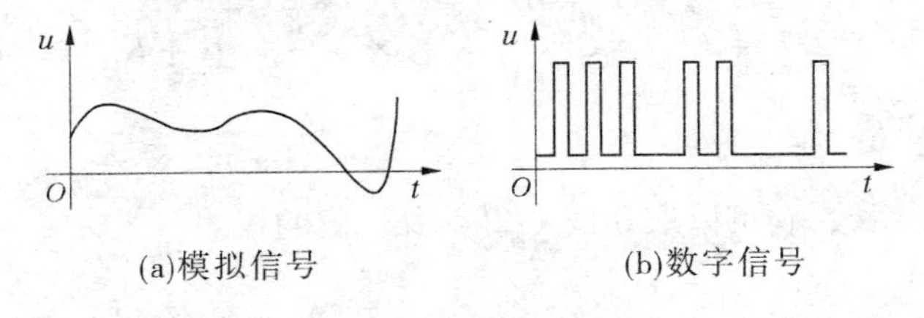

(a)模拟信号　　(b)数字信号

图9-1 模拟信号与数字信号

9.1.2 数字电路

传送和处理数字信号的电路,称为数字电路。在数字电路中工作的半导体管多数工作在开关状态,即工作在饱和区与截止区,而放大区只是其瞬间的过渡过程。

数字电路的主要研究对象是电路的输入和输出之间的逻辑关系,主要分析工具是逻辑代数(又称布尔代数),表达电路的功能主要采用真值表、逻辑表达式、卡诺图、波形图、特性方程及状态转换图等。

9.2 数制和编码

9.2.1 数制

人们在生产生活中,创造了各种不同的计数方法。日常生活中,人们习惯于用十进制数,而在数字系统中多采用二进制数,有时也采用八进制数和十六进制数。

1. 十进制

十进制是用十个不同的数码0、1、2、3、4、5、6、7、8、9来表示数的。任何一个数都可以用上述十个数码排列起来,其进位规则是“逢十进一”,10称为基数。所谓十进制就是以10为基数的计数体制。如

$$(4321)_{10}=4\times10^3+3\times10^2+2\times10^1+1\times10^0$$

其中,10^3、10^2、10^1、10^0分别为千位、百位、十位、个位的权,它们都是基数10的幂。数码与权的乘积,称为加权系数,如上述的4×10^3、3×10^2、2×10^1、1×10^0。十进制的数值是各位加权系数的和。

n位十进制整数$(M)_{10}$的表达式为

$$\begin{aligned}(M)_{10}&=K_{n-1}\times10^{n-1}+K_{n-2}\times10^{n-2}+K_{n-3}\times10^{n-3}+\cdots+K_1\times10^1+K_0\times10^0\\&=\sum_{i=0}^{n-1}K_i\times10^i\end{aligned}\tag{9-1}$$

式中,K_i为第i位的系数,它可以取0~9十个数字符号中任意一个;10^i为第i位的权。

2. 二进制

数字电路中应用最广泛的是二进制。二进制是以2为基数的计数制。二进制数中,每位只有两个数码0和1,并且“逢二进一”,即$1+1=10$(读为“壹零”)。各位的权都是基数2的幂。

n位二进制整数$(M)_2$的表达式为

$$\begin{aligned}(M)_2&=K_{n-1}\times2^{n-1}+K_{n-2}\times2^{n-2}+K_{n-3}\times2^{n-3}+\cdots+K_1\times2^1+K_0\times2^0\\&=\sum_{i=0}^{n-1}K_i\times2^i\end{aligned}\tag{9-2}$$

式中,K_i为第i位的系数,它可以取0或1;2^i为第i位的权。

3. 八进制

八进制数用0、1、2、3、4、5、6、7八个数码表示,计数的基数是8,低位和相邻高位间的关系是“逢八进一”,各位的权是8的幂。

n位八进制整数$(M)_8$的表达式为

$$(M)_8=K_{n-1}\times8^{n-1}+K_{n-2}\times8^{n-2}+K_{n-3}\times8^{n-3}+\cdots+K_1\times8^1+K_0\times8^0$$

$$= \sum_{i=0}^{n-1} K_i \times 8^i \quad (9\text{-}3)$$

式中,K_i 为第 i 位的系数,它可以取 0 ~7 八个数字符号中任意一个;8^i 为第 i 位的权。

4. 十六进制

十六进制数用 0、1、2、3、4、5、6、7、8、9、A、B、C、D、E、F 十六个数码表示,计数的基数是 16,低位和相邻高位间的关系是“逢十六进一”,各位的权是 16 的幂。

n 位十六进制整数$(M)_{16}$的表达式为

$$(M)_{16} = K_{n-1} \times 16^{n-1} + K_{n-2} \times 16^{n-2} + K_{n-3} \times 16^{n-3} + \cdots + K_1 \times 16^1 + K_0 \times 16^0$$

$$= \sum_{i=0}^{n-1} K_i \times 16^i \quad (9\text{-}4)$$

式中,K_i 为第 i 位的系数,它可以取 0 ~9 及 A ~F 十六个数字符号中任意一个;16^i 为第 i 位的权。

9.2.2 数制之间的转换

1. 十进制数转换成其他进制数

将十进制整数转换成其他进制数,采用“除基取余”法。如将十进制整数转换为二进制数,将被转换的十进制整数连续除以二进制基数 2,直到商数为 0,每次所得的余数从后向前排列即为转换后的二进制数。

【例 9-1】 将十进制数$(302)_{10}$转换成二进制数。

解:

```
2 |302  ……余0   最低位
2 |151  ……余1     ↑
2 |75   ……余1
2 |37   ……余1
2 |18   ……余0
2 |9    ……余1
2 |4    ……余0
2 |2    ……余0
2 |1    ……余1   最高位
   0
```

所以,$(302)_{10} = (100101110)_2$。

2. 二进制数和其他进制数转换成十进制数

将二进制数、八进制数和十六进制数转换成十进制数,只要将它的各位加权系数求和,也就是按照它们各自的表达式展开求和即可。

【例 9-2】 将二进制数$(1011)_2$、八进制数$(236)_8$和十六进制数$(1AD)_{16}$转换成十进制数。

解:将各进制数按权展开,并求加权系数的和,有

$$(1011)_2 = 1 \times 2^3 + 0 \times 2^2 + 1 \times 2^1 + 1 \times 2^0 = 8 + 0 + 2 + 1 = (11)_{10}$$

$$(236)_8 = 2 \times 8^2 + 3 \times 8^1 + 6 \times 8^0 = 128 + 24 + 6 = (158)_{10}$$

$$(1AD)_{16}=1\times16^2+10\times16^1+13\times16^0=256+160+13=(429)_{10}$$

3. 八进制数、十六进制数和二进制数的相互转换

1)八进制和二进制整数的相互转换

将二进制整数转换成八进制数时,只要从最低位开始,按每三位数字分组,不满三位者在前面加0,每组以其对应八进制数字代替,再按原来顺序排列即可。

【例9-3】 将二进制数$(11110100010)_2$转换成八进制数。

解:

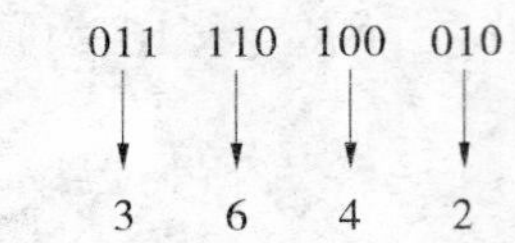

所以,$(11110100010)_2=(3642)_8$。

将八进制整数转换成二进制数,只要将每位八进制数字写成对应的三位二进制数,再按原来的顺序排列起来即可。

【例9-4】 将八进制数$(6403)_8$转换成二进制数。

解:

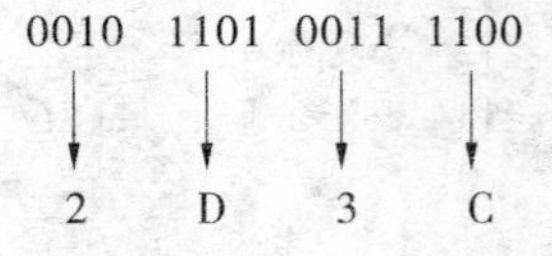

所以,$(6403)_8=(110100000011)_2$。

2)十六进制和二进制整数的相互转换

将二进制整数转换成十六进制数时,只要从最低位开始,按每四位分成一组,不满四位者在前面加0,每组以其对应十六进制数码代替,再按原来顺序排列即可。

【例9-5】 将二进制数$(10110100111100)_2$转换成十六进制数。

解:

0010 1101 0011 1100

2 D 3 C

所以,$(10110100111100)_2=(2D3C)_{16}$。

将十六进制整数转换成二进制数,只要将每位十六进制数码写成对应的四位二进制数,再按原来的顺序排列起来即可。

【例9-6】 将十六进制数$(3AF6)_{16}$转换成二进制数。

解:

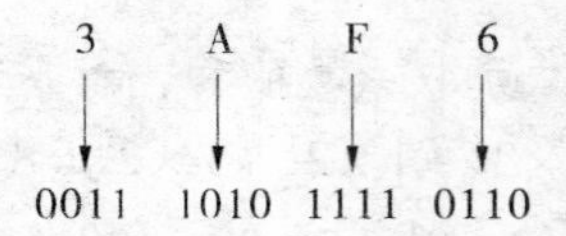

所以，$(3AF6)_{16}=(11101011110110)_2$。

9.2.3 编码

在数字系统中，二进制数码不仅可用来表示数值的大小，而且还常用来表示特定的信息。将若干个二进制数码“0”和“1”按一定的规则排列起来表示某种特定含义的代码，称为二进制代码。如在开运动会时，每个运动员都有一个号码，这个号码只用于表示不同的运动员，并不表示数值的大小。若所需编码的信息有 N 项，则需用的二进制数码的位数 n 应满足以下关系

$$2^n \geqslant N$$

将十进制数的 0～9 这十个数字用四位二进制数表示的代码，称为二—十进制码，又称 BCD 码。因为四位二进制代码有 $2^4=16$ 种状态组合，从中取出十种组合表示 0～9 可以有多种方式，因此 BCD 码有多种。本书只介绍常见的 BCD 码。

1. 8421 码

这种代码每一位的权值是固定不变的，为恒权码。它取了四位自然二进制数 16 种组合状态中的前 10 种组合，即 0000(0)～1001(9)，去掉后 6 种组合 1010～1111。从高位到低位的权值分别是 8、4、2、1，所以称为 8421 码。由于它便于记忆，因此应用广泛。8421 码见表 9-1。

2. 2421 码、5211 码和 5421 码

2421 码、5211 码和 5421 码也属于恒权码，从高位到低位各位的权分别是 2、4、2、1，5、2、1、1 和 5、4、2、1，故而得名。其中 2421 码又分 A 和 B 两种代码，它们的编码状态不完全相同。在 2421(B)码中，0 和 9、1 和 8、2 和 7、3 和 6、4 和 5 互为反码，即两码对应位的取值相反。2421 码、5211 码和 5421 码见表 9-1。

3. 余 3 码

这种代码所组成的四位二进制数，正好比它代表的十进制数多 3，故称余 3 码。两个余 3 码相加时，其和要比对应表示的十进制数之和多 6。因而两个十进制数之和等于 10 时，两个对应余 3 码之和相当于四位二进制数的 16，刚好产生进位信号，不必进行修正。另外，余 3 码的 0 和 9、1 和 8、2 和 7、3 和 6、4 和 5 也互为反码。余 3 码不能由各位二进制数的权来决定其代表的十进制数，故属于无权码。余 3 码见表 9-1。

表 9-1 几种常见的 BCD 码

十进制数	四位自然二进制数	8421 码	2421(A)码	2421(B)码	5211 码	5421 码	余 3 码
0	0000	0000	0000	0000	0000	0000	0011
1	0001	0001	0001	0001	0001	0001	0100
2	0010	0010	0010	0010	0100	0010	0101
3	0011	0011	0011	0011	0101	0011	0110
4	0100	0100	0100	0100	0111	0100	0111

续表 9-1

十进制数	四位自然二进制数	8421 码	2421(A)码	2421(B)码	5211 码	5421 码	余 3 码
5	0101	0101	0101	1011	1000	1000	1000
6	0110	0110	0110	1100	1001	1001	1001
7	0111	0111	0111	1101	1100	1010	1010
8	1000	1000	1110	1110	1101	1011	1011
9	1001	1001	1111	1111	1111	1100	1100
10	1010						
11	1011						
12	1100						
13	1101						
14	1110						
15	1111						
权		8421	2421	2421	5211	5421	无权

本章小结

1. 模拟信号是指在时间和数值上都是连续变化的信号，在电路中，它的变化无突变的过程。数字信号是指在时间和数值上都是离散的信号，在电路中，数字信号表现为突变的电压或电流。数字信号只有两个可能的状态，用数字 0 和 1 表示。其数值大小的增减总是最小数量单位的整数倍。

2. 传送和处理数字信号的电路，称为数字电路。在数字电路中工作的半导体管多数工作在开关状态。数字电路的主要研究对象是电路的输入和输出之间的逻辑关系，主要分析工具是逻辑代数(又称布尔代数)。

3. 在数字系统中多采用二进制数，有时也采用八进制数和十六进制数。十进制数是用数码 0、1、2、3、4、5、6、7、8 和 9 来表示的，其进位规则是“逢十进一”；二进制数是用两个数码 0 和 1 来表示的，其进位规则是“逢二进一”；八进制数是用 0、1、2、3、4、5、6 和 7 八个数字符号来表示的，其进位规则是“逢八进一”；十六进制数是用 0、1、2、3、4、5、6、7、8、9、A、B、C、D、E、F 十六个数字符号来表示的，其进位规则是“逢十六进一”。

4. 将二进制数、八进制数和十六进制数转换成十进制数，只要按照它们各自的表达式展开求和即可；将十进制整数转换成其他进制数则采用“除基取余法”；将二进制整数转换成八进制数，只要从最低位开始，按每三位数字分组，每组以其对应八进制数代替，再按原来顺序排列即可；将八进制整数转换成二进制数，只要将每位八进制数写成对应的三位二进制数，再按原来的顺序排列起来即可；将二进制整数转换成十六进制数，只要从最低位开始，按每四位分成一组，每组以其对应十六进制数码代替，再按原来顺序排列即可；将十六进制整数转换成二进制数，只要将每位十六进制数码写成对应的四位二进制数，再按原来的顺序排列起来即可。

5. 二进制代码是指用若干个二进制数码“0”和“1”按一定的规则排列起来表示某种特定含义的代码。二—十进制码是用四位二进制数表示0~9这十个数字的代码，又称BCD码。8421码是用四位自然二进制数16种组合状态中的前10种组合来表示0~9这十个数字的代码，其权从高位到低位分别是8、4、2、1；2421码、5211码和5421码也是用四位二进制数表示0~9这十个数字的代码，它们的权从高位到低位分别是2、4、2、1，5、2、1、1和5、4、2、1；余3码所用的四位二进制数，正好比它代表的十进制数多3。8421码、2421码、5211码和5421码是有权码，而余3码则是一种无权码。

思考题与习题

9-1 为什么在计算机或数字系统中通常采用二进制？

9-2 在二进制数中，其位权的规律如何？

9-3 何为8421码？它与自然二进制数有何异同点？

9-4 相对于模拟信号与模拟电路来说，数字信号与数字电路的特点是什么？数字电路的主要研究对象是什么？

9-5 用各位权的展开式表示下列各数：

(1) $(1528)_{10}$；(2) $(1011)_{2}$；(3) $(375)_{8}$；(4) $(010100)_{8}$；(5) $(10F)_{16}$。

9-6 将下列二进制数分别转换成十进制数、八进制数和十六进制数：

(1) $(1011101)_{2}$；(2) $(11010)_{2}$。

9-7 将下列各数转换成二进制数：

(1) $(41)_{10}$；(2) $(403)_{10}$；(3) $(376)_{8}$；(4) $(4633)_{8}$；(5) $(3A)_{16}$。

9-8 将下列各数转换成8421码：

(1) $(8)_{10}$；(2) $(35)_{10}$；(3) $(126)_{10}$。

第 10 章　逻辑函数及其化简

知识与技能要求

1. 知识点和教学要求

(1)掌握:逻辑代数的基本定律和规则,逻辑函数的表示方法及相互转化,逻辑函数的化简。

(2)理解:二值量 0 和 1 反映的是两种不同的状态,与非、或非、与或非、异或、同或等复合逻辑关系,逻辑代数三大规则,卡诺图画圈规则。

(3)了解:数字电路的基本知识,逻辑函数的公式法化简和卡诺图法化简的优缺点。

2. 能力培养要求

具有逻辑代数的建立与化简的能力。

研究逻辑关系的数学称为逻辑代数,又称布尔代数或开关代数,是英国数学家 George Boole 在 19 世纪中叶创立的。它是分析、设计数字电路的数学工具。和普通代数不同,逻辑代数研究的是逻辑函数与逻辑变量之间的关系。逻辑代数中也用字母 A、B、C、D…来表示变量,这种变量称为逻辑变量。逻辑变量的取值和逻辑函数值都只有两个值,即 0 和 1。这两个值不具有数量大小的意义,仅表示客观事物的两种相反的状态,如开关的闭合与断开,晶体管的饱和导通与截止,电位的高与低,事件的真与假等。因此,逻辑代数有其自身独立的规律和运算法则。

数字电路在早期又称为开关电路,因为它主要是由一系列开关元件组成的,具有相反的二状态特征,所以特别适于用逻辑代数来进行分析和研究,这就是逻辑代数广泛应用于数字电路的原因。本章主要介绍逻辑函数的表示方法,逻辑代数的基本运算、基本定律和基本规则,以及逻辑函数的化简。

10.1　逻辑函数及其表示方法

10.1.1　基本逻辑函数及运算

逻辑函数中,基本的逻辑关系有逻辑与、逻辑或和逻辑非三种,与之对应的逻辑运算为与运算(逻辑乘)、或运算(逻辑加)和非运算(逻辑非)。

如图 10-1 所示为 3 种指示灯的控制电路。控制开关与灯亮的逻辑关系可分别表述为与、或、非的逻辑关系,把开关闭合条件作为导致事件结果的原因,把灯亮作为结果。

1. 逻辑与

与逻辑关系:当决定一件事情的各个条件全部具备时,该事件才会发生。

图 10-1(a)所示的电路中，如果我们将开关闭合记为 1，断开记为 0，灯亮记为 1，灯灭记为 0，容易看出，该电路只有当两个开关都闭合时，灯才亮。可见，灯亮与两个开关之间存在着与的逻辑关系。

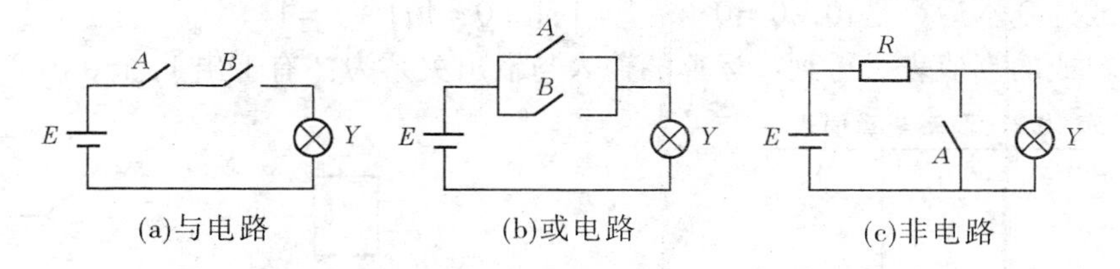

(a)与电路　(b)或电路　(c)非电路

图 10-1　说明与、或、非逻辑关系的电路

把 A 与 B 表示成两个逻辑变量，Y 表示结果。将其全部可能取值及进行运算的全部可能结果列成表，如表 10-1 所示，这样的表称为真值表。

与逻辑关系可以用逻辑函数式来表示，称为逻辑乘(Logic Multiplication)或逻辑积(Logic Production)，运算符号记为"·"或"×"。逻辑与的表达式可以写成

$$Y = A \cdot B \quad 或 \quad Y = AB \tag{10-1}$$

多变量的逻辑与可写成

$$Y = A \cdot B \cdot C\cdots \quad 或 \quad Y = ABC\cdots \tag{10-2}$$

式(10-1)和式(10-2)也称为逻辑与的逻辑函数表达式。实现与运算的电路称为与门，其逻辑符号如图 10-2 所示。

逻辑与的基本运算是：0·0=0；0·1=0；1·0=0；1·1=1。

从逻辑与的真值表可得到与运算的输入与输出关系为："有 0 出 0，全 1 出 1"。

表 10-1　逻辑与真值表

A	B	Y
0	0	0
0	1	0
1	0	0
1	1	1

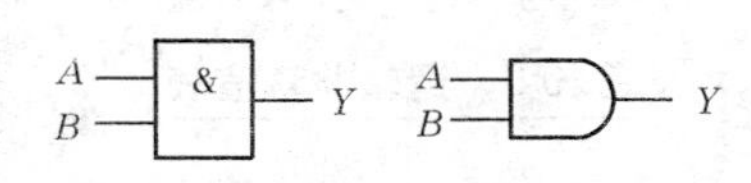

(a)国标符号　(b)国外常用符号

图 10-2　与门逻辑符号

2. 逻辑或

或逻辑关系：当决定一件事情的各个条件中只要有一个条件具备，这件事情就会发生。

图 10-1(b)所示的电路中，将开关闭合记为 1，断开记为 0，灯亮记为 1，灯灭记为 0。该电路只要有一个开关闭合，灯就会亮。

把 A 和 B 表示成两个逻辑变量，Y 表示结果。将其全部可能取值及进行运算的全部可能结果列成真值表，如表 10-2 所示，为逻辑或真值表。

或逻辑关系也可以用逻辑函数式来表示，称逻辑加(Logic Addition)或逻辑和(Logic Sum)，运算符号记为"+"。逻辑或的表达式可以写成

$$Y = A + B \tag{10-3}$$

多变量的逻辑或可写成

$$Y = A + B + C + \cdots \tag{10-4}$$

式(10-3)和式(10-4)也称为逻辑或的逻辑函数表达式。实现或运算的电路称为或门,其逻辑符号如图10-3所示。

逻辑或的基本运算是:$0+0=0$;$0+1=1$;$1+0=1$;$1+1=1$。

从逻辑或的真值表可得到或运算的输入与输出关系为:"有1出1,全0出0"。

表10-2　逻辑或真值表

A	B	Y
0	0	0
0	1	1
1	0	1
1	1	1

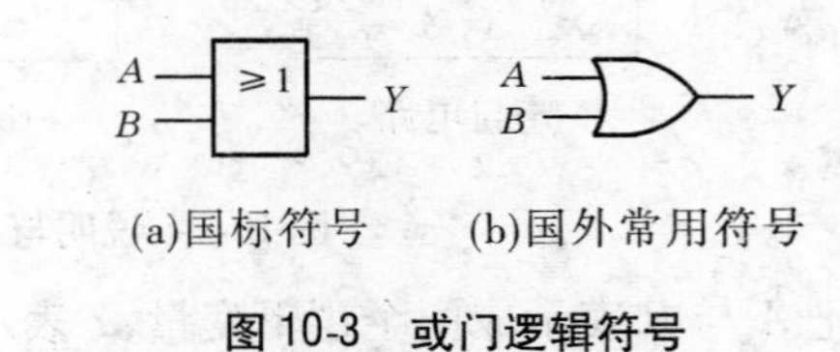

图10-3　或门逻辑符号

3. 逻辑非

非逻辑关系:当条件具备时,结果不会发生;而条件不具备时,结果一定会发生。所以,非就是反,是否定。非运算(逻辑反)是逻辑的否定。

图10-1(c)所示的电路中,开关断开,灯亮;开关闭合,灯灭,这种互相否定的因果关系,体现出非逻辑。逻辑非真值表见表10-3。

非运算也称逻辑反(Logic Inversion),或逻辑否定(Logic Negation),其运算符记为"¯"。

逻辑非的表达式可以写成

$$Y = \overline{A} \tag{10-5}$$

读作"Y等于A非",或"Y等于A反"。式(10-5)也称为逻辑非的逻辑函数表达式。实现非运算的电路称为非门(也称反相器),其逻辑符号如图10-4所示。

表10-3　逻辑非真值表

A	B
0	1
1	0

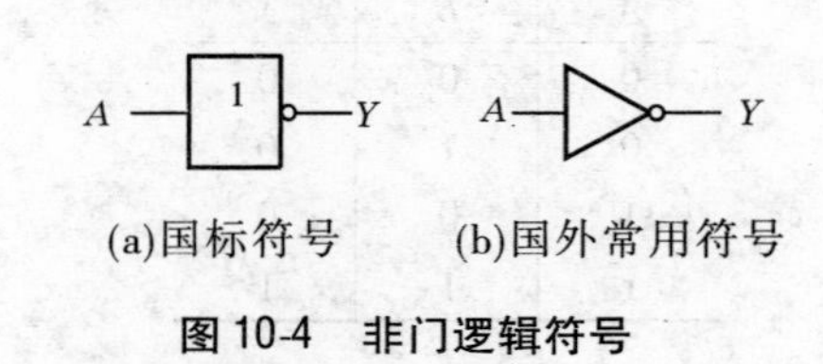

图10-4　非门逻辑符号

逻辑非的基本运算是:$\overline{0}=1$;$\overline{1}=0$。

从逻辑非的真值表可得到非运算的输入与输出关系为:"有0出1,有1出0"。

10.1.2　几种导出的逻辑运算

逻辑代数中,除上述基本运算外,还有一些常用的复合逻辑运算,完成复合逻辑运算的数字电路称复合门电路。

1. 与非运算

与非运算逻辑表达式为

$$Y = \overline{AB} \tag{10-6}$$

它是与逻辑和非逻辑的组合,其运算顺序是先与后非。逻辑功能是:只有输入全部为

1 时,输出才为 0,否则输出为 1,即“有 0 出 1,全 1 出 0”。实现与非运算的电路为与非门,其逻辑符号如图 10-5 所示。

2. 或非运算

或非运算逻辑表达式为

$$Y = \overline{A + B} \tag{10-7}$$

它是或逻辑和非逻辑的组合,其运算顺序是先或后非。逻辑功能是:只有输入全部为 0 时,输出才为 1,否则输出为 0,即“有 1 出 0,全 0 出 1”。实现或非运算的电路为或非门,其逻辑符号如图 10-6 所示。

(a)国标符号 (b)国外常用符号 (a)国标符号 (b)国外常用符号

图 10-5 与非门逻辑符号 **图 10-6 或非门逻辑符号**

3. 与或非运算

与或非逻辑表达式为

$$Y = \overline{AB + CD} \tag{10-8}$$

与或非运算的顺序为先与再或最后取非。实现与或非运算的电路为与或非门,其逻辑符号如图 10-7 所示。

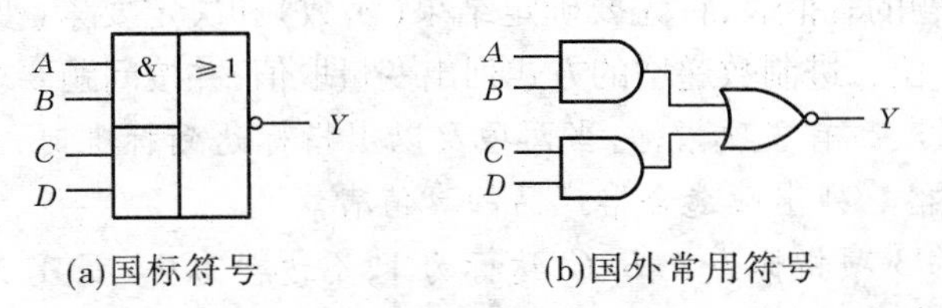

(a)国标符号 (b)国外常用符号

图 10-7 与或非门逻辑符号

4. 异或运算

异或运算逻辑表达式为

$$Y = \overline{A}B + A\overline{B} = A \oplus B \tag{10-9}$$

逻辑功能是:当输入相反(异)时,输出为 1;输入相同时,输出为 0,即“相异出 1,相同出 0”。真值表见表 10-4。实现异或运算的电路为异或门,其逻辑符号如图 10-8 所示。

表 10-4 异或逻辑真值表

A	B	Y
0	0	0
0	1	1
1	0	1
1	1	0

(a)国标符号 (b)国外常用符号

图 10-8 异或门逻辑符号

5. 同或运算

同或运算逻辑表达式为

$$Y = \overline{A}\overline{B} + AB = A \odot B \tag{10-10}$$

逻辑功能是:当输入相同时,输出为1;当输入相反时,输出为0,即"相同出1,相反出0"。真值表见表10-5。实现同或运算的电路为同或门,其逻辑符号如图10-9所示。

表10-5　同或逻辑真值表

A	B	Y
0	0	1
0	1	0
1	0	0
1	1	1

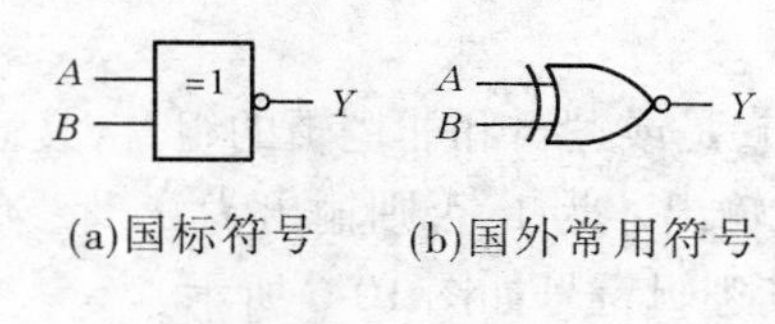

(a)国标符号　(b)国外常用符号

图10-9　同或门逻辑符号

10.1.3　逻辑函数表示方法

常用逻辑函数的表示方法有真值表、逻辑函数表达式、逻辑图等。逻辑函数的几种表示方法可以相互转换。

1. 真值表

真值表是由逻辑变量所有可能取值的组合及其对应函数值所构成的表格。它表示了逻辑函数与逻辑变量各种取值之间的一一对应关系。逻辑函数的真值表具有唯一性。若两个逻辑函数具有相同的真值表,则两个逻辑函数必然相等。当逻辑函数有 n 个变量时,共有 2^n 个不同的变量取值组合。

列一个实际问题的真值表,首先要确定结果(函数)和决定要素(变量)及状态取值,为避免遗漏,一般按 n 位二进制数递增的方式列出变量取值,并按问题要求确定相应函数值。

【例10-1】　某产品有3项指标,当两项及以上指标达到标准时,此产品为合格产品,其他情况均为不合格。列出筛选合格产品的真值表。

解:设此产品的3项指标为 A、B、C,达标为1,不达标为0。设 Y 为筛选结果,$Y=1$ 为合格,$Y=0$ 为不合格。根据题意列出真值表,见表10-6。

表10-6　例10-1真值表

A	B	C	Y
0	0	0	0
0	0	1	0
0	1	0	0
0	1	1	1
1	0	0	0
1	0	1	1
1	1	0	1
1	1	1	1

2. 逻辑函数表达式

逻辑函数表达式是用与、或、非等基本逻辑运算来表示输入变量和输出函数因果关系的逻辑代数式。

由真值表直接写出的逻辑式是标准的与或逻辑式。写标准与或逻辑式的方法是:在给出的逻辑函数的真值表中,取出函数值等于1所对应的变量组合,组合中变量为1的写成原变量,为0的写成反变量,组成与项,再将这些与项相加,就得到相应的逻辑函数表达式。

例如,由真值表10-6可以写出筛选合格产品的逻辑函数表达式为

$$Y = ABC + AB\overline{C} + \overline{A}BC + A\overline{B}C$$

3. 逻辑图

逻辑图是由逻辑门的逻辑符号组成,并对应于某一逻辑功能的电路图。根据逻辑函数表达式画逻辑图时,只要把逻辑函数表达式中各逻辑运算式用相应门电路的逻辑符号代替,即可画出和逻辑函数相对应的逻辑图。

例如,由筛选合格产品的逻辑函数表达式画出的逻辑图如图10-10所示。

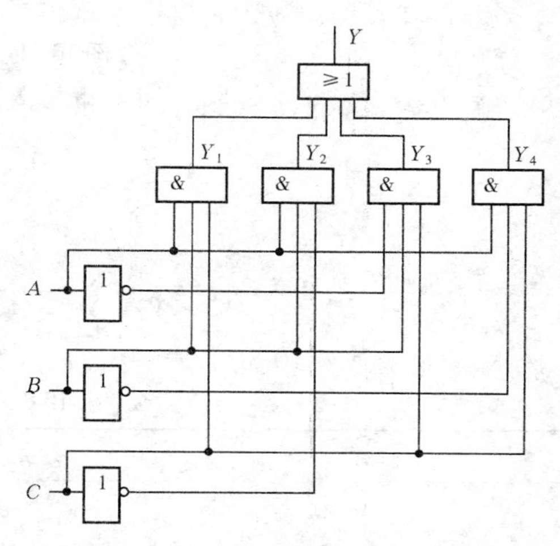

图10-10　某合格产品筛选电路逻辑图

4. 表示方法之间的转换

从前面的叙述中,已经了解了由真值表写表达式和已知表达式画逻辑图的方法。

由逻辑函数表达式求真值表的方法是:将输入变量取值的所有组合逐一代入逻辑函数表达式,求出对应的函数值,填写真值表即可。

【例10-2】　求 $Y = \overline{AB + AC}$ 的真值表。

解:将 A、B、C 的各种取值逐一代入 Y 式中计算,将计算结果列于表10-7。

表10-7　例10-2真值表

A	B	C	Y
0	0	0	1
0	0	1	1
0	1	0	1
0	1	1	1
1	0	0	1
1	0	1	0
1	1	0	0
1	1	1	0

由逻辑图求逻辑函数表达式的方法是:从输入端到输出端,逐级写出每个逻辑符号的输出逻辑函数表达式,而最终得到的逻辑函数表达式为最后的输出变量与最初的输入变量间的逻辑函数表达式。

【例 10-3】 写出图 10-11 所示逻辑图的逻辑函数表达式及真值表。

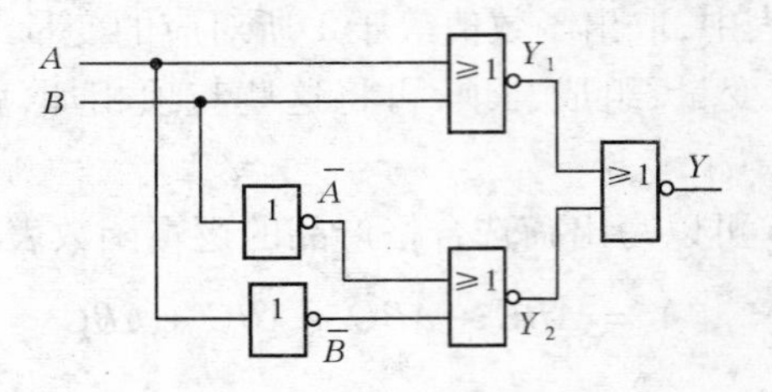

图 10-11 例 10-3 逻辑图

解:从输入端 A、B 逐级写出输出端的逻辑函数表达式:

$$Y_1 = \overline{A + B}$$

$$Y_2 = \overline{\overline{A} + \overline{B}}$$

$$Y = \overline{Y_1 + Y_2} = \overline{\overline{A + B} + \overline{\overline{A} + \overline{B}}}$$

其真值表如表 10-8 所示。

表 10-8 例 10-3 真值表

A	B	Y
0	0	0
0	1	1
1	0	1
1	1	0

10.2 逻辑代数的基本定律和规则

逻辑代数的基本定律是分析和设计逻辑电路、化简和变换逻辑函数表达式的重要工具,这些定律有其独特的特性,但也有一些和普通代数相似,因此要严格区分,不能混淆。

10.2.1 逻辑代数的基本运算公式

逻辑代数的基本运算公式列于表 10-9 中。

表 10-9 运算公式

与运算	或运算	非运算
$A \cdot 0 = 0$	$A + 0 = A$	
$A \cdot 1 = A$	$A + 1 = 1$	
$A \cdot A = A$	$A + A = A$	$\overline{\overline{A}} = A$
$A \cdot \overline{A} = 0$	$A + \overline{A} = 1$	

10.2.2 逻辑代数的基本定律

逻辑代数的基本定律列于表 10-10 中。

表 10-10 逻辑代数的基本定律

定律	公式	
结合律	$A+(B+C)=(A+B)+C$	$A(BC)=(AB)C$
交换律	$A+B=B+A$	$AB=BA$
分配律	$A(B+C)=AB+AC$	$A+BC=(A+B)(A+C)$
吸收律	$A+AB=A$	$A(A+B)=A$
	$A+\bar{A}B=A+B$	$A(\bar{A}+B)=AB$
包含律	$AB+\bar{A}C+BC=AB+\bar{A}C$	
	$AB+\bar{A}C+BCDE\cdots=AB+\bar{A}C$	
反演律(摩根定律)	$\overline{A+B+C}=\bar{A}\,\bar{B}\,\bar{C}$	$\overline{ABC}=\bar{A}+\bar{B}+\bar{C}$

摩根定律可推广到多个变量,其逻辑式如下:

$$\begin{cases}\overline{ABC\cdots}=\bar{A}+\bar{B}+\bar{C}+\cdots \\ \overline{A+B+C+\cdots}=\bar{A}\,\bar{B}\,\bar{C}\cdots\end{cases}$$

10.2.3 逻辑代数的三个重要规则

1. 代入规则

任何一个逻辑等式,如果将等式两边所出现的某一变量都代之以同一逻辑函数,则等式仍然成立,这个规则称为代入规则。由于逻辑函数与逻辑变量一样,只有 0、1 两种取值,所以代入规则的正确性不难理解。运用代入规则可以扩大基本定律的运用范围。

例如,$AB+A\bar{B}=A$,将 B 用 CD 代换,则等式 $ACD+A\overline{CD}=A$ 成立。值得注意的是,在使用代入规则时,一定要把等式中所有需要代换的变量全部置换掉,否则代换后所得的等式将不成立。

2. 反演规则

对于任意一个逻辑函数 Y,如果将其表达式中所有的“·”换成“+”,“+”换成“·”,“0”换成“1”,“1”换成“0”,原变量换成反变量,反变量换成原变量,则得到原来逻辑函数 Y 的反函数 $\bar{Y}$,或称为补函数。这种变换规则称为反演规则。

反演规则是反演律的推广,运用它可以简便地求出一个函数的反函数。例如:

若 $Y=\overline{AB+C}\cdot D+AC$,则 $\bar{Y}=[\overline{(\bar{A}+\bar{B})\cdot\bar{C}}+\bar{D}](\bar{A}+\bar{C})$。

若 $Y=A+\overline{\bar{B}+C+\overline{\bar{D}+E}}$,则 $\bar{Y}=\bar{A}\cdot B\cdot\overline{\bar{C}\cdot\overline{D\cdot\bar{E}}}$。

运用反演规则时应注意两点:①不能破坏原式的运算顺序——先算括号里的,然后按

"先与后或"的原则运算。②不属于单变量上的非号应保留不变。

3. 对偶规则

对于任何一个逻辑函数 Y,如果将其表达式中所有的"·"换成"+","+"换成"·",常量"0"换成"1","1"换成"0",而变量保持不变,则得出的逻辑函数式就是 Y 的对偶式,记为 Y'。例如:

若 $Y = A \cdot \overline{B} + A \cdot (C + 0)$,则 $Y' = (A + \overline{B}) \cdot (A + C \cdot 1)$。

若 $Y = \overline{\overline{A} \cdot \overline{B \cdot \overline{C}}}$,则 $Y' = \overline{\overline{A} + \overline{B + \overline{C}}}$。

若 $Y = A$,则 $Y' = A$。

以上各例中 Y'是 Y 的对偶式。不难证明 Y 也是 Y'的对偶式,即 Y 与 Y'互为对偶式。

任何逻辑函数式都存在着对偶式。若原等式成立,则对偶式也一定成立。即如果 $Y = G$,则 $Y' = G'$。这种逻辑推理叫做对偶原理,或对偶规则。

必须注意,由原式求对偶式时,运算的优先顺序不能改变,且式中的非号也保持不变。

观察前面逻辑代数基本定律和公式,不难看出它们都是成对出现的,而且互为对偶对式。

10.3 逻辑函数的化简

10.3.1 逻辑函数的表达式

同一逻辑函数的表达式不是唯一的,可以有各种不同的形式。例如 $Y = (A + B)(A + C)$也可以写成 $Y = A + BC$。如果把它们分类,主要有与或表达式、或与表达式、与非与非表达式、或非或非表达式、与或非表达式等。

例如,任何一个逻辑函数式都可以通过逻辑变换写成以下五种形式:

与或式 $Y = AB + \overline{A}C$

或与式 $Y = (\overline{A} + B)(A + C)$

与非与非式 $Y = \overline{\overline{AB} \cdot \overline{\overline{A}C}}$

或非或非式 $Y = \overline{\overline{(\overline{A} + B)} + \overline{(A + C)}}$

与或非式 $Y = \overline{A\overline{B} + \overline{A}\,\overline{C}}$

表达式不同,与之对应的逻辑电路不同。图 10-12 为五种表达式的逻辑图。

一般来说,如果表达式比较简单,实现它们的逻辑电路使用的元件就比较少,结构就比较简单。为了提高数字电路的可靠性,节省元件,降低成本,我们希望得到最简单的逻辑表达式。所谓化简,就是将逻辑表达式化为最简单的表达式。

在各种逻辑表达式中,与或表达式用得最多。其他形式的逻辑表达式都可以由最简与或表达式经逻辑代数的基本定律变换得到,所以一般逻辑函数的化简结果都是得到最

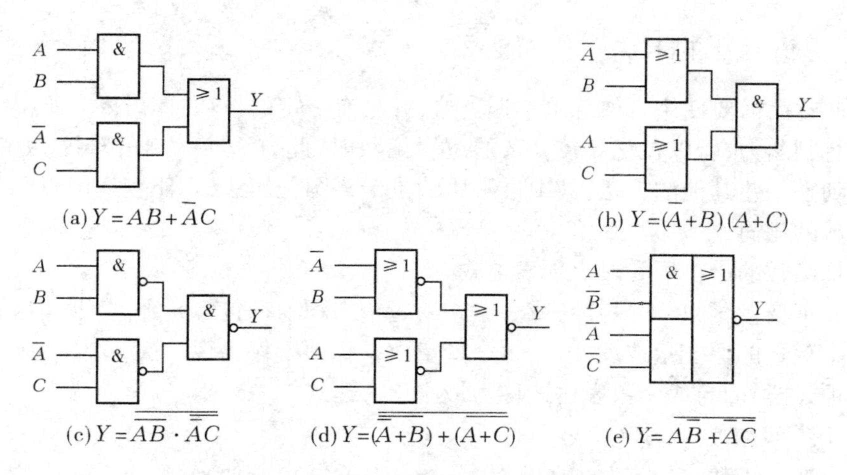

(a) $Y=AB+\overline{A}C$　　(b) $Y=(\overline{A}+B)(A+C)$

(c) $Y=\overline{\overline{AB}\cdot\overline{\overline{A}C}}$　　(d) $Y=\overline{\overline{\overline{A}+B}+\overline{A+C}}$　　(e) $Y=\overline{A\overline{B}+\overline{A}\,\overline{C}}$

图 10-12　五种表达式的逻辑图

简与或表达式。

所谓最简与或表达式,通常是指:表达式中的乘积项(或项)的个数最少且每个乘积项中变量的个数最少。

对逻辑函数进行化简,常用的化简方法有公式化简法(代数化简法)和卡诺图法(图解法)。

10.3.2　逻辑函数的公式化简法

公式化简法是运用逻辑代数的基本定律和规则对逻辑函数进行化简。由于实际的逻辑表达式是多种多样的,公式化简尚无一套完整的方法,能否以最快的速度进行化简,从而得到最简表达式,这与我们的经验和对公式的掌握与运用的熟练程度有密切的关系。

【例 10-4】　化简函数 $Y=A\overline{B}C+A\overline{B}\,\overline{C}$。

解:$Y=A\overline{B}C+A\overline{B}\,\overline{C}=A\overline{B}(C+\overline{C})=A\overline{B}$

【例 10-5】　化简函数 $Y=AB+\overline{A}C+BC$。

解:$Y=AB+\overline{A}C+BC=AB+\overline{A}C+(A+\overline{A})BC=AB+\overline{A}C+ABC+\overline{A}BC$

$=AB(1+C)+\overline{A}C(1+B)=AB+\overline{A}C$

【例 10-6】　化简函数 $Y=AC+\overline{C}D+ADE$。

解:$Y=AC+\overline{C}D+ADE=CA+\overline{C}D+ADE=CA+\overline{C}D=AC+\overline{C}D$

代数化简法的优点是:在某些情况下用起来很简单,特别是当变量较多时这一点体现得更加明显。例如

$$A+ABC\overline{D}E=A$$

它的缺点是:要求能灵活运用逻辑代数的基本定律和规则。由于化简过程因人而异,因而没有明确的、规律的化简步骤,因此不便于通过计算机自动实现逻辑函数的化简。

10.3.3　逻辑函数的卡诺图化简法

公式法化简需要使用者熟练地掌握公式，并具有一定的技巧，还需要对所得结果是否是最简式有判断力，所以在化简较复杂的逻辑函数时，此方法有一定的难度。在实践中，人们还找到了一些其他的方法，其中最常用的是卡诺图化简法，它比较适用于四变量以内的逻辑函数的化简。

1. 逻辑函数的最小项和最小项表达式

对于 n 个变量函数，如果其与或表达式的每个乘积项都包含 n 个因子，而这 n 个因子分别为 n 个变量的原变量或反变量，每个变量在乘积项中仅出现一次，这样的乘积项称为函数最小项，这样的与或函数表达式称为最小项表达式。

1）最小项的编号

一个 n 变量函数，最小项的数目为 2^n 个。为了书写方便，常以 m_i 的形式表示最小项，m 代表最小项，i 表示最小项编号，i 是 n 变量取值组合排成二进制数所对应的十进制数，若变量以原变量形式出现视为 1，以反变量形式出现视为 0。例如，$\overline{A}\,\overline{B}\,\overline{C}$记为 m_0，$\overline{A}\,\overline{B}\,C$记为 m_1。表 10-11 为三变量的最小项表。

表 10-11　三变量的最小项表

A	B	C	最小项	简记符号
0	0	0	$\overline{A}\,\overline{B}\,\overline{C}$	m_0
0	0	1	$\overline{A}\,\overline{B}\,C$	m_1
0	1	0	$\overline{A}\,B\,\overline{C}$	m_2
0	1	1	$\overline{A}\,B\,C$	m_3
1	0	0	$A\,\overline{B}\,\overline{C}$	m_4
1	0	1	$A\,\overline{B}\,C$	m_5
1	1	0	$A\,B\,\overline{C}$	m_6
1	1	1	$A\,B\,C$	m_7

2）最小项的性质

根据最小项的定义，不难证明最小项有如下性质：

（1）函数全体最小项的和恒为 1。

（2）对于输入变量任何一组取值，必有一个而且仅有一个最小项的值为 1。

（3）在输入变量的任何一组取值下，任意两个最小项的乘积为 0。

（4）若两个最小项只有一个因子不同，则称这两个最小项相邻。相邻最小项之和可合并成一项，并消去互反因子。如 $ABC + AB\overline{C} = AB$，其中 C 和 $\overline{C}$为互反因子，又称互补变量。

3）函数的最小项表达式

任何逻辑函数都可以化成最小项表达式的形式，并且任何逻辑函数最小项表达式的形式都是唯一的。

将逻辑函数化为最小项表达式形式的方法可以用配项法。

例如：$Y = AB + BC = AB(C+\overline{C}) + BC(A+\overline{A}) = ABC + AB\overline{C} + \overline{A}BC$

$= m_7 + m_6 + m_3 = \sum m(3,6,7)$

也可以用真值表法。如 $Y = AB + BC$ 的真值表如表 10-12 所示。找出真值表中所有 Y 值为 1 的行，每一行相应的变量组合为最小项表达式中的一项。则逻辑函数 $Y(A,B,C) = AB + BC$ 有 3 项为 1，对应的变量组合分别为：$\overline{A}BC$、$AB\overline{C}$、ABC（变量取值为 1 写成原变量，取值为 0 写成反变量），则该函数的最小项表达式为

$$Y(A,B,C) = \overline{A}BC + AB\overline{C} + ABC = m_3 + m_6 + m_7 = \sum m(3,6,7)$$

表 10-12　真值表

A	B	C	Y
0	0	0	0
0	0	1	0
0	1	0	0
0	1	1	1
1	0	0	0
1	0	1	0
1	1	0	1
1	1	1	1

2. 逻辑函数的卡诺图

卡诺图是逻辑函数的图形表示法。它是由美国工程师卡诺提出来的，故称为卡诺图。这种方法是用 2^n 个小方格表示 n 个变量的 2^n 个最小项，并且使逻辑相邻的最小项在几何位置上也相邻，按这样的相邻要求排列起来的方格图叫做 n 变量最小项卡诺图，又称为最小项方格图。图 10-13 为二变量的卡诺图，图 10-14 为三变量的卡诺图，图 10-15 为四变量的卡诺图。

卡诺图两侧所标的 0 和 1 表示对应方格中最小项为 1 的变量取值，横向和纵向都按格雷码顺序排列，保证了最小项在卡诺图中的循环相邻性，即同一行最左方格与最右方格相邻，同一列最上方格和最下方格也相邻。

$A \backslash B$	$\overline{B}$	B
$\overline{A}$	m_0 $\overline{A}\overline{B}$	m_1 $\overline{A}B$
A	m_2 $A\overline{B}$	m_3 AB

$A \backslash B$	0	1
0	0	1
1	2	3

图 10-13　二变量的卡诺图

$A\backslash BC$	$\overline{B}\,\overline{C}$	$\overline{B}C$	BC	$B\overline{C}$
$\overline{A}$	m_0 $\overline{A}\,\overline{B}\,\overline{C}$	m_1 $\overline{A}\,\overline{B}C$	m_3 $\overline{A}BC$	m_2 $\overline{A}B\overline{C}$
A	m_4 $A\overline{B}\,\overline{C}$	m_5 $A\overline{B}C$	m_7 ABC	m_6 $AB\overline{C}$

$A\backslash BC$	00	01	11	10
0	0	1	3	2
1	4	5	7	6

图 10-14　三变量的卡诺图

$AB\backslash CD$	$\overline{C}\,\overline{D}$	$\overline{C}D$	CD	$C\overline{D}$
$\overline{A}\,\overline{B}$	m_0 $\overline{A}\,\overline{B}\,\overline{C}\,\overline{D}$	m_1 $\overline{A}\,\overline{B}\,\overline{C}D$	m_3 $\overline{A}\,\overline{B}CD$	m_2 $\overline{A}\,\overline{B}C\overline{D}$
$\overline{A}B$	m_4 $\overline{A}B\overline{C}\,\overline{D}$	m_5 $\overline{A}B\overline{C}D$	m_7 $\overline{A}BCD$	m_6 $\overline{A}BC\overline{D}$
AB	m_{12} $AB\overline{C}\,\overline{D}$	m_{13} $AB\overline{C}D$	m_{15} $ABCD$	m_{14} $ABC\overline{D}$
$A\overline{B}$	m_8 $A\overline{B}\,\overline{C}\,\overline{D}$	m_9 $A\overline{B}\,\overline{C}D$	m_{11} $A\overline{B}CD$	m_{10} $A\overline{B}C\overline{D}$

$AB\backslash CD$	00	01	11	10
00	0	1	3	2
01	4	5	7	6
11	12	13	15	14
10	8	9	11	10

图 10-15　四变量的卡诺图

任何一个逻辑函数都可用卡诺图表示。方法是将逻辑函数化为最小项表达式,然后在卡诺图上将式中最小项对应的方格内填最小项编号或 1,其余方格填 0 或不填,得到的即为逻辑函数的卡诺图。

例如,函数为

$$Y(A,B,C) = m_3 + m_6 + m_7 = \sum m(3,6,7)$$

则相应的卡诺图如图 10-16 所示。

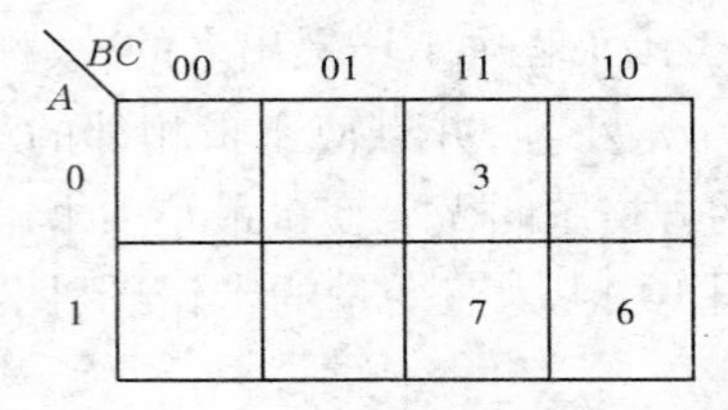

或

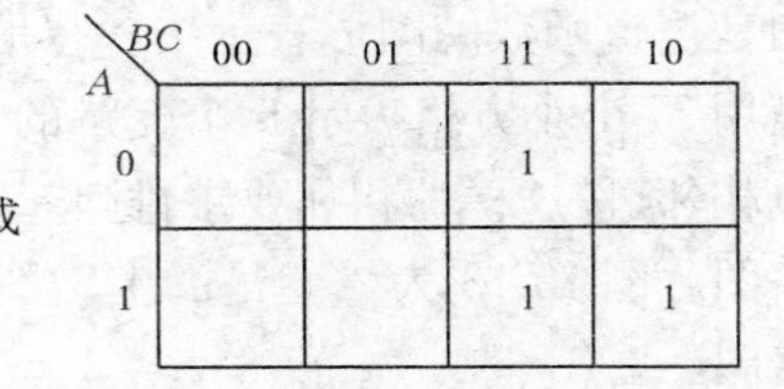

图 10-16　函数 Y 卡诺图

3. 逻辑函数的卡诺图化简法

1)原理与规律

原理:根据最小项的相邻性质和卡诺图相邻性的特点,利用公式 $AB + A\overline{B} = A$ 将两个相邻的最小项合并,消去一个互补变量。

合并的规律是:2 个最小项合并,可消去 1 个变量;4 个最小项合并,可消去 2 个变量;8 个最小项合并,可消去 3 个变量。这里 2 个相邻、4 个相邻和 8 个相邻,形状必定是一个矩形,如图 10-17 所示。

图 10-17(a)中的两个圈合并后分别是 $A\overline{C}$ 和 BC;

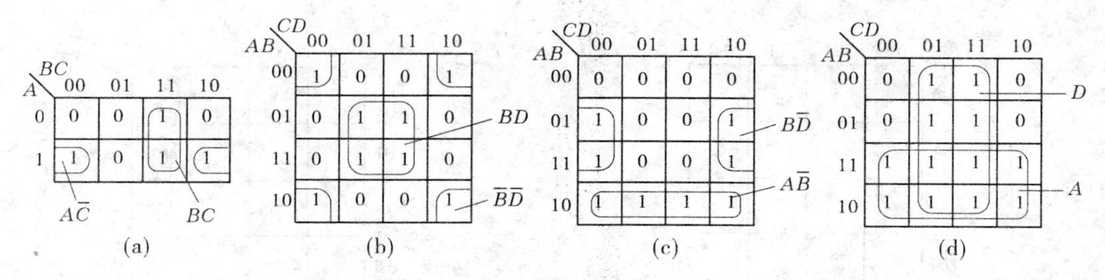

图 10-17 最小项合并

图 10-17(b)中的两个圈合并后分别是 BD 和 $\overline{B}\,\overline{D}$;

图 10-17(c)中的两个圈合并后分别是 $A\,\overline{B}$和 $B\,\overline{D}$;

图 10-17(d)中的两个圈合并后分别是 A 和 D。

观察图 10-17 合并结果,不难看出,圈中取值不同的变量均被吸收了。

2)利用卡诺图化简逻辑函数的方法

在已知逻辑函数的最小项表达式并画出逻辑函数的卡诺图后,我们就要进行以下几项工作:

(1)在卡诺图上按 1 个、2 个、4 个、8 个、…、2^n 个为一组,将相邻的项圈起来。

(2)对相邻项进行合并。合并的方法是:保留相邻项中相同的因子,舍弃不同的因子。

(3)将合并结果相加,即得最简与或表达式。

3)化简注意事项

(1)所谓相邻项是指只有一位因子不同的那些最小项。

(2)圈的面积越大,消去的变量越多,即乘积项越简单。

(3)圈的数目越少,化简得到的乘积项的数目越少。

(4)每画一个圈,都至少含一个新的最小项。

(5)一个最小项可以被多次重复使用,但至少要使用一次。

(6)当所有最小项都被圈完时,化简结束。

【例 10-7】 用卡诺图化简逻辑函数:$Y(A,B,C,D) = \sum m(1,4,6,8,9)$。

解:第一步,画出逻辑函数的卡诺图,如图 10-18 所示。

第二步,将可以合并的相邻项圈在一起(相邻且为 2^n 个),如图 10-18 所示。

第三步,对每一个圈,保留相邻项中相同的因子,舍弃不同的因子,写出合并结果。1、9 合并结果为 $\overline{B}\,\overline{C}D$;8、9 合并结果为 $A\,\overline{B}\,\overline{C}$;4、6 合并结果为 $\overline{A}\,B\,\overline{D}$。

第四步,将各合并结果相加,即为最简与或表达式

$$Y(A,B,C,D) = \overline{B}\,\overline{C}D + \overline{A}B\,\overline{D} + A\,\overline{B}\,\overline{C}$$

【例 10-8】 用卡诺图化简逻辑函数:$Y(A,B,C,D) = \sum m(0,2,4,6,7,11,12,14)$。

解:画出逻辑函数的卡诺图,将可以合并的相邻项圈在一起,如图 10-19 所示。

写出合并结果并相加,则最简与或表达式为

$$Y(A,B,C,D) = \overline{A}\,\overline{D} + B\,\overline{D} + \overline{A}BC + A\,\overline{B}CD$$

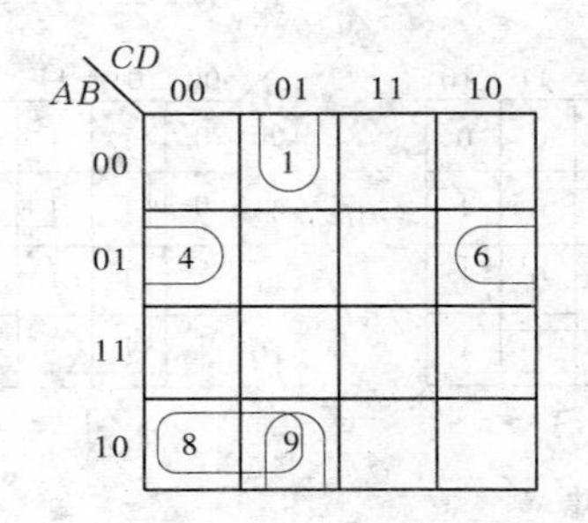

图 10-18　例 10-7 卡诺图

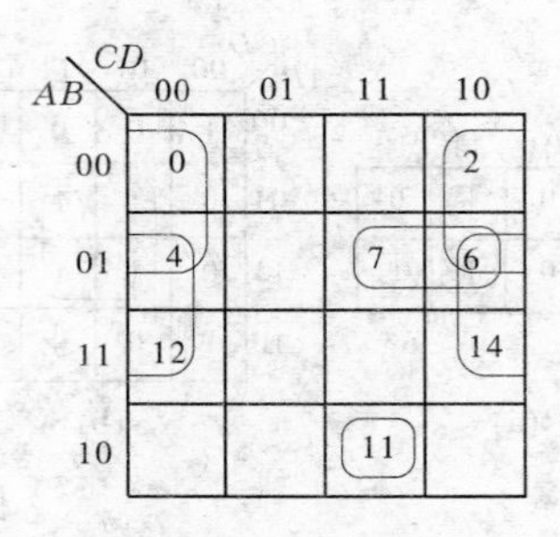

图 10-19　例 10-8 卡诺图

【例 10-9】　用卡诺图化简逻辑函数 Y。

$$Y(A,B,C,D) = A\,\overline{C}\,\overline{D} + A\,\overline{B}\,CD + B\,\overline{C}\,D + A\,\overline{B}\,\overline{C}\,D + A\,\overline{B}\,C + \overline{A}\,BCD$$

解:容易看出,这里给出的表达式并不是最小项表达式,所以应先将其转化为最小项表达式。但有时为了简便,也可以直接标出 Y 所包含的最小项。本例中,我们采用直接标出的方法,如图 10-20 所示。

含有 $A\,\overline{C}\,\overline{D}(100)$ 的最小项为 $AB\,\overline{C}\,\overline{D}$和 $A\,\overline{B}\,\overline{C}\,\overline{D}$,编号为 m_{12} 和 m_8;含有 $B\,\overline{C}\,D(101)$ 的最小项为 $\overline{A}\,B\,\overline{C}\,D$ 和 $AB\,\overline{C}\,D$,编号为 m_5 和 m_{13};含有 $A\,\overline{B}\,C(101)$ 的最小项为 $A\,\overline{B}\,C\,\overline{D}$和 $A\,\overline{B}\,CD$,编号为 m_{10} 和 m_{11};$A\,\overline{B}\,\overline{C}\,D$ 为最小项,编号为 m_9;$\overline{A}\,BCD$ 为最小项,编号为 m_7。将上述最小项填入卡诺图,将可以合并的相邻项圈在一起,如图 10-20 所示。

写出合并结果并相加,则最简与或表达式为

$$Y(A,B,C,D) = A\,\overline{B} + A\,\overline{C} + \overline{A}\,BD$$

【例 10-10】　用卡诺图化简逻辑函数 $Y = \sum m(0,1,2,5,8,10,15)$。

解:画出逻辑函数的卡诺图,如图 10-21 所示。将可以合并的相邻项圈在一起,由图中可以看出 0、8、2、10 四项相邻。

写出合并结果并相加,则最简与或表达式为

$$Y(A,B,C,D) = \overline{B}\,\overline{D} + \overline{A}\,\overline{C}\,D + ABCD$$

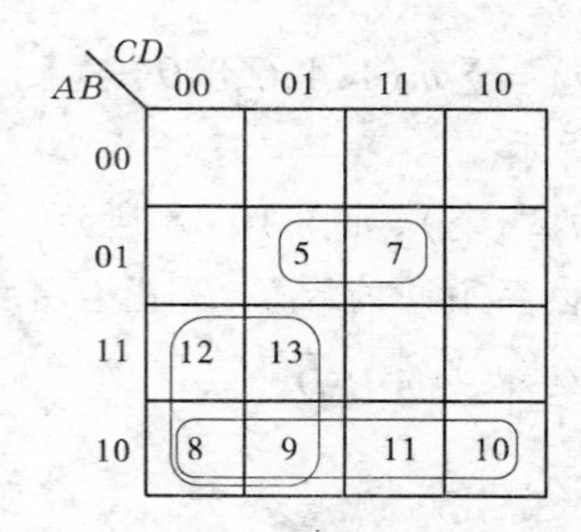

图 10-20　例 10-9 卡诺图

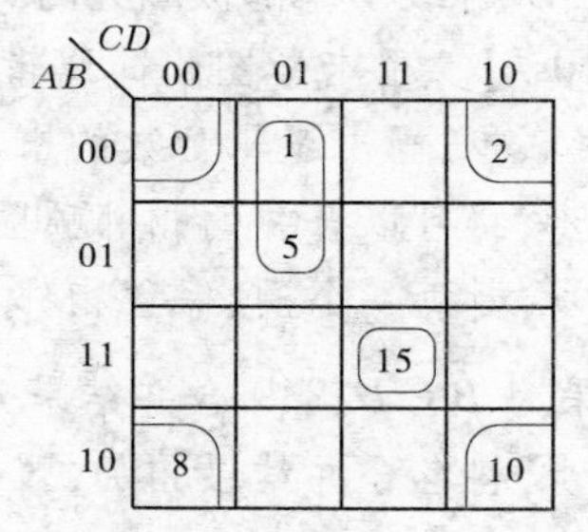

图 10-21　例 10-10 卡诺图

10.3.4　具有无关项的逻辑函数的化简

1. 无关项

在实际问题中,有时变量会受到实际逻辑问题的限制,使某些取值不可能出现,或者对结果没有影响，这些变量的取值所对应的最小项就称为无关项或任意项。

这些最小项有两种，一种是某些变量取值组合不允许出现，如8421编码中，1010～1111这6种代码是不允许出现的，是受到约束的，通常用约束条件来描述约束的具体内容。约束条件用它们的最小项恒等于0来表示。受约束的最小项称为约束项。

另一种是某些变量取值组合在客观上不会出现，如在联动互锁开关系统中，几个开关的状态是互相排斥的，每次只闭合一个开关。其中一个开关闭合时，其余开关必须断开，因此在这种系统中，两个以上开关同时闭合的情况是客观上不存在的，这样的开关组合称为随意项。

约束项和随意项统称为无关项。

2. 利用无关项化简逻辑函数

在卡诺图中，无关项对应的方格中常用"×"来标记，表示根据需要，可以看做1或0。在逻辑函数表达式中用字母 d 和相应的编号表示无关项。用卡诺图化简时，无关项方格是作为1方格还是作为0方格，依化简需要灵活确定。

【例10-11】 化简逻辑函数 Y。

$$\begin{cases} Y = \overline{A}B\overline{C} + \overline{B}\,\overline{C} \\ AB = 0 \end{cases}$$

解：(1)用公式化简法：

由约束条件 $AB=0$ 得

$$Y = \overline{A}B\overline{C} + \overline{B}\,\overline{C} + AB = \overline{A}B\overline{C} + \overline{B}\,\overline{C} + ABC + AB\overline{C}$$

$$= B\overline{C} + \overline{B}\,\overline{C} + ABC = \overline{C}$$

(2)卡诺图化简法：

由约束条件 $AB=0$ 得

$$d = \sum d(6,7)$$

则

$$Y = \sum m(0,2,4) + \sum d(6,7)$$

画出逻辑函数的卡诺图如图10-22所示，在无关项方格中填×。将可以合并的相邻项圈在一起，被圈起来的无关项视为1方格，没有圈的无关项视为0方格(1方格不能遗漏，"×"方格可以舍弃)。写出合并结果并相加，得出最简与或表达式为$Y=\overline{C}$。

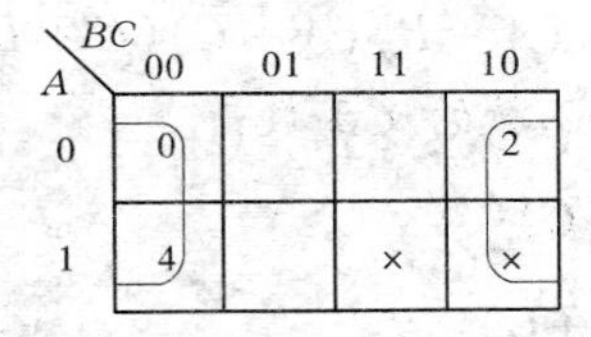

图10-22　例10-11卡诺图

从图10-22可以看出，考虑无关项与不考虑无关项化简结果很不一样，这说明经过恰当选择无关项之后，往往可以得到较简单的逻辑函数表达式。

本章小结

本章主要介绍了逻辑代数的基本公式和定律、逻辑函数的化简方法。

1. 逻辑函数是一种二值量，反映的是两种不同的状态，常用 0 和 1 来表示。逻辑运算包括与、或、非、与非、或非、异或等。必须熟练掌握逻辑代数的基本公式和定律，它们是化简逻辑函数的依据。

2. 逻辑函数的常用表示方法有真值表、逻辑函数表达式、逻辑图等。它们各有自己的特点，但是本质是一样的，它们之间可以相互转换。

3. 逻辑函数的公式法化简和卡诺图法化简，最终的结果通常是要求出最简与或表达式。公式法化简的优点是不受逻辑变量个数的限制，适合于任何复杂逻辑函数的化简；卡诺图法化简的优点是简单、直观、易求，但是对于具有更多的逻辑变量的情况，求解复杂，通常只适用于 4 个及以下变量的逻辑函数的化简。卡诺图法化简是利用卡诺图中几何位置相邻的最小项逻辑上也相邻的特点，用画包围圈合并最小项方法，消去多余的因子，达到化简的目的。

4. 对于本章的要求是，应能牢记逻辑代数公式和定律，并能熟练地掌握用卡诺图化简的方法。

思考题与习题

10-1　逻辑代数与普通代数有哪些主要区别？

10-2　什么叫真值表？试列出两个变量进行与运算、或运算的真值表。

10-3　列出下列逻辑函数的真值表，说明各题中 Y_1 和 Y_2 有何关系。

(1) $\begin{cases} Y_1 = ABC + \overline{A}\,\overline{B}\,\overline{C} \\ Y_2 = \overline{A\overline{B} + B\overline{C} + C\overline{A}} \end{cases}$

(2) $\begin{cases} Y_1 = A\overline{B} + B\overline{C} + C\overline{A} \\ Y_2 = \overline{A}B + \overline{B}C + \overline{C}A \end{cases}$

10-4　写出函数 Y 的对偶式：

$$Y = (A + B)(\overline{A} + C)(C + DE)$$

10-5　利用反演规则求下列函数的反函数：

(1) $Y = (A + \overline{B} + \overline{C})(\overline{A} + B + C)$

(2) $Y = A\overline{B} + \overline{B}C + C(\overline{A} + B + C)$

10-6　利用逻辑代数的基本定律和公式证明下列等式：

(1) $AB + \overline{A}C + \overline{B}C = AB + C$

(2) $A\overline{B} + B\overline{C} + C\overline{A} = \overline{A}B + \overline{B}C + \overline{C}A$

10-7　什么是逻辑函数的最简表达式？逻辑函数的最简表达式是唯一的吗？什么是逻辑函数的最简与或表达式？

10-8　用公式法将下列函数化简为最简与或表达式：

(1) $Y = A\overline{B}C + AB\overline{C} + A\overline{B}\,\overline{C} + ABC$

(2) $Y = \overline{AB} + \overline{A}D + \overline{B}E$

(3) $Y = \overline{A}B + \overline{A}C + \overline{B}\,\overline{C} + AD$

(4) $Y = A\overline{B} + B + BCD$

(5) $Y = A(B + \overline{C}) + \overline{A}(\overline{B} + C) + BCD + \overline{B}\,\overline{C}D$

10-9　什么是最小项？最小项有哪些性质？简述最小项的编号方法。

10-10　什么是卡诺图？卡诺图小方格的编号原则是什么？

10-11　什么是无关最小项？怎样进行含有无关最小项逻辑函数的化简？

10-12　用卡诺图化简下列逻辑函数：

(1) $Y = A\overline{B}\,\overline{C} + ABC + \overline{A}\,\overline{B}C + \overline{A}B\overline{C}$

(2) $Y = \overline{A} + \overline{B} + ABC + \overline{A}\,\overline{B} + B\overline{C}$

(3) $Y(A,B,C) = \sum m(0,1,2,5,6,7)$

(4) $Y(A,B,C,D) = \sum m(0,1,2,3,4,6,7,8,9,10,11,14)$

(5) $Y(A,B,C,D) = \sum m(0,1,2,3,4) + \sum d(3,5,6,7)$

(6) $Y(A,B,C,D) = \sum m(2,3,7,8,11,14) + \sum d(0,5,10,15)$

第 11 章　逻辑门电路

知识与技能要求

1. 知识点和教学要求

(1)掌握:常用逻辑门电路的真值表、表达式、逻辑图、波形图,OC 门和三态门的原理与应用,CMOS 逻辑电路的功能与特性,TTL 门电路和 CMOS 门电路应用注意事项。

(2)理解:二极管或三极管组成的门电路工作原理,集成 TTL 门电路和集成 CMOS 门电路的工作原理,高阻态。

(3)了解:各种门电路的符号、逻辑功能、表示方法。

2. 能力培养要求

具有各种门电路的选择与使用能力。

在数字电路中,能够实现逻辑运算的电路叫做门电路。最基本的逻辑门电路就是与门、或门、非门。本章将具体介绍几种常用的逻辑门电路,重点介绍集成 TTL 门电路和 CMOS 门电路的组成、工作原理及应用。

在讨论逻辑电路之前,了解一下关于逻辑电路的几个规定。

1. 逻辑状态的表示方法

用数字符号 0 和 1 表示相互对立的逻辑状态,称为逻辑 0 和逻辑 1。常见的对立逻辑状态如表 11-1 所示。

表 11-1　常见的对立逻辑状态示例

一种状态	高电位	有脉冲	闭合	真	上	是	…	1
另一种状态	低电位	无脉冲	断开	假	下	非	…	0

2. 高、低电平规定

用高电平、低电平来描述电位的高低。

高、低电平不是一个固定值,实际电路中,允许电平在一定范围内变化,一般高电平可以在 3 ~5 V 波动,低电平可以在 0 ~0.4 V 波动。各种实际电路都规定了高电平下限和低电平上限的大小,在使用中应注意保证高电平大于或等于高电平下限,低电平小于或等于低电平上限,否则就会破坏电路的逻辑功能。

3. 正、负逻辑规定

正逻辑是用 1 表示高电平、用 0 表示低电平的逻辑体制。

负逻辑是用 1 表示低电平、用 0 表示高电平的逻辑体制,如图 11-1 所示。

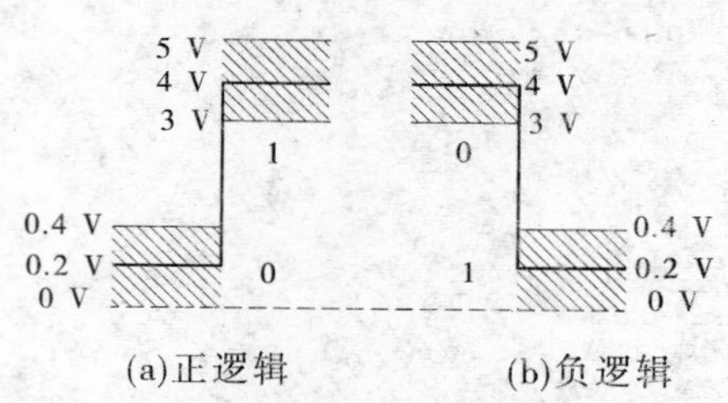

图 11-1　正逻辑和负逻辑

习惯上,我们采用正逻辑。在后续章节

中，我们也均采用正逻辑。

11.1 基本逻辑门电路

由开关元件经过适当构成，可以实现一定逻辑关系的电路称为逻辑门电路，简称门电路。

对于数字电路的初学者来说，从分立元件的角度来认识门电路到底怎样实现与、或、非运算是非常直观和易于理解的。因此，我们首先从分立元件构成的逻辑门电路谈起。

由电阻、电容、二极管和三极管等构成的各种逻辑门电路称为分立元件门电路。

11.1.1 与门

能实现与逻辑功能的电路称为与门。如图 11-2 所示为由二极管构成的与门电路及其逻辑符号。

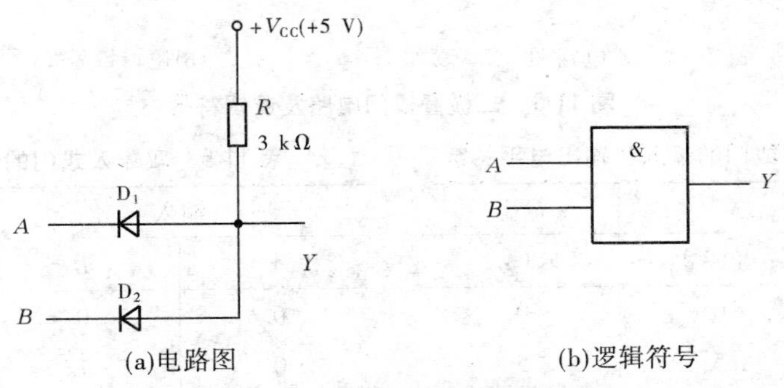

(a)电路图 (b)逻辑符号

图 11-2 二极管与门电路及逻辑符号

图中 A、B 代表输入，Y 代表输出。假定二极管工作在理想开关状态。那么

当 $u_A=0$ V、$u_B=0$ V 时，D_1、D_2 均导通，输出 $u_Y=0$ V；

当 $u_A=5$ V、$u_B=0$ V 时，D_1 截止、D_2 导通，输出 $u_Y=0$ V；

当 $u_A=0$ V、$u_B=5$ V 时，D_1 导通、D_2 截止，输出 $u_Y=0$ V；

当 $u_A=5$ V、$u_B=5$ V 时，D_1、D_2 均截止，输出 $u_Y=5$ V。

如果我们约定 +5 V 电压代表逻辑 1，0 V 电压代表逻辑 0，它的输入和输出的电平关系及真值表分别如表 11-2 和表 11-3 所示。

由表 11-3 可知，Y 与 A、B 之间的关系是：只有当 A、B 都是 1 时，Y 才为 1，否则 Y 为 0，满足与逻辑关系，可用逻辑表达式表示为：$Y=A\cdot B$。

表 11-2 双输入与门的输入和输出电平关系

输入		输出
u_A(V)	u_B(V)	u_Y(V)
0	0	0
0	5	0
5	0	0
5	5	5

表 11-3 双输入与门的逻辑真值表

输入		输出
A	B	Y
0	0	0
0	1	0
1	0	0
1	1	1

11.1.2 或门

能实现或逻辑功能的电路称为或门。由二极管构成的或门电路及其逻辑符号如图 11-3所示。其中 A、B 代表或门输入,Y 代表输出。假定二极管工作在理想开关状态,输入端对地的高电平、低电平分别为 5 V 和 0 V,它的输入和输出的电平关系及真值表分别如表 11-4 和表 11-5 所示。

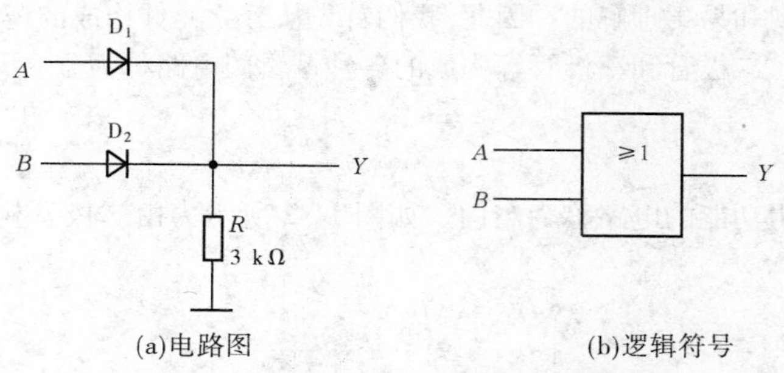

(a)电路图　　(b)逻辑符号

图 11-3　二极管或门电路及逻辑符号

表 11-4　双输入或门的输入和输出电平关系

输入		输出
u_A(V)	u_B(V)	u_Y(V)
0	0	0
0	5	5
5	0	5
5	5	5

表 11-5　双输入或门的逻辑真值表

输入		输出
A	B	Y
0	0	0
0	1	1
1	0	1
1	1	1

由表 11-5 可知,Y 与 A、B 之间的关系是:A、B 中只要有一个或一个以上是 1 时,Y 就为 1,只有当 A、B 全为 0 时,Y 才为 0,满足或逻辑关系,可用逻辑表达式表示为:$Y=A+B$。

11.1.3 非门

能实现非逻辑关系的电路称为非门,也称反相器。由三极管构成的非门电路及其逻辑符号如图 11-4 所示。

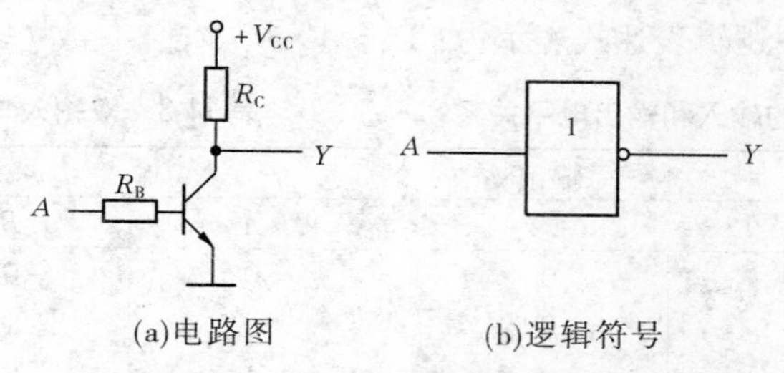

(a)电路图　　(b)逻辑符号

图 11-4　三极管非门电路及逻辑符号

A 代表非门输入,Y 代表输出。通过设计合理的参数,使晶体管只工作在饱和区和截止区。当输入 A 为高电平(+5 V)时,晶体管饱和导通,输出 Y 为低电平(0 V);当输入 A 为低电平(0 V)时,晶体管截止,输出 Y 为高电平(+5 V)。

非门输入和输出的电平关系及真值表分别如表 11-6 和表 11-7 所示。

表 11-6 非门的输入和输出电平关系

输入	输出
u_A(V)	u_Y(V)
0	5
5	0

表 11-7 非门的逻辑真值表

输入	输出
A	Y
0	1
1	0

由表 11-7 可知,Y 与 A 之间的关系是:A 为 0 时,Y 为 1,A 为 1 时,Y 为 0,可见该电路可以实现非运算。其输出与输入之间的逻辑关系为:$Y = \overline{A}$。

上面介绍的三种数字电路,分别用二极管、三极管实现了与、或、非运算,由它们组合,还可以构成与非、或非、与或非等复合门电路。

11.2 集成门电路概述

上面介绍了由分立元件构成的逻辑门电路。如果将这些电路中的全部元件和连线都制造在一块半导体芯片上,再把这个芯片封装在一个壳体中,就构成了一个集成门电路,一般称为集成电路。集成电路具有体积小、耗电少、质量轻和可靠性高等优点,所以受到了人们极大的重视并得到了广泛应用。

自从 1959 年世界上第一块集成电路诞生以来,半导体技术取得了飞速发展。根据在一块芯片上含有门电路数目的多少(又称集成度),集成电路可分为小规模(SSI)、中规模(MSI)、大规模(LSI)和超大规模(VLSI)等形式。大体上可划分如下:

小规模集成电路(SSI)——100 个门以下,包括门电路、触发器等。

中规模集成电路(MSI)——100 ~ 1 000 个门,包括计数器、寄存器、译码器和比较器等。

大规模集成电路(LSI)——1 000 ~ 10 000 个门,包括各类专用的存储器,各类 ASIC 芯片等。

超大规模集成电路(VLSI)——10 000 个门以上,包括各类 CPU 等。

集成电路按工作环境可分为 54 系列和 74 系列。它们具有完全相同的电气结构和电气性能参数。只是工作环境温度范围和电源允许的工作范围不同。54 系列的工作环境温度为 -55 ~ 70 ℃,电源电压为 5 × (1 + 10%) V;74 系列的工作环境温度为 0 ~ 70 ℃,电源电压为 5 × (1 + 5%) V。

目前构成集成电路的半导体器件主要有两大类,一类是双极型器件,另一类是单极型器件。

11.2.1 双极型器件

TTL(三极管 - 三极管逻辑电路)是双极型器件的典型代表,这是一种最“古老”的半导体。虽然 TTL 得到广泛的应用,但在高速、高抗扰和高集成度方面还远远不能满足需要,因此出现了其他类型的双极型集成电路。

ECL(射极耦合逻辑电路),是一种新型的高速数字集成电路。

HTL(高阈值集成电路),是一种噪声容限比较高、抗干扰能力较强的数字集成电路。

I^2L(集成注入逻辑电路),可以构成集成度很高的数字电路。

11.2.2 单极型器件

在半导体集成电路中,除了采用前面介绍的双极型器件,还可采用单极型器件,即场效应管(FET)。前已述及,场效应管分结型和绝缘栅型。绝缘栅型场效应管简称 MOS 管。按其沟道中载流子的性质可分为 N 沟道 MOS 管和 P 沟道 MOS 管两类,简称 NMOS 管和 PMOS 管。将 NMOS 管和 PMOS 管同时制造在一块晶片上的互补器件,称为 CMOS 电路。

CMOS 集成电路因具有功耗低、输入阻抗高、噪声容限高、工作温度范围宽、电源电压范围宽和输出幅度接近于电源电压等优点,得到飞速发展,从普通的 CMOS 发展到高速 CMOS 和超高速 CMOS。CMOS 集成电路有效地克服了 TTL 和 ECL 集成电路中存在的单元电路复杂、功耗大等影响集成度提高的严重缺点,因而 CMOS 集成电路已逐渐处于优势。

除此之外,自 1970 年以来发展起来的电荷耦合器件 CCD 是一种新型 MOS 器件,它能存储大量信息。

11.3 集成 TTL 门电路

本节仅以 TTL 与非门和非门为例说明集成 TTL 门电路的内部构造,其他类型的 TTL 门电路只介绍外部引脚和逻辑功能。

11.3.1 TTL 与非门

输入端和输出端都用双极型三极管的逻辑电路称为三极管 - 三极管逻辑电路,简称 TTL 电路。图 11-5 是一个小规模 TTL 与非门电路。该电路由三部分组成:第一部分由 V_1 和 R_1 构成,为输入级,V_1 是一多发射结三极管,实现与逻辑;第二部分由 V_2 和电阻 R_2、R_3 构成,为中间级,实现信号的反相放大;第三部分由 V_3、V_4、V_5 与电阻 R_4、R_5 构成,为输出级,组成推拉式输出电路,用以提高输出的负载能力和抗干扰能力。

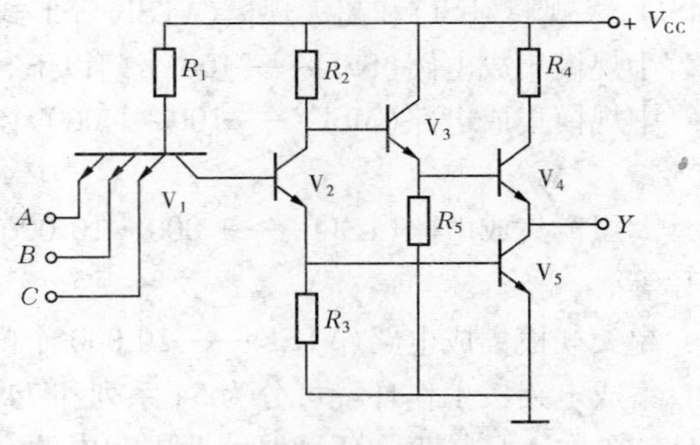

图 11-5 TTL 与非门电路

1. 工作原理

(1)当输入端全部接高电平时,V_1 的几个发射结都处于反向偏置,电源 V_{CC} 经过电阻 R_1 向 V_2、V_5 提供足够的基极电流而使 V_2、V_5 饱和导通,且 V_5 处于深度饱合状态,所以输出电位 $u_Y = U_{CE(sat)} \approx 0.3$ V,即输出低电平。

(2)当输入端有一个或几个接低电平时，对应于输入端接低电平的发射结导通，V_1 管饱和导通，V_2、V_5 截止，V_2 的集电极电压 u_{C2} 为高电平，V_4 饱和导通，输出电位 u_Y 为高电平。

综上所述，图 11-5 所示电路的输入与输出之间的逻辑关系为与非逻辑关系，即输入有 0 时输出为 1，输入全为 1 时输出为 0，实现了与非逻辑运算，是与非门，即有：$Y=\overline{ABC}$。

图 11-6 是两种集成与非门 74LS00 和 74LS20 的引脚排列图，V_{CC} 为接电源正极的端子，GND 为接电源负极（一般接地）的端子，NC 为空端子。

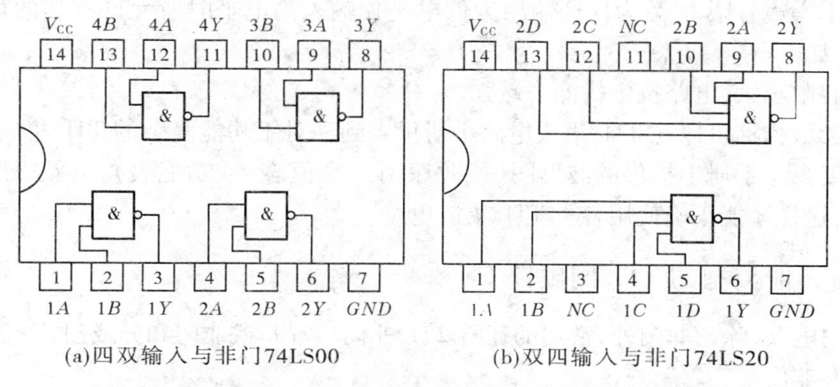

(a)四双输入与非门74LS00　　(b)双四输入与非门74LS20

图 11-6　集成 TTL 与非门 74LS00 和 74LS20 的外引脚排列图

2. TTL 与非门的主要参数

(1)输出高电平 U_{oH}：TTL 与非门的一个或几个输入为低电平时的输出电平。产品规范值 $U_{oH}\geqslant 2.4\ \text{V}$，标准高电平 $U_{SH}=2.4\ \text{V}$。

(2)输出低电平 U_{oL}：TTL 与非门的输入全为高电平时的输出电平。产品规范值 $U_{oL}\leqslant 0.4\ \text{V}$，标准低电平 $U_{SL}=0.4\ \text{V}$。

(3)高电平输入电流 I_{iH}：输入为高电平时的输入电流，即当前级输出为高电平时，本级输入电路造成的前级拉电流。

(4)低电平输入电流 I_{iL}：输入为低电平时的输入电流，即当前级输出为低电平时，本级输入电路造成的前级灌电流。

(5)低电平输出电流 I_{oL}：输出为低电平时，外接负载的最大输出电流，超过此值会使输出低电平上升。

(6)高电平输出电流 I_{oH}：输出为高电平时，提供给外接负载的最大输出电流，超过此值会使输出高电平下降。

(7)输入开门电平 U_{ON}：是在额定负载下使与非门的输出电平达到标准低电平 U_{SL} 的输入电平。它表示与非门开通的最小输入电平。一般 TTL 门电路的 $U_{ON}\approx 1.4\ \text{V}$。

(8)输入关门电平 U_{OFF}：使与非门的输出电平达到标准高电平 U_{SH} 的输入电平。它表示与非门关断所需的最大输入电平。一般 TTL 门电路的 $U_{OFF}\approx 0.9\ \text{V}$。

(9)扇出系数 N_o：指一个门电路能带同类门的最大数目，表示门电路带负载的能力。

(10)平均延迟时间 t_{pd}：信号通过与非门时所需的平均延迟时间。在工作频率较高的数字电路中，信号经过多级传输后造成的时间延迟，会影响电路的逻辑功能。

(11)空载功耗：与非门空载时电源总电流 I_{CC} 与电源电压 V_{CC} 的乘积。

(12)最大工作频率 f_{max}：超过此频率电路就不能正常工作。

(13)噪声容限：TTL 与非门在使用时，输入端有时会有干扰信号叠加在输入信号上，干扰信号用噪声电压来描述。把不会影响输出端正常逻辑功能所允许的噪声电压的幅度称为噪声容限。

低电平噪声容限 U_{NL}：为保证输出为高电平在输入低电平时所允许叠加的最大正向干扰电压，$U_{NL} = U_{OFF} - U_{iL}$。

高电平噪声容限 U_{NH}：为保证输出为低电平在输入高电平时所允许叠加的最大负向干扰电压，$U_{NH} = U_{iH} - U_{ON}$。

噪声容限越大，电路抗干扰能力越强。

上述参数指标可以在 TTL 集成电路手册里查到。对于功能复杂的 TTL 集成电路，在使用时还要参考手册上提供的波形图(或时序图)、真值表(或功能表)，以及引脚信号电平的要求，这样才能正确使用各类 TTL 集成电路。

11.3.2 其他类型的 TTL 门电路

TTL 门电路，除与非门外，常用的还有 TTL 非门、或门、或非门和异或门。

1. TTL 非门

TTL 非门，即 TTL 反相器，是 TTL 电路中结构最简单的一种。图 11-7 所示分别是集成 TTL 非门的典型电路结构图和六非门 74LS04 的外引脚排列图。

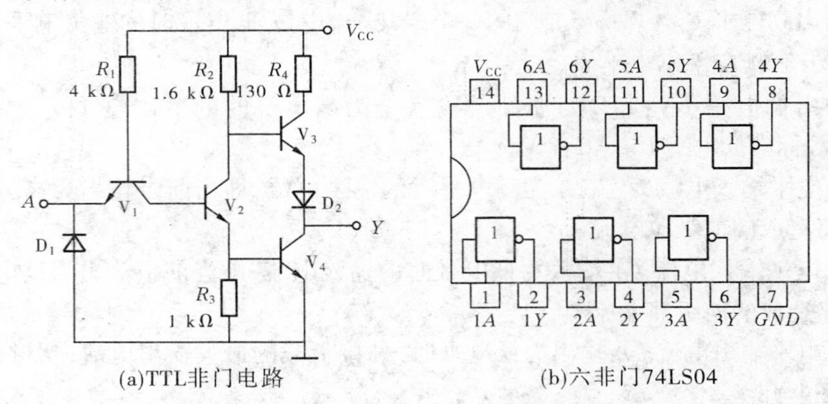

(a)TTL非门电路 (b)六非门74LS04

图 11-7 TTL 非门(反相器)

由图 11-7(a)可以看出，TTL 反相器输入级 V_1 采用单发射结三极管，输入端接有钳位二极管 D_1，它既可以抑制输入端可能出现的负极性干扰脉冲，又可以防止输入电压为负时的 V_1 发射极电流过大，起到保护作用。为确保 V_3 饱和导通时 V_4 可靠地截止，又在 V_3 的发射极下面串联一个二极管 D_2。其他结构和 TTL 与非门相同。输出和输入之间是反相关系，即 $Y = \overline{A}$。

2. 或非门和或门

图 11-8 所示为集成 TTL 或非门 74LS02 的引脚图，集成芯片 74LS02 中包含 4 个互相独立的或非门。

电路输入与输出之间的逻辑关系为或非逻辑关系,即有: $Y = \overline{A + B}$。

图 11-9 所示为集成 TTL 或门 74LS32 的引脚图,集成芯片 74LS32 中包含 4 个互相独立的或门。

电路输入与输出之间的逻辑关系为或逻辑关系,即有: $Y = A + B$ 。

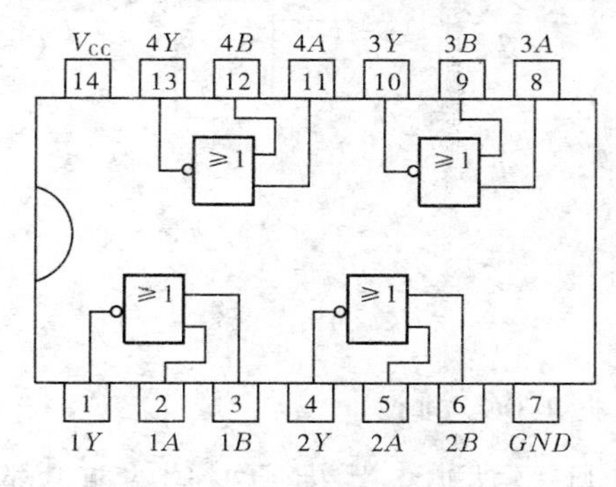

图 11-8　四双输入或非门 74LS02

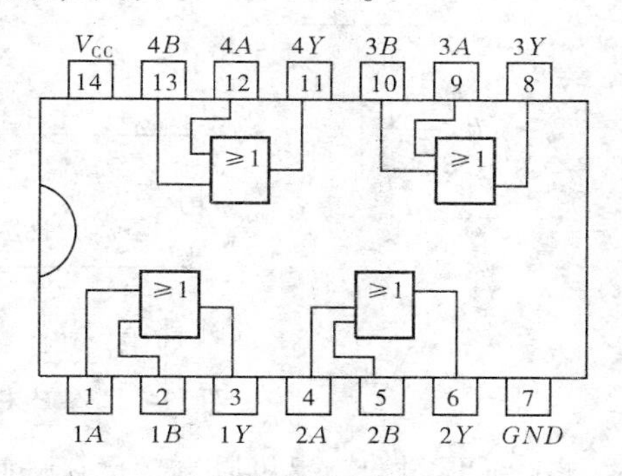

图 11-9　四双输入或门 74LS32

3. 与门和异或门

图 11-10 所示为集成 TTL 与门 74LS08 的引脚图,可以看出集成芯片 74LS08 中包含 4 个互相独立的与门。电路输入与输出之间的逻辑关系为与逻辑关系,即有: $Y = A \cdot B$ 。

图 11-11 所示为集成 TTL 与门 74LS86 的引脚图,集成芯片 74LS86 中包含 4 个互相独立的异或门。电路输入与输出之间的逻辑关系为异或逻辑关系,即有: $Y = A \oplus B = \overline{A}B + A\overline{B}$ 。

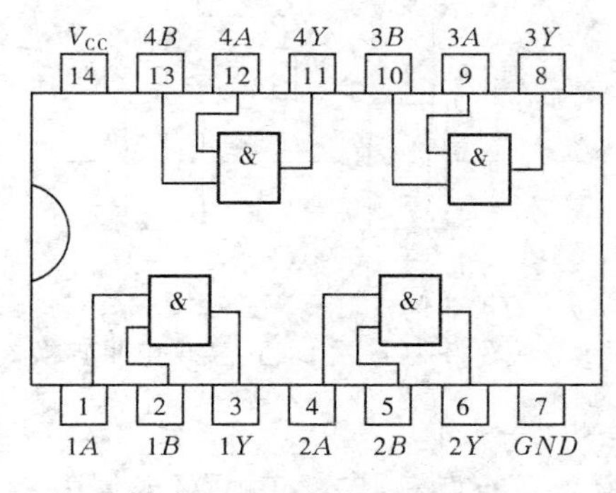

图 11-10　四双输入与门 74LS08

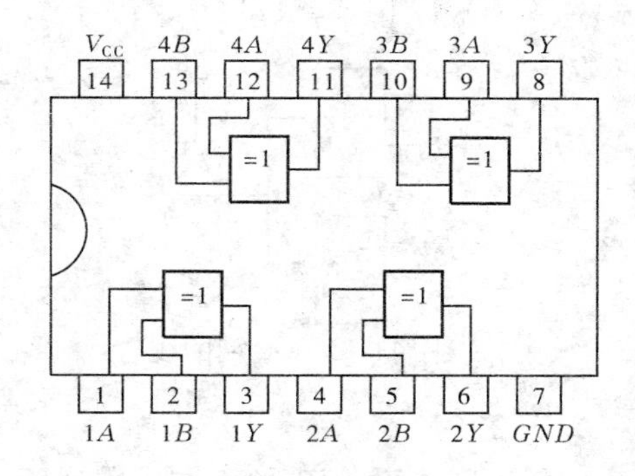

图 11-11　四双输入异或门 74LS86

11.3.3　两种特殊的门电路

1. 集电极开路(OC)门

集电极开路门,也称 OC 门。对图 11-5 所示的 TTL 与非门电路,如果将其 V_3、V_4 省去,并将其输出管 V_5 的集电极开路,就变成了集电极开路门,如图 11-12 所示。OC 门在使用时须外接负载电阻 R_L,使开路的集电极与 +5 V 电源接通,它的功能仍为实现与非的逻辑运算,即输出与输入的逻辑关系为 $Y = \overline{ABC}$。

用同样的方法,可以做成集电极开路与门、或门、或非门等各种 OC 门。OC 门的符号是在普通的符号上加◇(或打斜杠),图 11-12(b)是集电极开路与非门的符号。

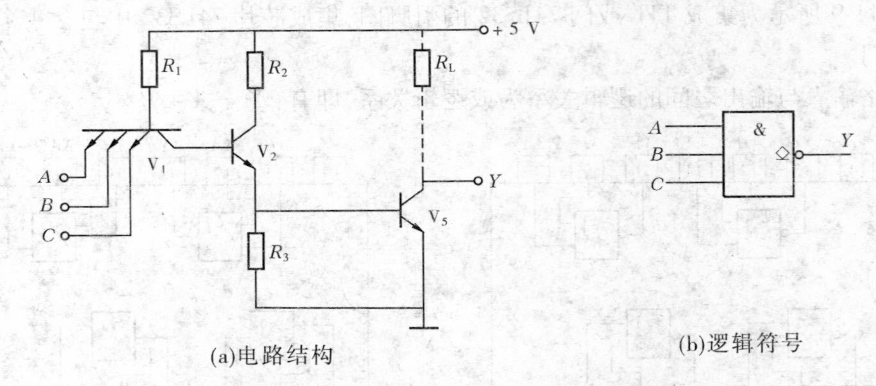

图 11-12 集电极开路与非门(OC 与非门)

多个 OC 门的输出可以直接接在一起,如图 11-13 所示。当两个 OC 门的输出都是高电平时,总输出 Y 为高电平;有一个 OC 门的输出是低电平,总输出 Y 就为低电平。这体现了与逻辑关系,因此称为线与,即用线连接成与。图 11-13 所示电路输出与输入关系为

$$Y = \overline{AB} \cdot \overline{CD} = \overline{AB + CD}$$

OC 门除具有线与功能外,它还常用于一些专门场合,如数据传输总线、电平转换及对电感性元件的驱动等。图 11-14 是用 OC 门实现电平转换的电路。

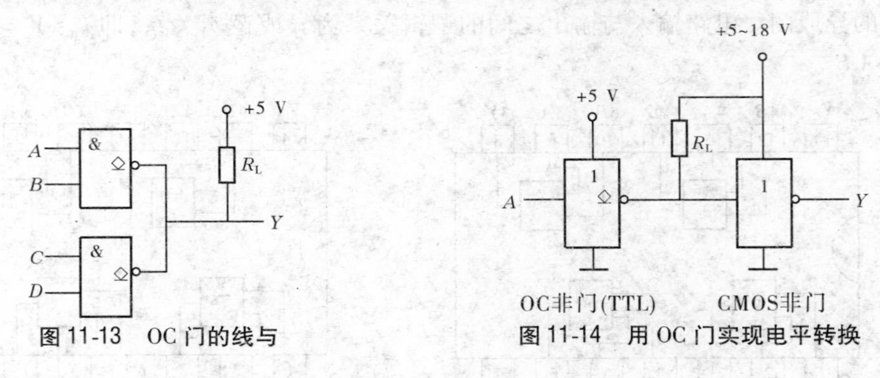

图 11-13 OC 门的线与 **图 11-14 用 OC 门实现电平转换**

2. 三态门

三态门与普通门电路不同。普通门电路的输出只有两种状态:高电平或低电平,即 1 或 0;而三态门输出有三种状态:高电平、低电平、高阻态,其中高阻态也叫悬浮态。以图 11-5所示的 TTL 与非门电路为例,如果设法使 V_3、V_4、V_5 都截止,输出端就会呈现出极大的电阻,我们称这种状态为高阻态。高阻态时,输出端就像一根悬空的导线,其电压值可浮动在 0 ~5 V 的任意值上。

三态门除具有一般门电路的输入、输出端外,还具有一个控制端及相应的控制电路,通过控制端逻辑电平的变化实现三态门的控制。与 OC 门一样,有各种具有不同逻辑功能的三态门,诸如三态与门、三态非门等。图 11-15 是三态非门的逻辑符号。

EN 为使能控制端。图 11-15(a)所示为高电平控制的三态门,即 $EN=1$ 时为工作状态,输入与输出关系为 $Y = \overline{A}$;$EN=0$ 时输出为高阻态。图 11-15(b)所示为低电平控制

的三态门，即 $\overline{EN}=0$ 时为工作状态，输入与输出关系为 $Y=\overline{A}$；$\overline{EN}=1$ 时输出为高阻态。其真值表如表 11-8 和表 11-9 所示。

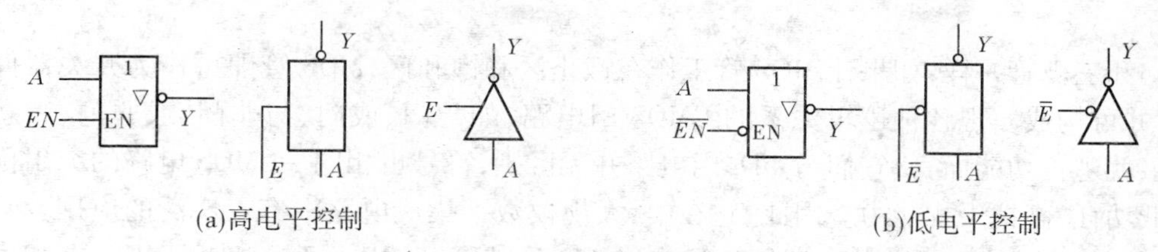

图 11-15 三态非门逻辑符号

表 11-8 高电平控制的三态非门真值表

EN	A	Y
0	0	高阻
	1	高阻
1	0	1
	1	0

表 11-9 低电平控制的三态非门真值表

$\overline{EN}$	A	Y
0	0	1
	1	0
1	0	高阻
	1	高阻

当三态门输出端处于高阻态时，该门电路表面仍与整个电路系统相连，但实际上与整个电路系统是断开的，如同没把它们接入一样。利用三态门的这种性质可以实现不同设备与总线之间的连接控制，这在计算机系统中尤为重要。

用一根导线轮流传送几个不同的数据或控制信号，这根导线称为母线或总线。图 11-16所示电路为由三态门构成的单向总线。只要让各门的控制端轮流处于高电平，即任何时间只能有一个三态门处于工作状态，而其余三态门均处于高阻状态，这样，总线就会轮流接收各三态门的输出，传送各设备的信号。

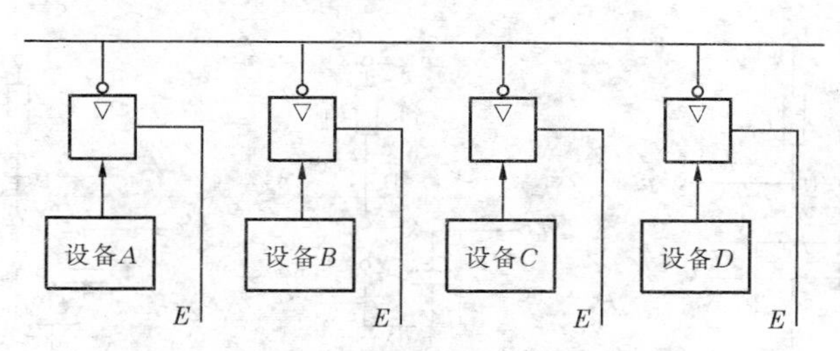

图 11-16 由三态门构成的单向总线

利用三态门也可以方便地实现双向信息的传输控制，如图 11-17 所示。

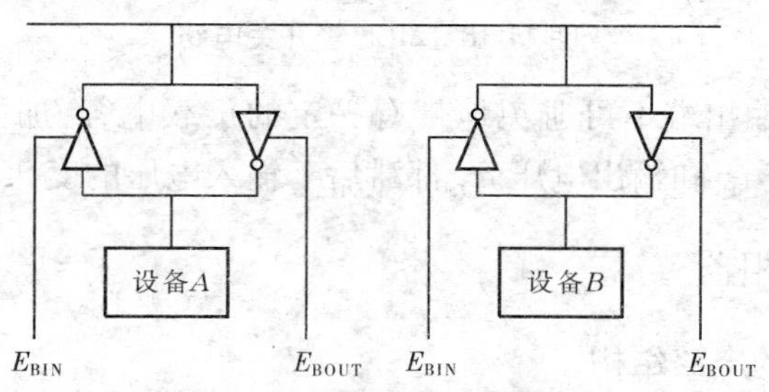

图 11-17 由三态门构成的双向总线

11.4 集成 CMOS 门电路

和三极管一样,如果让 MOS 管工作在截止区和饱和区,MOS 管即可作为开关器件使用,并可构成实现各种逻辑关系的 CMOS 门电路,如与门、或门、与非门、或非门、三态门等。就逻辑功能而言,它们与 TTL 门电路并无区别,符号也相同。CMOS 电路的突出优点是低功耗、高抗干扰能力。因此,它在中、大规模数字集成电路中有着广泛的应用。常用的 CMOS 集成电路系列有标准 CMOS 的 4000 系列和 4500B 系列,高速 CMOS 的 40H 系列,新型高速 CMOS 的 74HC 系列(与 74LS 系列功能引脚兼容)、74HC4000 系列、74HC4500 系列、74HCT 系列(输入输出与 TTL 电平兼容),超高速 CMOS 的 74AC 系列、74ACT 系列等。上述系列的通用集成电路一般都包括了数字电路的基本部件:各类门电路、各类触发器以及其他数字部件,如运算器、计数器、寄存器等。它们都可以作为一个部件选用,或扩展组成更复杂的数字电路。

11.4.1 MOS 开关及其等效电路

图 11-18(a)为一 MOS 管开关电路。当输入电压 u_i 为低电平且 $u_i < U_{GS(th)}$($U_{GS(th)}$ 为 MOS 管的开启电压)时,由于漏极 D 和源极 S 之间无导电沟道,MOS 管截止,电流 $i_D \approx 0$,$u_o = U_{oH} \approx V_{DD}$,漏极和源极之间相当于断开的开关,其等效电路如图 11-18(b)所示;当 u_i 为高电平且 $u_i > U_{GS(th)}$ 时,MOS 管导通,沟道的导通电阻 R_{ON} 很小,所以 $u_o = U_{oL} \approx 0$,漏极和源极之间相当于闭合的开关,其等效电路如图 11-18(c)所示。等效电路中的电容 C 为 MOS 管的栅极 G 输入等效电容,它的数值约为几皮法。

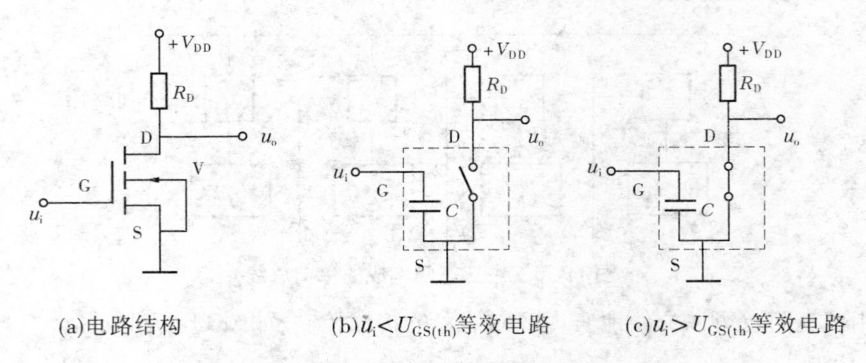

图 11-18 MOS 管开关电路

由于开关电路的输出端不可避免地带有一定的负载电容,加之电容 C 的影响,所以动态情况下,输出电流 i_D 和输出电压 u_{DS} 都滞后于输入电压的变化。

11.4.2 CMOS 反相器

1. CMOS 反相器的电路结构

CMOS 反相器由增强型 NMOS 管和增强型 PMOS 管组成,图 11-19(a)是 CMOS

反相器的电路图。V_N 是 NMOS 管,V_P 是 PMOS 管,两管的参数对称相同。NMOS 管的开启电压用$U_{GS(th)N}$表示,为正值;PMOS 管的开启电压用 $U_{GS(th)P}$表示,为负值,$U_{GS(th)N} = -U_{GS(th)P}$。电源电压 $V_{DD} > |U_{GS(th)P}| + U_{GS(th)N}$,$V_N$ 作驱动管,V_P 作负载管。

2. CMOS 反相器工作原理

(1)当输入信号 $u_i = U_{iL} = 0$ 时,$u_{GSN} = 0 < U_{GS(th)N}$,$V_N$ 截止,$u_{GSP} = 0 - V_{DD} = -V_{DD}$,$|u_{GSP}| > |U_{GS(th)P}|$,$V_P$ 导通。输出电压 $u_o = U_{oH} \approx V_{DD}$。

(2)当输入信号 $u_i = U_{iH} = V_{DD}$时,$u_{GSN} = V_{DD} > U_{GS(th)N}$,$V_N$ 导通,$u_{GSP} = V_{DD} - V_{DD} = 0$,$|u_{GSP}| < |U_{GS(th)P}|$,$V_P$ 截止。输出电压 $u_o = U_{oL} \approx 0$。

综上所述,图 11-19(a)具有逻辑非的功能,其逻辑表达式为 $Y = \overline{A}$,逻辑符号如图 11-19(b)所示,与 TTL 非门的逻辑符号相同。

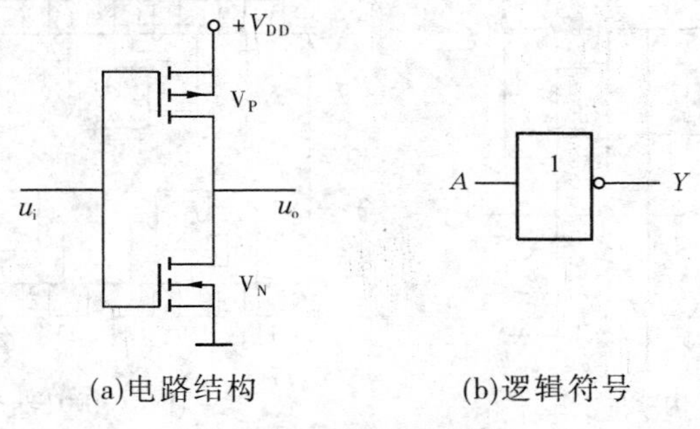

图 11-19　CMOS 反相器

11.4.3　其他功能的 CMOS 门电路

1. CMOS 与非门

图 11-20(a)所示为 CMOS 与非门电路图。V_1 和 V_2 为 N 沟道增强型 MOS 管,两者串联组成驱动管;V_3 和 V_4 为 P 沟道增强型 MOS 管,两者并联组成负载管。负载管整体与驱动管相串联。图 11-20(b)是 CC4000 系列中的与非门 CC4011 的外引脚排列图。V_{DD}为接电源正极的端子,V_{SS}为接电源负极的端子(一般接地)。

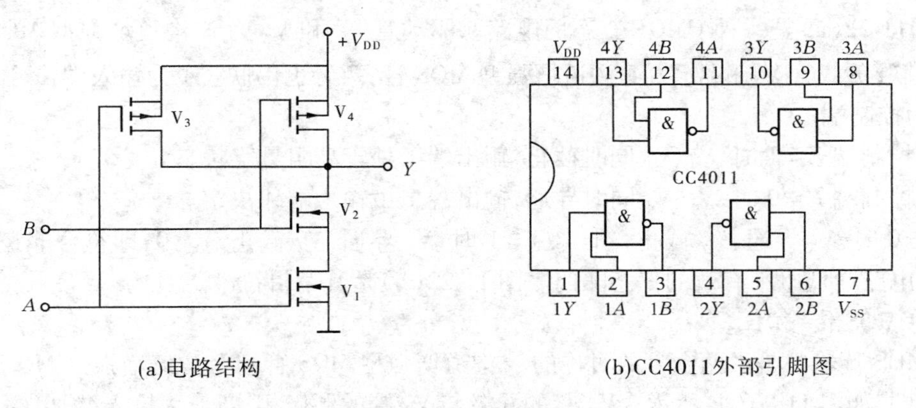

图 11-20　CMOS 与非门

当 A、B 两个输入端全为 1 时，V_1 和 V_2 同时导通，V_3 和 V_4 同时截止，输出端 Y 为 0。

当输入端有一个或全为 0 时，串联的 V_1、V_2 必有一个或两个全部截止，而相应的 V_3 或 V_4 导通，输出端 Y 为 1。上述电路符合与非逻辑关系，故为与非门。其逻辑关系式为

$$Y = \overline{A \cdot B}$$

2. CMOS 或非门

图 11-21(a)所示为 CMOS 或非门电路。驱动管 V_1 和 V_2 为 N 沟道增强型 MOS 管，两者并联；负载管 V_3 和 V_4 为 P 沟道增强型 MOS 管，两者串联。图 11-21(b)是 CC4000 系列中的或非门 CC4001 外引脚排列图。

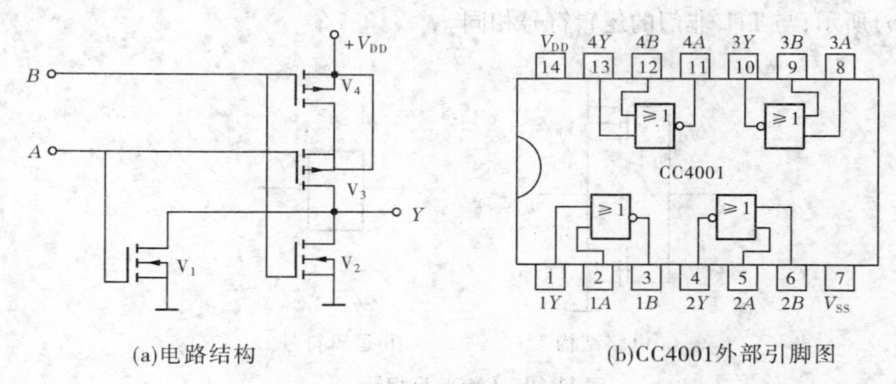

(a)电路结构　　(b)CC4001外部引脚图

图 11-21　CMOS 或非门

当 A、B 两输入端有一个或全为 1 时，输出端 Y 为 0；只有当输入端 A、B 全为 0 时，输出端 Y 才为 1。显然，这符合或非逻辑关系，其逻辑关系式为

$$Y = \overline{A + B}$$

由上述可知，与非门的输入端越多，需串联的驱动管也越多。导通时的总电阻越大，输出低电平值将会因输入端的增多而提高，所以输入端不能太多。而或非门电路的驱动器是并联的，不存在此问题。因此，在 CMOS 门电路中，或非门应用得较多。

3. CMOS 三态门

图 11-22(a)是一种 CMOS 三态门电路。驱动管 V_1 和 V_2 为 N 沟道增强型 MOS 管，两者串联；负载管 V_3 和 V_4 为 P 沟道增强型 MOS 管，两者也串联。A 为输入端，Y 为输出端，E 为控制端。

当控制端 $E=1$ 时，V_1、V_4 同时截止，输出端 Y 处于高阻悬空状态。

当控制端 $E=0$ 时，V_1、V_4 同时导通，输出端 Y 由输入端 A 决定。

$A=0$ 时，V_3 导通，V_2 截止，$Y=1$；$A=1$ 时，V_2 导通，V_3 截止，$Y=0$，即符合非逻辑关系。此电路为低电平有效的三态非门。图 11-22(b)是其逻辑符号。

4. CMOS 传输门

CMOS 传输门是由两个参数对称的 N 沟道增强型 MOS 管和 P 沟道增强型 MOS 管并联组成的，如图 11-23(a)所示。V_N 管的漏极与 V_P 管的源极相连，作为输入/输出(u_i/u_o)端，V_N 管的源极与 V_P 管的漏极相连，作为输出/输入(u_o/u_i)端，V_N 和 V_P 的栅极分别接

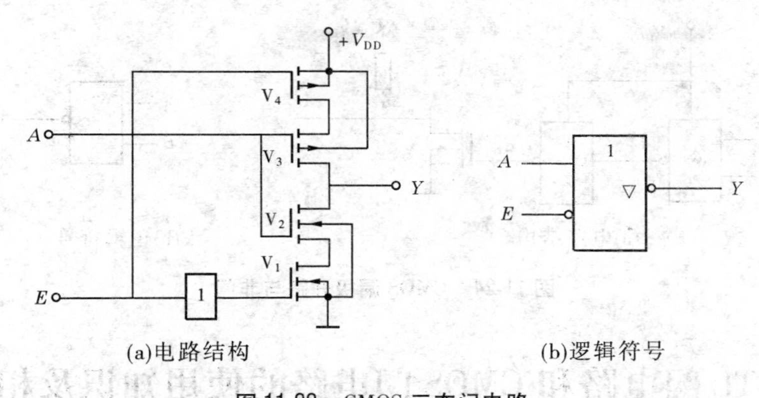

(a)电路结构　　　　　　　　(b)逻辑符号

图 11-22　CMOS 三态门电路

入控制信号 C 和 $\overline{C}$。其逻辑符号如图 11-23(b)所示。

CMOS 传输门的逻辑功能如下：

(1)当 C 为高电平、$\overline{C}$ 为低电平时，若输入 u_i 在 $0 \sim V_{DD}$ 之间变化，则 V_P 和 V_N 中至少有一个导通，输入与输出之间呈低阻态，$u_i = u_o$，相当于开关闭合。

(2)当 C 为低电平、$\overline{C}$ 为高电平时，V_P 和 V_N 均截止。输入与输出之间呈高阻态，传输门不能传递信号，u_i 和 u_o 之间不相通，相当于开关打开。

由于 MOS 管的漏极和源极在结构上是对称的，CMOS 传输门中栅极引出线画在中间位置，其输入和输出端可以互换使用，CMOS 传输门也称为双向器件。该电路在逻辑电平的控制下，既能传输数字信号，也能传输连续变化的模拟信号，故又称为模拟开关。

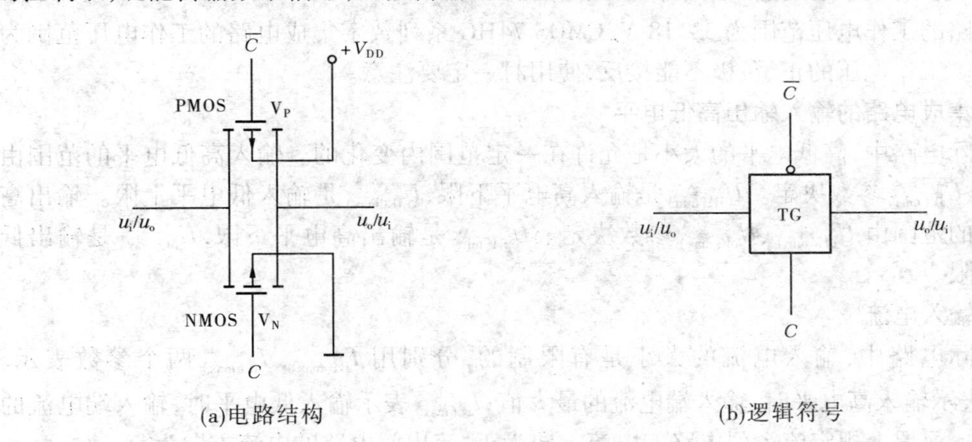

(a)电路结构　　　　　　　　(b)逻辑符号

图 11-23　CMOS 传输门电路

5. CMOS **漏极开路门**

CMOS 漏极开路门，又称 OD 门，具有实现各种逻辑关系的电路。如图 11-24 所示为 CMOS 漏极开路与非门的电路和逻辑符号。由于输出 MOS 管的漏极是开路的，工作时必须外接电源 V_{DD} 和电阻 R_L 电路才能正常工作，实现 $Y = \overline{A \cdot B}$。

OD 门同样可以实现线与和逻辑电平的转换。

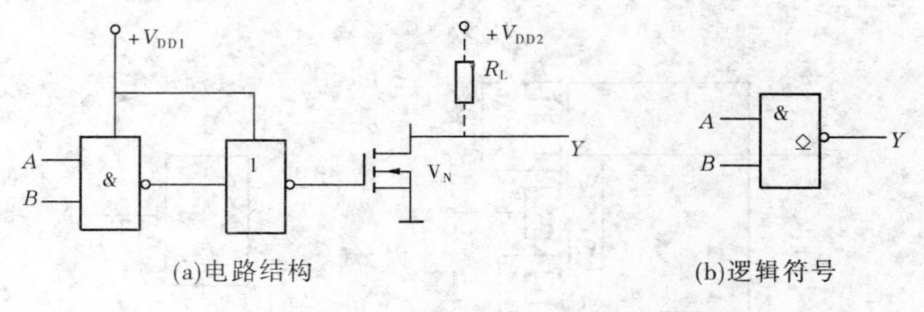

图 11-24　CMOS 漏极开路与非门

11.5　TTL 门电路和 CMOS 门电路的使用知识及相互连接

为了正确有效地使用集成电路,必须了解各类集成电路的主要参数、特性以及有关使用知识。下面分别加以介绍。

11.5.1　集成电路的主要参数与特性

1. 工作电压

各类数字集成电路,要正常工作除提供数字信号外,还必须提供工作电压,否则数字集成电路不能工作。各类数字集成电路的电源电压均有一定的工作范围,不允许超出其范围,否则会影响集成电路的正常工作或损坏集成电路。

TTL 系列数字集成电路的工作电压范围为 4.75 ~ 5.25 V,CMOS 4000/4500 系列数字集成电路的工作电压范围为 3 ~ 18 V,CMOS 74HC 系列数字集成电路的工作电压范围为 2 ~ 6 V。工作电压的正、负极不能接反,使用时一定要注意。

2. 集成电路的输入输出高低电平

实际电路中,高低电平的大小是允许在一定范围内变化的。输入高低电平的范围由 $U_{iH(min)}$、$U_{iL(max)}$ 参数决定。$U_{iH(min)}$ 是输入高电平下限,$U_{iL(max)}$ 是输入低电平上限。输出高低电平的范围由 $U_{oH(min)}$、$U_{oL(max)}$ 参数决定。$U_{oH(min)}$ 是输出高电平下限,$U_{oL(max)}$ 是输出低电平上限。

3. 输入电流

实际电路中,输入电流的大小是有限制的,分别用 $I_{iH(max)}$、$I_{iL(max)}$ 两个参数表示。$I_{iH(max)}$ 表示输入高电平时,输入端电流的最大值;$I_{iL(max)}$ 表示输入低电平时,输入端电流的最大值。习惯上规定流入门电路的电流方向为正,流出门电路的电流方向为负。

4. 输出电流

实际电路中,输出电流的大小也是有限制的,分别用 $I_{oH(max)}$、$I_{oL(max)}$ 两个参数表示。$I_{oH(max)}$ 表示输出高电平时,输出端电流的最大值;$I_{oL(max)}$ 表示输出低电平时,输出端电流的最大值。输出电流方向的规定与输入电流相同。

当输出高电平时,电流从集成电路输出端流向负载,也可以认为是负载从输出端拉走电流,故高电平输出电流也称为拉电流。

当输出低电平时,电流从负载流向集成电路输出端,也可以认为是负载向集成电路的输出端灌入电流,故低电平输出电流也称为灌电流。

5. 动态特性

对应任意的数字集成电路,从信号输入到信号输出之间总有一定的延迟时间,这是由器件的物理特性决定的。以与非门为例,它的输入信号与输出信号时间上的关系如图 11-25 所示。其中 t_{dr} 为前沿延迟时间,t_{df} 为后沿延迟时间,平均延迟时间

$$t_{pd} = \frac{t_{dr} + t_{df}}{2}$$

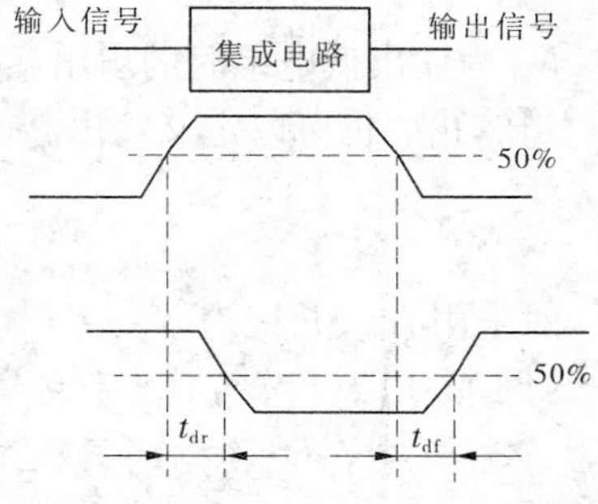

图 11-25　与非门的波形图

对一般集成电路,其延迟时间用平均延迟时间衡量,单位是 ns,它反映了集成电路的工作速度。对于由多块集成电路串联组成的系统,总延迟是各个集成电路延迟之和。

对于具体时钟控制的数字集成电路,还有最高工作频率 f_{cp} 这一指标,当电路输入时钟频率超过该指标时,数字集成电路将不能工作。

6. 驱动能力

在图 11-26 中,集成电路 A 为集成电路 B 的驱动部件,B 为 A 的负载部件。

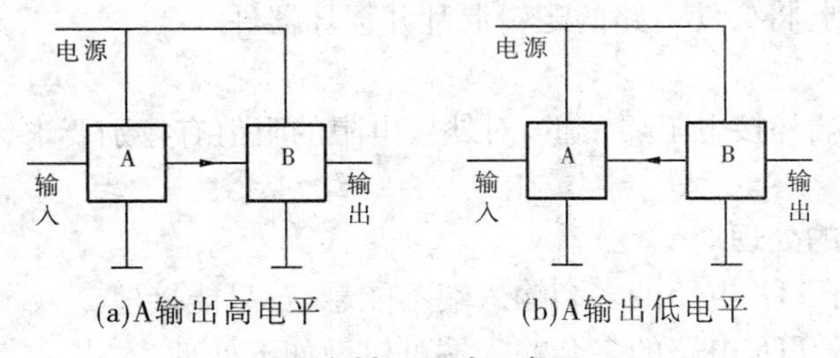

图 11-26　驱动示意图

设 A 输出高电平为 U_{oHA},输出电流为 I_{oHA};B 输入高电平为 U_{iHB},输入电流为 I_{iHB},电流由 A 流向 B,即 A 向 B 提供拉电流。要使 A 驱动 B,则

$$U_{oHA} > U_{iHB}$$

$$|I_{oHA}| > |I_{iHB}|$$

设 A 输出低电平为 U_{oLA},输出电流为 I_{oLA};B 输入低电平为 U_{iLB},输入电流为 I_{iLB},电流由 B 流向 A,即 B 向 A 灌入电流。要使 A 驱动 B,必须满足

$$U_{oLA} < U_{iLB}$$

$$|I_{oLA}| > |I_{iLB}|$$

由上面的讨论可知,输出电流反映了集成电路某输出端的电流驱动能力,输入电流反映了集成电路某输入端的电流负载能力。I_{oH}、I_{oL} 越大,驱动能力越强,I_{iH}、I_{iL} 越小,负载能力越强。当 A 驱动 n 个 B 时,除电压条件不变外,电流须满足

$$|I_{oHA}| > n|I_{iHB}|$$

$$|I_{oLA}| > n|I_{iLB}|$$

为考虑问题方便,我们定义

$$N_{oL} = \frac{|I_{oLA(max)}|}{|I_{iLB(max)}|}$$

N_{oL}为输出低电平时的扇出系数,它反映了集成电路的驱动能力。

当然我们也可以定义输出高电平时的扇出系数 N_{oH}

$$N_{oH} = \frac{|I_{oHA(max)}|}{|I_{iHB(max)}|}$$

但一般采用 N_{oL},并记为 N_o。

【例 11-1】 已知74LS系列集成电路的参数,$|I_{oL(max)}| = 8$ mA,$I_{iL(max)} = -0.4$ mA,求74LS系列驱动74LS系列的扇出系数。

解:

$$N_o = \frac{|I_{oLA(max)}|}{|I_{iLB(max)}|} = \frac{|8|}{|-0.4|} = 20$$

11.5.2 TTL门电路的使用

1. TTL 输出端

TTL电路(OC门和三态门除外)的输出端不允许并联使用,也不允许直接与+5 V电源或地线相连,否则,将会使电路的逻辑混乱并损坏器件。

2. TTL 输入端

TTL电路输入端外接电阻要慎重,对外接电阻的阻值有特别要求,否则会影响电路的正常工作。

3. 多余输入端的处理

或门、或非门等TTL电路的多余输入端不能悬空,只能接地。

与门、与非门等TTL电路的多余输入端可以做如下处理:

(1)悬空。相当于接高电平,但因悬空时对地呈现的阻抗很高,容易受到外界干扰。

(2)与其他输入端并联使用。这样可以增加电路的可靠性,但与其他输入端并联时,对信号驱动电路的要求增加了。

(3)直接或通过电阻(100~1 000 Ω)与电源 V_{CC} 相接以获得高电平输入,或直接接地以获得低电平输入。这样不仅不会造成对前级门电路的负载能力的影响,而且还可以抑制来自电源的干扰。

4. 电源滤波

TTL器件在高速切换时,将产生电流跳变,其幅度为4~5 mA,该电流在公共线上的压降会引起噪声干扰,因此要尽量缩短地线减少干扰。一般可在电源输入端并接1个100 μF的电容作为低频滤波,在每块集成电路电源的输入端接一个0.01~0.1 μF的电容作为高频滤波。

5. 严禁带电操作

要在电路切断的时候,插拔和焊接集成电路块,否则容易引起集成电路块的损坏。

系统连线不宜过长,整个装置应有良好的接地系统,地线要粗、短。

11.5.3 CMOS 门电路的使用

1. 防静电

存放、运输、高温过程中，器件要藏于接触良好的金属屏蔽盒内或用金属铝箔纸包装，防止外来感应电势将栅极击穿。

2. 焊接

焊接时不能使用 25 W 以上的电烙铁，且烙铁外壳必须接地良好。通常使用 20 W 内热式烙铁，不要使用焊油膏，最好用带松香的焊锡丝，焊接时间不宜过长，焊锡量不可过多。

3. 输入输出端

CMOS 电路不用的输入端，不允许悬空，必须按逻辑要求接 V_{DD}或 V_{SS}。否则不仅会造成逻辑混乱，而且容易损坏器件。这与 TTL 电路是有区别的。

CMOS 与非门多余输入端的处理是直接接电源或与使用的输入端并联使用。

CMOS 或非门多余输入端的处理是直接接地或与使用的输入端并联使用。

输出端不允许直接与 V_{DD}或 V_{SS}连接，否则将导致器件损坏。

4. 电源

V_{DD}接电源正极，V_{SS}接电源负极（通常接地），不允许反接，在装接电路、插拔电路器件时，必须切断电源，严禁带电操作。

5. 输入信号

器件的输入信号 u_i 不允许超出电源电压范围（$V_{DD} \sim V_{SS}$），或者说输入端的电流不得超过 ±10 mA，若不能保证这一点，必须在输入端串联限流电阻起保护作用。CMOS 电路的电源电压应先接通，然后再输入信号，否则会破坏输入端的结构；关断电源电压之前，应先去掉输入信号，若信号源与电路板使用两组电源供电，开机时应先接通电路板电源，再接通信号源，关机时先断开信号源，后断开电路板电源。

6. 接地

所有测试仪器，外壳必须良好接地。若信号源需要换挡，最好先将其输出幅度减到最小。寻找故障时，若需将 CMOS 电路的输入端与前级输出端脱开，也应用 50 ~ 100 kΩ 的电阻将输入端与地或电源相连。

本章小结

门电路是构成各种复杂数字逻辑电路的基本逻辑单元，在了解基本工作原理的基础上，掌握各种门电路的逻辑功能及集成电路的电气特性，对于正确使用数字集成电路十分必要。本章重点介绍了它们的逻辑功能、逻辑符号及使用方法。

由于集成电路具有工作可靠、便于微型化等优点，因此现在的数字器件基本上都采用集成电路。按制造工艺的不同，集成逻辑门电路分为双极型和单极型两大类。

在双极型逻辑门电路中，不论哪一种逻辑门电路，其中的关键器件是二极管和晶体管。影响它们开关速度的主要因素是器件内部的电荷存储和消散时间。

利用二极管和晶体管可以构成简单的与、或、非门电路。TTL 门电路是当前应用较广泛的门电路之一,电路的基础是 TTL 反相器,它的输出级常采用推挽式结构,其特点是输出阻抗低、带负载能力强、开关速度快。如果将 TTL 反相器的输入晶体管改为多发射结结构,便可构成与非门电路。

在 TTL 门电路中,为了实现线与的逻辑功能,可以采用集电极开路(OC)门和三态门。

在单极型逻辑门电路中,CMOS 门电路是目前应用较广泛的一种,它由互补的增强型 NMOS 和 PMOS 管组成。与 TTL 门电路相比,它的优点是功耗低、扇出系数大、噪声容限大,其开关速度与 TTL 门电路接近。

思考题与习题

11-1　什么叫逻辑门电路?什么叫正逻辑?什么叫负逻辑?

11-2　试举例说明分立元件构成的与门、或门、非门的原理。

11-3　构成各种逻辑门电路的主要器件是什么?它们都工作在什么状态?

11-4　画出与门、或门、非门、与非门、或非门、异或门、与或非门的逻辑符号,写出真值表及输出表达式。

11-5　CMOS 门电路有什么特点?为什么小规模数字电路首选 CMOS 器件?

11-6　OC 门电路有什么特点?OC 门的用途是什么?

11-7　什么是高阻态?哪种门电路有高阻态?这种门电路怎样应用?

11-8　TTL 集成电路和 CMOS 集成电路使用时输出端、输入端、多余输入端应如何处理?

11-9　如果将与非门、或非门、异或门作反相器使用,则输入端应如何连接?

11-10　说明三态门和传输门的特点及用途。

11-11　CMOS 集成电路和 TTL 集成电路各有何特点?

11-12　说明用 CMOS 制成的非门电路的原理及特点。

11-13　画出集电极开路与非门和三态非门的符号,写出真值表及输出表达式。

11-14　分别画出图 11-27 中各逻辑门的输出波形。

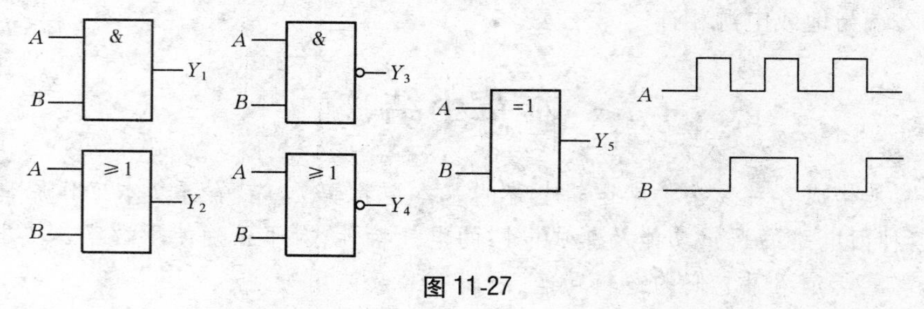

图 11-27

11-15　写出图 11-28 中逻辑门电路的逻辑表达式。

11-16　在 CMOS 电路中有时采用图 11-29(a)~(c)所示的扩展功能接法,试分析各图的逻辑功能,写出各图逻辑式。已知电源电压 $V_{DD}=10$ V,二极管的正向导通压降为 0.7 V。

11-17　图 11-30 中各门电路的输入信号 A、B 为何种状态时,发光二极管点亮?设电

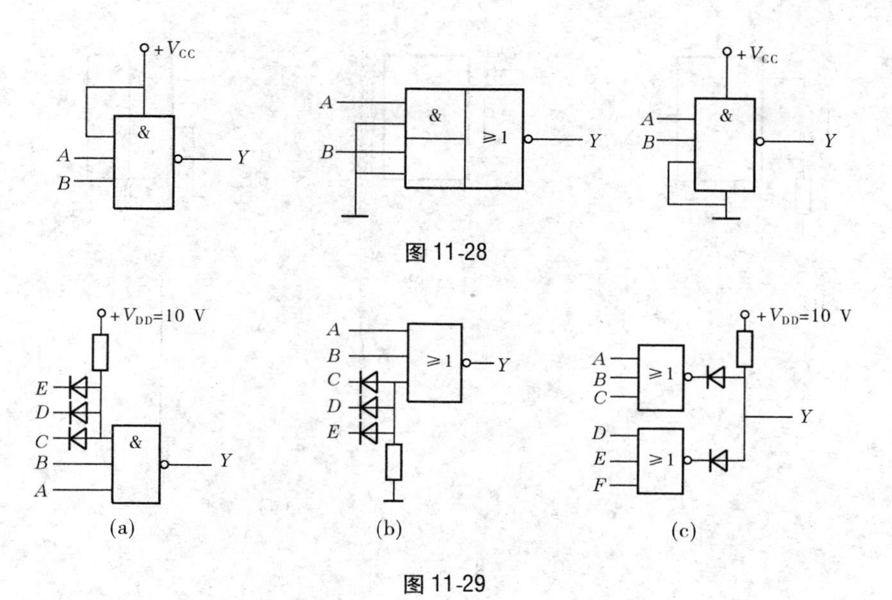

图 11-28

图 11-29

路中元器件参数合适。

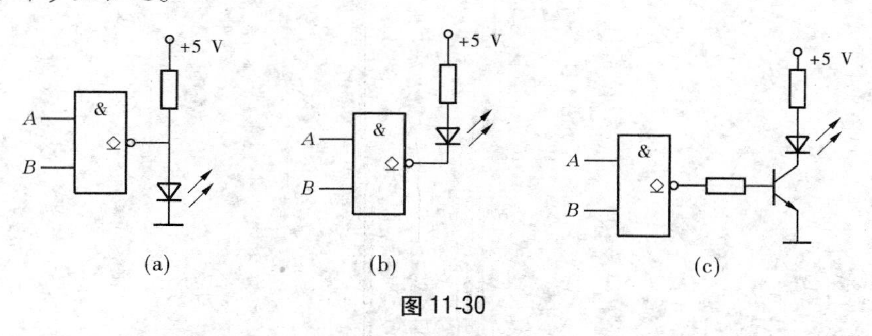

图 11-30

11-18　指出图 11-31 所示各 TTL 门电路的输出状态。

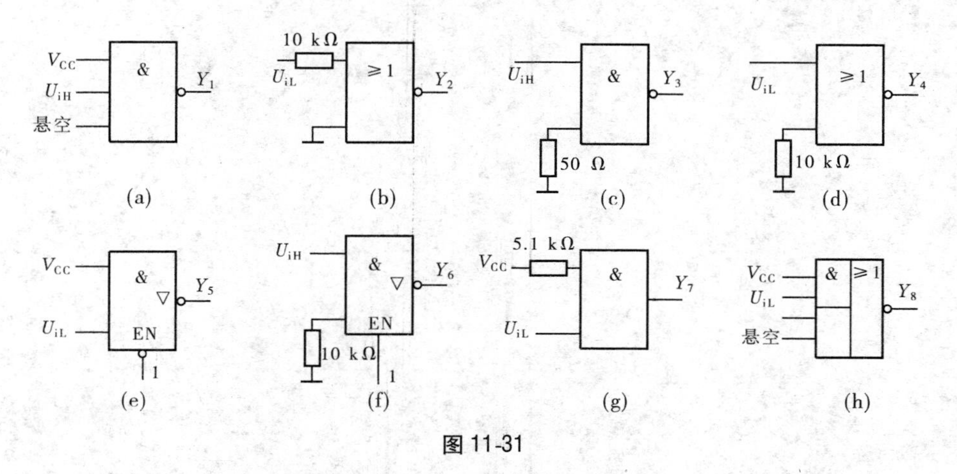

图 11-31

11-19　指出图 11-32 所示各 CMOS 门电路的输出状态。

图 11-32

第 12 章　组合逻辑电路

知识与技能要求

1. 知识点和教学要求

(1)掌握:组合逻辑电路的分析与设计方法,中规模集成组合逻辑电路(加法器、编码器、译码器、数据选择器、多路开关)的功能。会用集成芯片设计组合逻辑电路。

(2)理解:组合逻辑电路的工作原理。

(3)了解:中规模集成组合逻辑电路芯片管脚排列及功能测试方法。

2. 能力培养要求

具有组合逻辑电路的分析与设计能力和中规模集成组合逻辑电路的应用能力。

数字电路根据逻辑功能和结构特点,可以分成两大类,一类叫组合逻辑电路,另一类叫时序逻辑电路(简称时序电路)。在组合电路中,数字信号是单向传递的,即只有从输入到输出的传递,没有从输出到输入的反传递,所以各输出只与各输入的即时状态有关。本章主要介绍组合逻辑电路的基本分析与设计方法,并从逻辑功能及应用的角度来讨论加法器、编码器、译码器、数据选择器、多路开关等常用的组合逻辑电路及相应的中规模集成电路。

12.1　组合逻辑电路的分析与设计

在任何时刻,电路输出状态只取决于同一时刻各输入状态的组合,这种数字电路称为组合逻辑电路,简称组合电路。组合逻辑电路可以有一个或多个输入端,也可以有一个或多个输出端。其结构框图如图 12-1 所示。其中,$x_1 \sim x_n$ 为输入变量。

逻辑函数的表达式形式为

$$\begin{cases} y_1 = f_1(x_1, x_2, \cdots, x_n) \\ y_2 = f_2(x_1, x_2, \cdots, x_n) \\ \quad\vdots \\ y_n = f_n(x_1, x_2, \cdots, x_n) \end{cases}$$

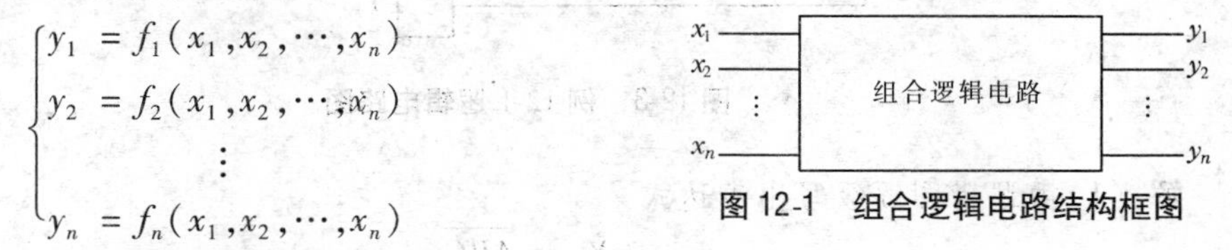

图 12-1　组合逻辑电路结构框图

组合逻辑电路的结构特点如下:

(1)输入、输出之间没有反馈延迟通道。

(2)电路中无记忆单元。

在工程实际中,研究组合逻辑电路通常有以下三方面任务:

(1)分析:对已给定的组合逻辑电路分析其逻辑功能或进行改进设计。

(2)设计:根据逻辑命题的需要设计组合逻辑电路。

(3)应用:掌握常用典型中规模集成组合逻辑电路的逻辑功能和使用方法,选择和应用到工程实际中去。

12.1.1 组合逻辑电路的分析

组合逻辑电路分析的目的是确定其逻辑功能,或检验所设计的逻辑电路是否能实现预定的逻辑功能,即已知逻辑电路,找出输出函数与输入变量之间的逻辑关系。分析过程如图 12-2 所示。

图 12-2 组合逻辑电路分析

具体步骤与方法如下:

(1)标符号。用文字或符号标出各个门的输入或输出。

(2)写表达式。从输入端到输出端逐级写出输出函数对输入变量的逻辑函数表达式,也可由输出端向输入端逐级推导,最后得到以输入变量表示的输出逻辑函数表达式。

(3)化简。利用公式法或卡诺图法进行化简,得出最简与或表达式。

(4)列出真值表。根据最简逻辑函数表达式,列出真值表。

(5)逻辑功能描述或对电路进行评价。分析函数真值表,总结电路的逻辑功能并作出简要的文字描述,讨论原电路的可靠性和简洁性,或进行改进设计。

【例 12-1】 如图 12-3 所示组合逻辑电路,分析该电路的逻辑功能。

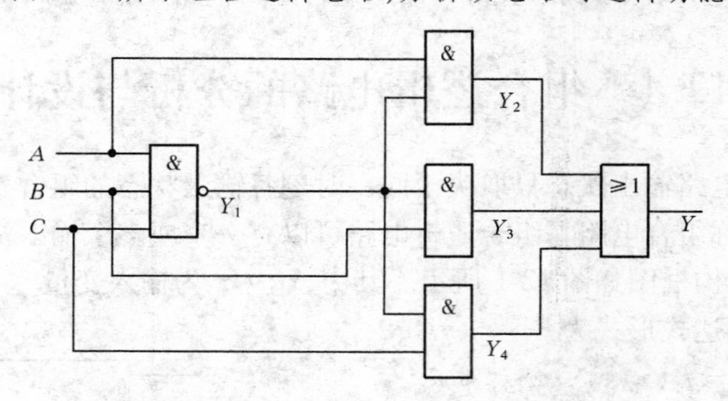

图 12-3 例 12-1 逻辑电路图

解:(1)由逻辑图逐级写出表达式

$$Y_1 = \overline{ABC}$$

$$Y = AY_1 + BY_1 + CY_1 = A\,\overline{ABC} + B\,\overline{ABC} + C\,\overline{ABC}$$

(2)化简与变换

$$Y = \overline{ABC}(A + B + C) = \overline{ABC + \overline{A + B + C}} = \overline{ABC + \overline{A}\,\overline{B}\,\overline{C}} \qquad (12\text{-}1)$$

(3)由表达式列出真值表,如表 12-1 所示。

(4)分析逻辑功能。当 A、B、C 三个变量一致时,输出为“0”,当 A、B、C 三个变量不一致时,输出为“1”,所以这个电路称为“不一致电路”。

表 12-1　例 12-1 真值表

输入			输出
A	B	C	Y
0	0	0	0
0	0	1	1
0	1	0	1
0	1	1	1
1	0	0	1
1	0	1	1
1	1	0	1
1	1	1	0

【例 12-2】 试分析如图 12-4 所示电路的逻辑功能。

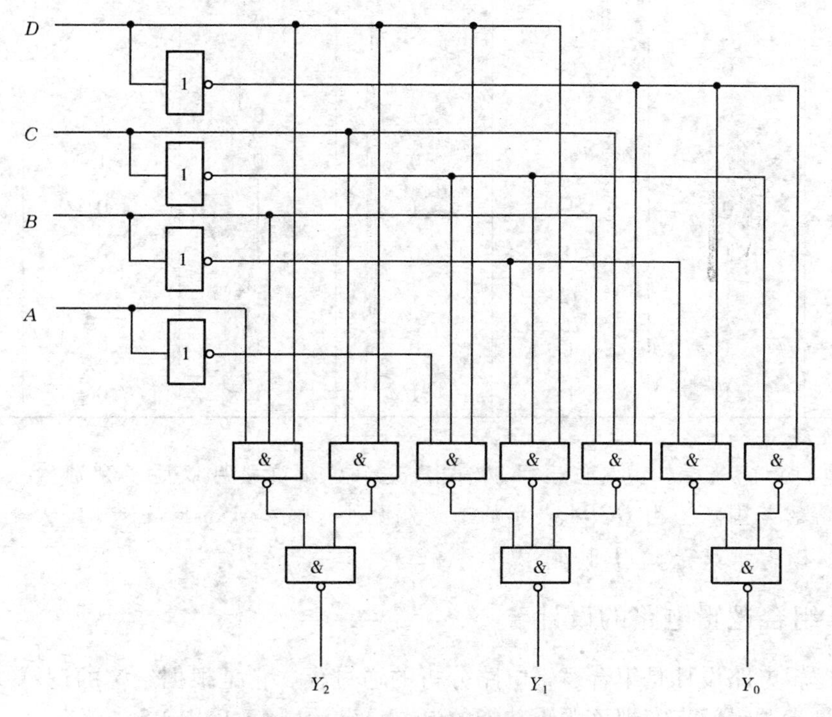

图 12-4　例 12-2 逻辑电路图

解:(1)写出逻辑函数表达式

$$\begin{cases} Y_1 = \overline{\overline{\bar{D}CB}\cdot\overline{D\bar{C}\bar{B}}\cdot\overline{D\bar{C}\bar{A}}} = \bar{D}CB + D\bar{C}\bar{B} + D\bar{C}\bar{A} \\ Y_2 = \overline{\overline{DC}\cdot\overline{DBA}} = DC + DBA \\ Y_0 = \overline{\overline{\bar{D}\bar{C}}\cdot\overline{\bar{D}\bar{B}}} = \bar{D}\bar{C} + \bar{D}\bar{B} \end{cases} \quad (12\text{-}2)$$

从逻辑函数表达式中不能直观地看出这个电路的逻辑功能和用途,需要把其转换成真值表的形式。

(2)列逻辑真值表,如表 12-2 所示。

表 12-2 例 12-2 真值表

输入				输出		
D	C	B	A	Y_2	Y_1	Y_0
0	0	0	0	0	0	1
0	0	0	1	0	0	1
0	0	1	0	0	0	1
0	0	1	1	0	0	1
0	1	0	0	0	0	1
0	1	0	1	0	0	1
0	1	1	0	0	1	0
0	1	1	1	0	1	0
1	0	0	0	0	1	0
1	0	0	1	0	1	0
1	0	1	0	0	1	0
1	0	1	1	1	0	0
1	1	0	0	1	0	0
1	1	0	1	1	0	0
1	1	1	0	1	0	0
1	1	1	1	1	0	0

(3)逻辑功能分析。由真值表可以看出,这个逻辑电路可以用来判别输入的 4 位二进制数数值的范围。当由 $DCBA$ 表示的二进制数小于或等于 5 时 Y_0 为 1,大于 5 且小于 11 时 Y_1 为 1,大于或等于 11 时 Y_2 为 1。

12.1.2 组合逻辑电路的设计

组合逻辑电路设计是组合逻辑电路分析的逆过程。它是根据给定的逻辑功能要求,设计出用最少逻辑门来实现该逻辑功能的电路。设计过程如图 12-5 所示。

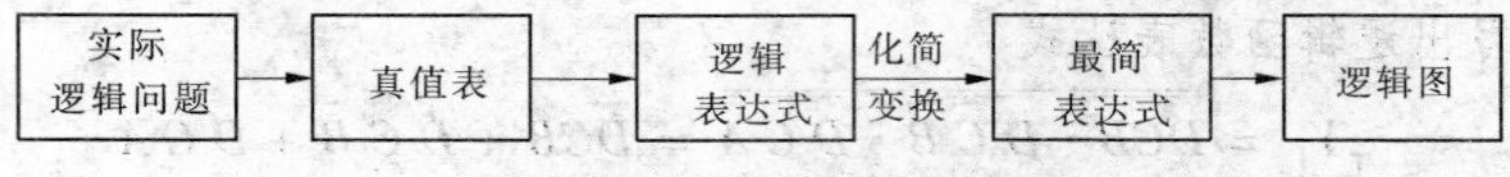

图 12-5 组合逻辑电路设计

具体设计步骤与方法如下:

(1)进行逻辑抽象,将一个实际的逻辑问题抽象为一个逻辑函数。首先分析所给实际逻辑问题的因果关系,将所产生的结果作为输出函数,再分别以0和1给予逻辑赋值,列出真值表。

(2)根据真值表写出输出逻辑函数的与或表达式。

(3)将输出逻辑函数表达式进行化简或变换。

(4)根据化简或变换后的输出逻辑函数表达式,画出其逻辑图。

(5)工艺设计,包括设计机箱、面板、电源、显示电路、控制开关等。最后还必须完成组装、测试。

组合逻辑电路的设计一般应以电路简单、器件最少为目标,尽量减少所用集成器件的种类,实际设计中可以有两种实现方案:一是由基本门电路实现,另一种是由中规模集成组合逻辑电路实现。本节仅介绍第一种实现方案,后一种实现方案在12.2节中介绍。

【例12-3】 设计一个三人表决电路,结果按"少数服从多数"的原则决定。

解:(1)根据设计要求建立该逻辑函数的真值表。

设三人的意见为变量A、B、C,表决结果为函数Y。对变量及函数进行如下状态赋值;对于变量A、B、C,设同意为逻辑"1",不同意为逻辑"0"。对于函数Y,设事情通过为逻辑"1",没通过为逻辑"0"。真值表如表12-3所示。

表12-3 三人表决电路真值表

A	B	C	Y
0	0	0	0
0	0	1	0
0	1	0	0
0	1	1	1
1	0	0	0
1	0	1	1
1	1	0	1
1	1	1	1

(2)由真值表写出逻辑表达式

$$Y = \overline{A}BC + A\overline{B}C + AB\overline{C} + ABC$$

(3)化简得

$$\begin{aligned} Y &= \overline{A}BC + A\overline{B}C + AB\overline{C} + ABC \\ &= \overline{A}BC + A\overline{B}C + AB\overline{C} + ABC + ABC + ABC \\ &= BC(\overline{A} + A) + AC(\overline{B} + B) + AB(\overline{C} + C) \\ &= AB + BC + AC \end{aligned}$$

(4)画出逻辑图如图12-6所示。如果要求用与非门实现该逻辑电路,就应将表达式转换成与非与非表达式

$$Y = \overline{\overline{AB} \cdot \overline{BC} \cdot \overline{AC}} \tag{12-3}$$

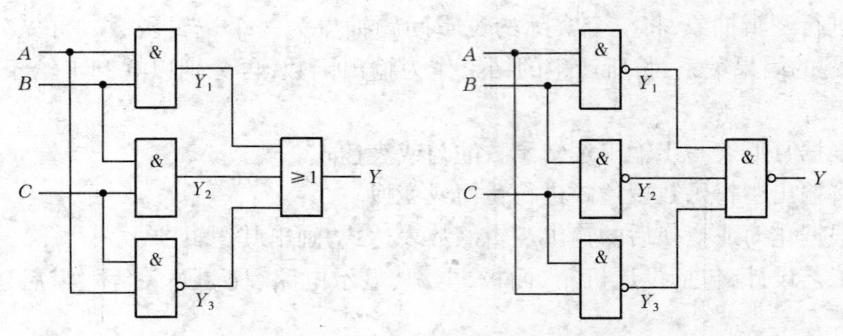

图 12-6　例 12-3 三人表决电路逻辑图

【例 12-4】　设计一个楼上、楼下开关的控制逻辑电路来控制楼梯上的灯，使之在上楼前，用楼下开关打开电灯，上楼后，用楼上开关关灭电灯；或者在下楼前，用楼上开关打开电灯，下楼后，用楼下开关关灭电灯。

解：设楼上开关为 A，楼下开关为 B，灯泡为 Y。并设 A、B 闭合时为 1，断开时为 0；灯亮时 Y 为 1，灯灭时 Y 为 0。

(1) 根据逻辑要求列出真值表，如表 12-4 所示。

表 12-4　例 12-4 真值表

A	B	Y
0	0	0
0	1	1
1	0	1
1	1	0

(2) 由真值表写逻辑表达式

$$Y = \overline{A}B + A\overline{B}$$

(3) 变换

$$Y = \overline{\overline{\overline{A}B} \cdot \overline{A\overline{B}}} \quad \text{或} \quad Y = A \oplus B \tag{12-4}$$

(4) 画出逻辑电路图，如图 12-7 所示。

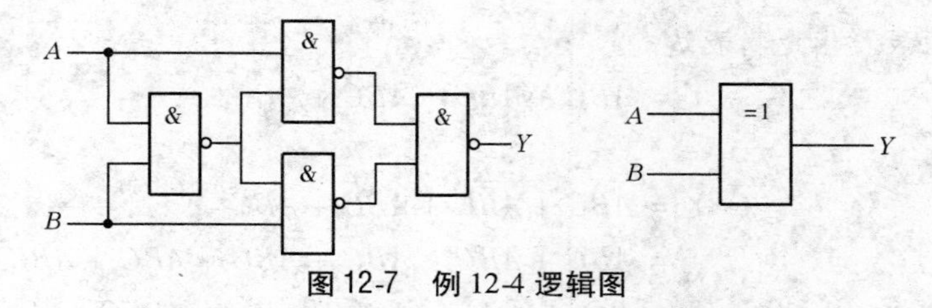

图 12-7　例 12-4 逻辑图

【例 12-5】　试用六个与非门设计一个水箱控制电路。如图 12-8 所示，A、B、C 为三个电极。当电极被水浸没时，会有信号输出。水面在 A、B 间为正常状态，点亮绿灯 G；水面在 B、C 间或在 A 以上为警示状态，点亮黄灯 Y；水面在 C 以下为危险状态，点亮红灯 R。

解：(1) 确定输入输出变量并赋值，列真值表，如表 12-5 所示。

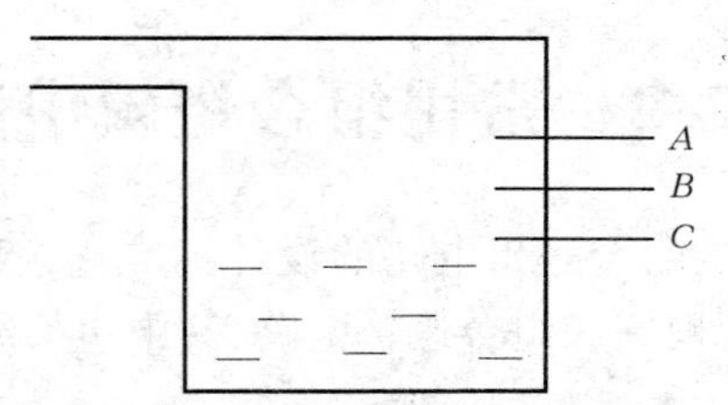

图 12-8 例 12-5 控制示意图

表 12-5 例 12-5 真值表

输入			输出			说明
A	B	C	G	Y	R	
0	0	0	0	0	1	水面在 C 极下,处于危险状态,R 亮
0	0	1	0	1	0	水面在 B、C 间,处于警示状态,Y 亮
0	1	0	×	×	×	水面在 B 极上 C 极下,不可能出现
0	1	1	1	0	0	水面在 A 极下 B 极上,处于正常状态,G 亮
1	0	0	×	×	×	水面在 A 极上 B、C 极下,不可能出现
1	0	1	×	×	×	水面在 A 极上 B 极下,不可能出现
1	1	0	×	×	×	水面在 A 极上 C 极下,不可能出现
1	1	1	0	1	0	水面在 A 极上,处于警示状态,Y 亮

(2)由真值表画出卡诺图并化简,如图 12-9 所示。写出逻辑表达式

$$\begin{cases} G = \overline{A}B = \overline{\overline{\overline{A}B}} \\ Y = A + \overline{B}C = \overline{\overline{A} \cdot \overline{\overline{B}C}} \\ R = \overline{C} \end{cases} \tag{12-5}$$

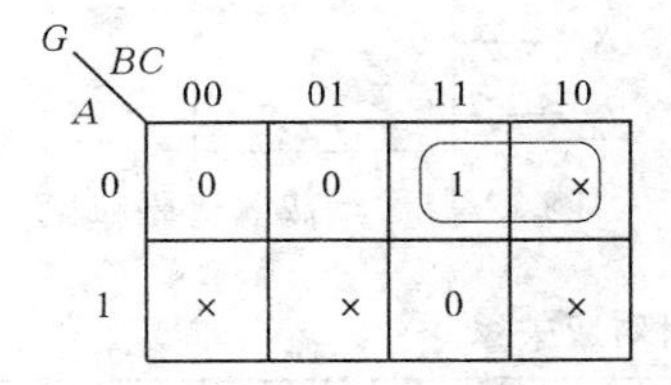

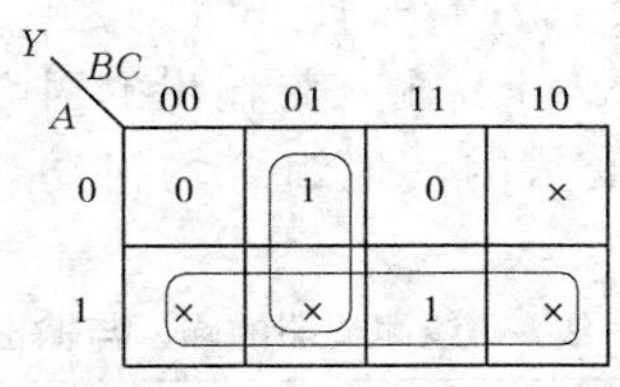

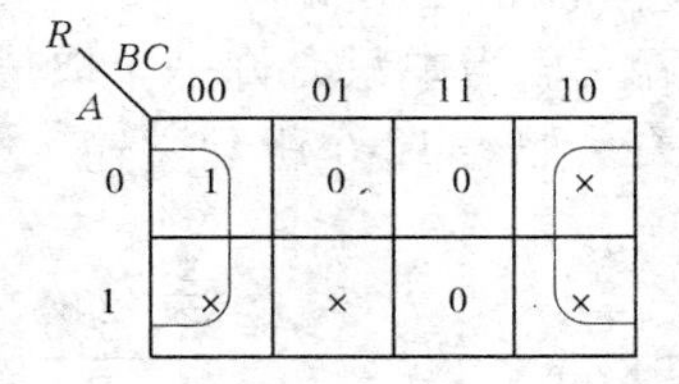

图 12-9 例 12-5 卡诺图

(3)用与非门完成的逻辑电路如图 12-10 所示。

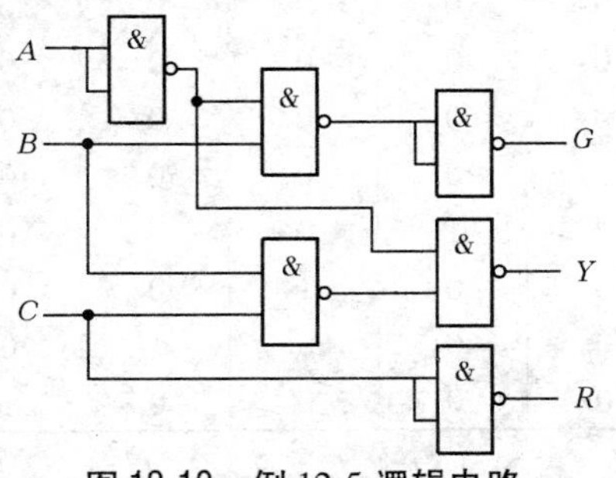

图 12-10 例 12-5 逻辑电路

12.2 常用组合逻辑电路

为了使用方便,将常用的组合逻辑电路的设计标准化,且制成中、小规模单片集成电路产品。本节主要介绍中规模集成组合逻辑电路,其中包括编码器、译码器、数据选择器、运算器等。

12.2.1 编码器

为了区分一系列不同的事物,将其中的每个事物用一个二值代码表示,这就是编码的含义。在数字电路中,将特定含义的输入信号转换成二进制代码的过程,称为编码。能够实现编码功能的数字电路称为编码器。即编码器的逻辑功能就是把输入的每一个高、低电平信号编成一个对应的二进制代码。目前经常使用的编码器有普通编码器和优先编码器。在普通编码器中,任何时刻只允许输入一个编码信号。

一个编码器有 n 个输入端、m 个输出端,则此编码器称为 n 线 $-m$ 线编码器,其中 n 为待编码信息个数,m 为输出编码位数。由于 m 位二进制代码最多有 2^m 种组合,即最多可以表示 2^m 种信息,故输入个数 n 与输出个数 m 应符合 $n \leqslant 2^m$ 的关系。若 $n=2^m$,此编码器称为全编码或二进制编码,否则称为部分编码。

1.3 位二进制编码器

3 位二进制编码器有 8 个输入端、3 个输出端,故常称为 8 线 -3 线编码器,如图 12-11 所示为 3 位二进制编码器的逻辑框图。$I_0 \sim I_7$ 为 8 个需要编码的输入信号,输出 Y_2、Y_1 和 Y_0 为 3 位二进制代码。

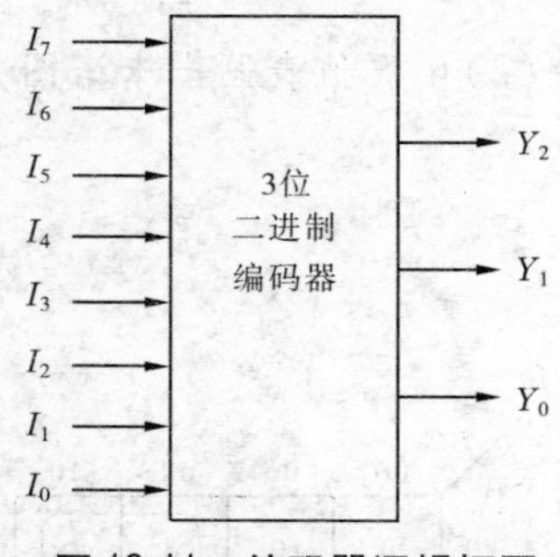

图 12-11 编码器逻辑框图

3 位二进制编码器属于普通编码器,任一时刻,输入 $I_0 \sim I_7$ 当中只允许一个取值为 1。输入与输出的对应关系如表 12-6 所示。输入变量的其他组合均为约束项。

表 12-6 8 线 -3 线编码器的输入与输出对应关系

输入								输出		
I_0	I_1	I_2	I_3	I_4	I_5	I_6	I_7	Y_2	Y_1	Y_0
1	0	0	0	0	0	0	0	0	0	0
0	1	0	0	0	0	0	0	0	0	1
0	0	1	0	0	0	0	0	0	1	0
0	0	0	1	0	0	0	0	0	1	1
0	0	0	0	1	0	0	0	1	0	0
0	0	0	0	0	1	0	0	1	0	1
0	0	0	0	0	0	1	0	1	1	0
0	0	0	0	0	0	0	1	1	1	1

利用约束项化简得

$$
\begin{cases}
Y_2 = I_4 + I_5 + I_6 + I_7 = \overline{\overline{I_4}\,\overline{I_5}\,\overline{I_6}\,\overline{I_7}} \\
Y_1 = I_2 + I_3 + I_6 + I_7 = \overline{\overline{I_2}\,\overline{I_3}\,\overline{I_6}\,\overline{I_7}} \\
Y_0 = I_1 + I_3 + I_5 + I_7 = \overline{\overline{I_1}\,\overline{I_3}\,\overline{I_5}\,\overline{I_7}}
\end{cases}
\tag{12-6}
$$

图 12-12 所示是由非门和与非门组成的 3 位二进制编码器逻辑图。

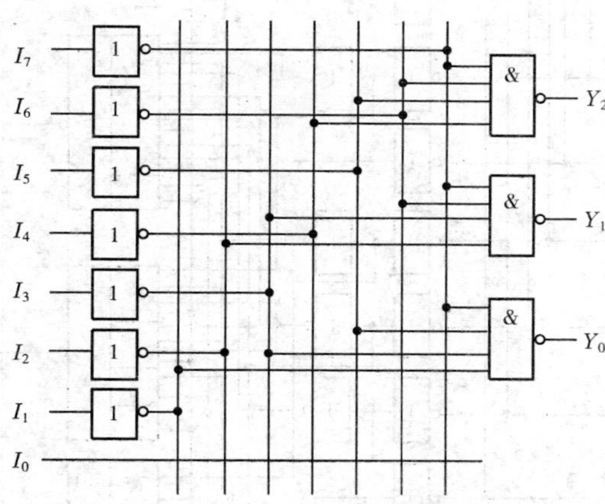

图 12-12　3 位二进制编码器逻辑电路

2. 优先编码器

所谓优先,是指编码器设计时已经将所有的输入信号按优先顺序排了队。使用优先编码器时,允许同时输入两个以上的信号。当几个输入信号同时出现时,编码器只对其中优先权最高的一个进行编码。如图 12-13 所示为 8 线 - 3 线优先编码器 74LS148 的逻辑图。虚线框内的部分为实现优先编码的逻辑电路。与门 G_1、G_2、G_3 组成附加控制电路。表 12-7 为 74LS148 功能表。

表 12-7　74LS148 功能表

输入									输出				
$\overline{S}$	$\overline{I_0}$	$\overline{I_1}$	$\overline{I_2}$	$\overline{I_3}$	$\overline{I_4}$	$\overline{I_5}$	$\overline{I_6}$	$\overline{I_7}$	$\overline{Y_2}$	$\overline{Y_1}$	$\overline{Y_0}$	$\overline{Y_S}$	$\overline{Y_{EX}}$
1	×	×	×	×	×	×	×	×	1	1	1	1	1
0	1	1	1	1	1	1	1	1	1	1	1	0	1
0	×	×	×	×	×	×	×	0	0	0	0	1	0
0	×	×	×	×	×	×	0	1	0	0	1	1	0
0	×	×	×	×	×	0	1	1	0	1	0	1	0
0	×	×	×	×	0	1	1	1	0	1	1	1	0
0	×	×	×	0	1	1	1	1	1	0	0	1	0
0	×	×	0	1	1	1	1	1	1	0	1	1	0
0	×	0	1	1	1	1	1	1	1	1	0	1	0
0	0	1	1	1	1	1	1	1	1	1	1	1	0

由逻辑图得到的逻辑表达式为

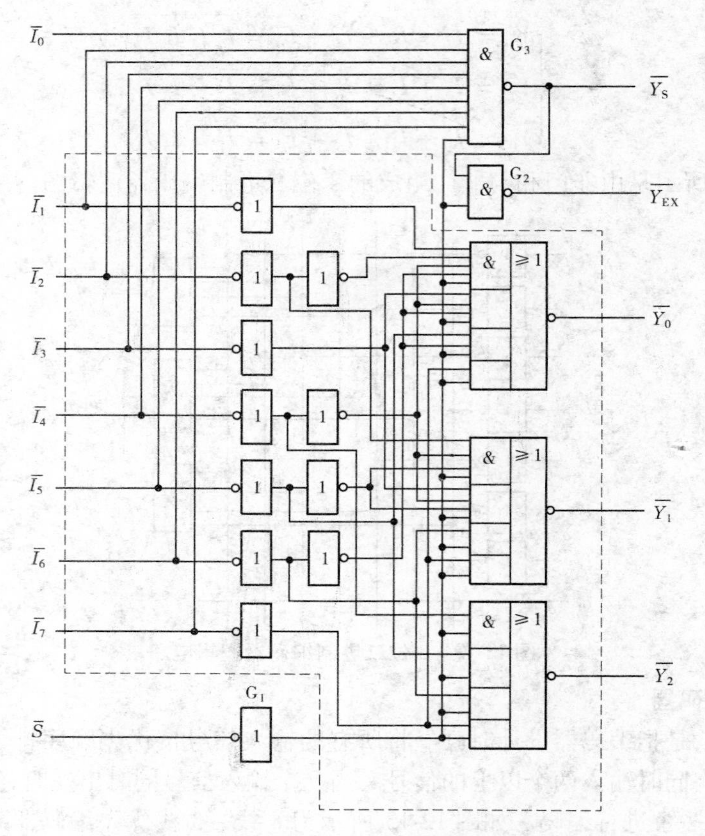

图 12-13　74LS148 的逻辑图

$$
\begin{cases}
\overline{Y_0} = \overline{I_7 + I_5\,\overline{I_6} + \overline{I_6}\,\overline{I_4}I_3 + I_1I_2\,\overline{I_4}\,\overline{I_6}} \\
\overline{Y_1} = \overline{I_7 + I_6 + \overline{I_5}\,\overline{I_4}I_3 + I_2\,\overline{I_4}\,\overline{I_5}} \\
\overline{Y_2} = \overline{I_7 + I_6 + I_5 + I_4} \\
\overline{Y_S} = \overline{\overline{I_0} \cdot \overline{I_1} \cdot \overline{I_2} \cdot \overline{I_3} \cdot \overline{I_4} \cdot \overline{I_5} \cdot \overline{I_6} \cdot \overline{I_7} \cdot \overline{S}} \\
\overline{Y_{EX}} = \overline{(I_0 + I_1 + I_2 + I_3 + I_4 + I_5 + I_6 + I_7)S}
\end{cases}
\tag{12-7}
$$

图 12-14 为其集成芯片的逻辑符号与外引脚排列图。$\overline{I_0}$ ~ $\overline{I_7}$ 为编码信号输入端，$\overline{Y_2}$、$\overline{Y_1}$、$\overline{Y_0}$ 为数码输出端，$\overline{S}$ 为控制端（选通输入端），$\overline{Y_S}$ 为选通输出端，$\overline{Y_{EX}}$ 为扩展端。

根据表 12-7 所示，74LS148 的逻辑功能说明如下：

（1）$\overline{S} = 1$ 时编码器不工作，所有的输出端均被封锁在高电平。

（2）$\overline{S} = 0$ 时，编码器工作。

$\overline{Y_S} = 0$ 时，表示编码器无编码信号输入，此时 $\overline{Y_{EX}} = 1$ 。数码输出端为高电平。

$\overline{Y_S} = 1$ 时，表示编码器有编码信号输入，此时 $\overline{Y_{EX}} = 0$ 。编码器对输入端 $\overline{I_0}$ ~ $\overline{I_7}$ 的低电平信号按优先级编码，在 $\overline{Y_2}$ 、$\overline{Y_1}$ 、$\overline{Y_0}$ 端输出代码，输出为反码。

在$\overline{I_0}$ ~ $\overline{I_7}$中，$\overline{I_7}$的优先级最高，$\overline{I_6}$次之，依次类推。

例如，当 $\overline{I_7} = 0$ 时，其余输入信号不论是 0 还是 1 都不起作用，电路只对 $\overline{I_7}$ 进行编码，

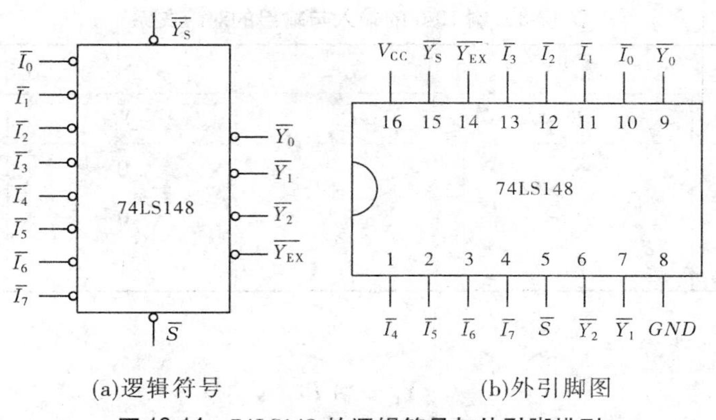

(a)逻辑符号　　　　　　　　(b)外引脚图

图 12-14　74LS148 的逻辑符号与外引脚排列

输出 $\overline{Y_2}\,\overline{Y_1}\,\overline{Y_0}=000$，为反码，其原码为 111，依次类推。

当编码信号数量或输出代码位数不满足要求时，采用两片或多片芯片进行扩展。

例如用两片 74LS148 接成 16 线 -4 线优先编码器，将 $\overline{A}_0\sim\overline{A}_{15}$ 的 16 个低电平输入信号编为 0000～1111 的 16 个 4 位二进制代码。其中 $\overline{A}_{15}$ 的优先级最高，$\overline{A}_0$ 的优先权最低。逻辑图如图 12-15 所示。

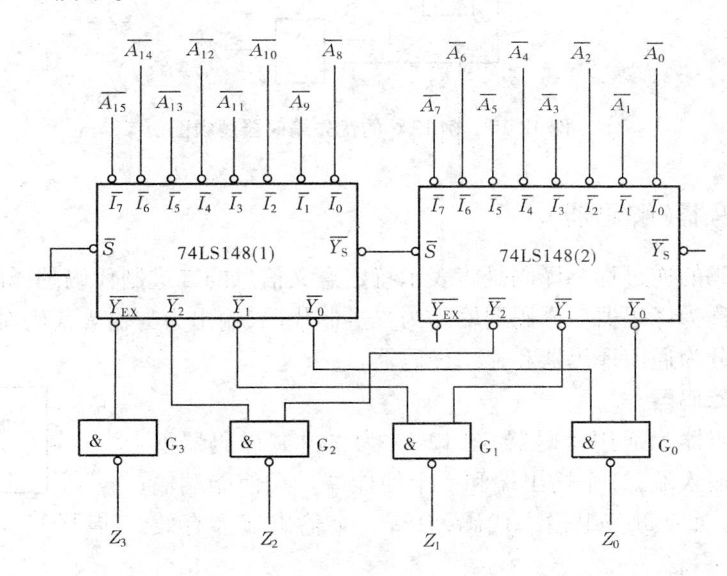

图 12-15　两片 74LS148 构成的 16 线 -4 线优先编码器

【例 12-6】　电话室有三种电话，按由高到低优先级排序依次是火警电话、急救电话、工作电话，要求电话编码依次为 00、01、10。试设计电话编码控制电路。

解：(1)根据题意知，同一时间电话室只能处理一部电话，用 A、B、C 分别代表火警、急救、工作三种电话，设电话铃响用 1 表示，没响用 0 表示。当优先级别高的信号有效时，低级别的则不起作用，这时用 × 表示，用 Y_1、Y_2 表示输出编码。

(2)列表：输入与输出的对应关系如表 12-8 所示。输入变量的其他组合均为约束项。

表 12-8　例 12-6 的输入与输出的对应关系

输入			输出	
A	B	C	Y_1	Y_2
1	×	×	0	0
0	1	×	0	1
0	0	1	1	0

(3)写逻辑表达式

$$\begin{cases} Y_1 = \overline{A}\,\overline{B}C \\ Y_2 = \overline{A}B \end{cases} \tag{12-8}$$

(4)画优先编码器逻辑图,如图 12-16 所示。

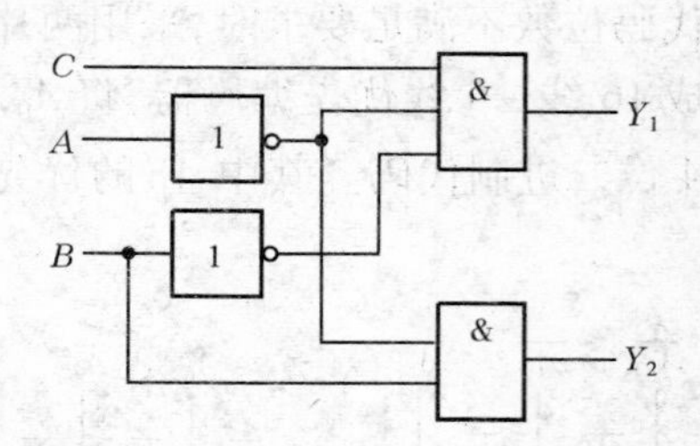

图 12-16　例 12-6 的优先编码器逻辑图

12.2.2　译码器(解码器)

译码是编码的逆过程。译码是将表示特定意义信息的二进制代码翻译出来。实现译码功能的电路称为译码器。译码器输入为二进制代码,输出为与输入代码对应的高、低电平信号。它可分为通用译码器和显示译码器。

1. 二进制译码器

二进制译码器为通用译码器,图 12-17 为二进制译码器框图。它有 n 个输入端,2^n 个输出端和一个使能端。在使能端输入有效电平时,对应每一组输入代码,只有一个输出端为有效电平。

图 12-17　译码器框图

74LS138 是一种常用的二进制集成译码器,其逻辑符号、外引脚排列如图 12-18 所示,它有 3 个输入端和 8 个输出端,因此称为 3 线 - 8 线译码器,其逻辑功能见表 12-9。

根据表 12-9 所示,3 线 - 8 线译码器 74LS138 的逻辑功能说明如下:

(1)当 $ST_A=0$,或 $\overline{ST_B}+\overline{ST_C}=1$ 时,译码器不工作,输出 $\overline{Y_7}\sim\overline{Y_0}$ 均被封锁在高电平。

(2)当 $ST_A=1$ 且 $\overline{ST_B}+\overline{ST_C}=0$ 时,译码器工作。输出端 $\overline{Y_7}\sim\overline{Y_0}$ 的状态由输入端 $A_2A_1A_0$ 的二进制代码决定,输出低电平 0 有效。例如输入信号 $A_2A_1A_0$ 为 000 时,$\overline{Y_0}$ 为低电平 0,$\overline{Y_1}\sim\overline{Y_7}$ 为高电平 1;$A_2A_1A_0$ 为 001 时,$\overline{Y_1}$ 为低电平 0,其他输出端都为高电平 1。依次类推,即有 74LS138 的输出逻辑表达式为

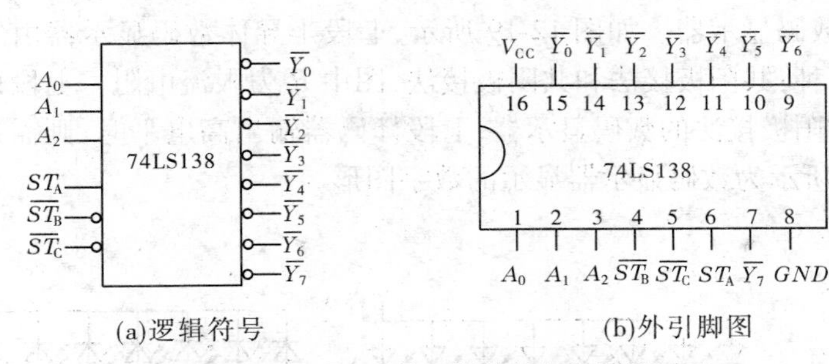

(a)逻辑符号　　　　　(b)外引脚图

图 12-18　74LS138 的逻辑符号与外引脚排列

表 12-9　3 线 - 8 线译码器 74LS138 的功能表

输入						输出							
ST_A	$\overline{ST_B}$	$\overline{ST_C}$	A_2	A_1	A_0	$\overline{Y_7}$	$\overline{Y_6}$	$\overline{Y_5}$	$\overline{Y_4}$	$\overline{Y_3}$	$\overline{Y_2}$	$\overline{Y_1}$	$\overline{Y_0}$
0	×	×	×	×	×	1	1	1	1	1	1	1	1
1	0	1	×	×	×	1	1	1	1	1	1	1	1
1	0	0	0	0	0	1	1	1	1	1	1	1	0
1	0	0	0	0	1	1	1	1	1	1	1	0	1
1	0	0	0	1	0	1	1	1	1	1	0	1	1
1	0	0	0	1	1	1	1	1	1	0	1	1	1
1	0	0	1	0	0	1	1	1	0	1	1	1	1
1	0	0	1	0	1	1	1	0	1	1	1	1	1
1	0	0	1	1	0	1	0	1	1	1	1	1	1
1	0	0	1	1	1	0	1	1	1	1	1	1	1

$$
\begin{cases}
\overline{Y_0} = \overline{\overline{A_2}\,\overline{A_1}\,\overline{A_0}} = \overline{m_0}\ , & \overline{Y_4} = \overline{A_2\,\overline{A_1}\,\overline{A_0}} = \overline{m_4} \\
\overline{Y_1} = \overline{\overline{A_2}\,\overline{A_1}A_0} = \overline{m_1}\ , & \overline{Y_5} = \overline{A_2\,\overline{A_1}A_0} = \overline{m_5} \\
\overline{Y_2} = \overline{\overline{A_2}A_1\,\overline{A_0}} = \overline{m_2}\ , & \overline{Y_6} = \overline{A_2A_1\,\overline{A_0}} = \overline{m_6} \\
\overline{Y_3} = \overline{\overline{A_2}A_1A_0} = \overline{m_3}\ , & \overline{Y_7} = \overline{A_2A_1A_0} = \overline{m_7}
\end{cases}
\tag{12-9}
$$

2. 显示译码器

显示译码器由译码器、驱动器两部分组成，通常这两者都集成在一块芯片中。不同的显示器，配有不同的显示译码器。常用的显示器按显示方式分，有字型重叠式、点阵式、分段式等；按发光物质分，有半导体显示器（又称发光二极管显示器）、荧光显示器、液晶显示器、气体放电管显示器等。

1）七段数字显示器

常见的七段数字显示器有半导体数码显示器（LED）和液晶显示器（LCD）等。这里只介绍七段半导体数码显示器。如图 12-19 所示,七段半导体数码显示器由发光二极管组成,内部接法有两种:共阳极接法和共阴极接法,图中 R 为限流电阻。七段译码器输出低电平时,需选用共阳极接法的数码显示器;七段译码器输出高电平时,则需选用共阴极接法。图 12-19(d)所示为数码显示器显示的数字图形。

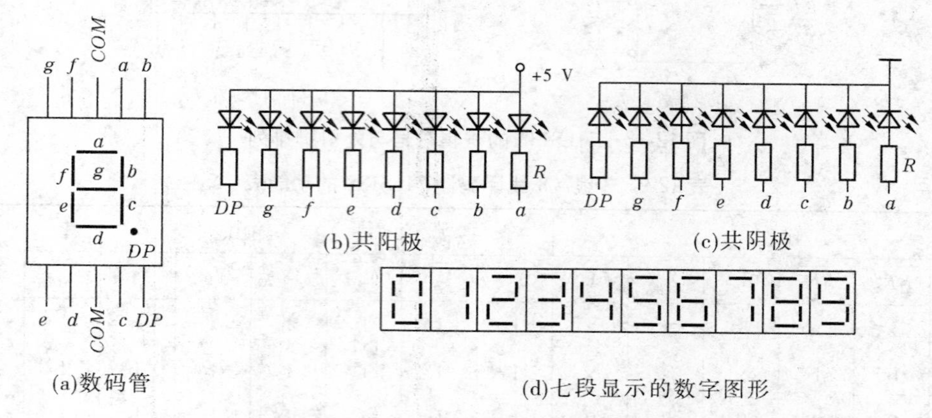

图 12-19　七段半导体数码显示器

2)七段显示译码器

74LS48 是 BCD 七段显示译码器/驱动器,用于与共阴极半导体数码显示器件相连。其逻辑符号、外引脚排列如图 12-20 所示,其逻辑功能见表 12-10。

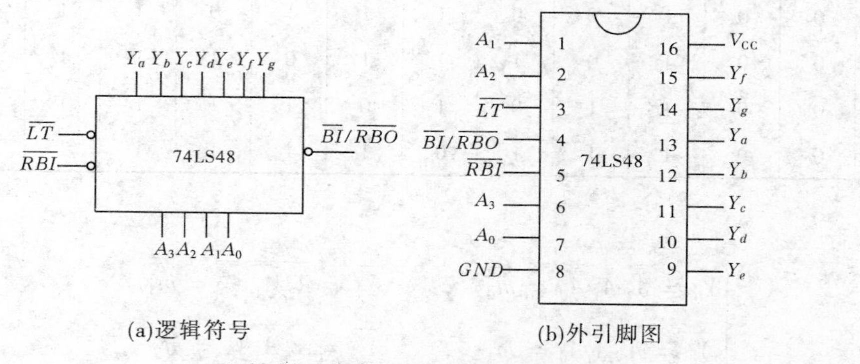

图 12-20　集成显示译码器 74LS48

图 12-21 为 74LS48 驱动共阴极数码管电路。

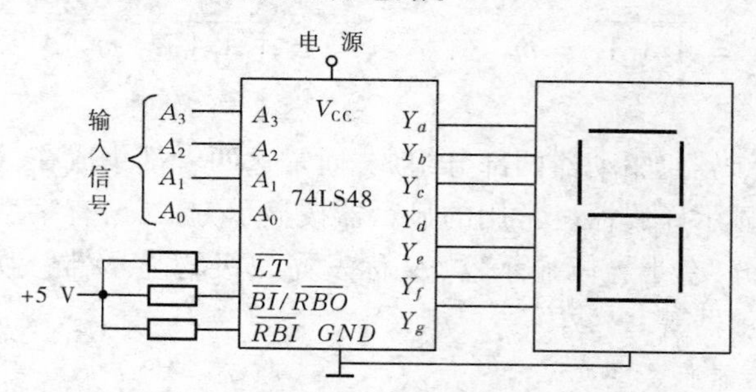

图 12-21　74LS48 驱动共阴极数码管电路

表 12-10　共阴极集成显示译码器 74LS48 功能表

输入						$\overline{BI}/\overline{RBO}$	输出							十进制数或功能
$\overline{LT}$	$\overline{RBI}$	A_3	A_2	A_1	A_0		Y_a	Y_b	Y_c	Y_d	Y_e	Y_f	Y_g	
1	1	0	0	0	0	1	1	1	1	1	1	1	0	0
1	×	0	0	0	1	1	0	1	1	0	0	0	0	1
1	×	0	0	1	0	1	1	1	0	1	1	0	1	2
1	×	0	0	1	1	1	1	1	1	1	0	0	1	3
1	×	0	1	0	0	1	0	1	1	0	0	1	1	4
1	×	0	1	0	1	1	1	0	1	1	0	1	1	5
1	×	0	1	1	0	1	1	0	1	1	1	1	1	6
1	×	0	1	1	1	1	1	1	1	0	0	0	0	7
1	×	1	0	0	0	1	1	1	1	1	1	1	1	8
1	×	1	0	0	1	1	1	1	1	1	0	1	1	9
1	×	1	0	1	0	1	0	0	0	1	1	0	1	10
1	×	1	0	1	1	1	0	0	1	1	0	0	1	11
1	×	1	1	0	0	1	0	1	0	0	0	1	1	12
1	×	1	1	0	1	1	1	0	0	1	0	1	1	13
1	×	1	1	1	0	1	0	0	0	1	1	1	1	14
1	×	1	1	1	1	1	0	0	0	0	0	0	0	15
×	×	×	×	×	×	0	0	0	0	0	0	0	0	灭灯
1	0	0	0	0	0	0	0	0	0	0	0	0	0	灭零
0	×	×	×	×	×	1	1	1	1	1	1	1	1	灯测试

由表 12-10 并结合图 12-21 可知，74LS48 显示译码器的功能如下：当 $\overline{LT}=1$，$\overline{BI}/\overline{RBO}=1$ 时，74LS48 显示译码器工作。输入信号是由 $A_3A_2A_1A_0$ 组成的 8421BCD 码，输出信号是 $Y_a \sim Y_g$。在输入端输入不同的 8421BCD 码，相应输出端显示高电平，连接二极管发光，数码管显示相应的数字图形。

（1）灯测试输入 $\overline{LT}$：它是为测试数码管发光段好坏而设置的，当 $\overline{LT}=0$ 时，$Y_a \sim Y_g$ 全为 1，数码管七段全亮，说明数码管工作正常。

（2）灭零输入 $\overline{RBI}$：它接收来自高位的灭零控制信号。显示译码器处于工作状态，在输入信号 $A_3A_2A_1A_0=0000$ 时，若 $\overline{RBI}=0$，$Y_a \sim Y_g=0$，数码管无显示。

（3）灭灯输入/灭零输出 $\overline{BI}/\overline{RBO}$：它是一个双功能的输入/输出端，工作时 $\overline{BI}/\overline{RBO}=1$。$\overline{BI}/\overline{RBO}$ 作为输入端使用时，称灭灯控制输入端。只要 $\overline{BI}=0$，无论 $\overline{LT}$、$\overline{RBI}$、$A_3A_2A_1A_0$ 的状态是什么，输出 $a \sim g$ 各段均灭，即数码管熄灭。$\overline{BI}/\overline{RBO}$ 作为输出端使用时，称灭零输出端。只有当输入 $A_3A_2A_1A_0=0000$，且灭零输入 $\overline{RBI}=0$ 时，$a \sim g$ 各段

均灭,不再显示 0 的字形,且仅在此时 $\overline{RBO}$ 输出低电平。

利用显示译码器的灭灯和灭零功能,多位译码显示电路配合,可构成多位数码显示系统。

12.2.3 数据选择器

从一组数据中选择一路进行传输的电路,称为数据选择器,也称多路选择器或多路开关。电路为多输入、单输出的形式。从 n 个数据中选择一路传输,称为 n 选一数据选择器。其结构示意图如图 12-22 所示。数据选择器的逻辑功能是根据地址码的要求,从多路输入信号中选择其中一路输出。常用的有 4 选 1、8 选 1、16 选 1 等。

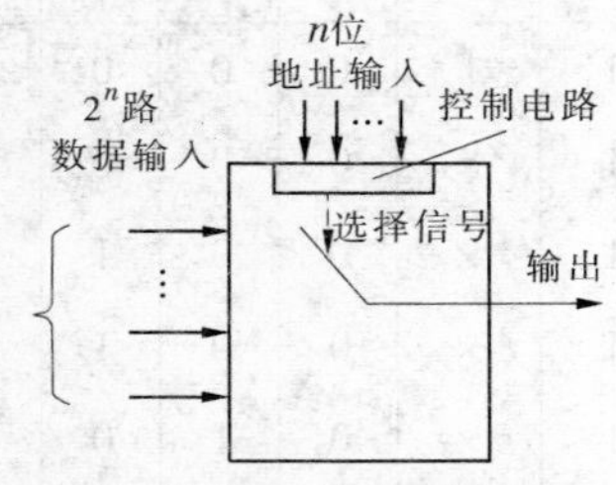

图 12-22　结构示意图

1. 4 选 1 数据选择器

4 选 1 数据选择器的输入为数据信号 D 和地址信号 A_0、A_1,D 的数值分别取自 4 路数据 D_0、D_1、D_2、D_3。由地址码决定从 4 路输入中选择哪一路输出。

(1)功能表。如表 12-11 所示。

表 12-11　4 选 1 数据选择器功能表

输入			输出
D	A_1	A_0	Y
D_0	0	0	D_0
D_1	0	1	D_1
D_2	1	0	D_2
D_3	1	1	D_3

(2)逻辑表达式。由功能表得

$$Y = D_0\overline{A_1}\,\overline{A_0} + D_1\overline{A_1}A_0 + D_2A_1\overline{A_0} + D_3A_1A_0 = \sum_{i=0}^{3} D_i m_i \qquad (12\text{-}10)$$

(3)逻辑电路图。用基本门电路构成的逻辑电路如图 12-23 所示。

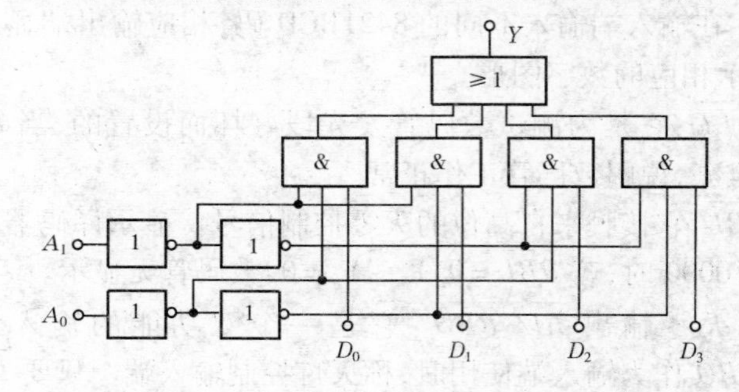

图 12-23　4 选 1 数据选择器逻辑电路

2. 集成数据选择器

1) 集成双 4 选 1 数据选择器

集成双 4 选 1 数据选择器 74LS153 如图 12-24 所示,功能表如表 12-12 所示。

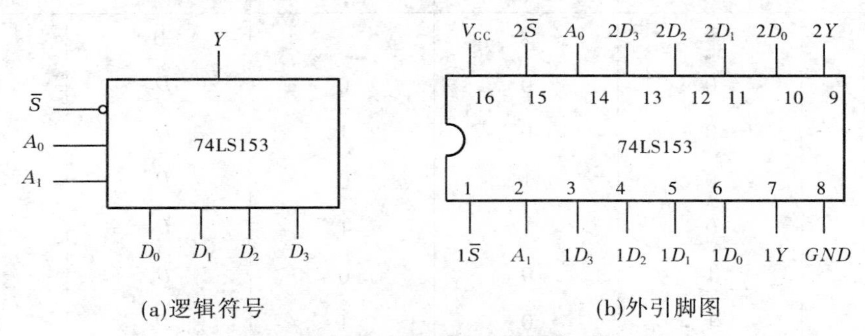

(a)逻辑符号　　(b)外引脚图

图 12-24　双 4 选 1 数据选择器 74LS153

表 12-12　74LS153 功能表

输入				输出
$\overline{S}$	D	A_1	A_0	Y
1	×	×	×	0
0	D_0	0	0	D_0
0	D_1	0	1	D_1
0	D_2	1	0	D_2
0	D_3	1	1	D_3

$\overline{S}$ 为选通控制端,低电平有效。当 $\overline{S}=0$ 时芯片被选中,处于工作状态,实现 4 选 1 逻辑功能;$\overline{S}=1$ 时芯片被禁止,$Y\equiv 0$。

2) 集成 8 选 1 数据选择器

如图 12-25 所示,8 选 1 数据选择器 74LS151 有 8 个数据输入端($D_0 \sim D_7$),3 个地址输入端(A_2、A_1、A_0),此外还有选通信号输入端 $\overline{ST}$ 和 2 个互补数据输出端(Y 、$\overline{Y}$)。功能表如表 12-13 所示。

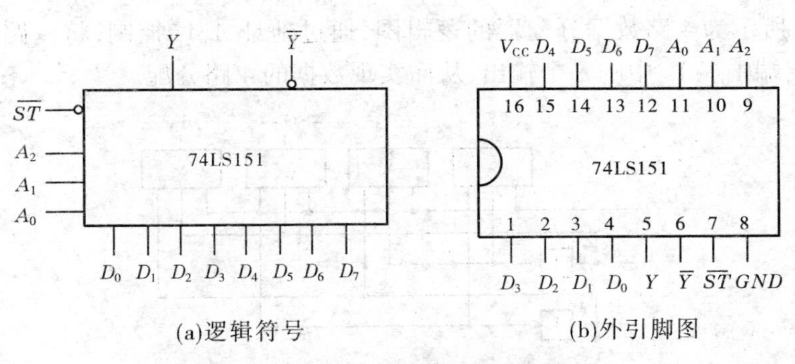

(a)逻辑符号　　(b)外引脚图

图 12-25　8 选 1 数据选择器 74LS151

表 12-13　74LS151 功能表

输入				输出	
$\overline{ST}$	A_2	A_1	A_0	Y	$\overline{Y}$
1	×	×	×	0	1
0	0	0	0	D_0	$\overline{D_0}$
0	0	0	1	D_1	$\overline{D_1}$
0	0	1	0	D_2	$\overline{D_2}$
0	0	1	1	D_3	$\overline{D_3}$
0	1	0	0	D_4	$\overline{D_4}$
0	1	0	1	D_5	$\overline{D_5}$
0	1	1	0	D_6	$\overline{D_6}$
0	1	1	1	D_7	$\overline{D_7}$

当 $\overline{ST}=1$ 时，数据选择器不工作，$Y=0$，$\overline{Y}=1$。

当 $\overline{ST}=0$ 时，数据选择器工作，此时输出函数表达式为

$$Y = D_0\overline{A_2}\,\overline{A_1}\,\overline{A_0} + D_1\overline{A_2}\,\overline{A_1}A_0 + \cdots + D_7A_2A_1A_0 = \sum_{i=0}^{7} D_i m_i \tag{12-11}$$

$$\overline{Y} = \overline{D_0}\,\overline{A_2}\,\overline{A_1}\,\overline{A_0} + \overline{D_1}\,\overline{A_2}\,\overline{A_1}A_0 + \cdots + \overline{D_7}A_2A_1A_0 = \sum_{i=0}^{7} \overline{D_i} m_i \tag{12-12}$$

12.2.4　数据分配器

根据地址信号的要求，将一路数据分配到指定输出通道上的电路，称为数据分配器。图 12-26 所示为数据分配器结构示意图。数据分配是数据选择的逆过程。数据分配器的操作过程是数据选择器的逆过程。它的功能与数据选择器相反，根据地址信号将一路输入数据按需要分配给某一个对应的输出端，其电路为单输入、多输出形式。

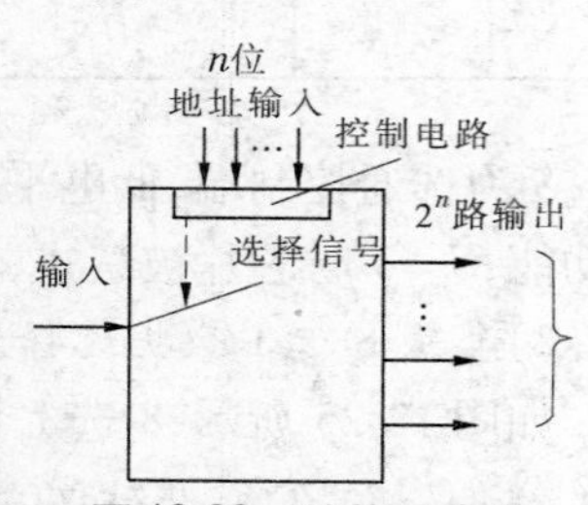

图 12-26　结构示意图

图 12-27 所示为 4 路数据分配器的逻辑图，通过地址 A_0A_1 控制，将一路输入信号传送到多路输出端 $Y_0 \sim Y_3$ 中的一个输出，从而实现数据的 4 路分配。

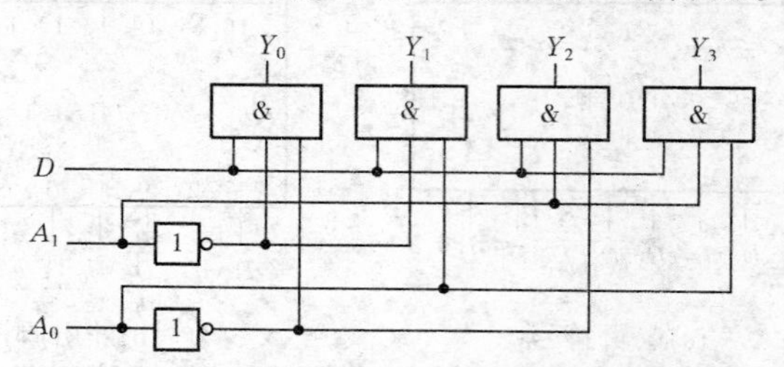

图 12-27　4 路数据分配器的逻辑图

逻辑表达式为

$$\begin{cases} Y_0 = D\overline{A_1}\,\overline{A_0},\ Y_1 = D\overline{A_1}A_0 \\ Y_2 = DA_1\overline{A_0},\ Y_3 = DA_1A_0 \end{cases} \tag{12-13}$$

数据分配器与具有使能控制的二进制译码器是可以互换的,从而可使数字集成电路的同一元件多用。互换时,译码器的数据输入端与分配器的地址控制端互换,译码器的使能端与分配器的数据输入端互换。

12.2.5 加法器

在数字系统中,加法器是构成算术运算器的基本单元。加法运算的基本规则如下:

(1)逢二进一。

(2)最低位是两个数最低位的相加,不需考虑进位。其余各位都是三个数相加,包括加数、被加数和低位来的进位。

(3)任何位相加都产生两个结果:本位和、向高位的进位。

1 位二进制加法器包括半加器和全加器。

1. 半加器

半加运算不考虑从低位来的进位,将 2 个 1 位二进制数相加。设被加数为 A,加数为 B,和数为 S,进位数为 C,真值表如表 12-14 所示。

表 12-14 半加器的真值表

输入		输出	
A	B	S	C
0	0	0	0
0	1	1	0
1	0	1	0
1	1	0	1

逻辑表达式为

$$\begin{cases} S = A\overline{B} + \overline{A}B = A \oplus B \\ C = AB \end{cases} \tag{12-14}$$

半加器的逻辑电路及逻辑符号如图 12-28 所示。

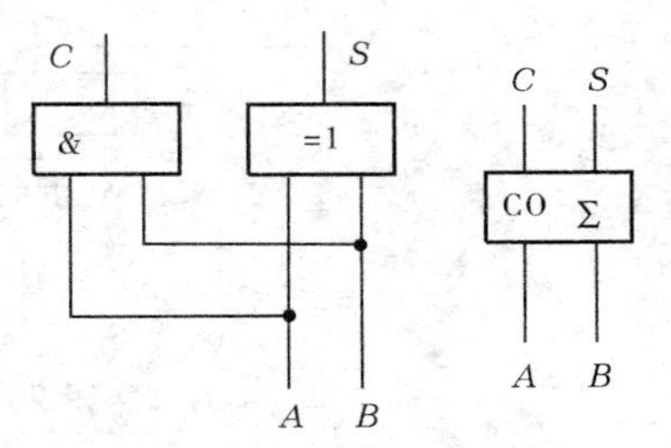

(a)逻辑电路图　　(b)逻辑符号

图 12-28 半加器的逻辑电路及符号

2. 全加器

其输入不仅有 2 个 1 位二进制数,还有低位送来的进位,能同时进行本位数和相邻低位的进位信号的加法运算。

设本位为 i 位,被加数为 A_i、加数为 B_i、进位数为 C_i、和数为 S_i、向高位进位数为 C_{i+1},真值表如表 12-15所示。

表 12-15 全加器的真值表

输入			输出	
A_i	B_i	C_i	S_i	C_{i+1}
0	0	0	0	0
0	0	1	1	0
0	1	0	1	0
0	1	1	0	1
1	0	0	1	0
1	0	1	0	1
1	1	0	0	1
1	1	1	1	1

逻辑表达式为

$$S_i = \overline{A_i}\,\overline{B_i}C_i + \overline{A_i}B_i\overline{C_i} + A_i\overline{B_i}\,\overline{C_i} + A_iB_iC_i = \sum m(1,2,4,7) \tag{12-15}$$

$$C_{i+1} = \overline{A_i}B_iC_i + A_i\overline{B_i}C_i + A_iB_i\overline{C_i} + A_iB_iC_i = \sum m(3,5,6,7) \tag{12-16}$$

对两式作适当的变换得

$$\begin{aligned} S_i &= (\overline{A_i}\,\overline{B_i} + A_iB_i)C_i + (\overline{A_i}B_i + A_i\overline{B_i})\overline{C_i} \\ &= \overline{A_i \oplus B_i}C_i + (A_i \oplus B_i)\overline{C_i} \\ &= (A_i \oplus B_i) \oplus C_i \end{aligned} \tag{12-17}$$

$$\begin{aligned} C_{i+1} &= (\overline{A_i}B_i + A_i\overline{B_i})C_i + A_iB_i(C_i + \overline{C_i}) \\ &= (A_i \oplus B_i)C_i + A_iB_i \end{aligned} \tag{12-18}$$

全加器逻辑电路及逻辑符号如图 12-29 所示。

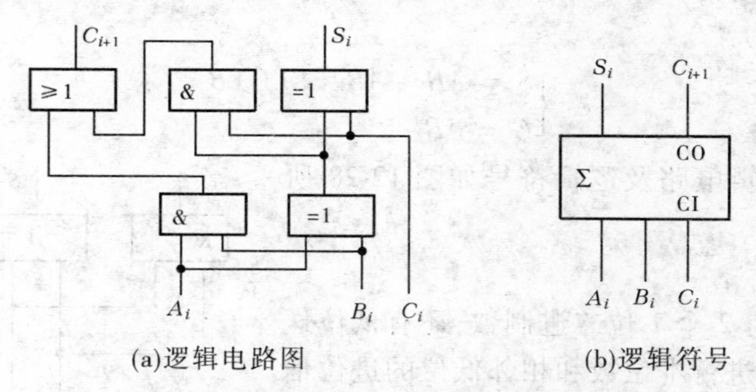

(a)逻辑电路图 (b)逻辑符号

图 12-29 全加器逻辑电路及逻辑符号

12.2.6 数据比较器

用来比较两个正数大小的逻辑电路称为数据比较器。在数字系统中，所有的信号均

编译为二进制代码,数据的比较也为同样位数的二进制数的比较。比较原则如下:

(1)先从高位比起,高位大的数值一定大。

(2)若高位相等,则再比较低位数,最终结果由低位的比较结果决定。

1.1 位数据比较器

2 个 1 位二进制数的比较真值表如表 12-16 所示。

表 12-16 1 位数据比较器真值表

输入		输出		
A	B	$H(A>B)$	$E(A=B)$	$L(A<B)$
0	0	0	1	0
0	1	0	0	1
1	0	1	0	0
1	1	0	1	0

由真值表可分别写出三个输出信号的逻辑表达式

$$H = A\overline{B} \tag{12-19}$$

$$L = \overline{A}B \tag{12-20}$$

$$E = \overline{A}\,\overline{B} + AB = \overline{A\overline{B} + \overline{A}B} \tag{12-21}$$

其逻辑图如图 12-30 所示。

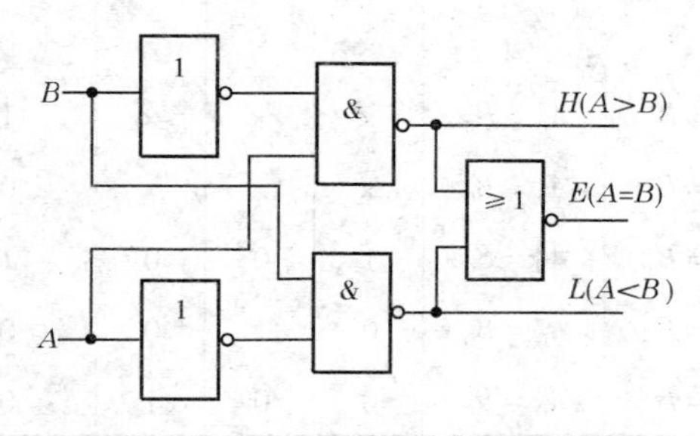

图 12-30 1 位数据比较器的逻辑图

2. 多位数据比较器

比较 2 个多位数 A 和 B,需从高向低逐位比较。只有高位相等时,才能进行低位比较。

集成芯片 74LS85 是 4 位数据比较器,它有 8 个数码输入端($A_3 \sim A_0$ 和 $B_3 \sim B_0$),分别为要进行比较的 2 个 4 位二进制数;它有 3 个级联输入端($A<B$、$A=B$、$A>B$),表示低 4 位比较的结果输入;它有 3 个级联输出端($A<B$、$A=B$、$A>B$),表示本级 2 个 4 位二进制数比较的结果输出。它的逻辑符号和外引脚排列如图 12-31 所示,功能表如表 12-17 所示。

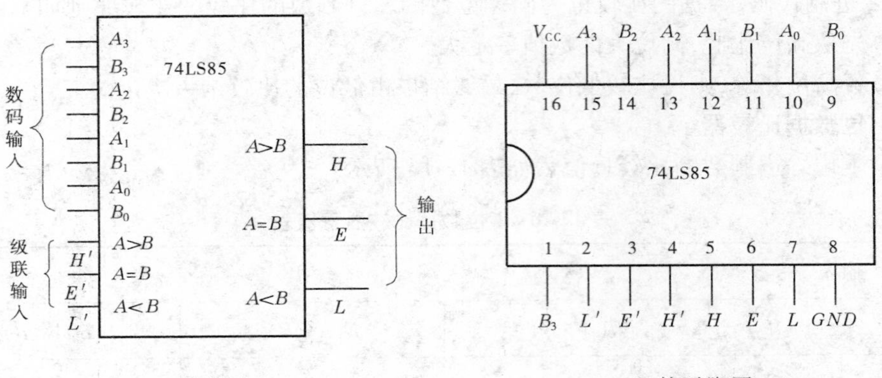

(a)逻辑符号　　　　(b)外引脚图

图 12-31　集成数据比较器 74LS85

表 12-17　74LS85 功能表

比较输入				级联输入			输出		
A_3B_3	A_2B_2	A_1B_1	A_0B_0	H'	L'	E'	$H(A>B)$	$L(A<B)$	$E(A=B)$
$A_3>B_3$	×	×	×	×	×	×	1	0	0
$A_3<B_3$	×	×	×	×	×	×	0	1	0
$A_3=B_3$	$A_2>B_2$	×	×	×	×	×	1	0	0
$A_3=B_3$	$A_2<B_2$	×	×	×	×	×	0	1	0
$A_3=B_3$	$A_2=B_2$	$A_1>B_1$	×	×	×	×	1	0	0
$A_3=B_3$	$A_2=B_2$	$A_1<B_1$	×	×	×	×	0	1	0
$A_3=B_3$	$A_2=B_2$	$A_1=B_1$	$A_0>B_0$	×	×	×	1	0	0
$A_3=B_3$	$A_2=B_2$	$A_1=B_1$	$A_0<B_0$	×	×	×	0	1	0
$A_3=B_3$	$A_2=B_2$	$A_1=B_1$	$A_0=B_0$	1	0	0	1	0	0
$A_3=B_3$	$A_2=B_2$	$A_1=B_1$	$A_0=B_0$	0	1	0	0	1	0
$A_3=B_3$	$A_2=B_2$	$A_1=B_1$	$A_0=B_0$	0	0	1	0	0	1

12.2.7　常用集成组合逻辑电路应用

常用集成组合逻辑电路除了芯片本身的逻辑功能,还可以实现其他逻辑功能。

【例 12-7】　用 74LS138 译码器实现 1 位全加器。

解:由全加器的真值表表 12-15,可得到全加器的输出函数表达式为

$$S_i = \overline{A_i}\,\overline{B_i}C_i + \overline{A_i}B_i\overline{C_i} + A_i\overline{B_i}\,\overline{C_i} + A_iB_iC_i = \sum m(1,2,4,7) = \overline{\overline{m_1}\cdot\overline{m_2}\cdot\overline{m_4}\cdot\overline{m_7}}$$

$$C_{i+1} = \overline{A_i}B_iC_i + A_i\overline{B_i}C_i + A_iB_i\overline{C_i} + A_iB_iC_i = \sum m(3,5,6,7) = \overline{\overline{m_3}\cdot\overline{m_5}\cdot\overline{m_6}\cdot\overline{m_7}}$$

可得

$$S_i = \overline{\overline{m_1} \cdot \overline{m_2} \cdot \overline{m_4} \cdot \overline{m_7}} = \overline{\overline{Y_1} \cdot \overline{Y_2} \cdot \overline{Y_4} \cdot \overline{Y_7}}$$

$$C_{i+1} = \overline{\overline{m_3} \cdot \overline{m_5} \cdot \overline{m_6} \cdot \overline{m_7}} = \overline{\overline{Y_3} \cdot \overline{Y_5} \cdot \overline{Y_6} \cdot \overline{Y_7}}$$

故画出逻辑图如图 12-32 所示。

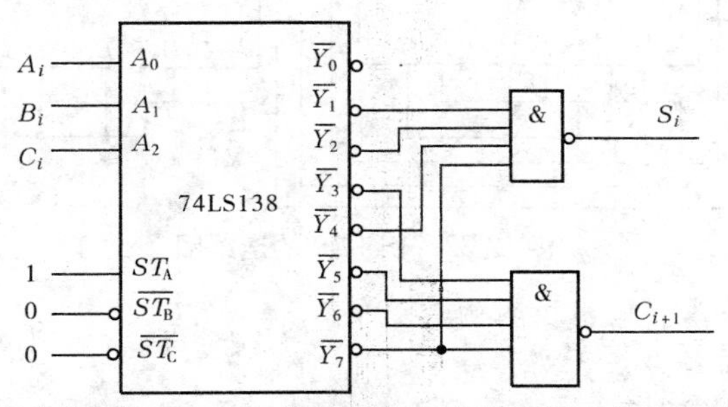

图 12-32　用 74LS138 译码器和与非门实现 1 位全加器

【例 12-8】　用 8 选 1 数据选择器 74LS151 构成 1 位全加器。

解:(1)写出逻辑函数的标准与或表达式。

全加器的输出函数表达式为

$$S_i = \overline{A_i}\,\overline{B_i}C_i + \overline{A_i}B_i\overline{C_i} + A_i\overline{B_i}\,\overline{C_i} + A_iB_iC_i = \sum m(1,2,4,7)$$

$$C_{i+1} = \overline{A_i}B_iC_i + A_i\overline{B_i}C_i + A_iB_i\overline{C_i} + A_iB_iC_i = \sum m(3,5,6,7)$$

由于有两个输出函数 S_i 和 C_{i+1},故需选用两片 74LS151。

(2)写出 8 选 1 数据选择器的输出表达式 Y,即

$$Y = D_0\overline{A_2}\,\overline{A_1}\,\overline{A_0} + D_1\overline{A_2}\,\overline{A_1}A_0 + \cdots + D_7A_2A_1A_0 = \sum_{i=0}^{7} D_im_i$$

(3)若 $S_i = Y$,比较式中最小项的对应关系,则 $A_i = A_2, B_i = A_1, C_i = A_0$, S_i 式中包含 Y 式中的最小项时,数据取 1,没有包含 Y 式中的最小项时,数据取 0,由此得

$$\begin{cases} D_1 = D_2 = D_4 = D_7 = 1 \\ D_0 = D_3 = D_5 = D_6 = 0 \end{cases}$$

若 $C_{i+1} = Y$,比较式中最小项的对应关系,则 $A_i = A_2, B_i = A_1, C_i = A_0$, C_{i+1} 式中包含 Y 式中的最小项时,数据取 1,没有包含 Y 式中的最小项时,数据取 0,由此得

$$\begin{cases} D_3 = D_5 = D_6 = D_7 = 1 \\ D_0 = D_1 = D_2 = D_4 = 0 \end{cases}$$

(4)画连线图,如图 12-33 所示。

【例 12-9】　用双 4 选 1 数据选择器 74LS153 和非门构成 1 位全加器。

解:(1)写出逻辑函数的标准与或表达式。

设二进制数在第 i 位相加,输入变量分别为被加数 A_i、加数 B_i、来自低位的进位数 C_i,输出逻辑函数分别为本位和 S_i、向相邻高位的进位数 C_{i+1},全加器的输出函数表达式为

$$S_i = \overline{A_i}\,\overline{B_i}C_i + \overline{A_i}B_i\overline{C_i} + A_i\overline{B_i}\,\overline{C_i} + A_iB_iC_i$$

$$\begin{aligned} C_{i+1} &= \overline{A_i}B_iC_i + A_i\overline{B_i}C_i + A_iB_i\overline{C_i} + A_iB_iC_i \\ &= \overline{A_i}B_iC_i + A_i\overline{B_i}C_i + A_iB_i(\overline{C_i} + C_i) = \overline{A_i}B_iC_i + A_i\overline{B_i}C_i + A_iB_i \end{aligned}$$

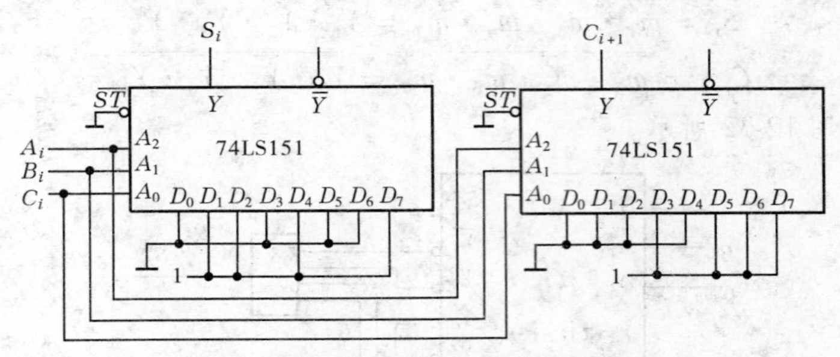

图 12-33　例 12-8 的连线图

(2)写出数据选择器的输出逻辑函数。

74LS153 的输出函数表达式为

$$\begin{cases}1Y = \overline{A_1}\,\overline{A_0}1D_0 + \overline{A_1}A_0 1D_1 + A_1\overline{A_0}1D_2 + A_1A_0 1D_3 \\ 2Y = \overline{A_1}\,\overline{A_0}2D_0 + \overline{A_1}A_0 2D_1 + A_1\overline{A_0}2D_2 + A_1A_0 2D_3\end{cases} \tag{12-22}$$

(3)将全加器的输出函数表达式和数据选择器的输出函数表达式进行比较。设 $S_i = 1Y, A_i = A_1, B_i = A_0$,则

$$\begin{cases}C_i = 1D_0 = 1D_3 \\ \overline{C_i} = 1D_1 = 1D_2\end{cases} \tag{12-23}$$

设 $C_{i+1} = 2Y, A_i = A_1, B_i = A_0$,则

$$\begin{cases}C_i = 2D_1 = 2D_2 \\ 2D_0 = 0 \\ 2D_3 = 1\end{cases} \tag{12-24}$$

(4)画连线图。根据式(12-23)和式(12-24)可画出如图 12-34 所示的连线图。

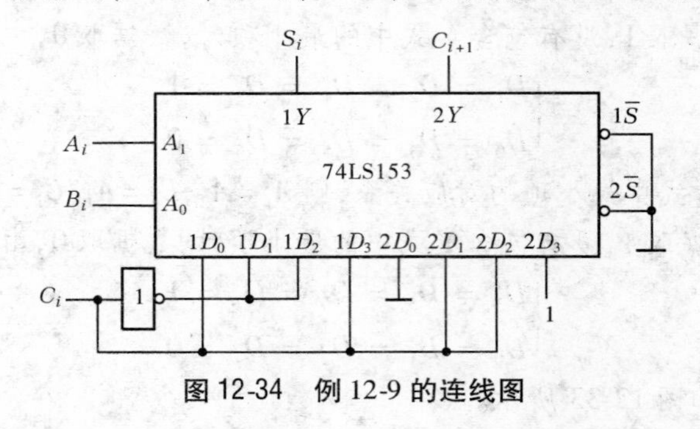

图 12-34　例 12-9 的连线图

本章小结

1. 组合逻辑电路是指在任何时刻,输出状态只取决于同一时刻各输入状态的组合,而与电路以前状态无关的数字电路。

2. 组合逻辑电路分析的目的是确定电路的逻辑功能,或检验所设计的逻辑电路是否能实现预定的逻辑功能。分析步骤如下所示:

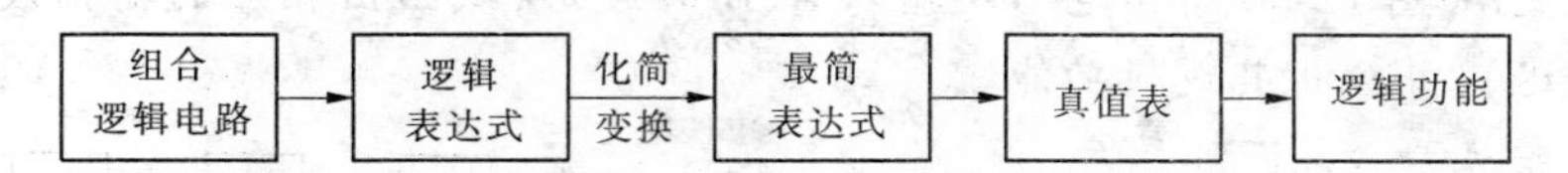

3. 组合逻辑电路设计是组合逻辑电路分析的逆过程。它是根据给定的逻辑功能要求,设计出用最少逻辑门来实现该逻辑功能的电路。设计过程如下所示:

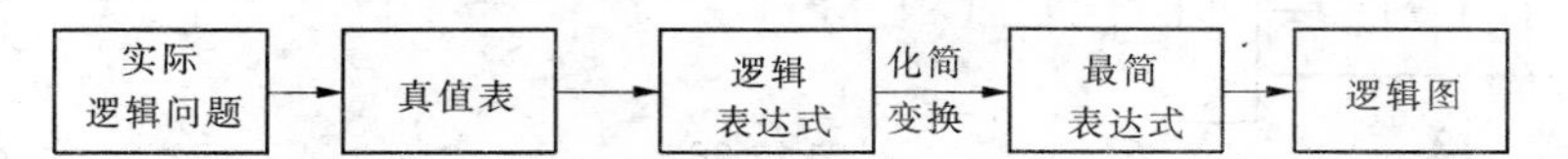

4. 逻辑电路设计中有两种实现方案,一种是由基本门电路实现,另一种是由中规模集成组合逻辑电路实现。本章讨论的中规模集成逻辑器件有编码器、译码器、数据选择器、数据分配器、加法器、数据比较器等。编码器是把具有特定意义的信息编成相应二进制代码,而译码器的功能和编码器正好相反,它是将输入的二进制代码译成相应的包含特定意义的信息。数据选择器是在地址码的控制下,在同一时间内从多路输入信号中选择相应的一路信号输出。数据分配是数据选择的逆过程。根据地址信号的要求,将一路数据分配到指定输出通道上的电路,称为数据分配器。加法器是能实现多位二进制数加法运算的电路。数据比较器是用来比较两个正数大小的逻辑电路。

思考题与习题

12-1　什么是组合逻辑电路?它们在逻辑行为和结构上有什么特点?

12-2　如何对组合逻辑电路进行分析?

12-3　简述组合逻辑电路的设计步骤。

12-4　如何由任务的文字描述建立真值表?如何根据真值表写出逻辑表达式?

12-5　简述编码器和译码器的功能。

12-6　优先编码器是如何实现优先编码的?

12-7　数据选择器和数据分配器的功能是什么?它们有何应用?多路分时传送信号是如何实现的?

12-8　什么是半加器,什么是全加器?分别画出它们的逻辑符号。

12-9　比较器的功能是什么?多位数字量比较是怎样实现的?

12-10　根据图 12-35 所示的逻辑图写表达式。

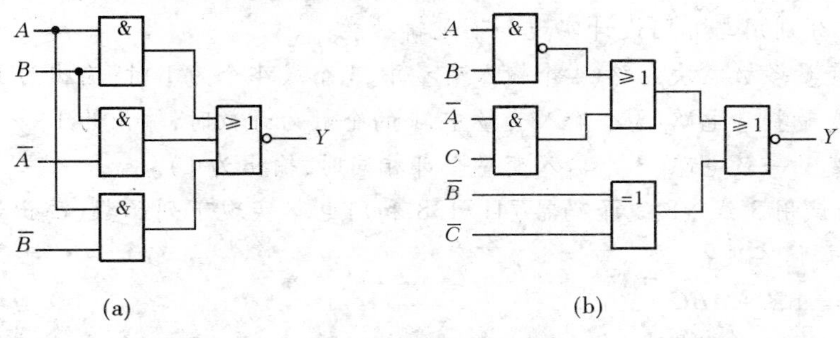

图 12-35

12-11　已知图 12-36 所示电路及输入 A、B 的波形，试画出相应的输出波形 Y(不计门电路的延迟)，并分析其逻辑功能。

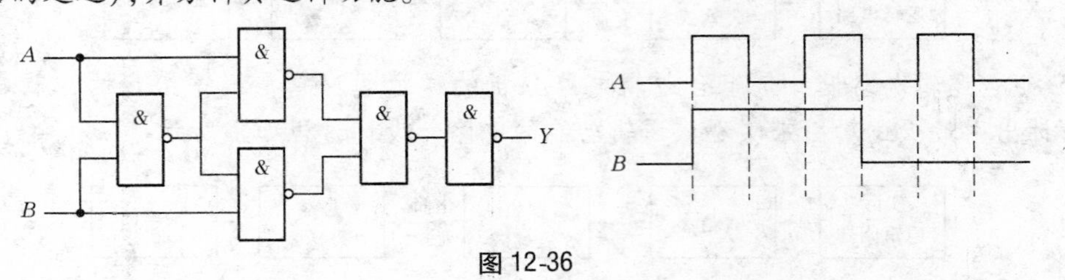

图 12-36

12-12　根据下列表达式画逻辑图。

(1) $Y = \overline{AB} \cdot \overline{CD}$

(2) $Y = (A + B + C) \cdot \overline{\overline{B}C}$

(3) $Y = \overline{(AB + \overline{B}C) + \overline{C}}$

(4) $Y = \overline{(A + B + CD)} + \overline{\overline{C}\,\overline{D}}$

12-13　分析图 12-37 所示电路的逻辑功能。

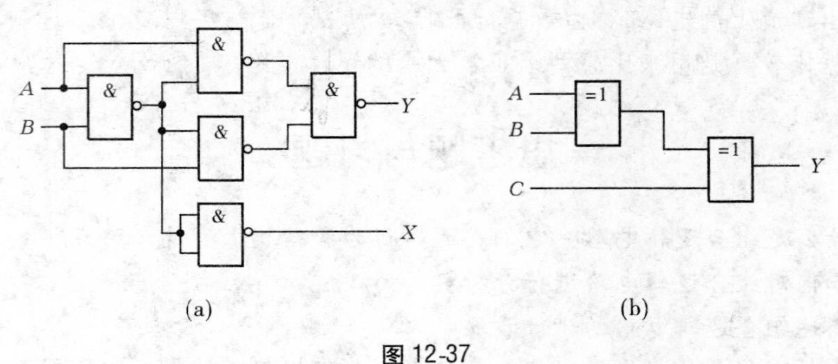

图 12-37

12-14　分析图 12-38 所示逻辑电路，并指出该电路设计是否合理。

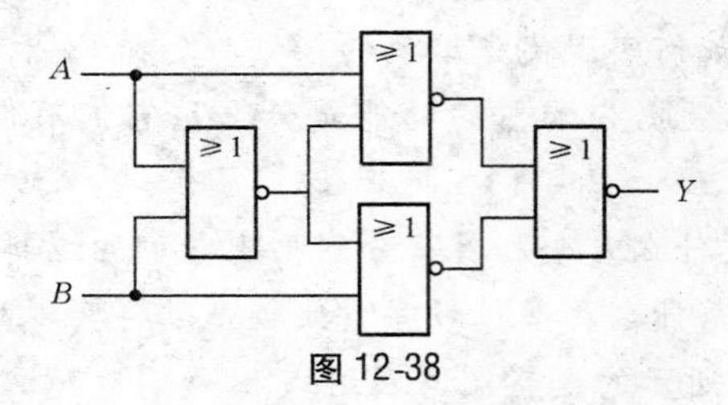

图 12-38

12-15　分别用与非门设计实现如下逻辑功能：

(1)四变量多数表决电路(4 个输入变量中，3 个或 4 个为 1 时，输出为 1)。

(2)三变量判奇电路(3 个输入变量中，1 的个数为奇数时，输出为 1)。

(3)三变量一致电路(3 个输入变量全部相同时，输出为 1)。

12-16　试用 3 线 - 8 线译码器 74LS138 和门电路实现下列函数，画出连线图。若用数据选择器如何实现？

(1) $Y = \overline{A}\,\overline{B} + AB\overline{C}$

(2) $Y = \overline{B} + C + A$

(3) $Y=\bar{A}B+\overline{AB}$

12-17　有一列自动控制的地铁电气列车,只有在所有的车门都已关上和下一段路轨已空出的条件下,列车才能离开站台。但是,如果发生关门故障,则在开着车门的情况下,列车可以通过手动操作开动,但仍要求下一段空出路轨。试解答:

(1) 用 3 输入端与非门设计一个指示电气列车开动的逻辑电路,画出逻辑图。

(2) 改用 3 线 -8 线二进制译码器 74LS138,外加必要的门电路,实现所设计的逻辑电路,画出连线图。

12-18　试用 2 块 4 位全加器将 2 位十进制数的 8421 BCD 码转换成二进制数。

12-19　用 4 选 1 数据选择器实现如下逻辑函数:

$Y=\sum m(0,1,5,6,7,9,10,14,15)$

12-20　用 8 选 1 数据选择器实现下述组合逻辑函数:

$Y=\bar{A}\,\bar{B}\,\bar{C}\,\bar{D}+\bar{A}\,\bar{B}C\bar{D}+\bar{A}B\bar{C}D+\bar{A}BCD+\bar{A}\,\bar{B}CD+AB\bar{C}D+A\bar{B}C$

12-21　某学校有三个实验室,每个实验室各需 2 kW 电力。这三个实验室由两台发电机组供电,一台是 2 kW,另一台是 4 kW。三个实验室有时可能不同时工作,试设计逻辑电路,使资源合理分配。

12-22　设计一个监测交通信号灯工作状态的逻辑电路,信号灯为红、黄、绿三种颜色。正常时只能有一盏灯亮,其他情况为故障状态,此时逻辑电路应发出故障信号,提醒维修人员前去修理。

第 13 章 触发器

知识与技能要求

1. 知识点和教学要求

(1)掌握:RS、JK、D、T 触发器的逻辑符号、逻辑功能及特性方程。

(2)理解:时序与记忆的概念。

(3)了解:各触发器的工作原理。

2. 能力培养要求

具有鉴别时序电路的能力和触发器的应用能力。

在数字电路中,经常需要将二进制的代码信息保存起来进行处理。触发器就是实现存储二进制信息功能的单元电路,是构成多种时序电路的最基本逻辑单元。本章主要介绍常用触发器的结构、原理、符号和逻辑功能等。

13.1 触发器基础知识

触发器是具有记忆功能的基本逻辑元件。它由带有反馈端的门电路组成,有一个或多个输入端,有两个互补输出端,分别用 Q 和 $\overline{Q}$ 表示。通常用 Q 端的输出状态来表示触发器的状态。当 $Q=1$、$\overline{Q}=0$ 时,称为触发器的 1 状态,记 $Q=1$;当 $Q=0$、$\overline{Q}=1$ 时,称为触发器的 0 状态,记 $Q=0$。把触发器在接收信号前所处的状态称为现态,用 Q^n 表示;把触发器在接收信号后建立的稳定状态称为次态,用 Q^{n+1} 表示。触发器的次态 Q^{n+1} 由输入信号值和触发器的现态决定。

触发器按结构可分为基本触发器、同步触发器、主从触发器和边沿触发器。按逻辑功能可分为 RS 触发器、JK 触发器、D 触发器、T 触发器和 T′触发器。按使用的开关元件可分为 TTL 触发器和 CMOS 触发器。

触发器有两个基本特性:

(1)它有两个稳定状态,可分别用来表示二进制数码 0 和 1;

(2)在输入信号作用下,触发器的两个稳定状态可相互转换,输入信号消失后,已转换的稳定状态可长期保持下来。

13.2 RS 触发器

13.2.1 基本 RS 触发器

1. 与非门基本 RS 触发器

1)电路组成和逻辑符号

图 13-1(a)所示为与非门基本 RS 触发器,由与非门 G_1、G_2 的输入与输出交叉耦合组成。图 13-1(b)为其逻辑符号。$\overline{R_D}$ 和 $\overline{S_D}$ 为信号输入端(它们上面的"-"表示低电平有效,在逻辑符号中用小圆圈表示);Q 和 $\overline{Q}$ 为互补输出端,在触发器处于稳定状态时,它们的输出状态相反。

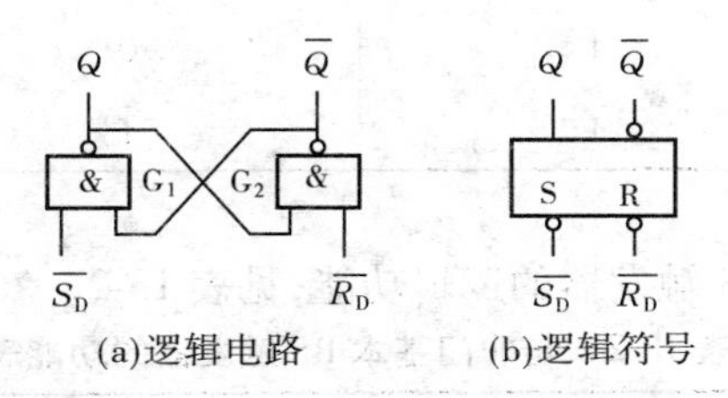

图 13-1 与非门基本 RS 触发器

2)逻辑功能

下面分 4 种情况分析与非门基本 RS 触发器输出与输入之间的逻辑关系。

(1)当 $\overline{R_D}=\overline{S_D}=0$ 时,两个与非门的输出 Q 和 $\overline{Q}$ 全为 1,破坏了触发器的逻辑关系,将不能确定触发器是处于 1 状态还是 0 状态。此状态称为不定状态,要避免不定状态,$\overline{R_D}+\overline{S_D}=1$ 为基本 RS 触发器的约束条件。

(2)$\overline{R_D}=0,\overline{S_D}=1$ 时,触发器的初态不管是 0 还是 1,由于 $\overline{R_D}=0$,则 G_2 与非门的输出 $\overline{Q}=1$,再由于 $\overline{S_D}=1$,不影响触发器状态转换,G_1 与非门的输出 $Q=0$。即不论触发器原来处于什么状态,都将变成 0 状态,这种情况称为触发器置 0 或者复位。由于是在 $\overline{R_D}$ 端加输入信号将触发器置 0,所以把 $\overline{R_D}$ 端称为触发器的置 0 端或复位端。

(3)$\overline{R_D}=1,\overline{S_D}=0$ 时,触发器的初态不管是 0 还是 1,由于 $\overline{S_D}=0$,则 G_1 与非门的输出 $Q=1$,再由于 $\overline{R_D}=1$,不影响触发器状态转换,G_2 与非门的输出 $\overline{Q}=0$。即不论触发器原来处于什么状态,都将变成 1 状态,这种情况称为触发器置 1 或者置位。由于是在 $\overline{S_D}$ 端加入输入信号将触发器置 1,所以把 $\overline{S_D}$ 端称为触发器的置 1 端或置位端。

(4)$\overline{R_D}=\overline{S_D}=1$ 时,基本 RS 触发器无信号输入,触发器保持原有的状态不变,即原来的状态被触发器存储起来,体现了触发器的记忆功能。

3)触发器的逻辑功能描述

触发器的逻辑功能常用特性表、卡诺图、特性方程、状态图和时序图五种方法描述。

(1)与非门基本 RS 触发器特性表。

反映触发器次态 Q^{n+1} 与输入信号及现态 Q^n 之间对应关系的表格称为特性表。实际上，特性表就是触发器次态 Q^{n+1} 的真值表。根据以上分析，可以列出基本 RS 触发器的特性表，如表 13-1 所示。

表 13-1　基本 RS 触发器的特性表

$\overline{R_D}$	$\overline{S_D}$	Q^n	Q^{n+1}
0	0	0	×
0	0	1	×
0	1	0	0
0	1	1	0
1	0	0	1
1	0	1	1
1	1	0	0
1	1	1	1

由表 13-1 分析基本 RS 触发器的逻辑功能，见表 13-2。

表 13-2　与非门基本 RS 触发器的功能表

$\overline{R_D}$	$\overline{S_D}$	Q^{n+1}	功能说明
1	1	Q^n	保持
1	0	1	置 1
0	1	0	置 0
0	0	×	状态不定

（2）卡诺图。

由表 13-2 可以看出，决定 Q^{n+1} 状态的因素有三个，即 $\overline{R_D}$、$\overline{S_D}$ 和 Q^n。画出基本 RS 触发器次态 Q^{n+1} 的卡诺图如图 13-2 所示。

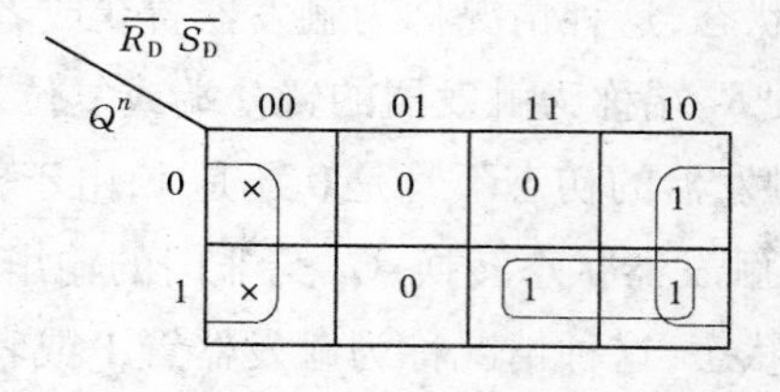

图 13-2　Q^{n+1} 卡诺图

（3）特性方程。

触发器的次态与当前输入信号及现态之间的逻辑关系式，称为特性方程。由图 13-2 可得特性方程为

$$\begin{cases} Q^{n+1} = \overline{\overline{S_D}} + \overline{R_D}Q^n = S_D + \overline{R_D}Q^n \\ \overline{R_D} + \overline{S_D} = 1 \end{cases} \tag{13-1}$$

（4）状态图与时序图。

状态图是用于描述触发器的状态转换关系与转换条件的图形,如图 13-3 所示。图中两个圆圈分别表示触发器的两个状态,箭头指示状态转换方向,箭头旁标注的是状态转换所需要的输入信号条件。例如,当触发器处在 0 状态,即 $Q^n=0$ 时,若输入信号 $\overline{R_D}\,\overline{S_D}=01$ 或 11,触发器仍为 0 状态;若 $\overline{R_D}\,\overline{S_D}=10$,触发器就会翻转为 1 状态。

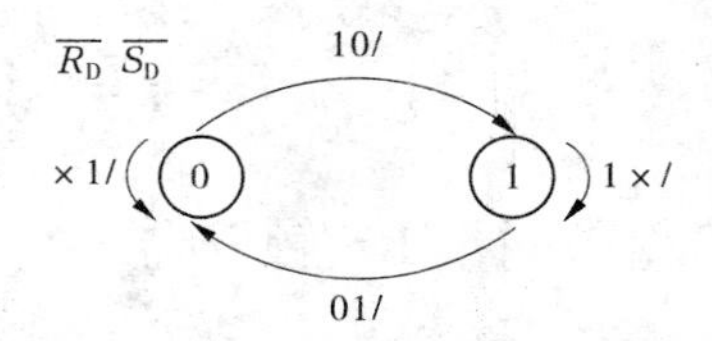

图 13-3 与非门基本 RS 触发器状态图

反映触发器输入信号取值和状态之间对应关系的图形称为波形图,它可以直观地说明触发器的特性和工作状态。因为它反映了触发器输入与输出端在不同时刻的状态,又称为时序图。根据特性表或卡诺图可以直接画出时序图。需要说明的是,在时序图中,必须包含输入状态的所有可能的组合。设触发器初态为 0 状态,与非门基本 RS 触发器的时序图如图 13-4 所示。

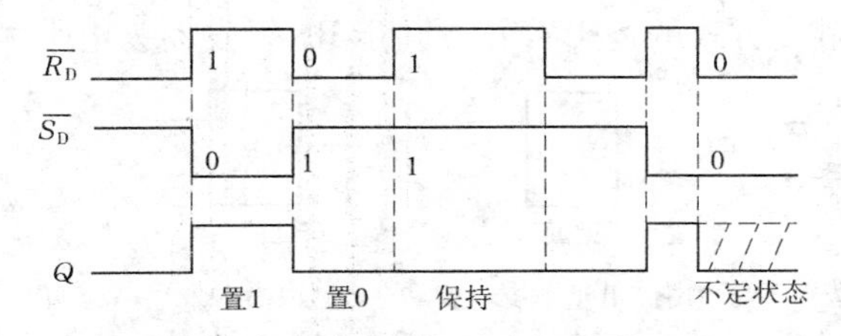

图 13-4 与非门基本 RS 触发器时序图

2. 或非门基本 RS 触发器

将图 13-1(a)中的与非门用或非门代替,即构成或非门基本 RS 触发器。电路结构和逻辑符号如图 13-5 所示。值得注意的是,由或非门组成的基本 RS 触发器是高电平有效,逻辑符号的输入端用 R、S 表示,逻辑功能见表 13-3。

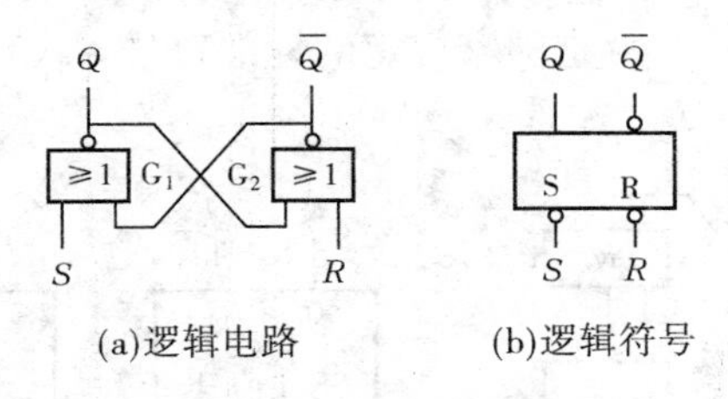

(a)逻辑电路 (b)逻辑符号

图 13-5 或非门基本 RS 触发器

表 13-3 或非门基本 RS 触发器的功能表

R	S	Q^{n+1}	功能说明
0	0	Q^n	保持
0	1	1	置 1
1	0	0	置 0

特性方程为

$$\begin{cases} Q^{n+1} = S + \overline{R}Q^n \\ R \cdot S = 0 \end{cases} \tag{13-2}$$

13.2.2 同步 RS 触发器

在实际应用中，经常要求触发器按一定节拍工作，以控制状态的翻转时刻。为此，常在基本触发器的输入端增设一级同步信号控制的触发导引电路，使触发器的状态只有在同步信号到达时才会翻转，此同步信号称为时钟脉冲信号，用 CP(Clock Pulse)表示。这类受时钟脉冲信号控制的触发器称为同步触发器或钟控触发器。

同步触发器按触发方式不同，可分为电平触发器和边沿触发器两大类。电平触发又可分为高电平触发和低电平触发，边沿触发又可分为下边沿触发和上边沿触发。高电平触发是指在 $CP=1$ 期间均可触发，低电平触发是指在 $CP=0$ 期间均可触发；上边沿触发是指在 CP 由 0 变 1 的时刻触发，下边沿触发是指在 CP 由 1 变 0 的时刻触发。图 13-6 所示是同步触发器四种触发方式的逻辑符号。同步 RS 触发器为电平触发器。

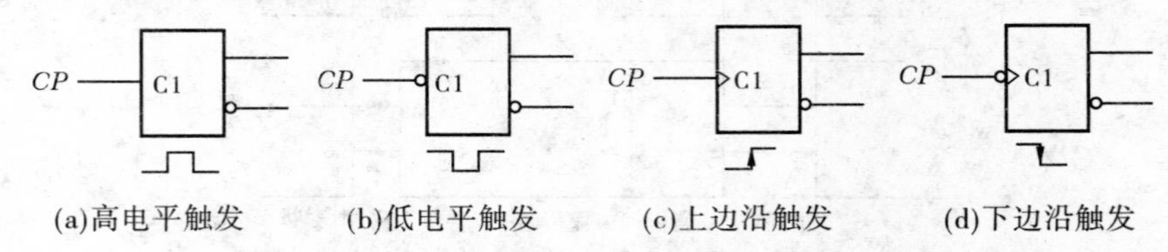

图 13-6 同步触发器的触发方式

1. 同步 RS 触发器电路结构与符号

同步 RS 触发器是在基本 RS 触发器的基础上增加了两个控制门 G_3、G_4 和一个输入控制信号 CP，输入信号 R、S 通过控制门进行传送。输入控制信号 CP 一般为标准的脉冲信号，称为时钟脉冲。同步 RS 触发器逻辑电路如图 13-7(a)所示，图 13-7(b)为同步 RS 触发器曾用逻辑符号，图 13-7(c)是国家规定的标准符号。

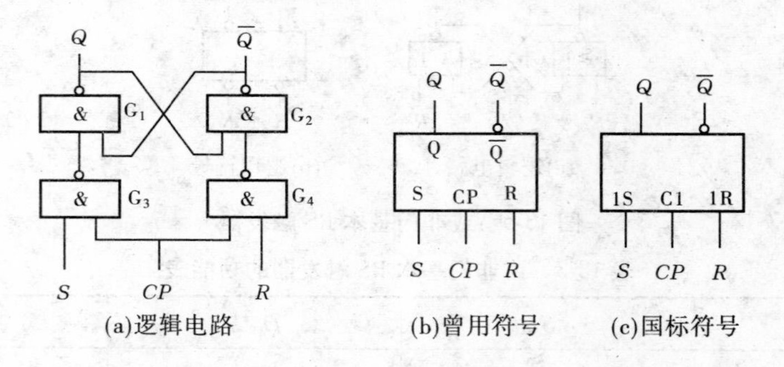

图 13-7 同步 RS 触发器

2. 逻辑功能描述

在 $CP=0$ 期间，G_3、G_4 被封锁为高电平，输入信号 S 和 R 不起作用，触发器的输出状态保持不变。

在 $CP=1$ 期间，输入信号 S 和 R 经倒相后被引导到基本 RS 触发器的输入 $\overline{S}$ 和 $\overline{R}$，此

时其逻辑功能与基本 RS 触发器相同。其功能表见表 13-4。

表 13-4　同步 RS 触发器的功能表

CP	R	S	Q^{n+1}	功能说明
0	×	×	Q^n	保持
1	0	0	Q^n	保持
1	0	1	1	置 1
1	1	0	0	置 0
1	1	1	×	状态不定

由表 13-4 所示的功能表可写出同步 RS 触发器的特性方程为

$$\begin{cases} Q^{n+1} = S + \overline{R}Q^n \\ R \cdot S = 0（约束条件） \end{cases} \quad （CP = 1 \text{ 期间有效}） \tag{13-3}$$

根据功能表或特性方程，即可画出触发器的输出端 Q 的状态图，如图 13-8 所示。

设同步 RS 触发器的原始状态为 0 状态，即 $Q=0$、$\overline{Q}=1$，输入信号 R、S 的波形已知，即可画出触发器的时序图，如图 13-9 所示。

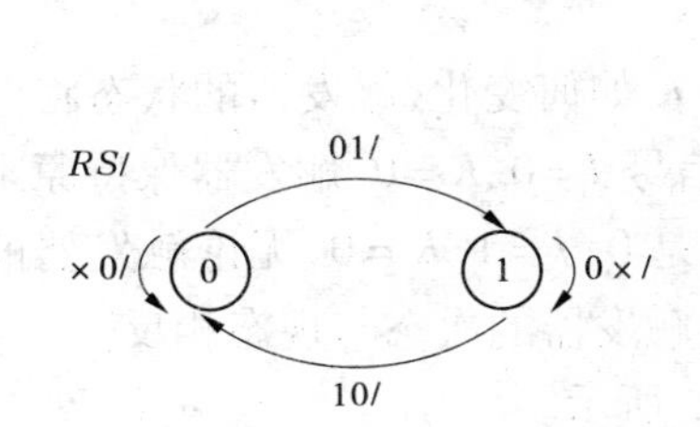

图 13-8　同步 RS 触发器状态图

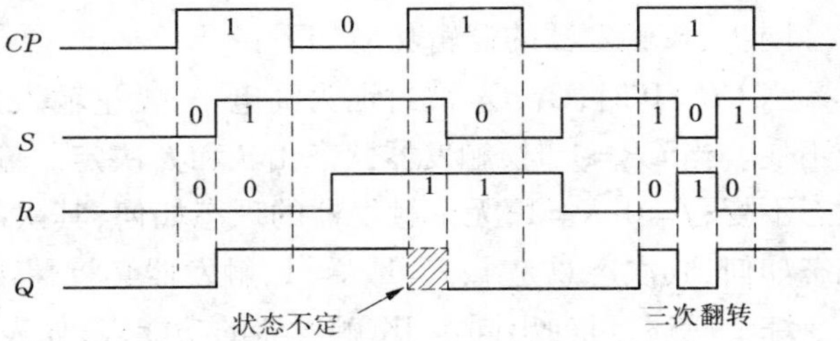

图 13-9　同步 RS 触发器时序图

由以上的介绍可以看出，同步 RS 触发器具有以下主要特点：

(1)时钟电平控制。在 $CP=1$ 期间接收输入信号，$CP=0$ 时状态保持不变，与基本 RS 触发器相比，对触发器状态的转变增加了时间控制。这样可使多个触发器在同一个时钟脉冲控制下同步工作，给使用带来了方便。而且由于同步 RS 触发器只在 $CP=1$ 时工作，$CP=0$ 时被禁止，所以抗干扰能力也要比基本 RS 触发器强得多。但在 $CP=1$ 期间，输入信号仍然直接控制着触发器输出端的状态。

(2)R、S 之间有约束。不允许出现 R 和 S 同时为 1 的情况，否则会使触发器处于不确定的状态。

(3)同步 RS 触发器存在空翻问题。所谓空翻是指在一个时钟脉冲作用下，触发器输出状态发生两次或两次以上的翻转，如图 13-9 所示。触发器的空翻问题会破坏系统中电路的统一节拍，应当避免。采用边沿触发方式或主从结构方式可以克服空翻问题。

13.3 JK 触发器

13.3.1 同步 JK 触发器

为克服同步 RS 触发器 R、S 同时为 1 的情况，可将触发器接成如图 13-10 所示的形式，即在同步 RS 触发器的基础上，把$\overline{Q}$引回到 G_3 的输入端，把 Q 引回到 G_4 的输入端，同时将输入端 S 改成 J，R 改成 K，就构成了同步 JK 触发器。它的逻辑符号如图 13-10（c）所示。

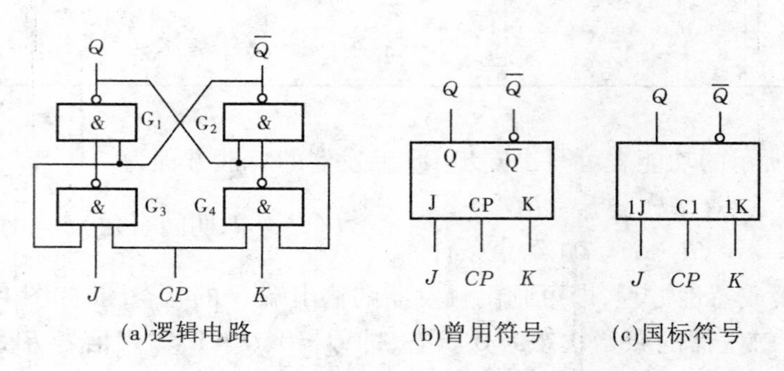

图 13-10　同步 JK 触发器

同步 JK 触发器的逻辑功能如下：

当 $CP=0$ 时，G_3、G_4 被封锁为高电平，无论输入 J 和 K 如何变化，触发器的状态将保持不变。当 $CP=1$ 时，触发器状态由 J 和 K 决定。输入信号 $J=0$、$K=0$，触发器保持原来状态不变；$J=0$、$K=1$，无论触发器的现态如何，其次态总是 0；$J=1$、$K=0$，无论触发器的现态如何，其次态总是 1；$J=1$、$K=1$，触发器必将翻转，即触发器的次态与现态相反。

综上所述，可列出同步 JK 触发器的功能表，如表 13-5 所示。

表 13-5　同步 JK 触发器的功能表

CP	J	K	Q^{n+1}	功能说明
0	×	×	Q^n	保持
1	0	0	Q^n	保持
1	0	1	0	置 0
1	1	0	1	置 1
1	1	1	$\overline{Q^n}$	状态翻转

JK 触发器的特性方程为

$$Q^{n+1} = J\overline{Q^n} + \overline{K}Q^n \quad (CP = 1 \text{ 期间有效}) \tag{13-4}$$

图 13-11 所示为同步 JK 触发器状态图，图 13-12 所示为同步 JK 触发器时序图。在时序图中，CP、J、K 的波形是给定的，触发器的初始状态为 0，可以给定，未给定时可以假设。

13.3.2 边沿 JK 触发器

从图 13-12 可以发现，同步 JK 触发器也存在着空翻的现象。为了进一步提高触发器的抗干扰能力和可靠性，采用边沿触发器。

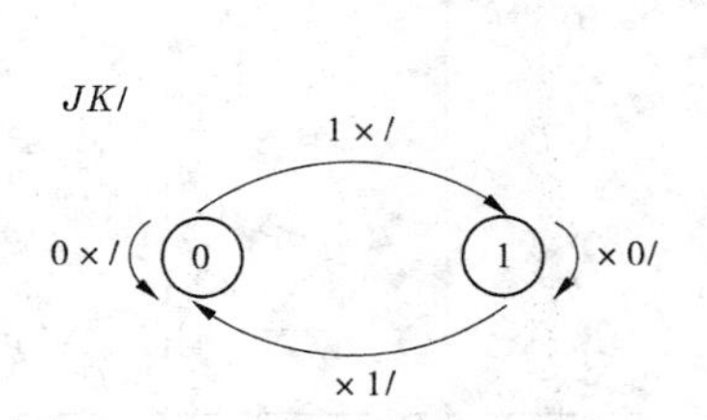

图 13-11 同步 JK 触发器状态图

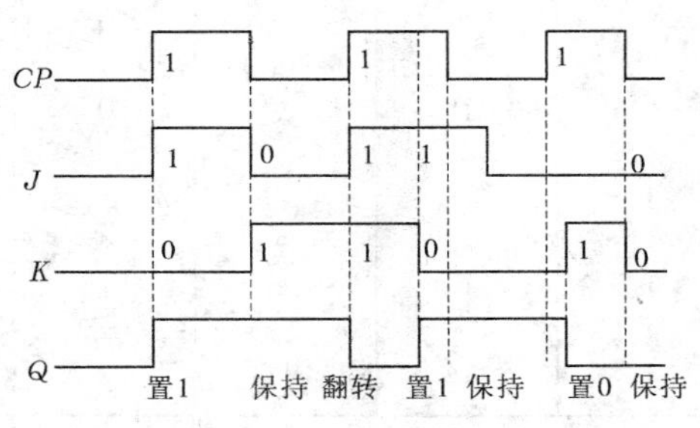

图 13-12 同步 JK 触发器时序图

边沿 JK 触发器只在 CP 边沿时刻接收输入信号，输出状态是由 CP 边沿到达瞬间输入信号所处的状态来决定的。而在 CP 变化前后，输入信号状态变化对触发器状态都不产生影响，所以无空翻现象。

边沿 JK 触发器常用的集成芯片型号有 74LS112（下边沿触发的双 JK 触发器）、CC4027（上边沿触发的双 JK 触发器）和 74LS276（四 JK 触发器，共用置 1、置 0 端）等。74LS112 双 JK 触发器每片集成芯片包含两个具有复位、置位端的下边沿触发的 JK 触发器，通常用于缓冲触发器、计数器和移位寄存器电路中。74LS112 双 JK 触发器的引脚排列和逻辑符号如图 13-13 所示。表 13-6 为双下边沿 JK 触发器 74LS112 的功能表。

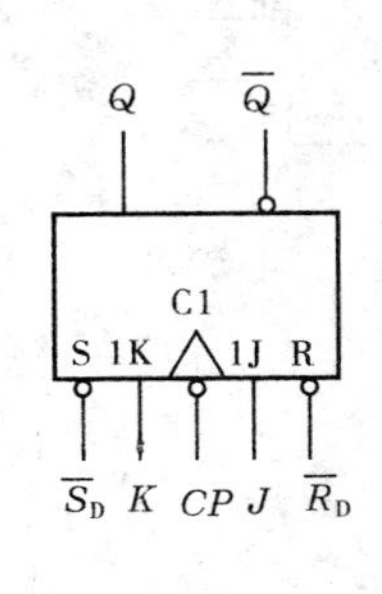

(a)逻辑符号

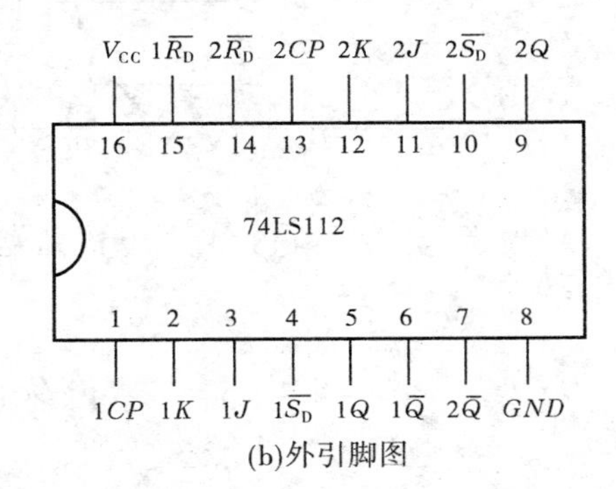

(b)外引脚图

图 13-13 JK 触发器 74LS112

表 13-6 双下边沿 JK 触发器 74LS112 的功能表

输入					输出		功能说明
$\overline{R}_D$	$\overline{S}_D$	CP	J	K	Q^{n+1}	$\overline{Q^{n+1}}$	
0	1	×	×	×	0	1	异步置 0
1	0	×	×	×	1	0	异步置 1
0	0	×	×	×	1	1	状态不定

续表 13-6

输入					输出		功能说明
$\overline{R_D}$	$\overline{S_D}$	CP	J	K	Q^{n+1}	$\overline{Q^{n+1}}$	
1	1	↓	0	0	Q^n	$\overline{Q^n}$	保持
1	1	↓	0	1	0	1	置 0
1	1	↓	1	0	1	0	置 1
1	1	↓	1	1	$\overline{Q^n}$	Q^n	翻转
1	1	1	×	×	Q^n	$\overline{Q^n}$	保持不变

由功能表可以看出,前两行是异步置位(置 1)和复位(置 0)工作状态,它们无须在 CP 脉冲的同步控制下工作,称"异步"。在 $\overline{R_D}=\overline{S_D}=1$ 及 CP 下边沿时实现 JK 触发器的功能。特性方程为

$$Q^{n+1} = J\overline{Q^n} + \overline{K}Q^n \quad (CP\downarrow \text{时有效}) \tag{13-5}$$

图 13-14 所示为其时序图。

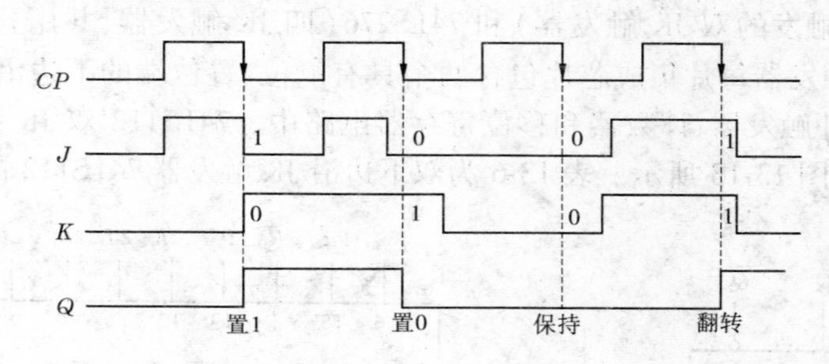

图 13-14　下边沿 JK 触发器时序图

13.4　D 触发器

13.4.1　同步 D 触发器

为了避免同步 RS 触发器的输入 R、S 同时为 1 的情况,在 R、S 间接入反相器,便构成了只有单输入端的同步 D 触发器。图 13-15 所示为同步 D 触发器的逻辑电路及符号。

同步 D 触发器的逻辑功能比较简单:$CP=0$ 时触发器状态保持不变;$CP=1$ 时,如果 $D=0$,则触发器置 0,如果 $D=1$,则触发器置 1。D 触发器的功能表如表 13-7 所示。

其特性方程为

$$Q^{n+1} = D \quad (CP = 1 \text{ 有效}) \tag{13-6}$$

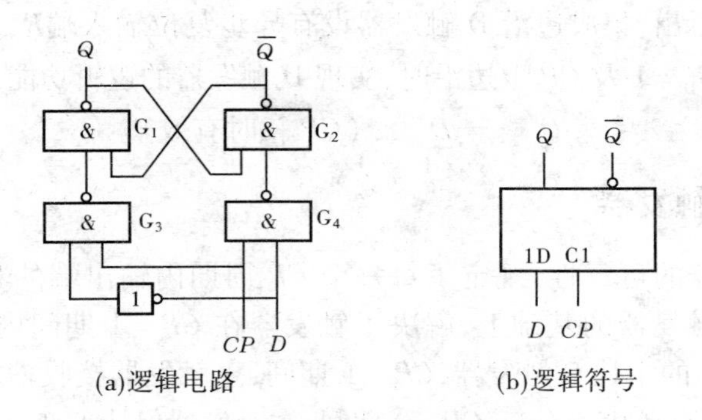

图 13-15　同步 D 触发器

表 13-7　D 触发器的功能表

CP	D	Q^{n+1}	功能说明
0	×	Q^n	保持
1	0	0	置 0
1	1	1	置 1

13.4.2　边沿 D 触发器

集成 TTL 芯片 74LS74 是双上边沿 D 触发器，它是维持阻塞结构。所谓的维持阻塞结构，就是利用脉冲的作用来防止空翻。图 13-16 所示为上边沿 D 触发器的引脚排列和逻辑符号。表 13-8 为它的功能表。

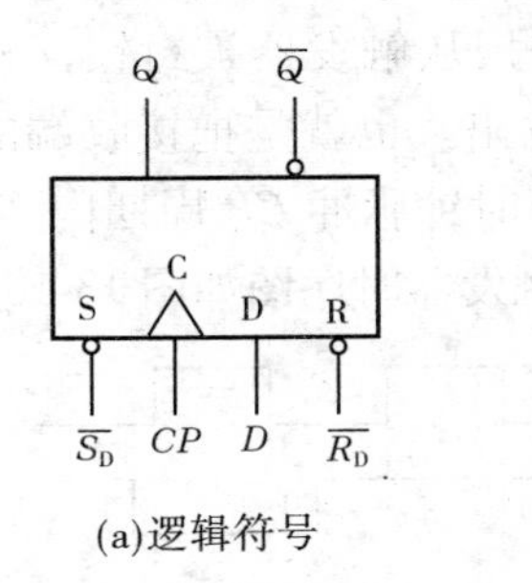

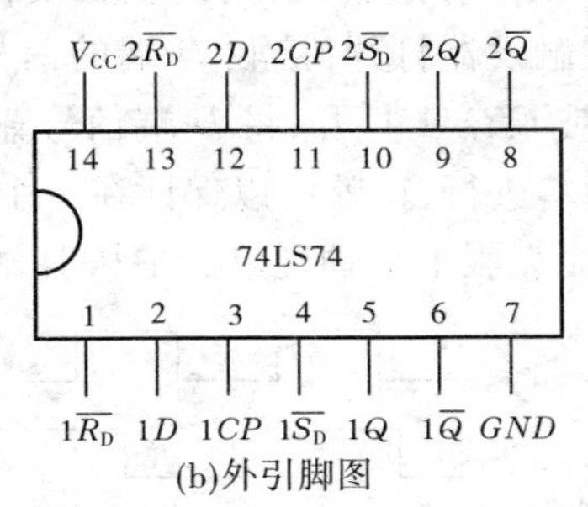

图 13-16　上边沿 D 触发器

表 13-8　上边沿 D 触发器的功能表

输入				输出		功能说明
CP	D	$\overline{R_D}$	$\overline{S_D}$	Q^{n+1}	$\overline{Q^{n+1}}$	
↑	0	1	1	0	1	置 0
↑	1	1	1	1	0	置 1
0	×	1	1	Q^n	$\overline{Q^n}$	保持
×	×	0	1	0	1	异步置 0
×	×	1	0	1	0	异步置 1
×	×	0	0	1	1	状态不定(禁用)

由功能表可以看出,集成边沿 D 触发器设有异步复位输入端$\overline{R_D}$和异步置位端$\overline{S_D}$,低电平有效。在$\overline{R_D}=\overline{S_D}=1$及 CP 上边沿时,实现 D 触发器的逻辑功能。其特性方程为

$$Q^{n+1}=D \qquad (CP\uparrow \text{ 时有效})$$

13.4.3 主从 D 触发器

为了提高触发器的可靠性,规定了每一个 CP 周期内输出端的状态只能动作一次。主从触发器在同步触发器的基础上,解决了触发器在 $CP=1$ 期间内多次翻转的空翻现象。如图 13-17 所示的主从 D 触发器,$CP=1$ 期间,主触发器接收输入信号,并置相应状态,而从触发器保持原来状态不变;$CP=0$ 期间,主触发器保持不变,而从触发器接收主触发器状态。因此,在 CP 下降沿时刻,从触发器按照主触发器的状态翻转。这种触发方式称为主从触发式,克服了空翻现象,实现每个 CP 周期内,输出状态只能改变一次。

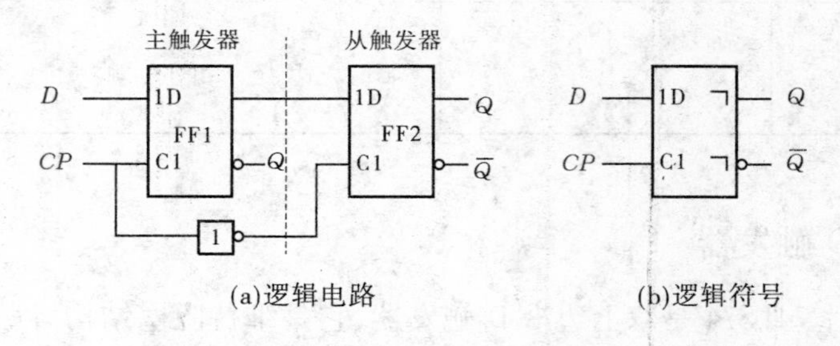

图 13-17 主从 D 触发器

主从 D 触发器的工作过程为:由于主触发器的时钟 CP 与从触发器的时钟是互为反相的,$CP=1$ 时,主触发器打开,接收 D 端的信号,从触发器被封锁;$CP=0$ 时,主触发器被封锁,从触发器被 $CP=1$ 打开,将 D 端信号输出。也就是把接收端的输入信号和输出 Q 状态的更新分两步进行,这就可以保证在一个时钟脉冲 CP 周期内,触发器的输出状态只能改变一次,从而克服了空翻现象。主从 D 触发器时序图如图 13-18 所示。

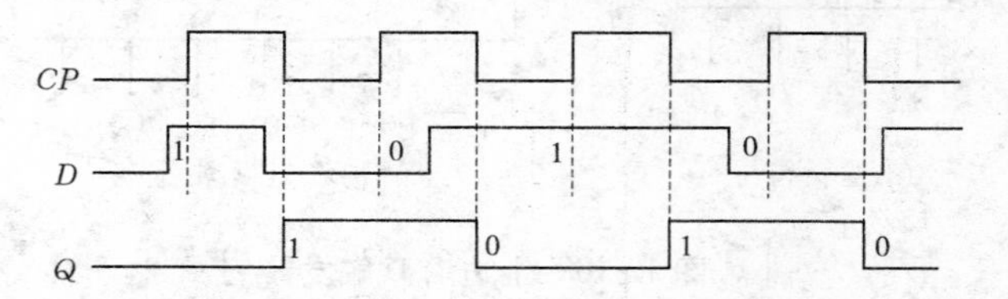

图 13-18 主从 D 触发器时序图

13.5 触发器的转换

常用的触发器按逻辑功能分有 5 种:RS 触发器、JK 触发器、D 触发器、T 触发器和 T′触发器。实际上没有形成全部集成电路产品,但我们可通过触发器转换的方法,达到各种触发器相互转换的目的。

13.5.1 JK 触发器转换为 D 触发器

JK 触发器是功能最齐全的触发器，把 JK 触发器稍加改动便可转换为 D 触发器。将 JK 触发器的特性方程：$Q^{n+1}=J\overline{Q^n}+\overline{K}Q^n$，与 D 触发器的特性方程：$Q^{n+1}=D$ 作比较，如果令 $J=D,\overline{K}=D(K=\overline{D})$，则 JK 触发器的特性方程变为：$Q^{n+1}=D\overline{Q^n}+DQ^n=D$。

将 JK 触发器的 J 端接到 D，K 端接到 $\overline{D}$，就可实现 JK 触发器转换为 D 触发器，电路如图 13-19 所示。

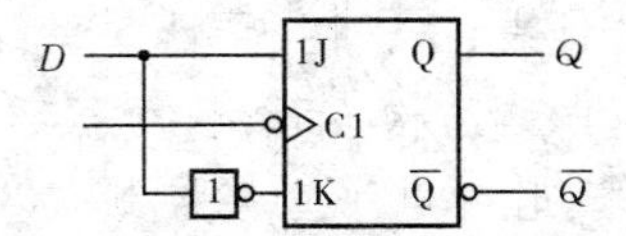

图 13-19 JK 触发器转换为 D 触发器

13.5.2 JK 触发器转换为 T 触发器和 T′触发器

1. JK 触发器转换为 T 触发器

T 触发器是具有保持和翻转功能的触发器，特性方程为

$$Q^{n+1}=T\overline{Q^n}+\overline{T}Q^n$$

要把 JK 触发器转换为 T 触发器，则令 $J=T,K=T$，也就是把 JK 触发器的 J 和 K 端相连作为 T 输入端，就可实现 JK 触发器转换为 T 触发器，电路如图 13-20(a)所示。

2. JK 触发器转换为 T′触发器

T′触发器是翻转触发器，特性方程为

$$Q^{n+1}=\overline{Q^n}$$

将 JK 触发器的 J 端和 K 端并联接到高电平 1，即可构成 T′触发器，电路如图 13-20(b)所示。

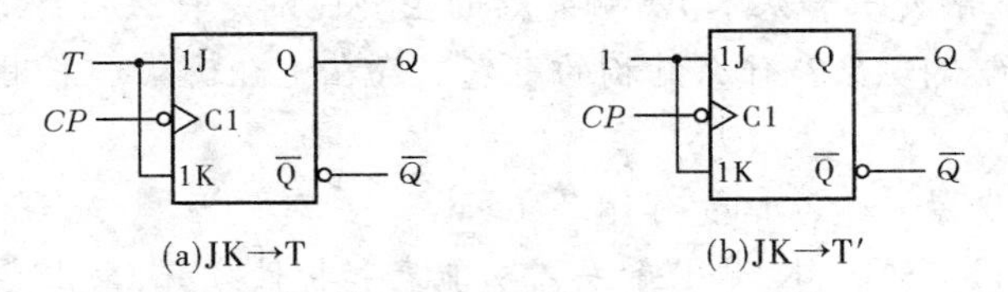

图 13-20 JK 触发器转换成 T 或 T′触发器

13.5.3 D 触发器转换为 T 触发器

比较 D 触发器的特性方程与 T 触发器的特性方程 $Q^{n+1}=T\overline{Q^n}+\overline{T}Q^n$，只需 $D=T\overline{Q^n}+\overline{T}Q^n$ 即可，电路如图 13-21 所示。

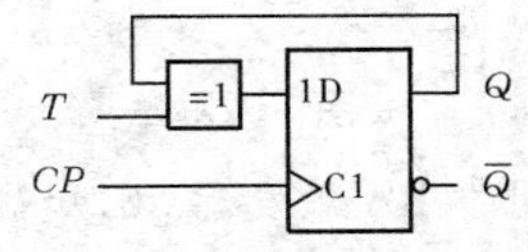

图 13-21 D 触发器转换成 T 触发器

本章小结

1. 触发器和门电路一样，也是组成数字电路的基本逻辑单元。它有两个基本特性：①有两个稳定的状态（0 和 1 状态）；②在外信号作用下，两个稳定状态可相互转换，没有外信号作用时，保持原状态不变。因此，触发器具有记忆功能，常用来保存二进制信息。

2. 触发器的逻辑功能指触发器输出的次态与现态及输入信号之间的逻辑关系。触发器逻辑功能的描述方法主要有特性表、卡诺图、特性方程、状态图和时序图。

3. 触发器的类型很多。根据电路结构不同，触发器可分为：①基本触发器：输入信号直接控制。②同步（钟控）触发器：时钟电平直接控制。③主从触发器：主从控制脉冲触发。④边沿触发器：时钟边沿控制。根据逻辑功能不同，同步触发器可分为：

RS 触发器，特性方程为：$\begin{cases} Q^{n+1} = S + \overline{R}Q^n \\ R \cdot S = 0 \quad \text{（约束条件）} \end{cases}$。

JK 触发器，特性方程为：$Q^{n+1} = J\overline{Q^n} + \overline{K}Q^n$。

D 触发器，特性方程为：$Q^{n+1} = D$。

T 触发器，特性方程为：$Q^{n+1} = T\overline{Q^n} + \overline{T}Q^n$。

T′触发器，特性方程为：$Q^{n+1} = \overline{Q^n}$。

思考题与习题

13-1 触发器根据逻辑功能的不同，可分为几种结构形式？

13-2 基本 RS 触发器在电路结构上有什么特点？为什么不允许与非门基本 RS 触发器输入端同时为低电平？

13-3 同步 RS 触发器和基本 RS 触发器的主要区别是什么？

13-4 什么是空翻现象？什么结构的触发器存在空翻现象？采用什么结构可以克服空翻现象？

13-5 主从触发器对输入信号有什么要求？

13-6 分别写出 RS、D、JK、T、T′触发器功能表和特性方程，画出它们的逻辑符号。

13-7 基本 RS 触发器的输入波形如图 13-22 所示，试对应画出触发器的输出波形。设触发器的初始状态 $Q=0$。

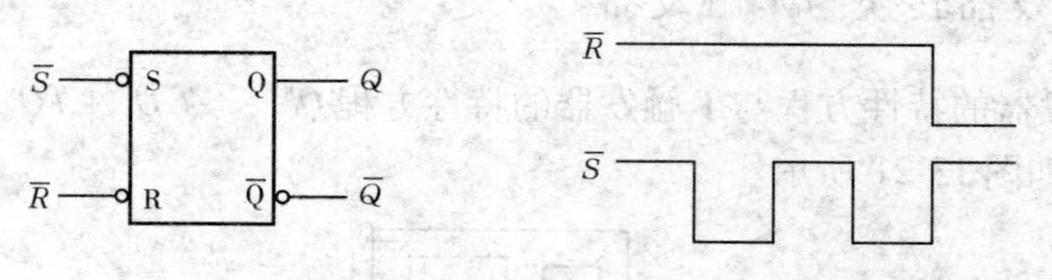

图 13-22

13-8 由 TTL 与非门构成的同步 RS 触发器，已知输入 R、S 波形如图 13-23 所示，画出输出 Q 端的波形。

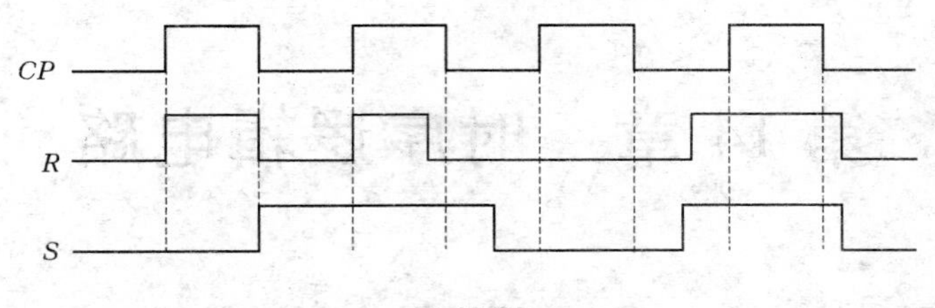

图 13-23

13-9　如图 13-24 所示,一下边沿 JK 触发器的初始状态 $Q=0$,根据给出的 CP、J、K 输入信号波形,画出触发器输出端 Q 的波形。

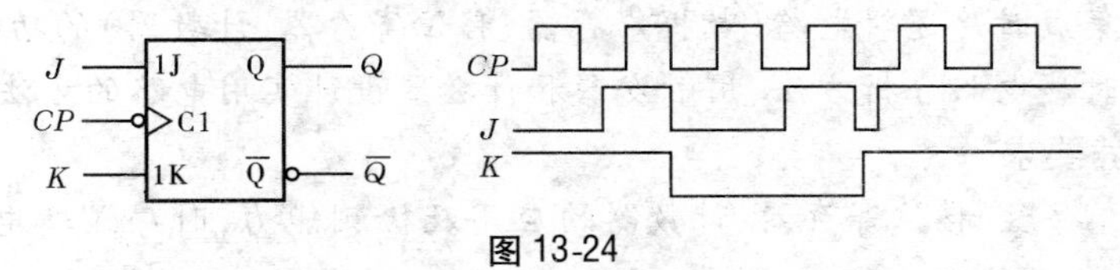

图 13-24

13-10　一集成上边沿触发器 74LS74,输入 CP、D、$\overline{S_D}$ 的波形如图 13-25 所示,设触发器的初始状态 $Q=0$,试对应画出触发器输出端 Q 的波形。

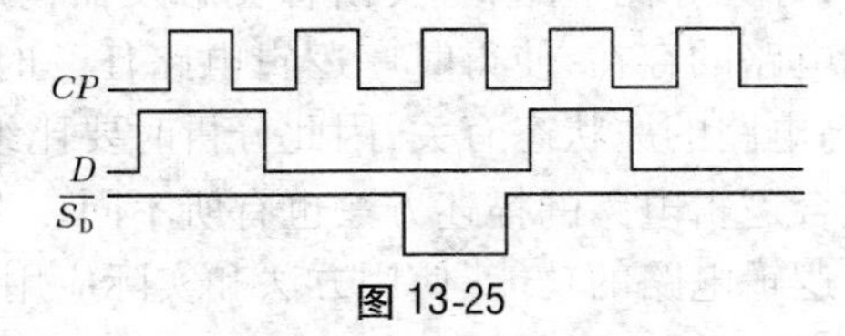

图 13-25

13-11　分别画出图 13-26(a)和(b)所示电路输出端 Q 的波形,设触发器的初始状态 $Q=0$。

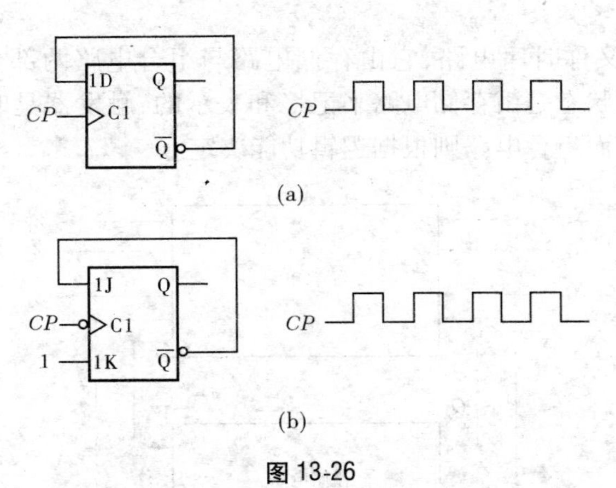

图 13-26

第 14 章　时序逻辑电路

知识与技能要求

1. 知识点和教学要求

(1)掌握:数据寄存器、移位寄存器、计数器的功能,设计任意进制计数器的方法。

(2)理解:集成时序逻辑电路(数据寄存器、移位寄存器、计数器)的功能表。

(3)了解:时序电路分析方法、用触发器和计数器设计实用电路的方法。

2. 能力培养要求

具备数据寄存器、移位寄存器、计数器的应用及检测能力,时序逻辑电路的基本设计能力。

具备记忆功能的电路,称为存储电路,主要由各类触发器构成,存储电路与组合电路构成时序逻辑电路。存储电路的存在,使得时序逻辑电路任一时刻的稳定输出不仅取决于该时刻的输入,而且还与电路的原状态有关,因此分析时要比组合逻辑电路复杂。时序逻辑电路的描述方法和组合逻辑电路的描述方法也有所不同。本章主要介绍时序逻辑电路的分析方法及常见时序逻辑电路的功能、使用方法和实际应用。

14.1　时序逻辑电路概述

时序逻辑电路,又称时序电路,它由存储电路与组合电路两部分构成,如图 14-1 所示。时序逻辑电路的状态是由存储电路来记忆和表示的,触发器是时序逻辑电路的存储单元,是必不可少的,而组合电路则根据逻辑功能决定。

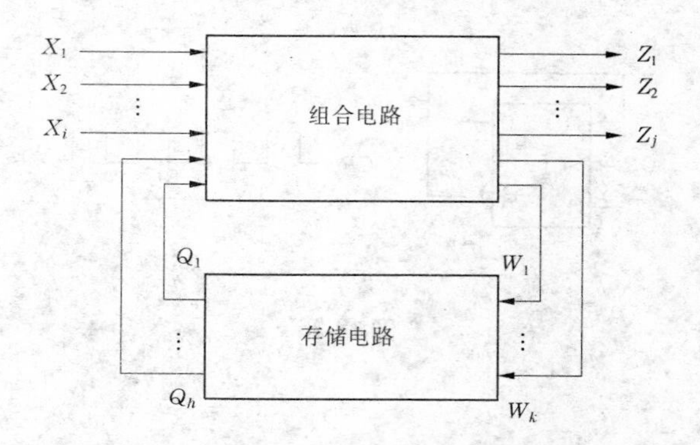

图 14-1　时序逻辑电路结构框图

时序逻辑电路按各触发器的时钟控制时间不同,分为同步时序逻辑电路和异步时序逻辑电路。同步时序逻辑电路中,各触发器的状态变化是在同一时钟信号控制下同时发生的;而异步时序逻辑电路中,所有触发器的时钟端不是全接在一个时钟信号上,状态转换有先有后。

时序逻辑电路按逻辑功能不同,可分为数码寄存器、移位寄存器、计数器等。

时序电路逻辑功能的表示方法,一般来说,有逻辑函数式、状态转换真值表、状态图和时序图 4 种。

14.2 时序逻辑电路的分析

时序逻辑电路的分析是根据给定的电路,写出它的方程,列出状态转换真值表,画出状态转换图和时序图,而后分析出它的功能。时序逻辑电路的分析方法一般有以下 5 个步骤:

(1)写出方程。根据已知的逻辑图写出其驱动方程、时钟方程、输出方程。

驱动方程即为各触发器输入信号的表达式。如 JK 触发器 J 和 K 的逻辑表达式;D 触发器 D 的逻辑表达式等,它们决定着触发器次态方程。输出方程是时序逻辑电路的输出逻辑表达式,它通常为现态的函数。时钟方程是关于时钟脉冲的逻辑表达式(同步时序电路可不写)。

(2)求电路的状态方程。将各触发器的驱动方程代入相应触发器的特征方程,得出状态方程。时序逻辑电路的状态方程由各触发器状态的逻辑表达式组成。

(3)由状态方程列出状态转换真值表。状态转换真值表是将电路所有现态依次列举出来,再分别代入状态方程中求出相应的次态并列成表。

(4)画出状态图和时序图。状态图是指电路由现态到次态的示意图。电路的时序图是在时钟脉冲 CP 作用下,各触发器状态的波形图。

(5)确定时序电路的逻辑功能,进行必要的说明。

【例 14-1】 试分析图 14-2 所示电路的逻辑功能。

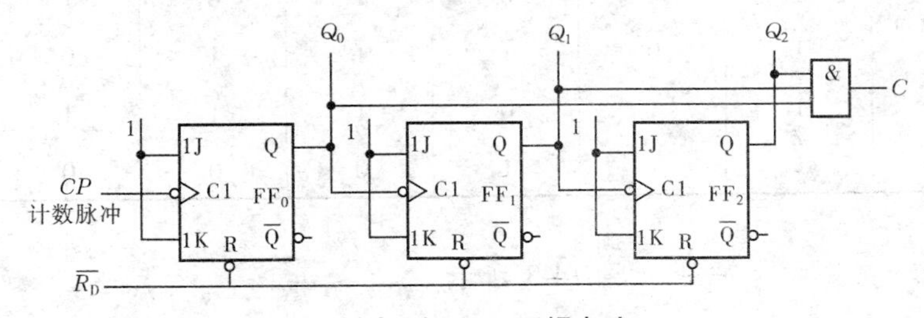

图 14-2 例 14-1 逻辑电路

解:图 14-2 所示电路所有触发器的时钟端不是全接在一个时钟信号上,故为异步时序逻辑电路。

(1)写方程式。

由逻辑电路得时钟方程

$$\begin{cases} CP_0 = CP\downarrow \\ CP_1 = Q_0^n\downarrow \\ CP_2 = Q_1^n\downarrow \end{cases} \tag{14-1}$$

驱动方程

$$\begin{cases} J_0 = K_0 = 1 \\ J_1 = K_1 = 1 \\ J_2 = K_2 = 1 \end{cases} \tag{14-2}$$

输出方程

$$C = Q_2^n Q_1^n Q_0^n \tag{14-3}$$

(2)求状态方程。将驱动方程式(14-2)代入 JK 触发器的特性方程 $Q^{n+1} = J\overline{Q^n} + \overline{K}Q^n$,得到电路的状态方程。

$$\begin{cases} Q_0^{n+1} = \overline{Q_0^n} \quad (CP\downarrow) \\ Q_1^{n+1} = \overline{Q_1^n} \quad (Q_0^n\downarrow) \\ Q_2^{n+1} = \overline{Q_2^n} \quad (Q_1^n\downarrow) \end{cases} \tag{14-4}$$

(3)列状态转换真值表。

设各触发器的初始状态为0,由状态方程求出状态转换真值表,见表14-1。

表14-1　例14-1的状态转换真值表

计数脉冲	现　态			次　态			输出
CP	Q_2^n	Q_1^n	Q_0^n	Q_2^{n+1}	Q_1^{n+1}	Q_0^{n+1}	C
1	0	0	0	0	0	1	0
2	0	0	1	0	1	0	0
3	0	1	0	0	1	1	0
4	0	1	1	1	0	0	0
5	1	0	0	1	0	1	0
6	1	0	1	1	1	0	0
7	1	1	0	1	1	1	0
8	1	1	1	0	0	0	1

(4)画出状态图和时序图,如图14-3所示。

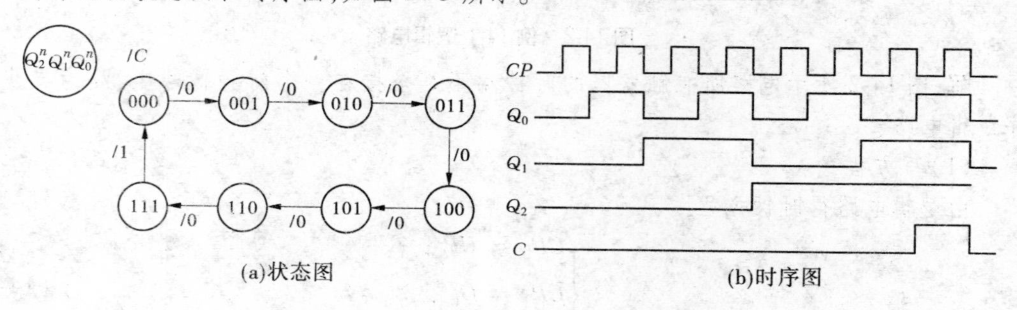

图14-3　例14-1的状态图和时序图

(5)分析逻辑功能。

由状态图和时序图可知,电路为异步3位二进制加法计数器。

【例14-2】 试分析图14-4所示电路的逻辑功能。

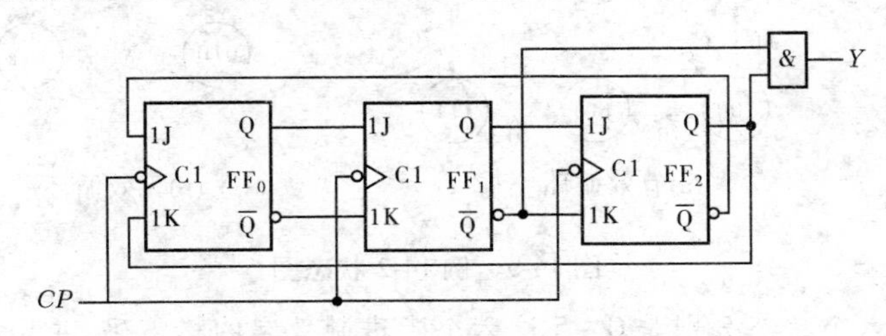

图14-4 例14-2时序逻辑电路图

解:(1)写方程式。

时钟方程 $$CP_2 = CP_1 = CP_0 = CP \tag{14-5}$$

(此电路为同步时序电路,时钟方程也可省去不写)

输出方程 $$Y = \overline{Q_1^n} Q_2^n \tag{14-6}$$

驱动方程

$$\begin{cases} J_2 = Q_1^n, & K_2 = \overline{Q_1^n} \\ J_1 = Q_0^n, & K_1 = \overline{Q_0^n} \\ J_0 = \overline{Q_2^n}, & K_0 = Q_2^n \end{cases} \tag{14-7}$$

(2)求状态方程。

将式(14-7)代入JK触发器的特性方程 $Q^{n+1} = J\overline{Q^n} + \overline{K}Q^n$,得

$$\begin{cases} Q_2^{n+1} = J_2\overline{Q_2^n} + \overline{K_2}Q_2^n = Q_1^n\overline{Q_2^n} + Q_1^nQ_2^n = Q_1^n \\ Q_1^{n+1} = J_1\overline{Q_1^n} + \overline{K_1}Q_1^n = Q_0^n\overline{Q_1^n} + Q_0^nQ_1^n = Q_0^n \\ Q_0^{n+1} = J_0\overline{Q_0^n} + \overline{K_0}Q_0^n = \overline{Q^n{}_2}\,\overline{Q_0^n} + \overline{Q_2^n}Q_0^n = \overline{Q_2^n} \end{cases} \tag{14-8}$$

(3)列状态转换真值表。

设各触发器的初始状态为0,由状态方程求出状态转换真值表,见表14-2。

表14-2 例14-2的状态转换真值表

计数脉冲	现态			次态			输出
CP	Q_2^n	Q_1^n	Q_0^n	Q_2^{n+1}	Q_1^{n+1}	Q_0^{n+1}	Y
1	0	0	0	0	0	1	0
2	0	0	1	0	1	1	0
3	0	1	1	1	1	1	0
4	1	1	1	1	1	0	0
5	1	1	0	1	0	0	0
6	1	0	0	0	0	0	1

(4)画状态图,如图14-5(a)所示。

(5)分析电路功能。

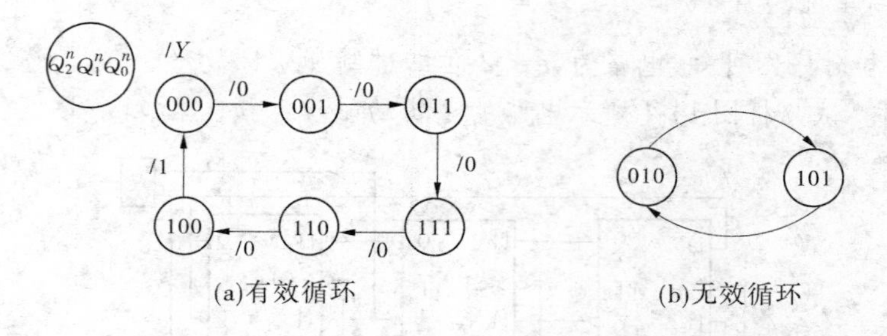

图 14-5　例 14-2 状态图

有效循环的六个状态分别是 0~5 这六个十进制数字的格雷码,并且在时钟脉冲 CP 的作用下,这六个状态是按递增规律变化的,即 000→001→011→111→110→100→000→…。所以,这是一个用格雷码表示的六进制同步加法计数器。当对第六个脉冲计数时,计数器又重新从 000 开始计数,并产生输出 $Y=1$。

(6)电路的自启动检测。

电路有两个无效状态:010 和 101,将 010 代入状态方程计算,发现电路会在两个无效状态间循环,如图 14-5(b)所示。若使计数器可靠工作,需加入自启动电路或重新设计。

14.3　同步时序逻辑电路的设计

同步时序逻辑电路的设计是电路分析的逆过程。它是根据给定的逻辑功能要求,设计出具有该逻辑功能的电路。同步时序逻辑电路设计过程如下:

(1)根据设计要求,设定状态,导出原始状态图或状态表。

(2)状态化简,求出最简状态图。在原始状态图中,凡是输入相同,输出也相同,要转换的次态也相同的状态,称为等价状态。化简就是将多个等价状态合并,去掉多余状态,从而得到最简状态。

(3)状态分配,列出状态转换真值表。化简后的电路状态通常用自然二进制代码进行编码。真值表中的无效状态通常作任意项处理。若化简后电路的状态数为 N,则触发器的数目 n 应满足下式

$$2^{n-1} < N \leqslant 2^n \tag{14-9}$$

(4)选择触发器类型,并求出状态方程和输出方程。在求出触发器的状态方程和输出方程后,将状态方程和触发器的特性方程进行比较,从中求出驱动方程。因为 JK 触发器变换灵活,一般选用 JK 触发器。

(5)根据驱动方程和输出方程,画出逻辑图。

(6)检查电路的自启动能力。把无效状态代入方程中,经过计算后,如能进入有效状态,则说明电路有自启动能力。如果无效状态之间形成循环,则说明所设计电路不能自启动,则应采取两种方法解决。一种是修改设计方案,另一种是通过预置数的方法,将电路的初始状态设置成有效状态。

【例 14-3】　设计一个七进制加法计数器。

解:(1)设定状态。因为是七进制计数器,应有 7 个不同的状态,即 $N=7$,分别用 S_0、

S_1、S_2、…、S_6 表示,在状态 S_6 时,$Y=1$。

(2)状态化简。七进制计数器,有7个不同的状态,已经是最简。

(3)状态分配。由 $2^{n-1}<N\leqslant 2^n$,$N=7$,则 $n=3$。即采用3位二进制代码,按自然态编码,列状态转换真值表见表14-3。

表14-3 例14-3的状态转换真值表

状态转换顺序	现态			次态			输出
	Q_2^n	Q_1^n	Q_0^n	Q_2^{n+1}	Q_1^{n+1}	Q_0^{n+1}	Y
S_0	0	0	0	0	0	1	0
S_1	0	0	1	0	1	0	0
S_2	0	1	0	0	1	1	0
S_3	0	1	1	1	0	0	0
S_4	1	0	0	1	0	1	0
S_5	1	0	1	1	1	0	0
S_6	1	1	0	0	0	0	1
S_7	1	1	1	×	×	×	×

(4)触发器选型。

选用JK触发器,其特性方程为:$Q^{n+1}=J\overline{Q^n}+\overline{K}Q^n$。

(5)画出计数器的次态和输出函数的卡诺图并化简,如图14-6所示。

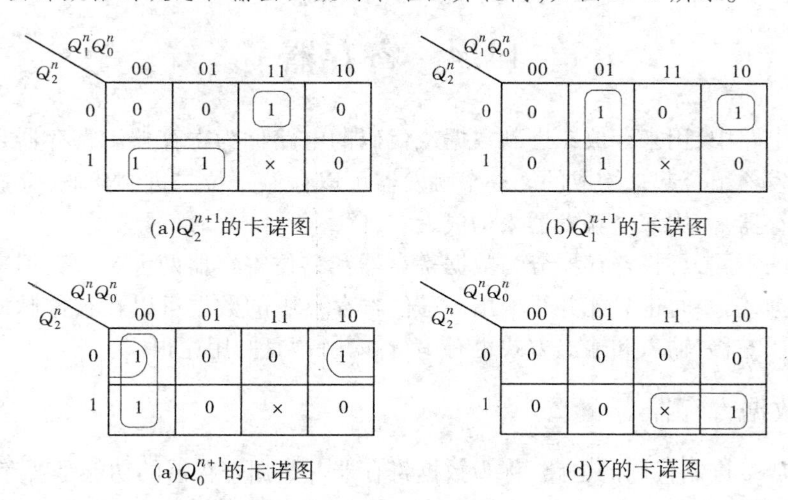

图14-6 计数器的次态和输出函数的卡诺图

由卡诺图化简得:

输出方程为

$$Y=Q_2^nQ_1^n \tag{14-10}$$

状态方程为

$$
\begin{cases}
Q_2^{n+1} = Q_1^n Q_0^n \overline{Q_2^n} + \overline{Q_1^n} Q_2^n \\
Q_1^{n+1} = \overline{Q_1^n} Q_0^n + \overline{Q_2^n}\,\overline{Q_0^n} Q_1^n \\
Q_0^{n+1} = \overline{Q_2^n}\,\overline{Q_0^n} + \overline{Q_1^n}\,\overline{Q_0^n} = \overline{Q_2^n Q_1^n}\,\overline{Q_0^n} + \overline{1} Q_0^n
\end{cases}
\tag{14-11}
$$

将式(14-11)和 JK 触发器的特性方程进行比较,求得驱动方程为

$$
\begin{cases}
J_2 = Q_1^n Q_0^n, \quad K_2 = Q_1^n \\
J_1 = Q_0^n, \quad K_1 = \overline{\overline{Q_2^n}\,\overline{Q_0^n}} \\
J_0 = \overline{Q_2^n Q_1^n}, \quad K_0 = 1
\end{cases}
\tag{14-12}
$$

(6)根据驱动方程和输出方程,画出逻辑图,如图 14-7 所示。

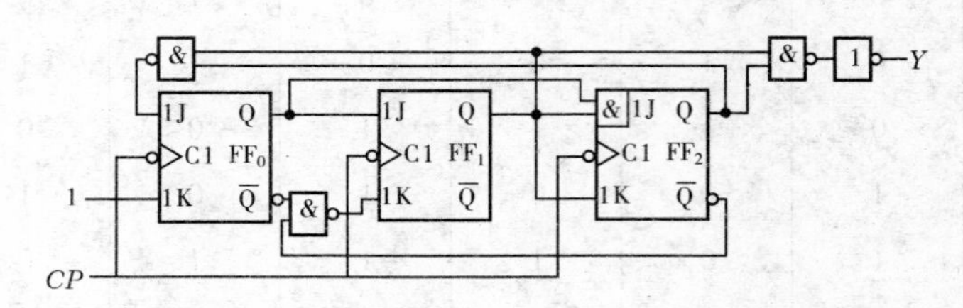

图 14-7 例 14-3 七进制加法计数器逻辑电路图

从例 14-3 的分析可以看出,在确定了触发器的型号后,根据卡诺图获得的简化状态方程,需经变换,使其具有触发器特性方程的形式,才好进一步比较。

按上述方法,可以设计出一系列的实用时序逻辑电路,如计数器、寄存器等,且已具有国标系列产品。下面对常见的时序逻辑电路加以介绍。

14.4 寄存器

在数字电路中,用来存放二进制数据或代码的电路称为寄存器。寄存器是由具有存储功能的触发器组合起来构成的。一个触发器可以存储一位二进制代码,存放 n 位二进制代码的寄存器,需用 n 个触发器来构成。

按功能的不同,可将寄存器分为数据寄存器和移位寄存器两大类。数据寄存器只能并行送入数据,需要时也只能并行输出。移位寄存器中的数据可以在移位脉冲作用下依次逐位右移或左移,输入和输出方式也有串行和并行两种,用途很广。

14.4.1 数据寄存器

用以存放二进制代码的电路,称为数据寄存器。数据寄存器的功能是暂存数据,现以 4 位数据寄存器为例进行分析。

1. 电路组成

如图 14-8 所示为 4 个 D 触发器构成的数据寄存器。图中$\overline{CR}$为异步清零端,CP 为时钟脉冲控制端,$D_3 \sim D_0$ 是数据输入端(4 位),$Q_3 \sim Q_0$ 为原码并行数据输出端,$\overline{Q_3} \sim \overline{Q_0}$为反码并行数据输出端。它采用的是并入-并出的输入输出方式。

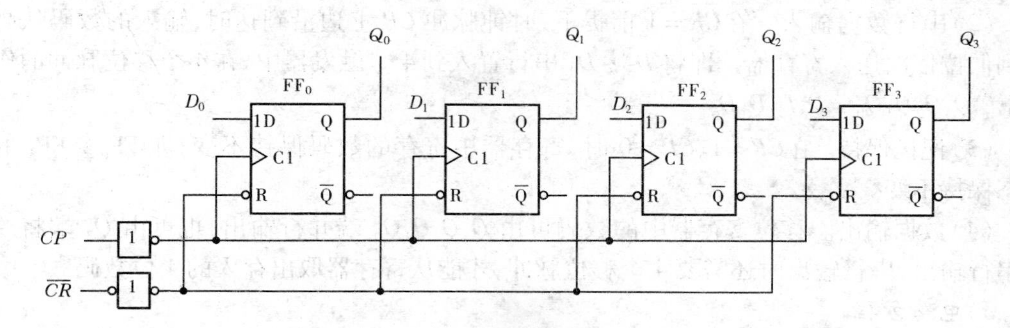

图 14-8　4 位数据寄存器

2. 工作原理

(1)异步清零。当异步清零端$\overline{CR}=0$时,触发器 $FF_0 \sim FF_3$ 同时被置 0,即寄存器清零($Q_3Q_2Q_1Q_0=0000$)。清零后应将$\overline{CR}$接高电平。

(2)并行数据输入。在$\overline{CR}=1$前提下,当时钟脉冲 CP 上边沿到达时,$D_0 \sim D_3$ 被并行置入到 4 个触发器中,这时 $Q_3Q_2Q_1Q_0=D_3D_2D_1D_0$。

(3)记忆保持。在$\overline{CR}=1$、$CP=0$ 时,寄存器中寄存的数码保持不变,即 $FF_0 \sim FF_3$ 的状态保持不变。

(4)并行输出。可同时并行取出已经存入的数码及它们的反码。

14.4.2　移位寄存器

移位寄存器具有存储数码和数码移位两种功能。数码移位是指寄存器中所存数码在脉冲 CP 作用下能依次左移或右移。根据数码移动情况的不同,寄存器可分为单向移位寄存器和双向移位寄存器。

1. 单向移位寄存器

1)电路组成

如图 14-9 所示为 4 位右移位寄存器。由 4 个 D 触发器构成,4 个触发器共用一个时钟脉冲信号,为同步时序电路。图中$\overline{CR}$为异步清零端,D_i 是数据输入端,Q_3 为原码串行数据输出端,$\overline{Q_3}$为反码串行数据输出端。$Q_3Q_2Q_1Q_0$ 为并行输出端。

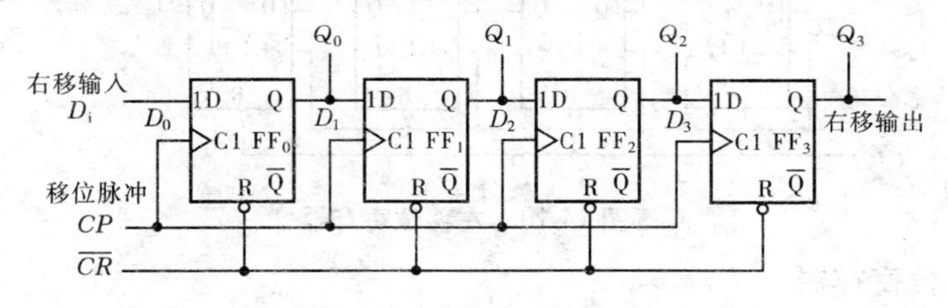

图 14-9　右移位寄存器

2)工作原理

(1)异步清零。当异步清零端 $\overline{CR}=0$ 时,触发器 $FF_0 \sim FF_3$ 同时被置 0,即寄存器清零($Q_3Q_2Q_1Q_0=0000$)。清零后应将$\overline{CR}$接高电平。

(2)串行数据输入。在$\overline{CR}=1$前提下，时钟脉冲 CP 上边沿到达时，输入的数码从高位到低位依次送入寄存器。即将 $D_3 \sim D_0$ 串行置入到4个触发器中，在4个移位脉冲的作用下，$Q_3Q_2Q_1Q_0 = D_3D_2D_1D_0$。

(3)记忆保持。在$\overline{CR}=1$、$CP=0$ 时，寄存器中寄存的数码保持不变，即 $FF_0 \sim FF_3$ 的状态保持不变。

(4)数据输出。移位寄存器中的数码可由 $Q_3Q_2Q_1Q_0$ 端并行输出，也可由 Q_3 端将原码串行输出，串行输出时还需要4个移位脉冲，才能从寄存器取出存入的4位数码。

3)电路方程

时钟方程 $$CP_0 = CP_1 = CP_2 = CP_3 = CP \tag{14-13}$$

驱动方程 $$D_0 = D_i, D_1 = Q_0^n, D_2 = Q_1^n, D_3 = Q_2^n \tag{14-14}$$

状态方程 $$Q_0^{n+1} = D_i, Q_1^{n+1} = Q_0^n, Q_2^{n+1} = Q_1^n, Q_3^{n+1} = Q_2^n \tag{14-15}$$

4)状态表

以输入数据1101为例，右移位寄存器的状态如表14-4所示。

表14-4　右移位寄存器的状态表

移位脉冲 $CP(\uparrow)$	输入数据	现　态			
		Q_0^n	Q_1^n	Q_2^n	Q_3^n
0	×	0	0	0	0
1	1	1	0	0	0
2	1	1	1	0	0
3	0	0	1	1	0
4	1	1	0	1	1

图14-10所示为单向4位左移位寄存器，其工作原理与右移位寄存器相似，可自行分析。

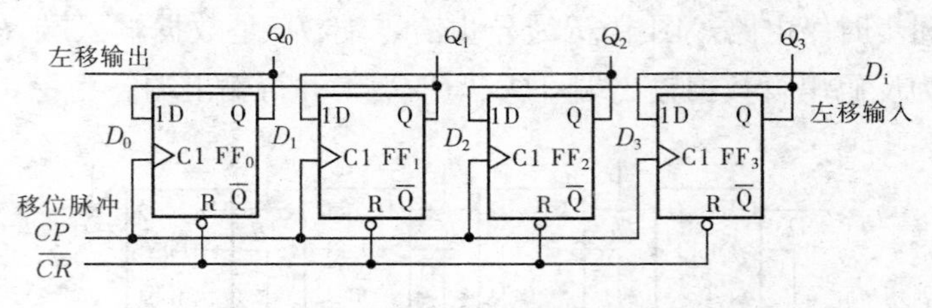

图14-10　左移位寄存器

2. 双向移位寄存器

双向移位寄存器既可左移又可右移。现以集成双向移位寄存器为例加以介绍。

图14-11所示为4位双向移位寄存器74LS194的逻辑符号和引脚排列图。

图中$\overline{CR}$为清零端，$D_0 \sim D_3$ 为并行数码输入端，D_{SR}为右移串行数码输入端，D_{SL}为左移串行数码输入端，S_0 和 S_1 为工作方式控制端，$Q_0 \sim Q_3$ 为并行数码输出端，CP 为移位脉冲输入端。表14-5为74LS194的功能表。

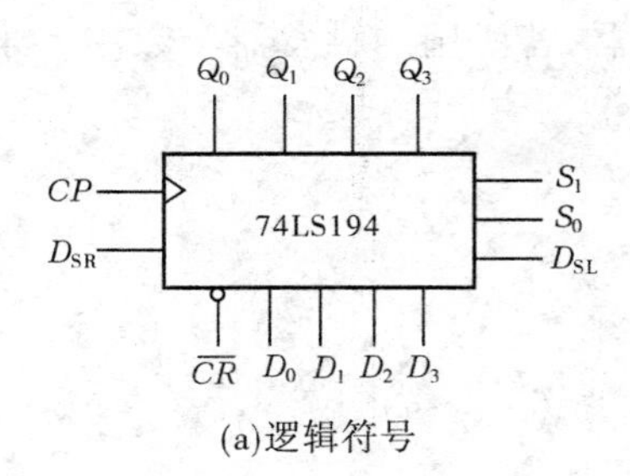

(a)逻辑符号

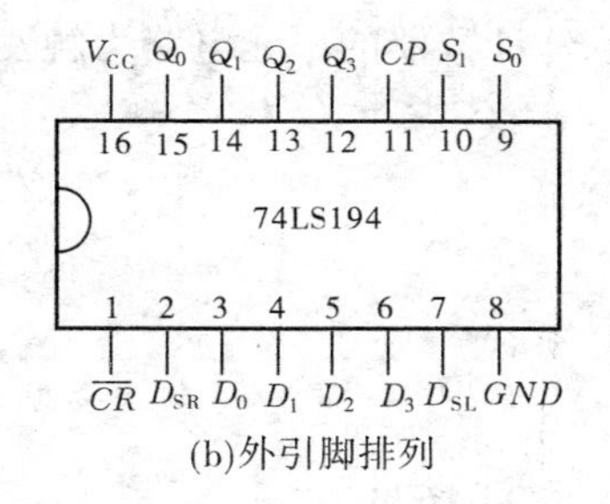

(b)外引脚排列

图 14-11　4 位双向移位寄存器 74LS194

表 14-5　双向移位寄存器 74LS194 的功能表

$\overline{CR}$	CP	S_1	S_0	工作状态
0	×	×	×	异步清零
1	×	0	0	保持
1	↑	0	1	右移
1	↑	1	0	左移
1	↑	1	1	并行送数

由表 14-5 可知它有如下主要功能：

(1)异步清零功能。当 $\overline{CR}=0$ 时，双向移位寄存器清零，$Q_0 \sim Q_3$ 都为 0 状态。

(2)保持功能。当 $\overline{CR}=1, CP=0$ 或 $\overline{CR}=1, S_1S_0=00$ 时，双向移位寄存器保持原状态不变。

(3)右移串行送数功能。当 $\overline{CR}=1, S_1S_0=01$ 时，在 CP 上边沿作用下，执行右移功能，D_{SR} 端输入的数码依次送入寄存器。

(4)左移串行送数功能。当 $\overline{CR}=1, S_1S_0=10$ 时，在 CP 上边沿作用下，执行左移功能，D_{SL} 端输入的数码依次送入寄存器。

(5)并行送数功能。当 $\overline{CR}=1, S_1S_0=11$ 时，在 CP 上边沿作用下，$D_0 \sim D_3$ 端输入的数码并行送入寄存器，为同步并行送数。

14.5　计数器

在数字电路中，用于记录输入脉冲个数的电路称为计数器。除计数外，计数器还常用于系统的定时、分频和执行数字运算以及其他特定的逻辑功能。计数器主要由触发器组成，计数器的输出通常为现态的函数。

计数器种类很多。按 CP 的输入方式分，有同步计数器和异步计数器。按计数规律可分为加法、减法和可逆计数器。按计数容量又可分为二进制计数器、十进制计数器和任意进制计数器。

计数器在计数过程中所经历的有效状态，称为计数容量，又称为计数长度或计数器的

"模",用 N 表示。计数器的单元电路为触发器,若所用的触发器个数用 n 来表示,N 与 n 的关系为

二进制计数器

$$N = 2^n \tag{14-16}$$

非二进制计数器

$$N \leqslant 2^n \tag{14-17}$$

14.5.1 二进制计数器

二进制计数器是计数器中最基本的电路,计数容量为 2^n。二进制计数器又可分为同步二进制计数器和异步二进制计数器,例 14-1 讨论的逻辑电路即为异步二进制计数器。下面主要讨论同步二进制计数器。

同步二进制计数器就是将输入计数脉冲同时加到各触发器的时钟输入端,使各触发器在计数脉冲到来时同时触发。

1. 同步二进制加法计数器

逻辑电路如图 14-12 所示。由 JK 触发器构成的 T 触发器结构组成。

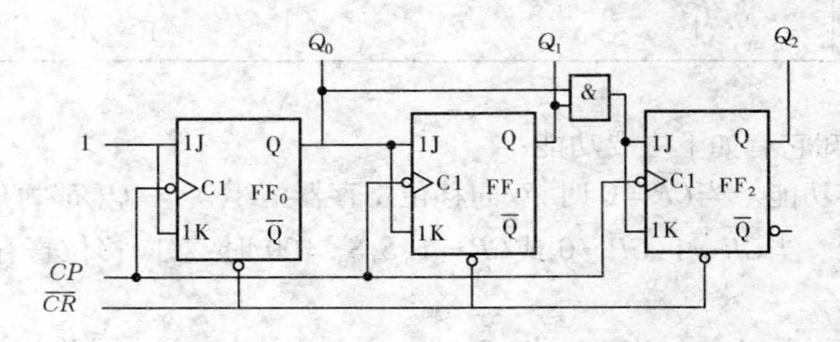

图 14-12 同步 3 位二进制加法计数器

下面分析它的工作原理。

(1)写方程。

驱动方程

$$\begin{cases} J_0 = K_0 = 1 \\ J_1 = K_1 = Q_0^n \\ J_2 = K_2 = Q_1^n Q_0^n \end{cases} \tag{14-18}$$

(2)求状态方程。

将驱动方程代入 JK 触发器的特性方程 $Q^{n+1} = J\overline{Q^n} + \overline{K}Q^n$ 中,便得到计数器的状态方程

$$\begin{cases} Q_0^{n+1} = \overline{Q_0^n} \\ Q_1^{n+1} = Q_0^n \overline{Q_1^n} + \overline{Q_0^n} Q_1^n = Q_0^n \oplus Q_1^n \\ Q_2^{n+1} = Q_0^n Q_1^n \overline{Q_2^n} + \overline{Q_0^n Q_1^n} Q_2^n = Q_0^n Q_1^n \oplus Q_2^n \end{cases} \tag{14-19}$$

(3)列状态转换真值表见表 14-6。

表 14-6　同步二进制加法计数器状态转换真值表

计数脉冲	现　态			次　态		
CP	Q_2^n	Q_1^n	Q_0^n	Q_2^{n+1}	Q_1^{n+1}	Q_0^{n+1}
1	0	0	0	0	0	1
2	0	0	1	0	1	0
3	0	1	0	0	1	1
4	0	1	1	1	0	0
5	1	0	0	1	0	1
6	1	0	1	1	1	0
7	1	1	0	1	1	1
8	1	1	1	0	0	0

(4)逻辑功能。由表 14-6 可看出,电路在输入第八个计数脉冲 CP 后返回到初始的 000 状态。因此,该电路为同步 3 位二进制加法计数器。

2. 同步二进制减法计数器

要实现二进制减法计数,必须在输入第一个减法计数脉冲时,电路的状态由 000 变为 111。因此,只要将图 14-12 所示的二进制加法计数器中的 FF_1、FF_2 的 J、K 端由原来接低位输出 Q 端改为 $\overline{Q}$,就可以构成同步二进制减法计数器。电路如图 14-13 所示,工作原理与二进制加法计数器相同,可自行分析。

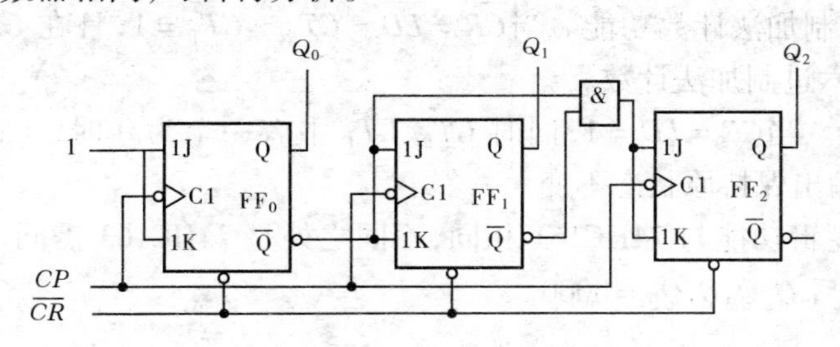

图 14-13　同步 3 位二进制减法计数器

3. 集成同步二进制计数器

如图 14-14 所示,为 4 位集成二进制同步加法计数器 74HC161 的逻辑符号和外引脚排列图。

其中$\overline{CR}$为异步清零端,$\overline{LD}$为同步置数端,CT_P、CT_T 为保持功能端,CP 为计数脉冲输入端,$D_0 \sim D_3$ 为数据端,$Q_0 \sim Q_3$ 为输出端,CO 为进位输出端。74HC161 的逻辑功能见表 14-7。

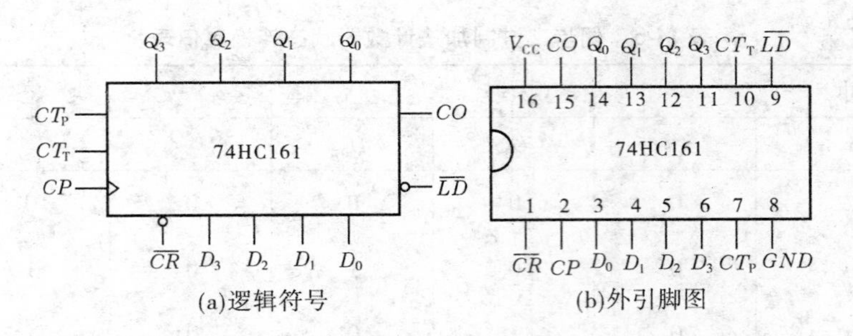

(a)逻辑符号　　(b)外引脚图

图 14-14　二进制同步加法计数器芯片

表 14-7　74HC161 功能表

输入					输出
CP	$\overline{LD}$	$\overline{CR}$	CT_P	CT_T	Q
×	×	0	×	×	全 0
↑	0	1	×	×	预置数据
↑	1	1	1	1	计数
×	1	1	0	×	保持
×	1	1	×	0	保持

由表 14-7 可知，74HC161 具有以下功能：

(1)异步清零功能。当$\overline{CR}=0$时，计数器清零，即 $Q_3Q_2Q_1Q_0=0000$。

(2)同步并行置数功能。$\overline{CR}=1$ 且$\overline{LD}=0$ 时，在 CP 的上边沿作用下，并行输入数据 $D_3D_2D_1D_0$ 置入计数器，即 $Q_3Q_2Q_1Q_0=D_3D_2D_1D_0$。

(3)同步二进制加法计数功能。当$\overline{CR}=\overline{LD}=CT_P=CT_T=1$，且在 CP 的上边沿到来时，74LS161 按十六进制加法计数。

(4)保持功能。当$\overline{CR}=\overline{LD}=1$，同时 CT_P、CT_T 中有一个为 0 时，无论有无计数脉冲 CP 输入，计数器输出保持原状态不变。

74HC163 的逻辑功能与 74HC161 相同，不同之处是 74HC163 需同步清零，即$\overline{CR}=0$ 时，输入时钟脉冲后 $Q_3Q_2Q_1Q_0=0000$。

14.5.2　十进制计数器

数字系统常常需要用十进制计数器。十进制计数器的单元电路仍为触发器，触发器的个数 n 与计数长度 N 之间应满足 $2^n \geqslant N(N=10)$，所以十进制计数器需要由 4 个触发器组成。4 个触发器共有 16 种状态，一般采用 8421 BCD 码的十个状态 0000～1001 实现十进制计数，其余 6 个状态为无效状态。十进制计数器也分为同步和异步电路结构。

1. 十进制加法计数器

图 14-15 所示的是异步十进制加法计数器，图 14-16 所示的是同步十进制加法计数器，均由 4 个 JK 触发器构成。表 14-8 所示的是十进制加法计数器的状态转换真值表。

图 14-17 所示为十进制加法计数器的状态转换图。

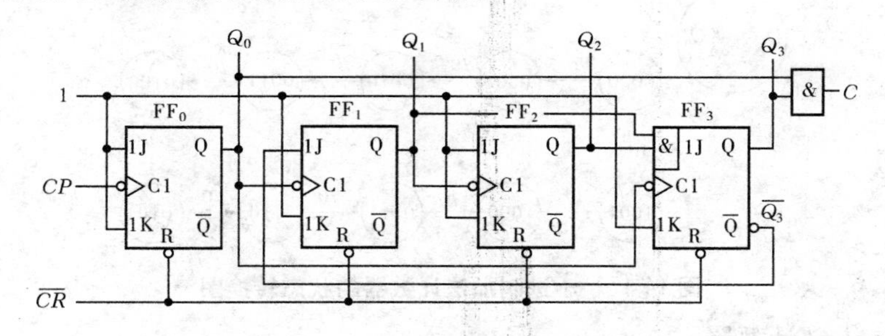

图 14-15　异步十进制加法计数器

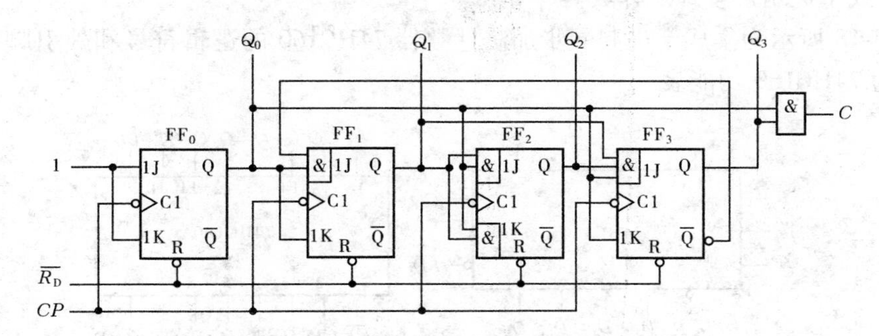

图 14-16　同步十进制加法计数器

表 14-8　十进制加法计数器的状态转换真值表

计数脉冲序号	现态				次态				输出
CP	Q_3^n	Q_2^n	Q_1^n	Q_0^n	Q_3^{n+1}	Q_2^{n+1}	Q_1^{n+1}	Q_0^{n+1}	C
0	0	0	0	0	0	0	0	1	0
1	0	0	0	1	0	0	1	0	0
2	0	0	1	0	0	0	1	1	0
3	0	0	1	1	0	1	0	0	0
4	0	1	0	0	0	1	0	1	0
5	0	1	0	1	0	1	1	0	0
6	0	1	1	0	0	1	1	1	0
7	0	1	1	1	1	0	0	0	0
8	1	0	0	0	1	0	0	1	0
9	1	0	0	1	0	0	0	0	1

由表 14-8、图 14-15 和图 14-16 均可看出，同步十进制加法计数器电路在输入第十个计数脉冲后返回到初始的 0000 状态，同时，进位输出端 C 向高位输出一个下边沿的进位信号。

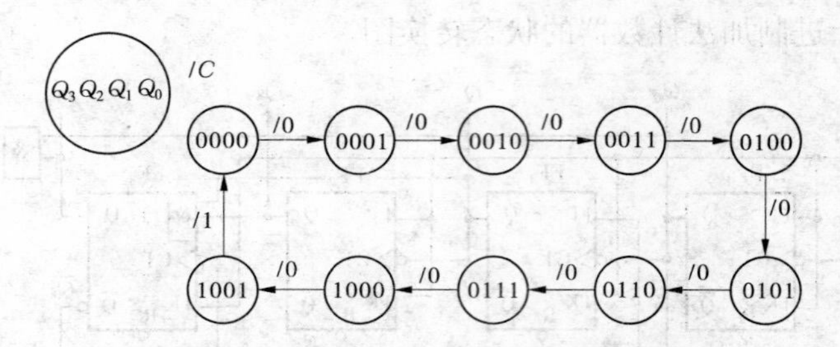

图 14-17　十进制加法计数器的状态转换图

2. 集成十进制计数器

1）集成十进制同步加法计数器

图 14-18 所示为集成十进制同步加法计数器 74HC160 的逻辑符号和外引脚排列图。表 14-9 为 74HC160 功能表。

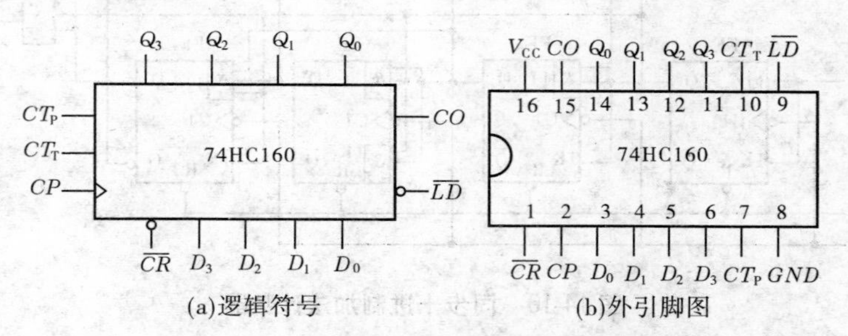

(a)逻辑符号　(b)外引脚图

图 14-18　同步加法计数器芯片 74HC160

表 14-9　74HC160 功能表

输入					输出
CP	$\overline{LD}$	$\overline{CR}$	CT_P	CT_T	Q
×	×	0	×	×	全 0
↑	0	1	×	×	预置数据
↑	1	1	1	1	计数（十进制）
×	1	1	0	×	保持
×	1	1	×	0	保持

74HC162 的逻辑功能与 74HC160 相同，不同之处是 74HC162 需同步清零，即 $\overline{CR}=0$ 时，输入时钟脉冲后 $Q_3Q_2Q_1Q_0=0000$。

表 14-10 对同步加法计数器集成芯片 74HC160 ~ 74HC163 的功能作出了比较。

表 14-10　74HC160 ~ 74HC163 的功能比较

型号	功能		
	进制	清零	预置数
74HC160	十进制	低电平异步	低电平同步
74HC161	二进制	低电平异步	低电平同步
74HC162	十进制	低电平同步	低电平同步
74HC163	二进制	低电平同步	低电平同步

2)集成同步十进制可逆计数器 74LS192

所谓可逆,是指计数器既能实现加法计数,又能实现减法计数。74LS192 是双时钟输入式的集成同步十进制可逆计数器。图 14-19 所示的是 74LS192 的逻辑符号和外引脚排列图。

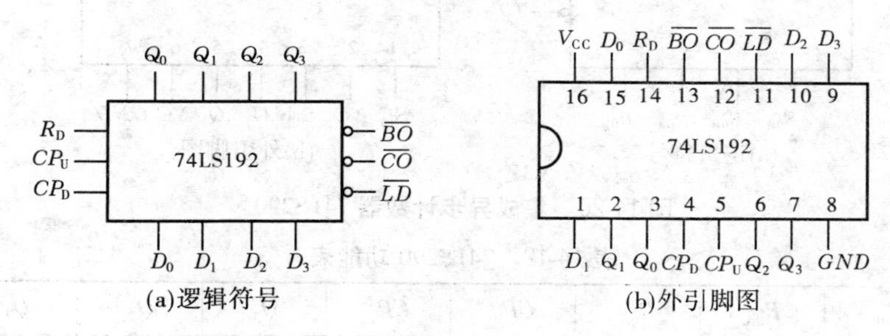

图 14-19 集成同步十进制可逆计数器

R_D 是异步清零端,高电平有效;$\overline{LD}$端是异步置数控制端;CP_U 是加法计数脉冲输入端;CP_D 是减法计数脉冲输入端;$\overline{CO}$是进位脉冲输出端;$\overline{BO}$是借位脉冲输出端;$D_3D_2D_1D_0$ 是并行数据输入端;$Q_3Q_2Q_1Q_0$ 是计数器状态输出端。表 14-11 是 74LS192 的功能表。

表 14-11 74LS192 的功能表

输入								输出				说明
R_D	$\overline{LD}$	CP_U	CP_D	D_3	D_2	D_1	D_0	Q_3	Q_2	Q_1	Q_0	
1	×	×	×	×	×	×	×	0	0	0	0	异步清零
0	0	×	×	D_3	D_2	D_1	D_0	D_3	D_2	D_1	D_0	异步置数
0	1	↑	1	×	×	×	×	加法计数				$\overline{CO}=\overline{\overline{CP_U}Q_3^nQ_0^n}$
0	1	1	↑	×	×	×	×	减法计数				$\overline{BO}=\overline{\overline{CP_D}\,\overline{Q_3^n}\,\overline{Q_2^n}\,\overline{Q_1^n}\,\overline{Q_0^n}}$
0	1	1	1	×	×	×	×	保持				$\overline{BO}=\overline{CO}=1$

3)集成异步计数器芯片 74LS290

集成计数器芯片 74LS290 是二－五－十进制异步计数器。其逻辑符号及外引脚排列图如图 14-20 所示,功能表见表 14-12。S_{9A}、S_{9B} 为直接置"9"端,R_{0A}、R_{0B} 为直接置"0"端;$\overline{CP_0}$、$\overline{CP_1}$为计数脉冲输入端,$Q_3Q_2Q_1Q_0$ 为输出端,NC 表示空脚。

74LS290 是一种典型的中规模集成异步计数器,其内部分为二进制和五进制计数器两个独立的部分。其中二进制计数器从 CP_0 输入计数脉冲,从 Q_0端输出;五进制计数器从 CP_1 输入计数脉冲,从 $Q_3Q_2Q_1$ 端输出。这两部分既可单独使用,也可连接起来构成十进制计数器,故也称为二－五－十进制计数器。

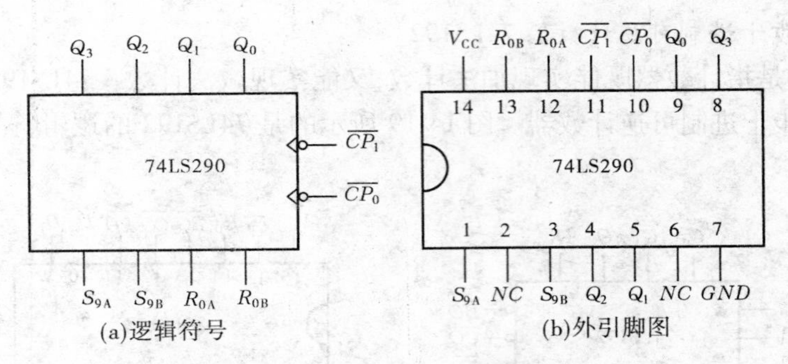

(a)逻辑符号　　(b)外引脚图

图 14-20　集成异步计数器 74LS290

表 14-12　74LS290 功能表

S_{9A}	S_{9B}	R_{0A}	R_{0B}	CP_0	CP_1	Q_3	Q_2	Q_1	Q_0
0	×	1	1	×	×	0	0	0	0
×	0	1	1	×	×	0	0	0	0
1	1	0	×	×	×	1	0	0	1
1	1	×	0	×	×	1	0	0	1
$S_{9A}\cdot S_{9B}=0$ $R_{0A}\cdot R_{0B}=0$				CP	0	二进制			
				0	CP	五进制			
				CP	Q_0	8421 码十进制			
				Q_3	CP	5421 码十进制			

由表 14-12 可看出 74LS290 主要有以下功能：

(1)异步清零功能：当 R_{0A}、R_{0B} 全为高电平，S_{9A}、S_{9B} 中至少有一个低电平时，不论其他输入状态如何，计数器输出 $Q_3Q_2Q_1Q_0=0000$，故又称复位功能。

(2)异步置 9 功能：当 S_{9A}、S_{9B} 全为高电平，R_{0A}、R_{0B} 中至少有一个低电平时，不论其他输入状态如何，计数器输出 $Q_3Q_2Q_1Q_0=1001$，故又称异步置 9 功能。

(3)计数功能：当 R_{0A}、R_{0B} 及 S_{9A}、S_{9B} 不全为 1 时，根据 CP_0、CP_1 不同的接法，对输入计数脉冲 CP 开始计数。

①二进制计数。当由 CP_0 输入计数脉冲 CP 时，Q_0 为 CP_0 的二分频输出。

②五进制计数。当由 CP_1 输入计数脉冲 CP 时，Q_3 为 CP_1 的五分频输出。

③十进制计数。若将 Q_0 与 CP_1 连接，计数脉冲 CP 由 CP_0 输入，先进行二进制计数，再进行五进制计数，这样即组成标准的 8421 码十进制计数器，这种计数方式最为常用；若将 Q_3 与 CP_0 连接，计数脉冲 CP 由 CP_1 输入，先进行五进制计数，再进行二进制计数，即组成 5421 码十进制计数器。

14.6　集成计数器应用

中规模集成计数器利用其多个输入端，可以扩展逻辑功能。

14.6.1 计数器容量扩展

同步计数器一般没有专门的进位信号输出端,通常可以用本级的高位输出信号驱动下一级计数器计数,即采用串行进位方式来扩展容量。

图 14-21 是由 74LS192 利用进位输出$\overline{CO}$控制高一位的 CP_U 端构成的计数器级联图。

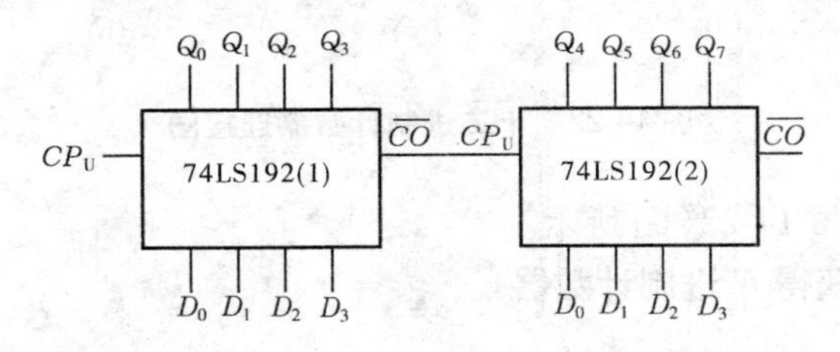

图 14-21 同步计数器级联方案

14.6.2 实现任意进制计数

假定已有 M 进制计数器,而需要得到一个 N 进制计数器($M>N$),利用集成计数器芯片的清零和预置功能可以实现,有以下两种方法。

1. 用反馈归零法获得任意进制计数器

反馈归零法就是利用计数器清零端的清零作用,截取计数过程中的某一个中间状态控制清零端,使计数器记满要求的数值时,利用外部的电路使$\overline{CR}=0$,此时计数器将被异步清零,返回到计数起始值。基本步骤是:

(1)写出状态 S_N(异步清零)或 S_{N-1}(同步清零)的二进制代码;

(2)求清零端信号的逻辑表达式;

(3)画连线图,则获得 N 进制计数电路。

【例 14-4】 试用 74HC161 芯片,采用反馈归零法构成一个十二进制计数器。

解:74HC161 有 0000 ~ 1111 共 16 种状态,分别用 $S_0 \sim S_{15}$表示,取其中的 0000 ~ 1011 12 种状态构成十二进制计数器代码。

(1)74HC161 为异步清零,写出 S_N 状态的二进制代码。因为 $N=12$,则

$$S_N = S_{12} = 1100$$

(2)求逻辑表达式。

74HC161 的清零端$\overline{CR}$为低电平信号,则$\overline{CR}=\overline{Q_3Q_2}$。

(3)画连接图,如图 14-22(a)所示。

【例 14-5】 试用 74HC163 芯片,采用反馈归零法构成一个十二进制计数器。

解:集成芯片 74HC163 的逻辑功能与 74HC161 相同,不同的是为同步清零。

(1)写出状态 S_{N-1}的二进制代码。因为 $N=12$,则

$$S_{N-1} = S_{11} = 1011$$

(2)求逻辑表达式。

74HC163 的清零端$\overline{CR}$为低电平信号,则$\overline{CR}=\overline{Q_3Q_1Q_0}$。

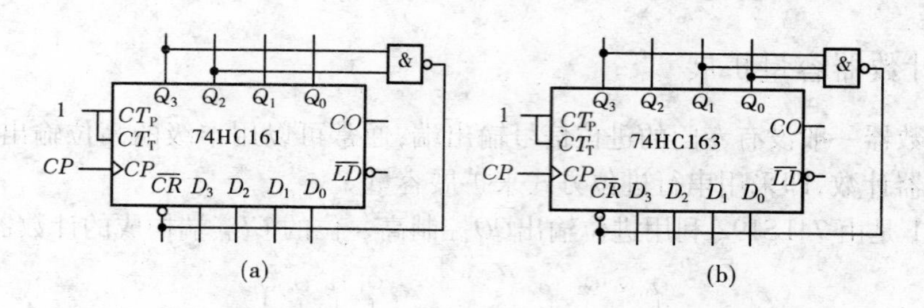

图 14-22　十二进制计数器连接图

(3)画连线图,如图 14-22(b)所示。

2. 利用预置功能获得 N 进制计数器

1)预置数法

利用具有置数功能的计数器(如 74HC161),截取某一计数中间状态反馈到置数端,而将数据输入端 $D_3D_2D_1D_0$ 全部接 0,就会使计数器的状态在 0000 到这一中间状态之间循环,这种方法类似于反馈归零法。基本步骤是:

(1)写出状态 S_{N-1} 的二进制代码;

(2)求置数控制端信号的逻辑表达式;

(3)画连线图,则获得 N 进制计数电路。

2)进位输出置最小数法

利用计数器到达最大值输出(如 $Q_3Q_2Q_1Q_0=1111$)时产生进位信号,将进位输出信号反馈到置数端;而数据输入端 $D_3D_2D_1D_0$ 置成某一最小数 $d_3d_2d_1d_0$,则计数器就可重新从这一最小数开始计数。整个计数器将在 $d_3d_2d_1d_0\sim1111$ 之间 N 个状态中循环。基本步骤是:

(1)确定计数器的 N 个有效状态和最小状态;

(2)求得 $D_3D_2D_1D_0$ 的数据;

(3)画连线图,则获得 N 进制计数电路。

【例 14-6】　试用 74HC163,采用预置数法和进位输出置最小数法构成十进制计数器。

解:(1)用预置数法。

$$S_{N-1}=S_9=1001$$

则

$$\overline{LD}=\overline{Q_3Q_0}$$

画出电路,如图 14-23(a)所示。

(2)用进位输出置最小数法。

取 $S_6\sim S_{15}$ 状态构成十进制计数器代码,则 $S_6=0110$ 为其最小状态。则

$$D_3D_2D_1D_0=0110$$

画出电路,如图 14-23(b)所示。

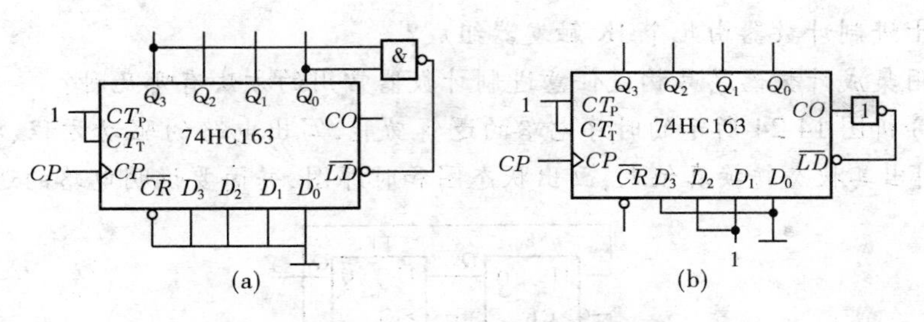

图 14-23　十进制计数器连接图

本章小结

1. 时序逻辑电路主要由存储电路和组合逻辑电路两部分组成。触发器是时序逻辑电路的存储单元。存储电路的存在,使得任何时刻电路的输出,不仅和该时刻的输入信号有关,而且还取决于电路原来的状态。时序电路逻辑功能的表示方法有逻辑表达式、状态转换真值表、状态图和时序图。

2. 根据组成时序电路中各个触发器动作变化是否同步,可分为同步时序电路和异步时序电路。

3. 时序逻辑电路的分析是根据给定的电路,分析出它的功能。时序逻辑电路的分析基本步骤为:①写方程式;②求电路的状态方程;③列状态转换真值表;④画状态图和时序图;⑤分析确定时序电路的逻辑功能。时序电路分析的实质是由逻辑图画状态图,关键是求出状态方程,列出状态转换真值表。

4. 常用的时序逻辑电路有数据寄存器、移位寄存器、计数器等。数据寄存器主要用于存放数码。移位寄存器不仅可以存放数码,而且还能对数据进行移位操作。计数器是记录输入脉冲 CP 个数的电路,是极具典型性和代表性的时序逻辑电路。计数器按计数进制分二进制计数器、十进制计数器和任意进制计数器;按计数增减分加法计数器、减法计数器和可逆(加/减)计数器;按触发器翻转是否同步分同步计数器和异步计数器。

计数器不仅可用来记录输入脉冲数,还常用于系统的定时、分频等其他逻辑功能。

5. 中规模集成时序逻辑电路的功能完善,使用灵活,能很方便地构成 N 进制(任意)计数器。

思考题与习题

14-1　时序逻辑电路和组合逻辑电路的根本区别是什么？同步时序逻辑电路和异步时序逻辑电路有何不同？

14-2　什么叫数据寄存器？什么叫移位寄存器？数据寄存器和移位寄存器的功能有何不同？

14-3　什么是同步计数器？什么是异步计数器？

14-4　什么是加法计数器？什么是减法计数器？

14-5　十进制计数器由几个 JK 触发器组成?

14-6　用集成计数器芯片构成任意进制计数器常用的方法有哪几种?

14-7　分析图 14-24 所示的时序电路的逻辑功能,写出电路的驱动方程、状态方程和输出方程,列出其状态转换真值表,画出状态图和时序图,并简要说明电路的逻辑功能。

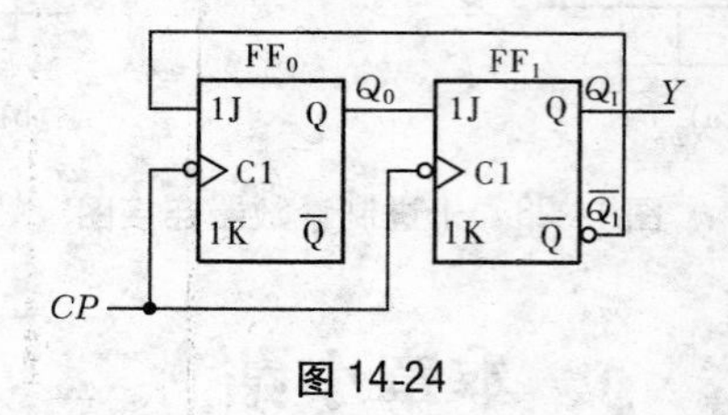

图 14-24

14-8　试分析图 14-25 所示电路,列出状态转换真值表,画出状态图,说明逻辑功能。

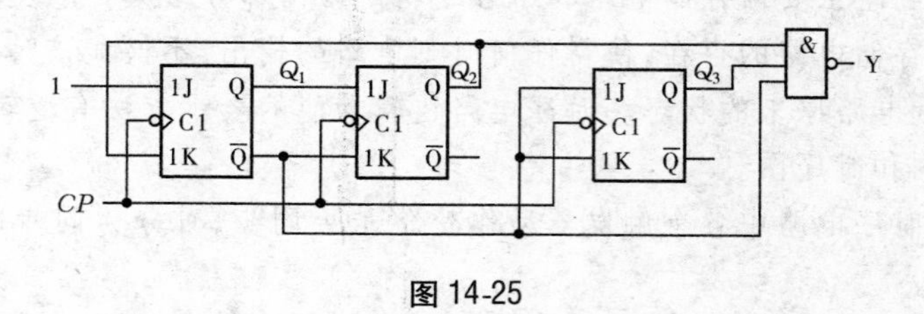

图 14-25

14-9　分析图 14-26 所示的时序电路的逻辑功能,写出电路的时钟方程、驱动方程和状态方程,列出其状态转换真值表,画出状态图和时序图,并简要说明电路的逻辑功能。

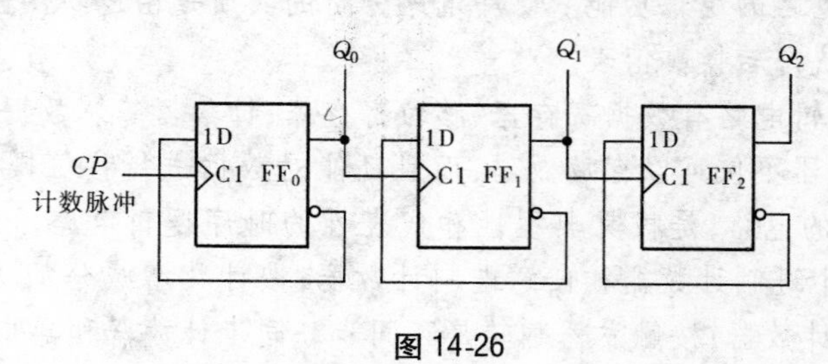

图 14-26

14-10　已知电路如图 14-9 所示的 4 位右移位寄存器的脉冲输入 CP 及输入数据 D_i 的波形如图 14-27 所示,试画出 $Q_0Q_1Q_2Q_3$ 的波形(设各触发器的初始状态均为 0)。

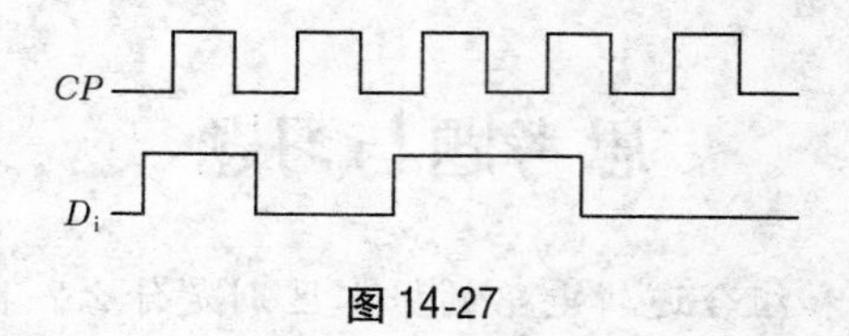

图 14-27

14-11　分析图 14-28 所示电路,指出各是几进制计数器。

14-12　分析图 14-29 所示电路的逻辑功能。

14-13　分别采用反馈归零法和预置数法,利用 74HC161 构成七进制计数器。

14-14　试用 2 片 74LS192 设计六十进制计数器。

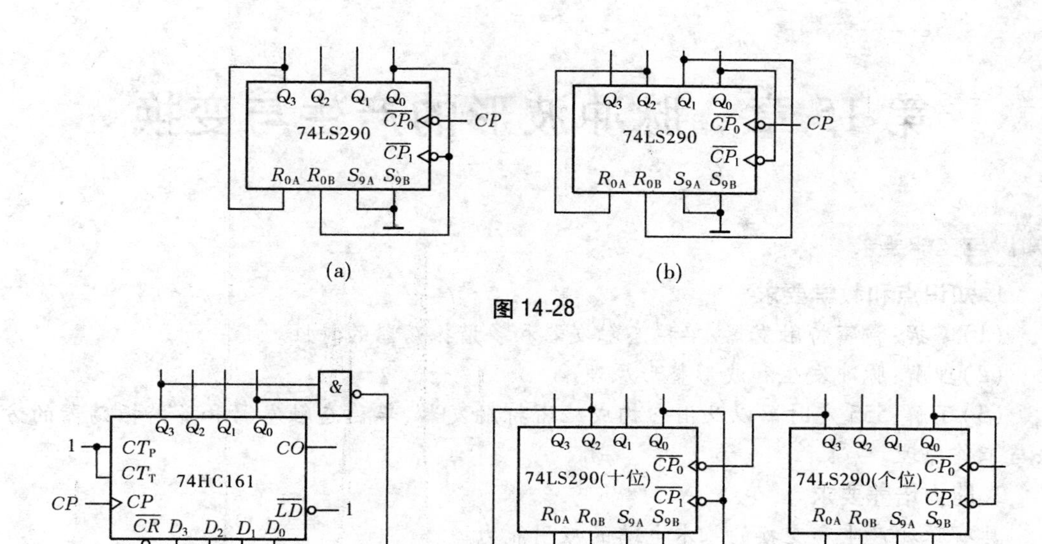

Q3 Q2 Q1 Q0
CP0
CP1
CP
74LS290
R0A R0B S9A S9B
(a)
(b)
&
CTP
CTT
CP
74HC161
CO
LD
CR D3 D2 D1 D0
1
74LS290(十位)
74LS290(个位)

图 14-28

图 14-29

第15章 脉冲波形的产生与变换

知识与技能要求

1. 知识点和教学要求

(1)掌握:施密特触发器、单稳态触发器和多谐振荡器的特性。

(2)理解:脉冲发生和波形整形原理。

(3)了解:555定时器以及用它构成施密特触发器、单稳态触发器和多谐振荡器的方法与工作原理。

2. 能力培养要求

具有脉冲产生和变换的基本电路的应用能力。

在数字电路中,为了控制和协调整个系统的工作,常常需要时钟脉冲信号。获得脉冲信号的方法主要有两种:一种是利用多谐振荡器等脉冲发生器直接产生符合要求的矩形脉冲;另一种是通过整形电路对已有的波形进行整形、变换,使之符合系统的要求。

多谐振荡器是常用的脉冲发生器,它不需外加输入信号,只要接通电源就能自行产生周期性的矩形脉冲信号。施密特触发器和单稳态触发器是两种不同用途的脉冲波形整形、变换电路。施密特触发器主要用于将变化缓慢的或快速变化的非矩形脉冲变换成上升沿和下降沿都很陡峭的矩形脉冲,而单稳态触发器则主要用于将宽度不符合要求的脉冲变换成符合要求的矩形脉冲。

555定时器是一种多用途集成电路,只要在其外部配接少量阻容元件就可构成施密特触发器、单稳态触发器和多谐振荡器等,使用方便、灵活,因此在波形变换与产生、测量控制、家用电器等方面都有着广泛的应用。

本章依次介绍多谐振荡器、施密特触发器、单稳态触发器的工作原理及其应用,以及广泛使用的555定时器的结构与应用。

15.1 多谐振荡器

多谐振荡器是一种自激振荡电路,该电路在接通电源后无需外接触发信号就能产生一定频率和幅值的矩形脉冲波或方波。由于矩形脉冲含有丰富的谐波分量,因此常将矩形脉冲产生电路称作多谐振荡器。多谐振荡器在工作过程中只有两个暂稳态,不存在稳定状态,故又称为无稳态电路。

15.1.1 由门电路组成的多谐振荡器

1. 电路组成及工作原理

如图15-1所示为由CMOS门电路组成的多谐振荡器。

为了讨论方便，在电路分析中，假定门电路的电压传输特性曲线为理想化的折线，即开门电平（U_{ON}）和关门电平（U_{OFF}）相等，这个理想化的开门电平或关门电平称为门坎电平（或阈值电平），记为 U_{th}，且 $U_{th} = V_{DD}/2$。

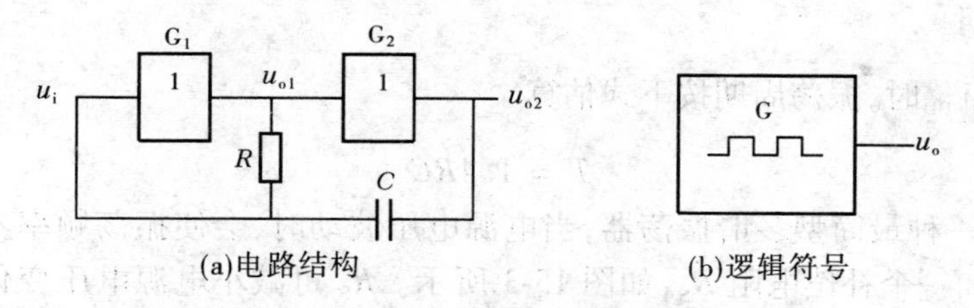

(a)电路结构　　(b)逻辑符号

图 15-1　由 CMOS 门电路组成的多谐振荡器

1）第一暂稳态及电路自动翻转的过程

假定在 $t=0$ 时接通电源，电容 C 尚未充电，电路初始状态为 $u_{o1}=U_{oH}$，$u_i = u_{o2} = U_{oL}$ 状态，即第一暂稳态。此时，电源 V_{DD} 经 G_1、电阻 R 和 G_2 给电容 C 充电。随着充电时间的增加，u_i 的值不断上升，当 u_i 达到 U_{th} 时，电路发生下述正反馈过程：

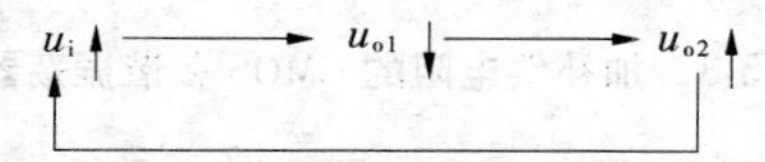

这一正反馈过程瞬间完成，使 G_1 导通、G_2 截止，电路进入第二暂稳态，即 $u_{o1} = U_{oL}$，$u_{o2} = U_{oH}$。

2）第二暂稳态及电路自动翻转的过程

电路进入第二暂稳态瞬间，u_{o2} 由 0 V 上跳至 V_{DD}，由于电容两端电压不能突变，则 u_i 也将上跳至 V_{DD}，本应升至 $V_{DD}+U_{th}$，但由于 G_1 内保护二极管的钳位作用，u_i 仅上跳至 $V_{DD}+\Delta U_+$。随后，电容 C 通过 G_2、电阻 R 和 G_1 放电，使 u_i 下降，当 u_i 降至 U_{th} 后，电路又产生如下正反馈过程：

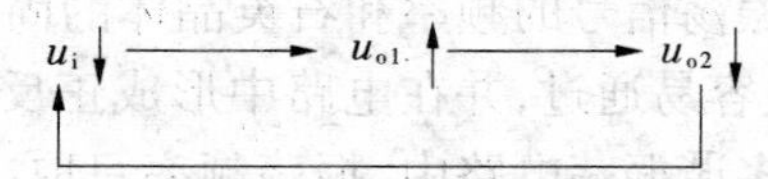

从而使 G_1 迅速截止、G_2 迅速导通，电路又回到第一暂稳态，$u_{o1} = U_{oH}$，$u_{o2} = U_{oL}$。此后，电路重复上述过程，周而复始地从一个暂稳态翻转到另一个暂稳态，在 G_2 的输出端得到方波。其工作波形如图 15-2 所示。

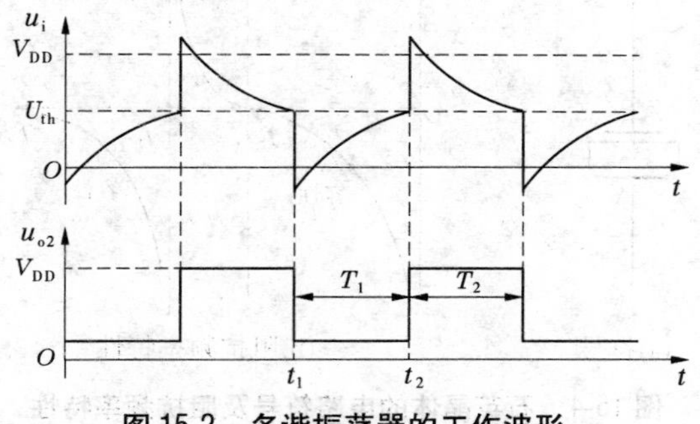

图 15-2　多谐振荡器的工作波形

由上述分析不难看出，多谐振荡器的两个暂稳态的转换过程是通过电容 C 充、放电作用来实现的，电容的充、放电作用又集中体现在图中 u_i 的变化上。因此，在分析中要着重注意 u_i 的波形。

2. 振荡周期

在 $U_{th}=\frac{1}{2}V_{DD}$ 时，振荡周期按下式估算

$$T = 1.4RC \tag{15-1}$$

图 15-1 是一种最简型多谐振荡器，当电源电压波动时，会使振荡频率不稳定。实用电路中一般增加一个补偿电阻 R_S，如图 15-3 所示。R_S 可减小电源电压变化对振荡频率的影响。当 $U_{th}=V_{DD}/2$ 时，一般取 $R_S=10R$。

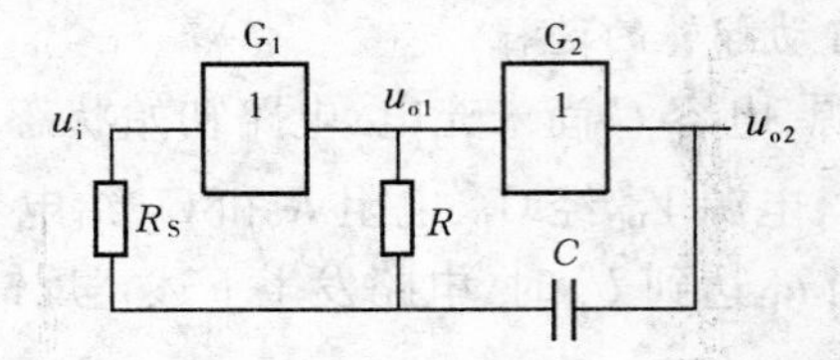

图 15-3　加补偿电阻的 CMOS 多谐振荡器

15.1.2　石英晶体多谐振荡器

前面介绍的多谐振荡器的一个共同特点就是振荡频率不稳定，容易受温度、电源电压波动和 R、C 参数误差的影响。在数字系统中，矩形脉冲信号常用做时钟信号来控制和协调整个系统的工作。因此，控制信号频率不稳定会直接影响到系统的工作，显然，前面讨论的多谐振荡器是不能满足要求的，必须采用频率稳定度很高的石英晶体多谐振荡器。

图 15-4 所示为石英晶体的电路符号和阻抗频率特性。由图 15-4(b)可看出，石英晶体具有很好的选频特性。当振荡信号的频率和石英晶体的固有谐振频率 f_S 相同时，石英晶体呈现很低的阻抗，信号很容易通过，并在电路中形成正反馈，而其他频率的信号则被衰减掉。若将石英晶体接在多谐振荡电路中，振荡频率只取决于石英晶体的固有谐振频率，与电路的其他元件参数无关。

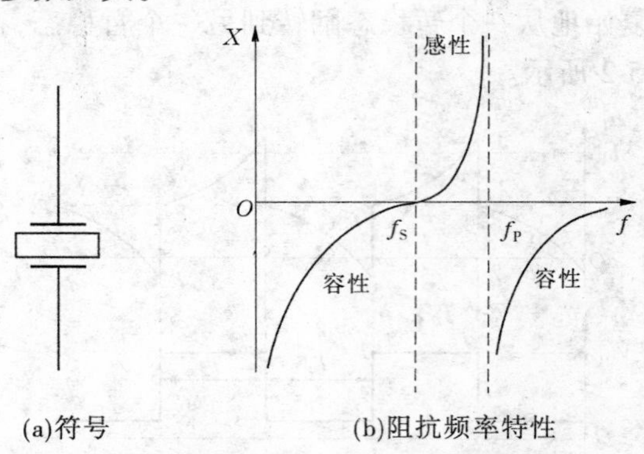

(a)符号　　(b)阻抗频率特性

图 15-4　石英晶体的电路符号及阻抗频率特性

1. 并联石英晶体多谐振荡器

图 15-5(a)所示为由 CMOS 反相器组成的并联石英晶体多谐振荡器。R_F 为反馈电阻,用以使 G_1 工作在电压传输特性的转折区,R_F 值通常取 5 ~ 10 MΩ。反馈系数取决于 C_1 和 C_2 的比值,C_1 还可用于微调振荡频率。

石英晶体振荡器可输出振荡频率很稳定的信号,但输出波形不太好,因此 G_1 输出端需加反相器 G_2,用以改善输出波形的前沿和后沿,使其更加陡峭。

2. 串联石英晶体多谐振荡器

图 15-5(b)所示为由反相器组成的串联石英晶体多谐振荡器。C_1 为 G_1 和 G_2 间的耦合电容,R_1 和 R_2 使 G_1 和 G_2 工作在电压传输特性的转折区。由于 G_2 输出的振荡波形不好,因此输出端加了一个 G_3,来改善输出振荡波形的前沿和后沿。

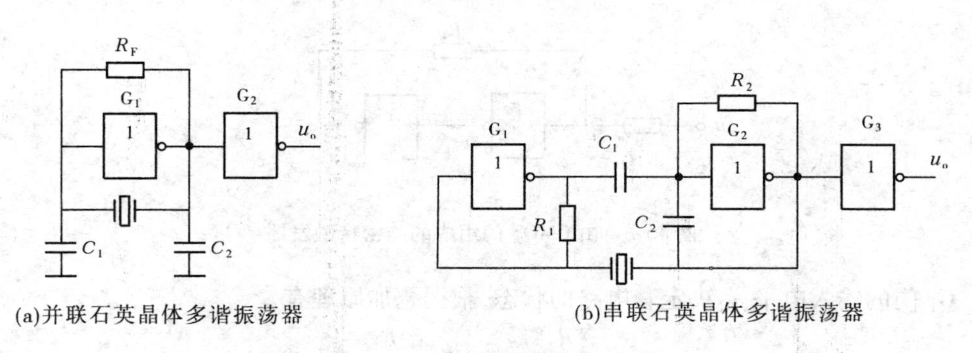

(a)并联石英晶体多谐振荡器　　(b)串联石英晶体多谐振荡器

图 15-5　石英晶体多谐振荡器

15.2　施密特触发器

15.2.1　施密特触发器的特性

施密特触发器不同于前述的各类触发器,它具有如下特点:

(1)施密特触发器属于电平触发,对于缓慢变化的信号仍然适用,当输入信号达到某一电压值时,输出电压会发生突变。

(2)输入信号增加和减少时,电路有不同的阈值电压,它具有如图 15-6 所示的传输特性。

在本书 5.5 节中,曾经讨论过由集成运放构成的施密特触发器(滞回电压比较器),这里将介绍数字技术中常用的施密特触发器。

15.2.2　由门电路组成的施密特触发器

由 CMOS 门组成的施密特触发器如图 15-7 所示。电路中两个 CMOS 反相器串接,分压电阻 R_1、R_2将输出端的电压反馈到输入端对电路产生影响。

假定电路中 CMOS 反相器的阈值电压 $U_{th} \approx V_{DD}/2$,$R_1 < R_2$ 且输入信号 u_i 为三角波,下面分析电路的工作过程。

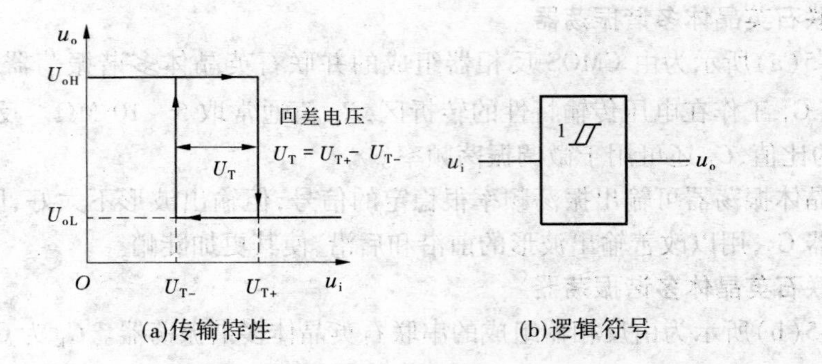

(a)传输特性　　(b)逻辑符号

图 15-6　施密特触发器电压传输特性与符号

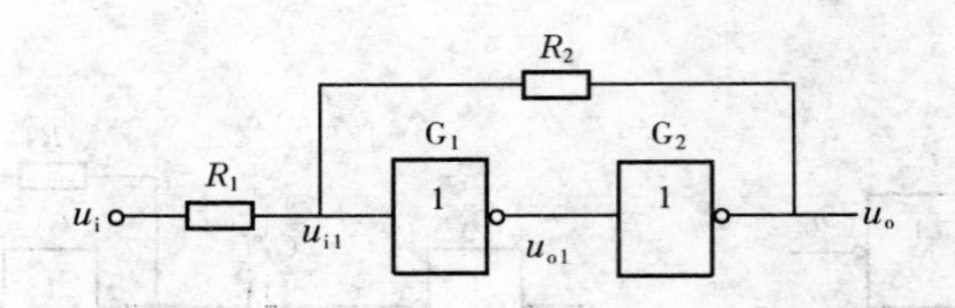

图 15-7　由 CMOS 门组成的施密特触发器

G_1 门的输入电平 u_{i1} 决定着电路的状态，根据叠加原理有

$$u_{i1} = \frac{R_2}{R_1 + R_2} \cdot u_i + \frac{R_1}{R_1 + R_2} \cdot u_o \tag{15-2}$$

当 $u_i = 0$ V 时，G_1 门截止，G_2 门导通，输出端 $u_o = 0$ V，此时 $u_{i1} \approx 0$ V。

当输入从 0 V 逐渐增加，只要 $u_{i1} < U_{th}$，则电路保持 $u_o = 0$ V 不变。

当 u_i 上升使得 $u_{i1} = U_{th}$ 时，使电路产生如下正反馈过程：

$$u_{i1}\uparrow \longrightarrow u_{o1}\downarrow \longrightarrow u_o\uparrow$$

这样，电路状态很快转换为 $u_o \approx V_{DD}$，此时 u_i 的值即为施密特触发器在输入信号正向增加时的阈值电压，称为正向阈值电压，用 U_{T+} 表示。由式 (15-2) 得

$$u_{i1} = U_{th} \approx \frac{R_2}{R_1 + R_2} \cdot U_{T+} \tag{15-3}$$

所以

$$U_{T+} \approx \left(1 + \frac{R_1}{R_2}\right) U_{th} \tag{15-4}$$

当 $u_{i1} > U_{th}$ 时，电路状态维持 $u_o = V_{DD}$ 不变。

u_i 继续上升至最大值后开始下降，当 $u_{i1} = U_{th}$ 时，电路产生如下正反馈过程：

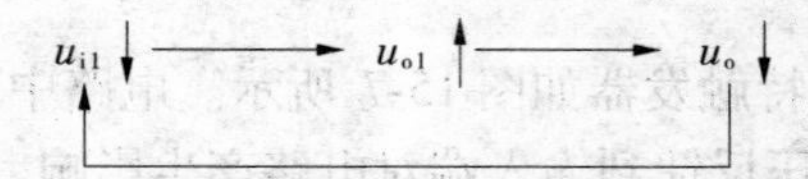

$$u_{i1}\downarrow \longrightarrow u_{o1}\uparrow \longrightarrow u_o\downarrow$$

这样电路又迅速转换为 $u_o \approx 0$ V 的状态，此时的输入电平为 u_i 减小时的阈值电压，称为负向阈值电压，用 U_{T-} 表示。根据式 (15-2)，此时有

$$u_{i1} \approx U_{th} = \frac{R_2}{R_1 + R_2} \cdot U_{T-} + \frac{R_1}{R_1 + R_2} \cdot V_{DD}$$

将 $V_{DD} = 2U_{th}$ 代入可得

$$U_{T-} \approx (1 - \frac{R_1}{R_2}) U_{th} \tag{15-5}$$

只要满足 $u_i < U_{T-}$,电路就稳定在 $u_o \approx 0$ V 的状态。

由式（15-4）和式（15-5）可求得回差电压为

$$\Delta U_T = U_{T+} - U_{T-} \approx 2\frac{R_1}{R_2} U_{th} \tag{15-6}$$

式(15-6)表明,电路回差电压与 R_1/R_2 成正比,改变 R_1、R_2 的值即可调节回差电压的大小。电路的传输特性及工作波形如图 15-8 所示。

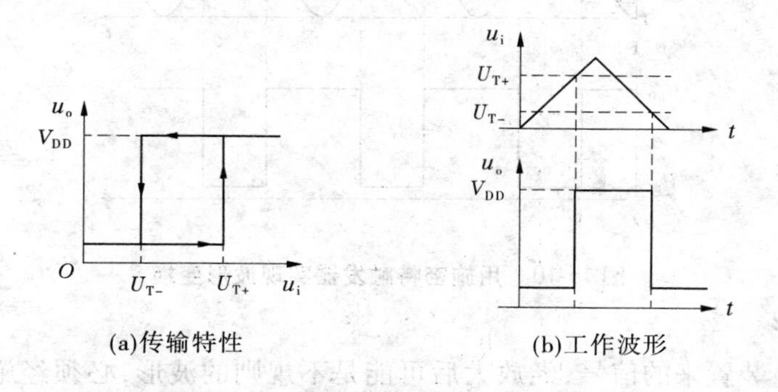

图 15-8　施密特触发器传输特性与工作波形

15.2.3　集成施密特触发器

与分立器件或门电路组成的施密特触发器相比,集成施密特触发器性能一致性好,触发阈值稳定,应用广泛。TTL 集成施密特触发器有六反相器(缓冲器)74LS14、四双输入与非门 74132、双四输入与非门 7413 等三类七个品种。CMOS 集成施密特触发器有六反相器 CD40106 和 CD4584、四双输入与非门 CD4093。图 15-9 所示为 CMOS 集成六反相器 CD40106 的引脚图。

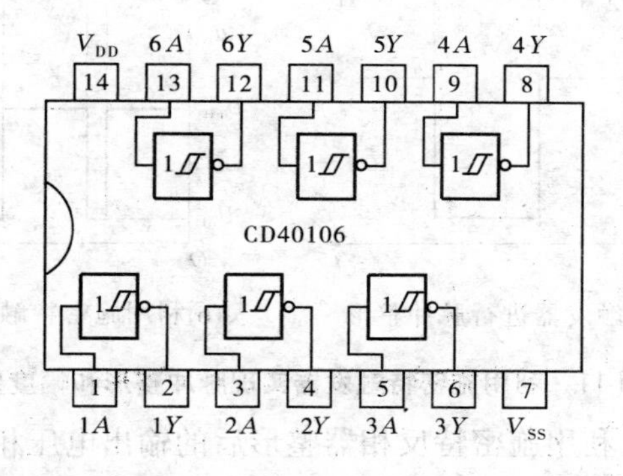

图 15-9　集成施密特触发器 CD40106

15.2.4 施密特触发器应用

施密特触发器应用非常广泛，可用于波形的变换、整形、幅度鉴别，构成多谐振荡器、单稳态触发器等。

1. 波形变换

施密特触发器可用于将三角波、正弦波及其他不规则信号变换成矩形脉冲。图15-10所示为用施密特触发器将正弦波变换成同周期的矩形脉冲。

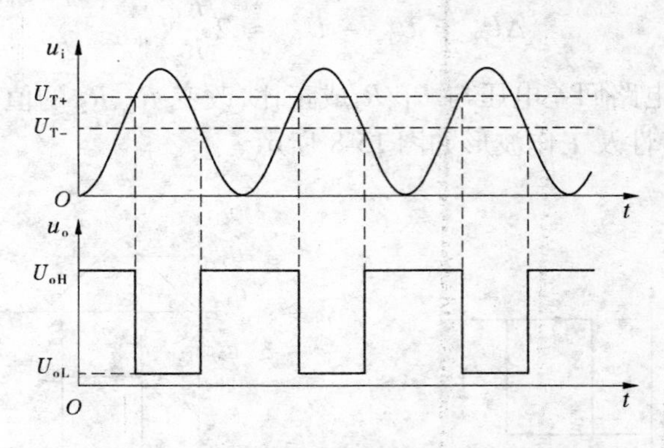

图15-10 用施密特触发器实现波形变换

2. 脉冲整形

通常由测量装置来的信号，经放大后可能是不规则的波形，必须经施密特触发器整形。作为整形电路时，将边沿较差或畸变脉冲作为施密特触发器的输入，其输出为矩形波。如利用集成施密特触发器（反相器）CD40106对图15-11(a)所示的输入电压波形进行整形，则整形后的输出电压波形已变换成上升沿和下降沿都很陡峭的矩形脉冲。

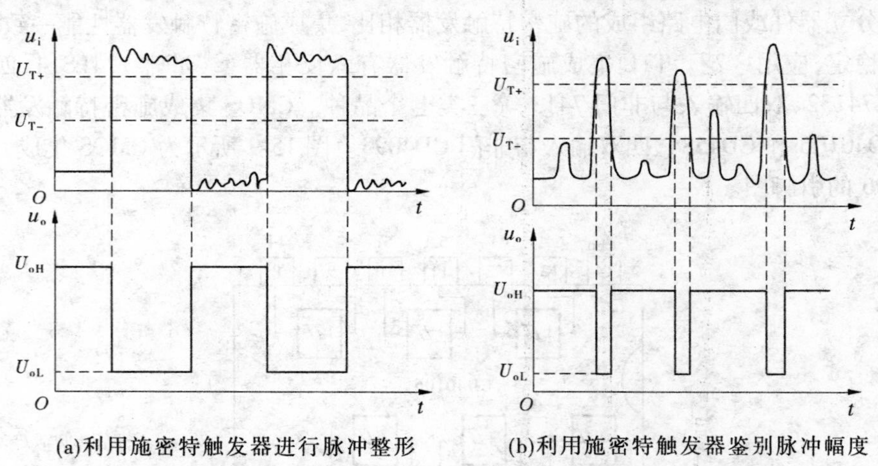

图15-11 利用施密特触发器实现脉冲整形和幅度鉴别

由图15-11(a)可见，利用施密特反相器整形后的输出电压相位与输入相反。如果要求输出与输入同相，则可在上述集成施密特反相器后再加一级反相器。

3. 脉冲幅度鉴别

如输入信号为一组幅度不等的脉冲，而要求将幅度大于 U_{T+} 的脉冲信号挑选出来时，则可用施密特触发器对输入脉冲的幅度进行鉴别，如图 15-11(b)所示。这时，可将输入幅度大于 U_{T+} 的脉冲信号选出来，而幅度小于 U_{T+} 的脉冲信号则去掉了。

4. 构成多谐振荡器

利用施密特触发器可构成多谐振荡器，图 15-12 是电路及波形图。它的原理是用电容端电压控制施密特触发器导通翻转，通过 u_o 电压的高低对电容进行充放电。

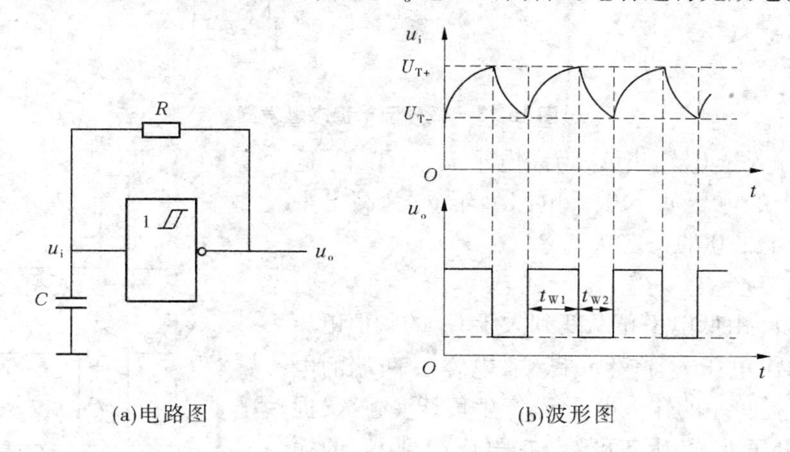

(a)电路图　　(b)波形图

图 15-12　利用施密特触发器构成多谐振荡器

15.3　单稳态触发器

单稳态触发器是常用的脉冲整形和延时电路。它有一个稳定状态和一个暂稳态。在外加触发脉冲作用下，电路从稳定状态翻转到暂稳态，经一段时间后，又自动返回到原来的稳定状态。而且暂稳态时间的长短完全取决于电路本身的参数，与外加触发脉冲没有关系。

15.3.1　微分型单稳态触发器

1. 电路结构

电路如图 15-13 所示，它由两个 CMOS 或非门和 RC 电路组成。G_2 输出和 G_1 输入为直接耦合，而 G_1 输出和 G_2 输入用 RC 微分电路耦合，因此称为微分型单稳态触发器。

2. 工作原理

对于 CMOS 门电路，可以认为输出的高电平 $U_{oH} \approx V_{DD}$，输出的低电平 $U_{oL} \approx 0$，两个或非门的阈值电压 U_{th} 都为 $\frac{1}{2}V_{DD}$。下面参照图 15-14 所示波形分 4 个阶段讨论它的工作原理。

1) 稳定状态

当输入电压 u_i 为低电平时，由于 G_2 输入通过电阻 R 接 V_{DD}，因此 G_2 输出低电平

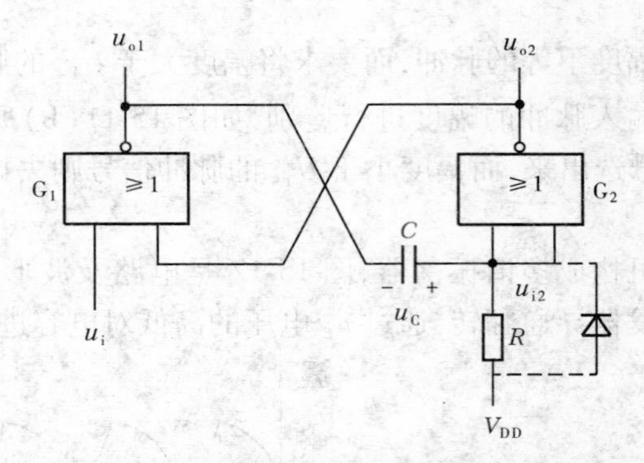

图 15-13　微分型单稳态触发器

$U_{oL}\approx 0$，G_1 输入全 0，输出 u_{o1} 为高电平 $U_{oH}\approx V_{DD}$。这时，电容 C 上的电压 $u_C\approx 0$。电路处于 u_{o1} 为高电平 V_{DD}、u_{o2} 为低电平 0 的稳定状态。

2）暂稳态

当输入 u_i 由低电平正跃变到大于 G_1 的阈值电压 U_{th} 时，G_1 输出电压 u_{o1} 产生负跃变，电容 C 两端的电压不能突变，使 G_2 的输入电压 u_{i2} 产生负跃变，这又促使 G_2 输出电压 u_{o2} 产生正跃变，它再反馈到 G_1 的输入端。于是，电路产生如下正反馈过程：

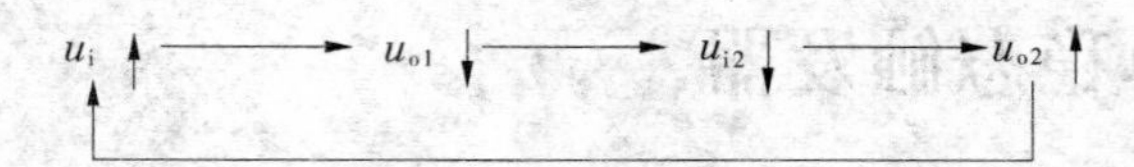

正反馈的结果使 G_1 开通，输出 u_{o1} 迅速跃变到低电平，由于电容两端的电压不能突变，u_{i2} 产生同样的负跃变，G_2 输出由低电平迅速跃到高电平 V_{DD}。于是，电源 V_{DD} 经 R、C 和 G_1 的输出电阻开始对电容 C 充电。电路进入暂稳态。在此期间输入电压 u_i 回到低电平。

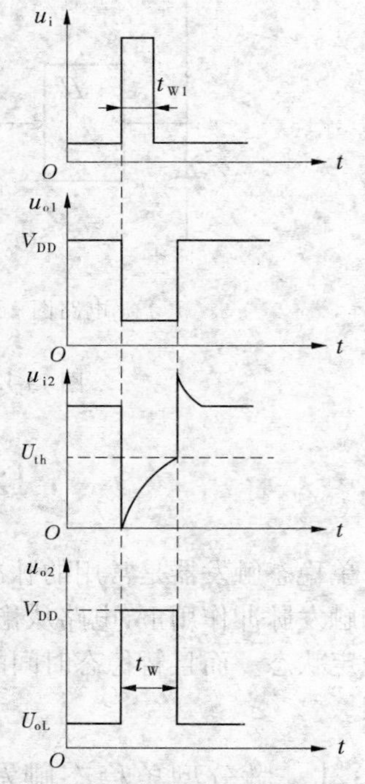

图 15-14　单稳态触发器工作波形

3）自动翻转

随着电容 C 的充电，电容上的电压 u_C 随之升高，电压 u_{i2} 也逐渐升高。当 u_{i2} 上升到 G_2 的 U_{th} 时，u_{o2} 下降，使 u_{o1} 上升，又使 u_{i2} 进一步增大。电路又产生了另一个正反馈过程：

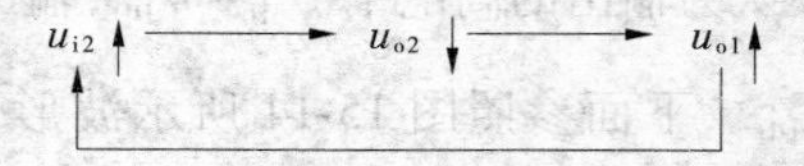

正反馈使 G_1 迅速关闭，输出 u_{o1} 为高电平 V_{DD}，G_2 迅速开通，输出 u_{o2} 跃到低电平 0。电路返回到初始的稳定状态。

4)恢复过程

暂稳态结束后,电容 C 通过电阻 R、G_2 的输入保护回路等向 V_{DD}放电,使 C 上的电压恢复到初始状态时的0 V。

3. 输出脉冲宽度的估算

单稳态触发器输出脉冲的宽度实际上是暂稳态维持的时间,用 t_W表示。它为电容 C 上的电压由低电平0充到 G_2 的 U_{th}所需的时间。其大小可用下式进行估算

$$t_W \approx 0.7RC \tag{15-7}$$

在使用微分型单稳态触发器时,输入触发脉冲 u_i 的宽度 t_{W1}应小于输出脉冲的宽度 t_W,即 $t_{W1} < t_W$,否则电路不能正常工作。如出现 $t_{W1} > t_W$ 的情况时,可在触发信号源 u_i 和 G_1 输入端之间接入一个 RC 微分电路。

15.3.2 集成单稳态触发器

由门电路组成的单稳态触发器虽然电路简单,但输出脉宽的稳定性差,调节范围小,且触发方式单一。为适应数字系统中的广泛应用,现已生产出单片集成单稳态触发器。集成单稳态触发器根据电路及工作状态不同,分为可重复触发和不可重复触发两种。

两种不同触发特性的单稳态触发器的主要区别是:不可重复触发单稳态触发器,在进入暂稳态期间,如有触发脉冲作用,电路的工作过程不受其影响,只有当电路的暂稳态结束后,输入触发脉冲才会影响电路状态。电路输出脉宽由 R、C 参数确定。

可重复触发单稳态触发器在暂稳态期间,如有触发脉冲作用,电路会重新被触发,使暂稳态继续延迟一个 t_W时间,直至触发脉冲的间隔超过单稳输出脉宽,电路才返回稳态。图15-15所示为两种单稳态触发器的逻辑符号和工作波形。

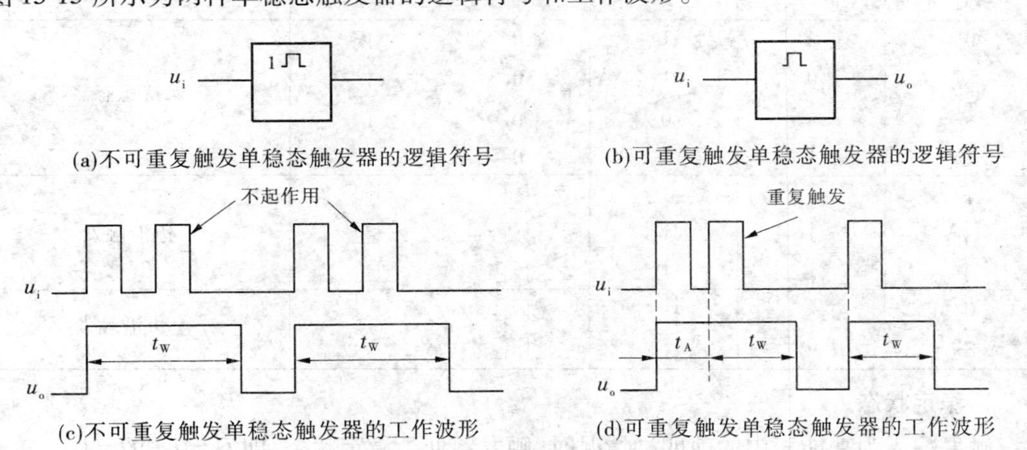

图15-15　两种单稳态触发器的逻辑符号与工作波形

下面以集成单稳态触发器74LS121为例说明它的逻辑功能和用法。74LS121是一种不可重复触发的TTL型单稳态触发器,其逻辑符号、外引脚排列如图15-16所示。其逻辑功能见表15-1。

A_1、A_2 是两个下边沿有效的触发信号输入端,B 为上边沿有效的触发信号输入端。Q

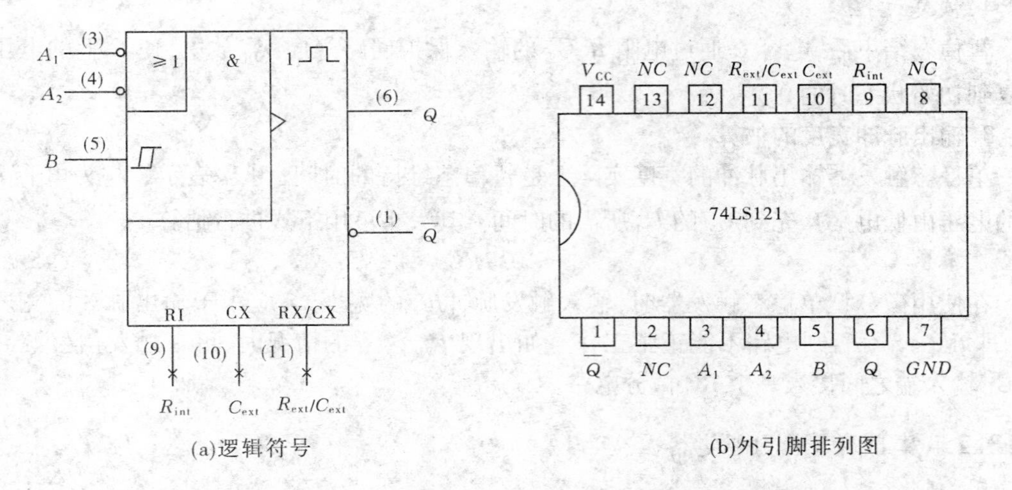

(a)逻辑符号　　(b)外引脚排列图

图 15-16　集成单稳态触发器 74LS121 的逻辑符号和外引脚排列图

和$\overline{Q}$是两个互补输出端,10 脚（C_{ext}）、11 脚（$R_{\text{ext}}/C_{\text{ext}}$）是外接定时元件端。74LS121 内部已经设置了一个 2 kΩ 的电阻,9 脚（R_{int}）是它的引出端。使用时,只需将它与 V_{CC}连接起来,不用时 9 脚（R_{int}）应开路。图中外面线上的“×”号表示非逻辑连接,即没有任何逻辑信息的连接,如外接电阻、电容和基准电压等。

表 15-1　74LS121 功能表

输入			输出		说明
A_1	A_2	B	Q	$\overline{Q}$	
0	×	1	0	1	保持稳态
×	0	1	0	1	
×	×	0	0	1	
1	1	×	0	1	
1	↓	1	⊓	⊔	下边沿触发
↓	1	1	⊓	⊔	
↓	↓	1	⊓	⊔	
0	×	↑	⊓	⊔	上边沿触发
×	0	↑	⊓	⊔	

1. 稳定状态

触发输入为功能表中的前四种情况时,触发器处于稳定状态,即 $Q=0$ 和$\overline{Q}=1$。

2. 触发翻转

74LS121 有 3 个触发输入端。若 A_1、A_2 中有一个或两个为低电平,B 输入由 0 到 1 的正跳变触发信号,触发器由稳态翻转到暂稳态,经 t_W 时间自动返回初始的稳态,输出端输出一个脉冲信号。若 B 为高电平,A_1、A_2 中的一个或两个输入由 1 到 0 的负跳变触发信号,触发器同样实现触发翻转。

3. **定时**

单稳电路的定时取决于定时电阻和定时电容的数值。74LS121 的定时电容连接在芯片的 10、11 引脚之间。若输出脉冲宽度较宽，而采用电解电容时，电容 C 的正极接在 C_{ext} 输入端（10 脚）。对于定时电阻，使用者可以有两种选择：

（1）利用内部定时电阻（2 kΩ），此时将 9 脚（R_{int}）接至电源 V_{CC}（14 脚）。

（2）采用外接定时电阻（阻值在 1.4 ~40 kΩ），此时 9 脚应悬空，电阻接在 11、14 脚之间。

74LS121 输出脉冲的宽度

$$t_W \approx 0.7R_{ext}C_{ext} \tag{15-8}$$

15.3.3 单稳态触发器的应用

单稳态触发器应用十分广泛，在数字系统中，主要用于定时、整形和延时。

1. **定时**

由于单稳态触发器能产生一定宽度 t_W 的矩形输出脉冲，如利用这个矩形脉冲作为定时信号去控制某电路，可使其在 t_W 时间内动作（或不动作）。例如，将单稳态触发器输出的矩形脉冲作为与门输入的控制信号，则只有在这个矩形波的 t_W 时间内，信号 u_i 才有可能通过与门，如图 15-17 所示。

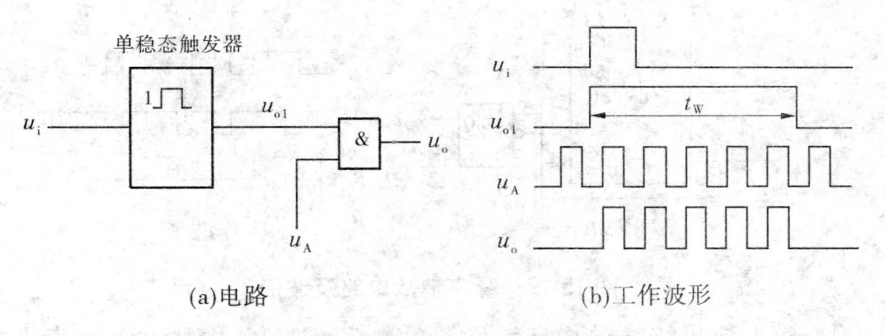

图 15-17 单稳态触发器作定时电路的应用

2. **延时**

单稳态触发器的延时作用不难从图 15-14 所示微分型单稳态触发器的工作波形中看出。图中输出端 u_{o1} 的上升沿相对输入信号 u_i 的上升沿延迟了一段时间 t_W。单稳态的延时作用常被应用于时序控制。

3. **多谐振荡器**

利用两个单稳态触发器可以构成多谐振荡器。由两片 74LS121 集成单稳态触发器组成的多谐振荡器如图 15-18 所示，图中开关 S 为振荡器控制开关。

设当电路处于 $Q_1=0, Q_2=0$ 时，将开关 S 打开，电路开始振荡，其工作过程如下：

在起始时，单稳态触发器 Ⅰ 的 A_1 为低电平，开关 S 打开瞬间，B 端产生正跳变，单稳态触发器 Ⅰ 被触发，Q_1 输出正脉冲，其脉冲宽度为 $0.7R_1C_1$。当单稳态触发器 Ⅰ 暂稳态结束时，Q_1 的下降沿触发单稳态触发器 Ⅱ，Q_2 端输出正脉冲。此后，Q_2 的下降沿又触发单稳态触发器 Ⅰ，如此周而复始地产生振荡，其振荡周期为

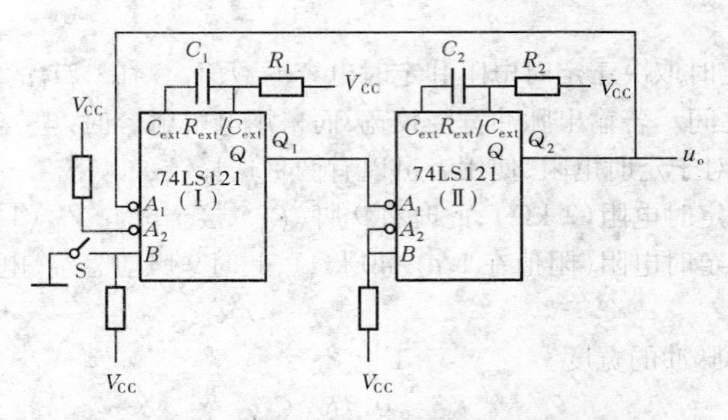

图 15-18　由单稳态触发器构成的多谐振荡器

$$T = 0.7(R_1C_1 + R_2C_2)$$

4. 噪声消除电路

利用单稳态触发器可以构成噪声消除电路(或称脉宽鉴别电路)。通常噪声多表现为尖脉冲,宽度较窄,而有用的信号都具有一定的宽度。利用单稳态触发器,将输出脉宽调节到大于噪声宽度而小于信号脉宽,即可消除噪声。由单稳态触发器组成的噪声消除电路及波形如图 15-19 所示。

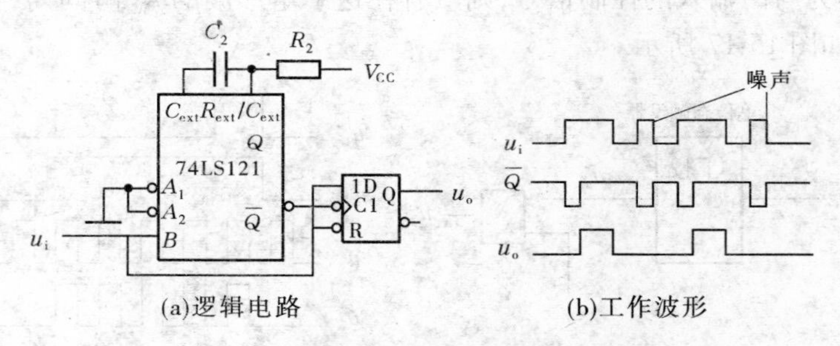

图 15-19　噪声消除电路及波形

图 15-19 中,输入信号接至单稳态触发器的触发信号输入端和 D 触发器的数据输入端及直接置 0 端。由于有用信号大于单稳态输出脉宽,因此单稳态触发器$\overline{Q}$输出上升沿使 D 触发器置 1,而当信号消失后,D 触发器被清零。若输入中含有噪声,其噪声前沿使单稳态触发器触发翻转,但由于单稳态触发器输出脉宽大于噪声宽度,故单稳态触发器$\overline{Q}$输出上升沿时,噪声已消失,从而在输出信号中消除了噪声成分。

15.4　555 定时器及应用

555 定时器是一种电路结构简单、使用方便灵活的多功能中规模集成电路。只要外部配接少数几个阻容元件便可组成施密特触发器、单稳态触发器、多谐振荡器等电路。555 定时器的电源电压范围宽,双极型 555 定时器为 5 ~ 16 V,CMOS 555 定时器为 3 ~ 18 V,可以提供与 TTL 及 CMOS 数字电路兼容的接口电平。555 定时器还可输出一定的功率,可驱动微电机、指示灯、扬声器等。它在脉冲波形的产生与变换、仪器与仪表、测量与控制、家用电器与电子玩具等领域都有着广泛的应用。

TTL 单定时器型号的最后 3 位数字为 555，双定时器的为 556；CMOS 单定时器的最后 4 位数为 7555，双定时器的为 7556。它们的逻辑功能和外部引线排列完全相同。

15.4.1 555 定时器的电路结构及功能

图 15-20 所示为双极型 555 定时器的逻辑图和引脚图。从图 15-20(a)可知，它由 3 个阻值为 5 kΩ 的电阻组成的分压器、电压比较器 A_1 和 A_2、G_1 和 G_2 组成的基本 RS 触发器、集电极开路的放电管 V 及输出缓冲级 G_3 组成。

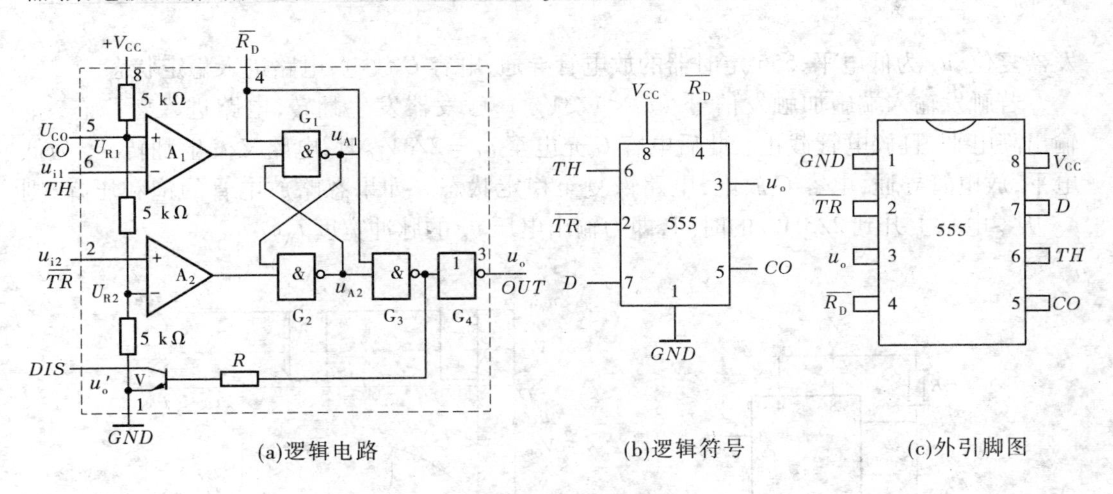

(a)逻辑电路　　(b)逻辑符号　　(c)外引脚图

图 15-20　555 定时器

A_1 和 A_2 为两个电压比较器，它们的基准电压由 V_{CC} 经 3 个 5 kΩ 电阻分压后提供。$U_{R1}=2/3\ V_{CC}$ 为比较器 A_1 的基准电压，TH(阈值输入端)为其输入端。$U_{R2}=1/3V_{CC}$ 为比较器 A_2 的基准电压，$\overline{TR}$(触发输入端)为其输入端。CO 为控制端，当外接固定电压 U_{CO} 时，则 $U_{R1}=U_{CO}$、$U_{R2}=1/2U_{CO}$。$\overline{R}_D$ 为直接置 0 端，只要 $\overline{R}_D=0$，输出 u_o 便为低电平，正常工作时，$\overline{R}_D$ 端必须为高电平。下面分析 555 定时器的逻辑功能。

设 TH 和 $\overline{TR}$ 端的输入电压分别为 u_{i1} 和 u_{i2}。555 定时器的工作情况如下：

当 $u_{i1}>U_{R1}$、$u_{i2}>U_{R2}$ 时，比较器 A_1 和 A_2 的输出 $u_{A1}=0$、$u_{A2}=1$，基本 RS 触发器被置 0，$Q=0$、$\overline{Q}=1$，输出 $u_o=0$，同时 V 导通。

当 $u_{i1}<U_{R1}$、$u_{i2}<U_{R2}$ 时，两个比较器的输出 $u_{A1}=1$、$u_{A2}=0$，基本 RS 触发器置 1，$Q=1$、$\overline{Q}=0$，输出 $u_o=1$，同时 V 截止。

当 $u_{i1}<U_{R1}$、$u_{i2}>U_{R2}$ 时，$u_{A1}=1$、$u_{A2}=1$，基本 RS 触发器保持原状态不变。

综上所述，555 定时器的功能如表 15-2 所示。

15.4.2 555 定时器的应用

1. 构成单稳态触发器

由 555 定时器构成的单稳态触发器电路及工作波形如图 15-21 所示。电源接通瞬间，电路有一个稳定的过程，即电源通过电阻 R 向电容 C 充电，当 u_C 上升到 $2/3V_{CC}$ 时，触

表 15-2 555 定时器的功能表

$\overline{R_D}$	U_{TH}	$U_{\overline{TR}}$	u_o	V 状态
0	×	×	0	导通
1	$>2/3V_{CC}$	$>1/3V_{CC}$	0	导通
1	$<2/3V_{CC}$	$>1/3V_{CC}$	保持	保持
1	$<2/3V_{CC}$	$<1/3V_{CC}$	1	截止

发器复位，u_o 为低电平，555 定时器的放电管导通，电容 C 放电，电路进入稳定状态。

若触发输入端施加触发信号（$u_i<1/3V_{CC}$），触发器发生翻转，电路进入暂稳态，u_o 输出高电平，且放电管截止。此后电容 C 充电至 $u_C=2/3V_{CC}$时，电路又发生翻转，u_o 为低电平，放电管导通，电容 C 放电，电路恢复至稳定状态。如果忽略放电管的饱和压降，则 u_C 从零电平上升到 2/3 V_{CC}的时间，即为输出电压 u_o 的脉冲宽度 t_W。

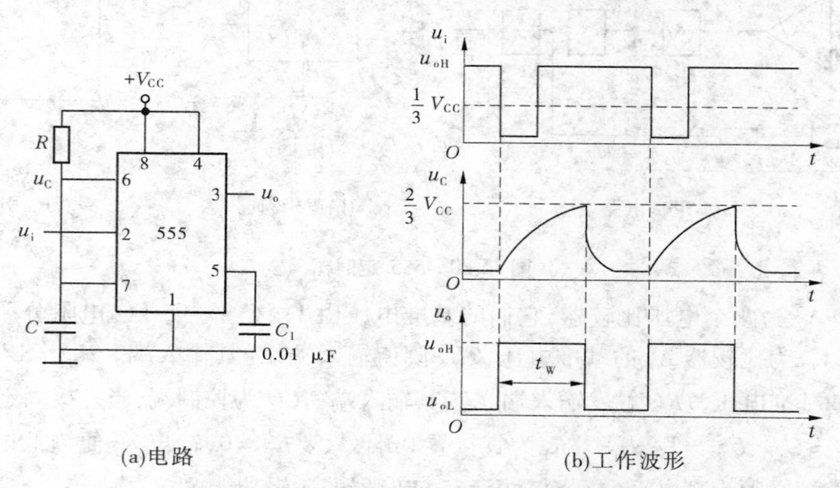

(a)电路 (b)工作波形

图 15-21 由 555 定时器构成的单稳态触发器

$$t_W=RC\ln3\approx1.1RC \tag{15-9}$$

这种电路产生的脉冲宽度可从几个微秒到数分钟，精度可达 0.1%。

2. 构成多谐振荡器

由 555 定时器构成的多谐振荡器如图 15-22(a)所示，其工作波形见图 15-22(b)。

在图 15-22(a)中，当接通电源后，电容 C 被充电，u_C 上升，当 u_C 上升到 $2/3V_{CC}$时，触发器被复位，同时放电管导通，此时 u_o 为低电平，电容 C 通过 R_2 和放电管放电，使 u_C 下降。当下降到 1/3 V_{CC}时，触发器又被置位，u_o 翻转为高电平。电容器 C 放电所需的时间为

$$t_{PL}=R_2C\ln2\approx0.7R_2C \tag{15-10}$$

当 C 放电结束时，放电管截止，V_{CC}将通过 R_1、R_2 向电容器 C 充电，u_C 由 $1/3V_{CC}$上升到 $2/3V_{CC}$所需的时间为

$$t_{PH}=(R_1+R_2)C\ln2\approx0.7(R_1+R_2)C \tag{15-11}$$

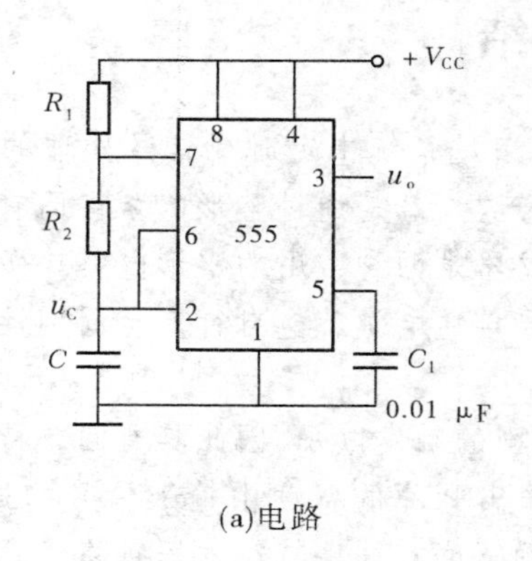

(a)电路

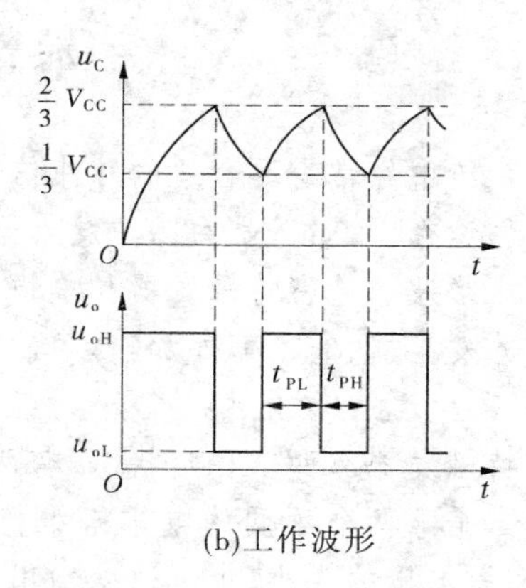

(b)工作波形

图 15-22　由 555 定时器构成的多谐振荡器

当 u_C 上升到 $2/3V_{CC}$ 时，触发器又发生翻转，如此周而复始，在输出端就得到一个周期性的方波，其频率为

$$f = \frac{1}{t_{PL} + t_{PH}} \approx \frac{1.43}{(R_1 + 2R_2)C} \tag{15-12}$$

由于 555 内部的比较器灵敏度较高，而且采用差分电路形式，它的振荡频率受电源、电压和温度变化的影响很小。

3. 构成施密特触发器

将 555 定时器的阈值输入端和触发输入端连在一起，便构成了施密特触发器，如图 15-23(a) 所示。当输入图 15-23(b) 所示的三角波信号时，则从施密特触发器的 u_o 端可得到方波输出。

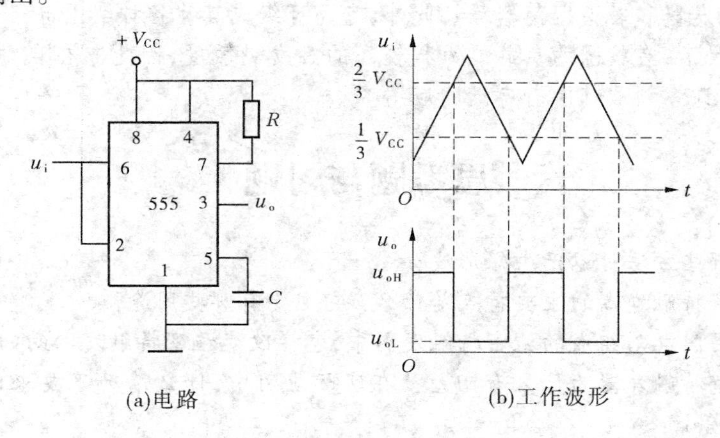

(a)电路　　(b)工作波形

图 15-23　由 555 定时器构成的施密特触发器

上面仅讨论了由 555 定时器组成的单稳态触发器、多谐振荡器和施密特触发器，实际上，由于 555 定时器的比较器灵敏度高，输出驱动电流大，功能灵活，在电子电路中获得了广泛应用，限于篇幅，这里就不一一枚举了。

本章小结

1. 数字系统中经常需要合适的脉冲信号,以满足系统中定时或信号处理的需要。获取脉冲信号的途径有二:一是由脉冲发生器直接产生;二是通过整形电路将已有的周期性波形变换成矩形波。施密特触发器和单稳态触发器是两种常用的整形电路。多谐振荡器是常用的脉冲发生器,它不需外加输入信号,只要接通电源就能自行产生周期性的矩形脉冲信号。

2. 施密特触发器有两个稳定状态,有两个不同的触发电平,因此具有回差特性。它的两个稳定状态是靠两个不同的电平来维持的,输出脉冲的宽度由输入信号的波形决定。此外,调节回差电压的大小,也可改变输出脉冲的宽度。施密特触发器可将任意波形变换成矩形脉冲,还常用来进行幅度鉴别、构成单稳态触发器和多谐振荡器等。

3. 单稳态触发器有一个稳定状态和一个暂稳态。其输出脉冲的宽度只取决于电路本身 R、C 定时元件的数值,与输入信号无关。改变 R、C 定时元件的数值可调节输出脉冲的宽度。单稳态触发器可将输入的触发脉冲变换为宽度和幅度都符合要求的矩形脉冲,还常用于脉冲的定时、整形、展宽等。集成单稳态触发器由于具有温度漂移小、工作稳定性高、脉冲宽度调节范围大、使用方便灵活等特点,是一种较为理想的脉冲整形与变换电路。

4. 多谐振荡器没有稳定状态,只有两个暂稳态。暂稳态间的相互转换完全靠电路本身电容的充电和放电自动完成。因此,多谐振荡器接通电源后就能输出周期性的矩形脉冲。改变 R、C 定时元件数值的大小,可调节振荡频率。在振荡频率稳定度要求很高的情况下,可采用石英晶体多谐振荡器。

5. 555 定时器是一种多用途的集成电路。只需外接少量阻容元件便可构成施密特触发器、单稳态触发器和多谐振荡器等。此外,它还可组成其他各种实用电路。由于 555 定时器使用方便灵活,有较强的负载能力和较高的触发灵敏度,因此它在自动控制、仪器仪表、家用电器等许多领域都有着广泛的应用。

思考题与习题

15-1　用哪些方法可以产生矩形波?

15-2　施密特触发器的主要特点是什么?它主要有哪些用途?

15-3　在由门电路组成的施密特触发器中,怎样改变施密特触发器的回差?

15-4　施密特触发器为什么有回差?在实际应用中,什么情况下要求回差大?什么情况下要求回差小?

15-5　施密特触发器为什么能输出边沿陡峭的矩形脉冲?

15-6　与施密特触发器相比较,单稳态触发器在电路结构和工作原理方面有什么特点?

15-7　集成单稳态触发器分为哪两类?它们的区别是什么?

15-8　试述多谐振荡器的特点,其振荡频率主要取决于哪些元件的参数?为什么?

15-9　石英晶体多谐振荡器的特点是什么?其振荡频率与电路中的 R、C 有无关系?

为什么？

15-10　555 定时器具有哪些应用特点？其典型应用电路有哪几种？

15-11　图 15-24 所示为数字系统中常用的上电复位电路，试说明其工作原理，并定性画出 u_i 与 u_o 波形图。若系统为高电平复位，如何改接电路？

15-12　图 15-25(a)所示为由与非门组成的施密特触发器（设二极管压降 $U_D = 0.7$ V），试根据图 15-25(b)所示的输入信号 u_i 的波形画出 u_o 的电压波形。

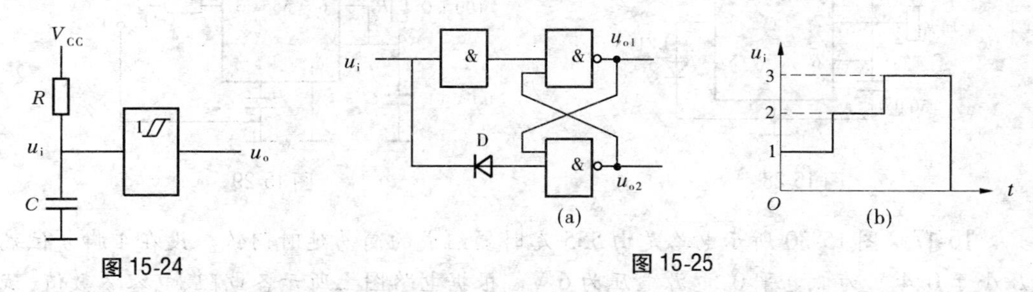

图 15-24　　　　图 15-25

15-13　由集成单稳态触发器 74LS121 组成的电路如图 15-26(a)所示，若 u_i 如图 15-26(b)所示，试画出输出 u_{o1}、u_{o2}的波形图。

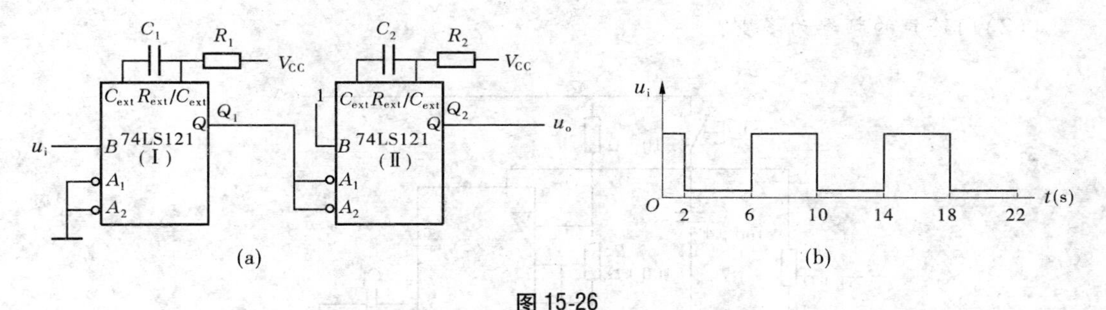

图 15-26

15-14　图 15-27 所示为由 555 定时器构成的施密特触发器。若调节 R_1，使 $u_A = 1/3V_{CC}$，求 U_{T+}、U_{T-}，并对应画出 u_i'、u_o 电压波形。

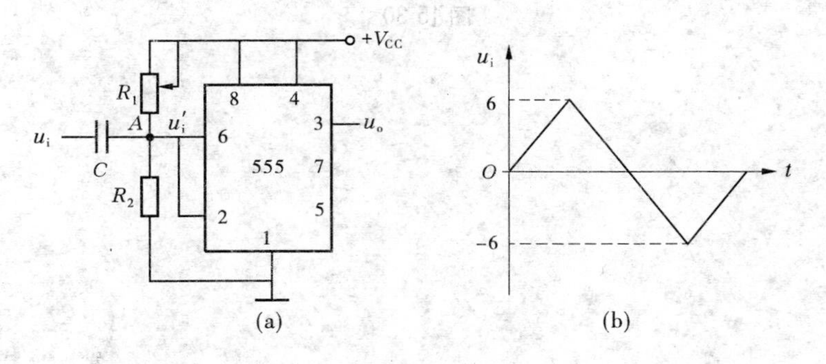

图 15-27

15-15　图 15-28 所示电路是一简易触摸开关电路，当手摸金属片时，发光二极管亮，经过一定时间，发光二极管熄灭。试说明电路工作原理，发光二极管能亮多长时间？

15-16　图 15-29 所示为一简易的 NPN 型三极管测试电路，将三极管的管脚 B、C、E 依次插入其对应位置，如蜂鸣器发声则三极管是好的，否则是坏的，试分析其工作原理。

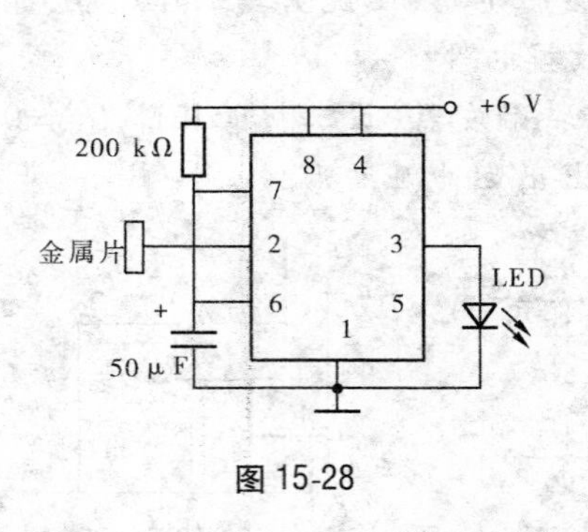

图 15-28

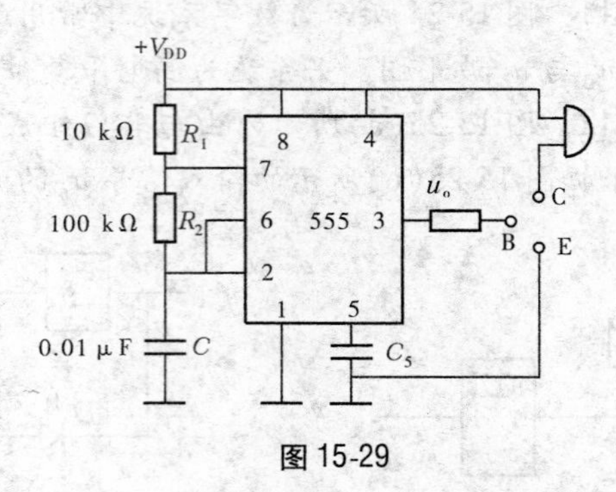

图 15-29

15-17　图 15-30 所示电路是由 555 定时器组成的简易延时门铃。设在 4 脚复位端电压小于 0.4 V 为低电平 0，电源电压为 6 V。根据电路图上所示各电阻、电容参数值，试计算：

(1) 当按钮 SB 按一下放开后，门铃响多少时间？

(2) 门铃声的频率为多少？

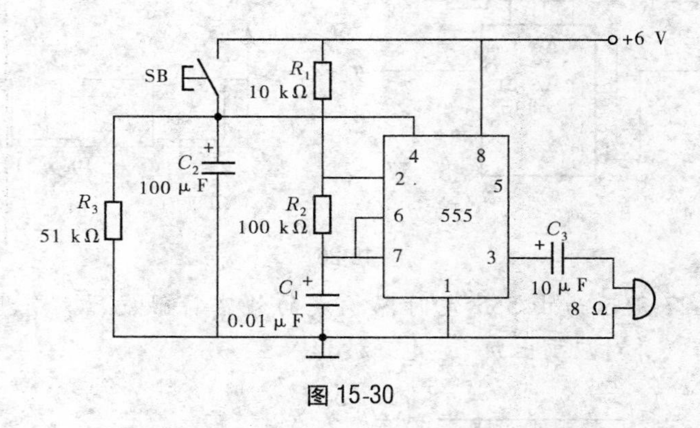

图 15-30

第 16 章　数/模和模/数转换

知识与技能要求

1. 知识点和教学要求

(1)掌握:A/D 转换器和 D/A 转换器的逻辑功能与基本结构。

(2)理解:A/D 转换器和 D/A 转换器的工作原理。

(3)了解:A/D 转换器和 D/A 转换器的类型与特点。

2. 能力培养要求

具有 A/D 转换器和 D/A 转换器的应用能力。

在现代控制、通信及检测领域中,为提高系统的性能指标,对信号的处理采用数字计算机技术。由于系统的实际对象往往是一些模拟量(如温度、压力、位移、图像等),必须首先将这些模拟信号转换成数字信号;而经计算机分析、处理后输出的数字量也往往需要将其转换为相应的模拟信号才能为执行机构所接收。模拟量转换成数字量的过程叫做模/数转换,完成这种功能的电路叫做模/数转换器,简称 A/D 或 ADC。数字量转换成模拟量的过程叫做数/模转换,完成这种功能的电路叫做数/模转换器,简称 D/A 或 DAC。

在本章中,将介绍几种常用 A/D 与 D/A 转换器的电路结构、工作原理及其应用。

16.1　D/A 转换器

我们知道,数字量是用代码按数位组合起来表示的,对于有权码,数字量转换成模拟量,必须将每一位的代码按其权的大小转换成相应的模拟量,然后将这些模拟量相加,即可得到与数字量成正比的总模拟量,从而实现数字—模拟转换。这就是组成 D/A 转换器的基本指导思想。n 位 D/A 转换器的组成框图如图 16-1 所示。

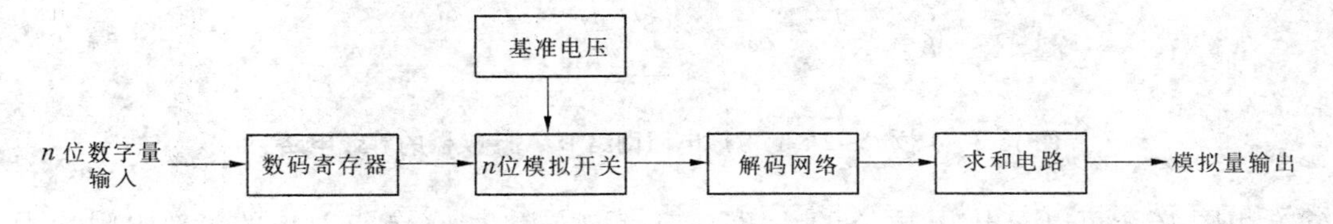

图 16-1　n 位 D/A 转换器的组成框图

数字量以串行或并行方式输入并存储于数码寄存器中,寄存器输出的每位数码驱动对应数位上的电子开关,将在电阻解码网络中获得的相应数位权值送入求和电路。求和电路将各位权值相加便得到与数字量对应的模拟量。

16.1.1　倒 T 形电阻网络 D/A 转换器

在单片集成 D/A 转换器中,使用最多的是倒 T 形电阻网络 D/A 转换器。以下以 4 位 D/A 转换器为例说明其工作原理。

1. 倒 T 形电阻网络的特点及转换原理

图 16-2 所示为 4 位 $R-2R$ 倒 T 形电阻网络 D/A 转换器原理图,图中 D_3、D_2、D_1、D_0 为输入的 4 位二进制数,$S_0 \sim S_3$ 为模拟开关,$R-2R$ 电阻解码网络呈倒 T 形,运算放大器组成求和电路,V_{REF}是基准电压源。

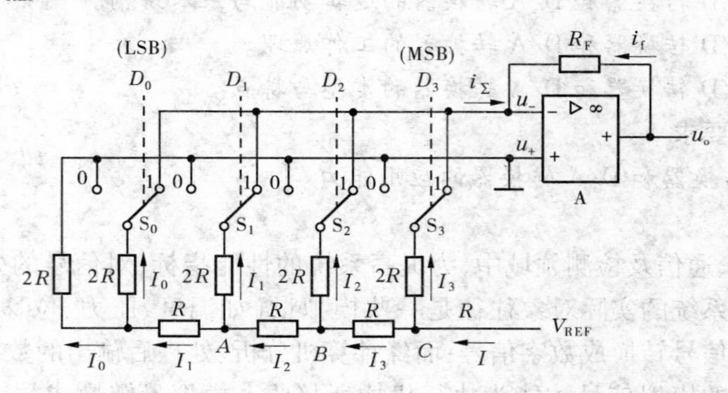

图 16-2　4 位 $R-2R$ 倒 T 形电阻网络 D/A 转换器原理图

模拟开关 S_i 由输入数码 D_i 控制,当 $D_i=1$ 时,S_i 合向位置 1,将相应的 $2R$ 支路连接到求和运算放大器的虚地端;在 $D_i=0$ 时,S_i 合向位置 0,将相应的 $2R$ 支路连接到地。因此,各 $2R$ 支路的上端都等效为接地,其等效电路如图 16-3 所示。

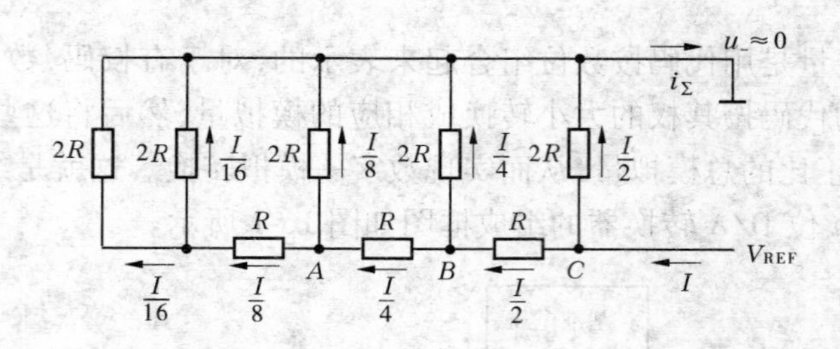

图 16-3　4 位 $R-2R$ 倒 T 形电阻网络 D/A 转换器的等效电路

由图 16-3 可以看出,从电路的 A、B、C 节点向左看去,各节点对地的等效电阻均为 $2R$,故基准电压 V_{REF}输出的电流恒为 $I=V_{REF}/R$,并且每经过一个 $2R$ 电阻,电流就被分流一半,因此每个支路的电流 I_3、I_2、I_1、I_0 依次为 $I/2$、$I/4$、$I/8$、$I/16$。

所以,流入求和运算放大器的电流为

$$i_\Sigma = \frac{I}{2}D_3 + \frac{I}{4}D_2 + \frac{I}{8}D_1 + \frac{I}{16}D_0$$

$$= \frac{I}{2^4}(2^3D_3 + 2^2D_2 + 2^1D_1 + 2^0D_0)$$

$$= \frac{V_{REF}}{2^4R}(2^3D_3 + 2^2D_2 + 2^1D_1 + 2^0D_0) \tag{16-1}$$

2. 求和运算放大器的输出电压

求和运算放大器的输出电压

$$u_o = -\frac{V_{REF}R_F}{2^4R}(2^3D_3 + 2^2D_2 + 2^1D_1 + 2^0D_0)$$

在取 $R_F = R$ 时

$$u_o = -\frac{V_{REF}}{2^4}(2^3D_3 + 2^2D_2 + 2^1D_1 + 2^0D_0) \tag{16-2}$$

式(16-2)表明，对于在图 16-2 所示电路中输入的每一个二进制数 $D_3D_2D_1D_0$，均能在其输出端得到与之成正比的模拟电压 u_o。

16.1.2 权电流型 D/A 转换器

尽管倒 T 形电阻网络 D/A 转换器具有较高的转换速度，但由于电路中存在模拟开关压降，当流过各支路的电流稍有变化时，就会产生转换误差。为进一步提高 D/A 转换器的精度，可采用权电流型 D/A 转换器。4 位权电流型 D/A 转换器原理电路如图 16-4 所示。电路中，用一组恒流源代替了图 16-2 中倒 T 形电阻网络。这组恒流源从高位到低位电流的大小依次为 $I/2$、$I/4$、$I/8$、$I/16$。

在图 16-4 所示电路中，当输入数字量的某一位代码 $D_i = 1$ 时，开关 S_i 接运算放大器的反相端，相应权电流流入求和电路；当 $D_i = 0$ 时，开关 S_i 接地。

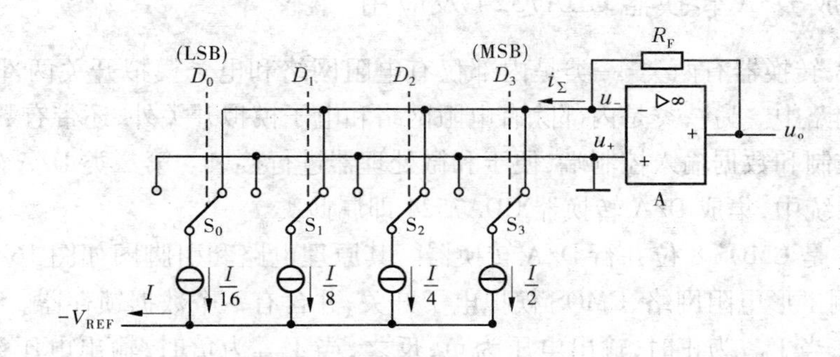

图 16-4 权电流型 D/A 转换器的原理电路

分析该电路，可得出

$$u_o = -i_\Sigma R_F = -R_F\left(\frac{I}{2}D_3 + \frac{I}{4}D_2 + \frac{I}{8}D_1 + \frac{I}{16}D_0\right)$$

$$= -\frac{I}{2^4}R_F(2^3D_3 + 2^2D_2 + 2^1D_1 + 2^0D_0)$$

$$= -\frac{I}{2^4}R_F\sum_{i=0}^{3}D_i2^i \tag{16-3}$$

将输入数字量扩展到 n 位，可得 n 位权电流型 D/A 转换器的输出电压

$$u_o = -\frac{I}{2^n}R_F\sum_{i=0}^{n-1}D_i2^i \tag{16-4}$$

16.1.3 D/A 转换器的主要参数

1. 分辨率

分辨率是指 D/A 转换器模拟输出所能产生的最小输出电压变化量与满刻度输出电压之比。最小输出电压变化量就是对应于输入数字量最低位（LSB）为 1，其余各位为 0 时的输出电压，记为 u_{LSB}；满刻度输出电压就是对应于输入数字量的各位全是 1 时的输出电压，记为 u_{FSR}。对于一个 n 位的 D/A 转换器，分辨率可表示为

$$分辨率 = \frac{u_{LSB}}{u_{FSR}} = \frac{1}{2^n - 1} \tag{16-5}$$

2. 转换精度

转换精度是指 D/A 转换器实际输出的模拟电压与理论输出模拟电压的最大误差。它是一个综合指标，包括零点误差、增益误差等，它不仅与 D/A 转换器中的元件参数的精度有关，而且还与环境温度、求和运算放大器的温度漂移以及转换器的位数有关。通常要求 D/A 转换器的误差小于 $u_{LSB}/2$。

3. 转换时间

转换时间是指 D/A 转换器在输入数字信号开始转换，到输出的模拟电压达到稳定值所需的时间。它是反映 D/A 转换器工作速度的指标。转换时间越小，工作速度就越高。

16.1.4 集成 D/A 转换器 CDA7524 及应用

集成 D/A 转换器有两类，一类是内部仅有电阻网络和电子模拟开关两部分，常用于一般的电子电路中。另一类是内部除有电阻网络和电子模拟开关外，还带有数据锁存器，并具有片选控制和数据输入控制端，便于和微处理器进行接口。第二类 D/A 转换器多用于微机控制系统中，集成 D/A 转换器 CDA7524 即属此类。

CDA7524 是 CMOS 8 位并行 D/A 转换器。其原理电路和引脚图如图 16-5 所示。它采用 $R-2R$ 倒 T 形电阻网络、CMOS 模拟电子开关，并含有一个数据锁存器。其基准电压 V_{REF} 可正可负，当 V_{REF} 为正时，输出电压为负；反之，当 V_{REF} 为负时，输出电压为正。$\overline{CS}$ 为片选信号，$\overline{WR}$ 为写信号，都是低电平有效；$D_0 \sim D_7$ 为 8 位数据输入端，其电平与 TTL 电平兼容。OUT_1 和 OUT_2 为输出端，内部已包含了反馈电阻 R_F。一般的集成 D/A 转换器都不包含求和运算放大器，使用时需外接求和运算放大器。

1. CDA7524 的单极性输出应用

图 16-6 所示为 CDA7524 的单极性输出应用电路，图中的电位器 R_1 用于调整运算放大器的增益，电容 C 用以消除放大器的自激，其值一般取 10 ~ 15 pF。表 16-1 给出了输入 8 位数字量与对应输出模拟电压间的关系，输出电压的极性取决于 V_{REF} 的极性。

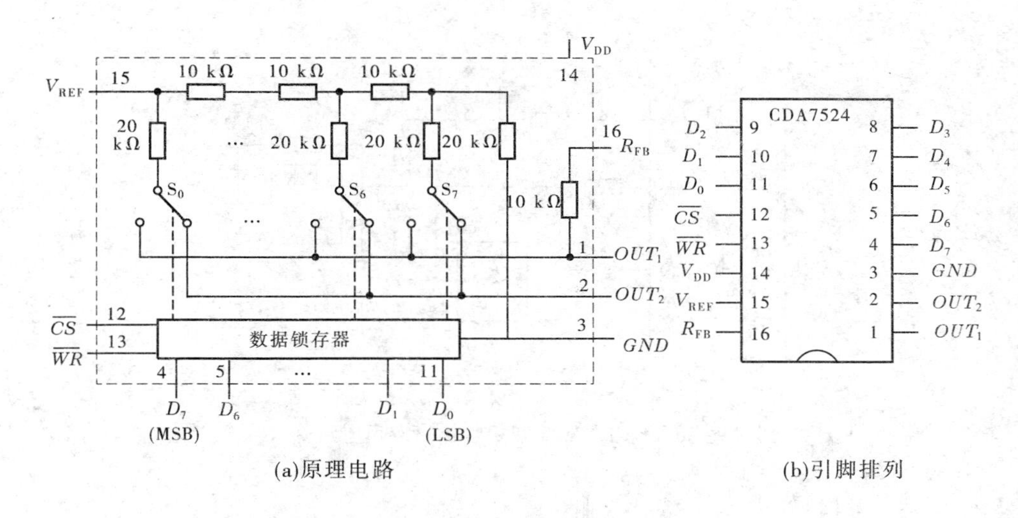

(a)原理电路　　　　(b)引脚排列

图 16-5　CDA7524 集成 D/A 转换器

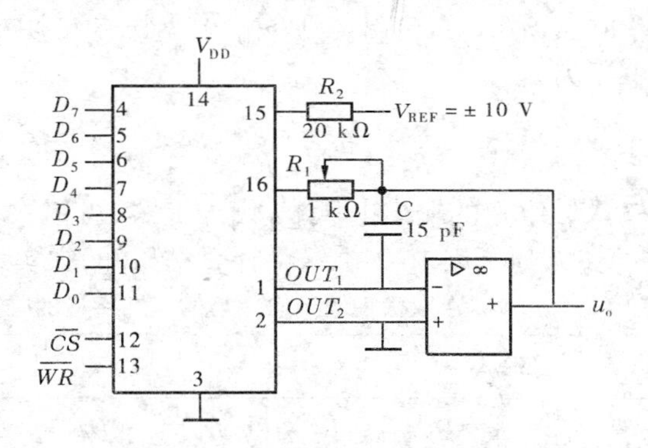

图 16-6　CDA7524 单极性输出应用电路

表 16-1　CDA7524 单极性输出电压与输入数字量的关系

输入								输出
D_7	D_6	D_5	D_4	D_3	D_2	D_1	D_0	u_o
1	1	1	1	1	1	1	1	$\pm V_{REF}\times 255/256$
1	0	0	0	0	0	0	1	$\pm V_{REF}\times 129/256$
1	0	0	0	0	0	0	0	$\pm V_{REF}\times 128/256$
0	1	1	1	1	1	1	1	$\pm V_{REF}\times 127/256$
0	0	0	0	0	0	0	1	$\pm V_{REF}\times 1/256$
0	0	0	0	0	0	0	0	$\pm V_{REF}\times 0/256$

2. CDA7524 的双极性输出应用

图 16-7 所示为 CDA7524 双极性输出应用电路，它在单极性输出电路的基础上增加

了一个运算放大器 A_2。

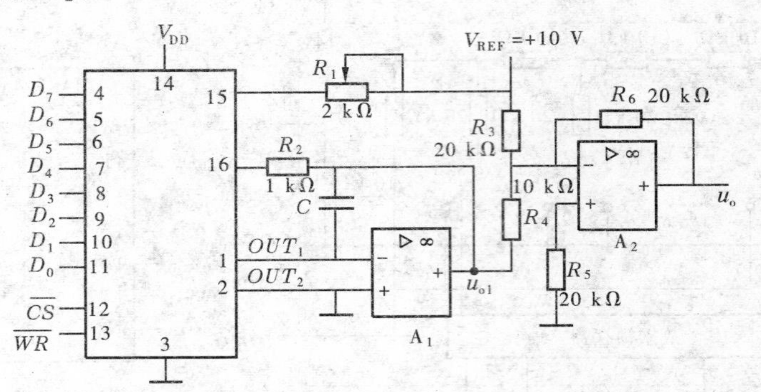

图 16-7　CDA7524 双极性输出应用电路

其转换原理分析如下：

电阻 R_3、R_4、R_5 和运算放大器 A_2 构成一个反相比例加法电路，对应的输入电压是基准电压 V_{REF} 和求和运算放大器 A_1 的输出电压 u_{o1}，根据图中电阻的参数 $R_5 = R_3 = 2R_4$，V_{REF} 为正，可计算输出电压为

$$u_o = -V_{REF} \times \frac{R_5}{R_3} - u_{o1} \times \frac{R_5}{R_4} = -V_{REF} - 2u_{o1} \tag{16-6}$$

将表 16-1 中对应输入数字量的输出电压 u_{o1} 代入上式，可依次计算出图 16-7 的输出电压，它与输入数字量的关系列于表 16-2 中。由计算结果知，它实现了双极性输出。

表 16-2　CDA7524 双极性输出电压与输入数字量的关系

输入								输出
D_7	D_6	D_5	D_4	D_3	D_2	D_1	D_0	u_o
1	1	1	1	1	1	1	1	$+V_{REF} \times 127/128$
1	0	0	0	0	0	0	1	$+V_{REF} \times 1/128$
1	0	0	0	0	0	0	0	0
0	1	1	1	1	1	1	1	$-V_{REF} \times 1/128$
0	0	0	0	0	0	0	1	$-V_{REF} \times 127/128$
0	0	0	0	0	0	0	0	$-V_{REF} \times 128/128$

16.2　A/D 转换器

为将时间连续、幅值也连续的模拟量转换为时间离散、幅值也离散的数字信号，A/D 转换一般要经过取样、保持、量化及编码 4 个过程。在实际电路中，这些过程有的是合并进行的，例如，取样和保持、量化和编码往往都是在转换过程中同时实现的。

16.2.1　A/D 转换的一般步骤

1. 取样与保持

取样是对模拟信号进行周期性地抽取样值的过程，就是把随时间连续变化的信号转换成在时间上断续、在幅度上等于取样时间内模拟信号大小的一串脉冲。取样原理如图 16-8(a)所示，它是一个受取样脉冲 $u_s(t)$控制的电子开关。其工作波形如图 16-8(b)所示。在 $u_s(t)$为高电平期间，开关 S 闭合，输出电压 $u_o(t)$等于输入电压 $u_i(t)$，即 $u_o(t)=u_i(t)$；在 $u_s(t)$为低电平期间，开关 S 断开，输出电压 $u_o(t)=0$。$u_s(t)$按一定频率 f_s 变化时，输入模拟信号被抽取为一串样值脉冲。

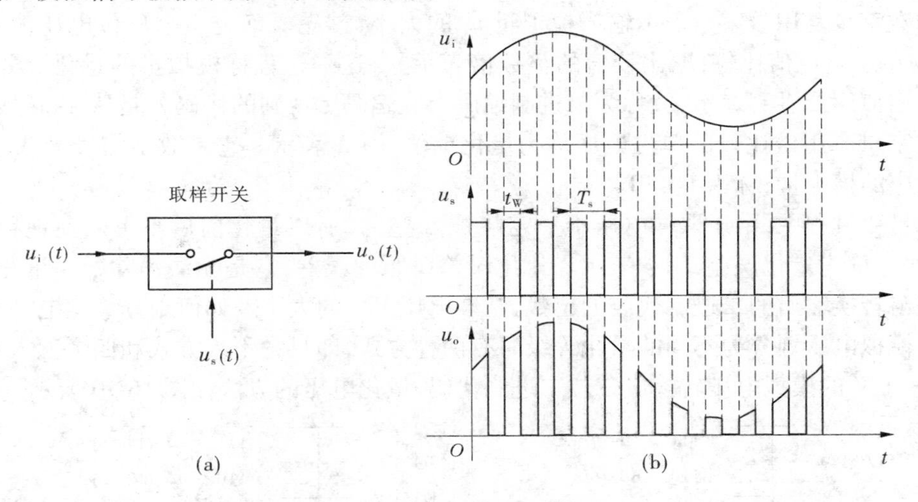

图 16-8　取样原理及波形图

取样频率 f_s 越高，在有限时间里(如信号的一个周期)采集到的样值脉冲越多，那么输出脉冲的包络线就越接近输入的模拟信号。为了能不失真地恢复原模拟信号，取样频率应不小于输入模拟信号频谱中最高频率的 2 倍，这就是取样定理，即

$$f_s \geqslant 2f_{max} \tag{16-7}$$

由于 A/D 转换需要一定的时间，所以在每次取样结束后，应保持取样电压值在一段时间内不变，直到下一次取样开始。这就要在取样后加上保持电路，实际取样、保持常做成一个电路，如图 16-9(a)所示。图中的 NMOS 管作为电子开关，受控于取样脉冲信号 $u_s(t)$，其周期为 T_s；C 为存储样值的电容，要求其品质好，漏电小；运算放大器构成电压跟随器，要选用高输入阻抗运算放大器。电路的工作过程是：$u_s(t)$为高电平时，NMOS 管导通，u_i 对 C 充电。由于 C 很小，充电很快，使电容上的电压跟随输入电压 u_i 变化，$u_o(t)=u_C=u_i$，是取样阶段。当 $u_s(t)$为低电平时，NMOS 管截止，由于跟随器输入阻抗很高，可认为开路，电容没有放电回路，故保持电压不变，输出电压 $u_o(t)=u_C$，直到下一个取样脉冲到来。电容在保持期的电压值为采样脉冲由高电平变为低电平时输入模拟电压的瞬时值。取样—保持波形如图 16-9(b)所示。

2. 量化与编码

模拟信号经取样、保持电路后，得到了模拟信号的取样脉冲，它们是连续模拟信号在

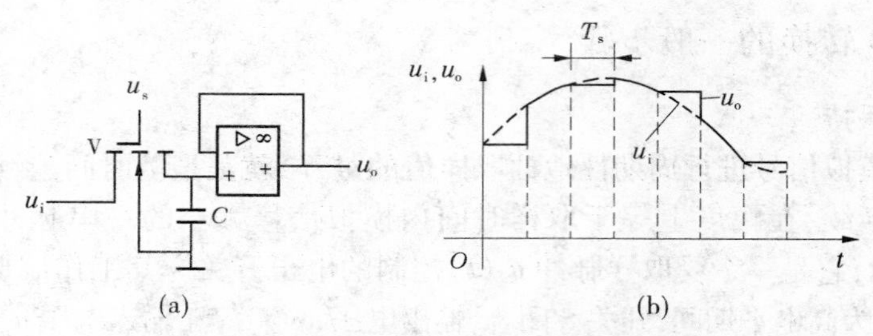

图 16-9　基本取样—保持电路及波形

给定时刻上的瞬时值,还不是数字信号,还要进一步把每个取样脉冲转换成与它的幅度成正比的数字量。用数字量表示输入模拟量 u_i 的大小,首先要确定一个单位电压值,然后用 u_i 与单位电压值比较,取比较值的整数倍表示 u_i,这一过程称模拟量的量化。如果这个整数倍值用二进制表示,就称为二进制编码。经编码后得到的代码就是 A/D 转换器输出的数字量。用做比较的单位电压称为量化单位,用 Δ 表示。它是数字信号最低位为 1 时所对应的模拟量,称为 1 LSB。

在量化过程中,由于取样电压不一定能被 Δ 整除,所以量化前后不可避免地存在误差,此误差称为量化误差,用 ε 表示。量化误差属原理误差,它是无法消除的。量化误差的大小与转换输出的二进制代码的位数、基准电压 V_{REF} 的大小及如何划分量化电平有关。

将模拟电压划分为不同的量化等级时有两种方式,即只舍不入方式和四舍五入方式。如将 0 ~ 1 V 的模拟电压转换成三位二进制代码,量化电压的方法如图 16-10 所示。

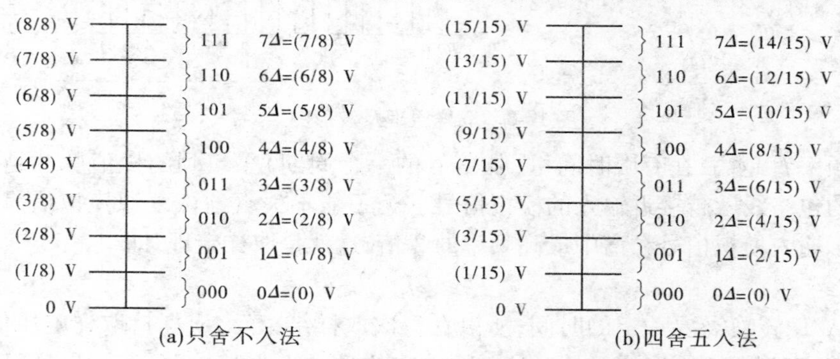

(a)只舍不入法　　(b)四舍五入法

图 16-10　划分量化电平的两种方法

16.2.2　A/D 转换器的电路结构及工作原理

A/D 转换器的种类很多,按其工作原理不同分为直接 A/D 转换器和间接 A/D 转换器两类。直接 A/D 转换器可将模拟信号直接转换为数字信号,典型电路有并联比较型 A/D 转换器、逐次比较型 A/D 转换器。而间接 A/D 转换器则是先将模拟信号转换成某一中间电量(时间或频率),然后再将中间电量转换为数字量输出,典型电路是双积分型 A/D 转换器、电压频率转换型 A/D 转换器。下面将详细介绍几种常用 A/D 转换器的电路结构及工作原理。

1. 并联比较型 A/D 转换器

图 16-11 所示为 3 位并联比较型 A/D 转换器的原理图，它由基准电压、电阻分压器、电压比较器、寄存器和代码转换电路组成。其中的电阻分压器把基准电压按四舍五入法进行量化电平划分，各个不同等级的量化电平分别加在相应比较器的同相端，作为比较器 $A_1 \sim A_7$ 的参考电压，输入模拟电压同时加到各比较器的反相输入端。根据输入电压 u_i 的大小，各比较器输出的状态不同，它们经寄存器送到代码转换电路，完成二进制编码，从而输出了 3 位二进制数，实现模拟量到数字量的转换。表 16-3 是 3 位并联比较型 A/D 转换器的真值表。

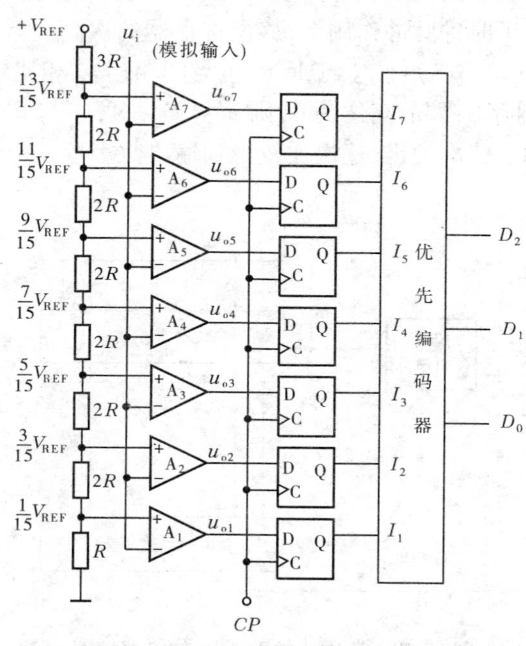

图 16-11　3 位并联比较型 A/D 转换器原理图

表 16-3　3 位并联比较型 A/D 转换器真值表

输入模拟电压 u_i	寄存器状态							代码输出		
	Q_7	Q_6	Q_5	Q_4	Q_3	Q_2	Q_1	D_2	D_1	D_0
$0 < u_i \leqslant (1/15)V_{REF}$	0	0	0	0	0	0	0	0	0	0
$(1/15)V_{REF} < u_i \leqslant (3/15)V_{REF}$	0	0	0	0	0	0	1	0	0	1
$(3/15)V_{REF} < u_i \leqslant (5/15)V_{REF}$	0	0	0	0	0	1	1	0	1	0
$(5/15)V_{REF} < u_i \leqslant (7/15)V_{REF}$	0	0	0	0	1	1	1	0	1	1
$(7/15)V_{REF} < u_i \leqslant (9/15)V_{REF}$	0	0	0	1	1	1	1	1	0	0
$(9/15)V_{REF} < u_i \leqslant (11/15)V_{REF}$	0	0	1	1	1	1	1	1	0	1
$(11/15)V_{REF} < u_i \leqslant (13/15)V_{REF}$	0	1	1	1	1	1	1	1	1	0
$(13/15)V_{REF} < u_i \leqslant V_{REF}$	1	1	1	1	1	1	1	1	1	1

2. 逐次比较型 A/D 转换器

逐次比较型 A/D 转换器，就是将输入模拟信号与不同的参考电压作多次比较，使转换所得的数字量在数值上逐次逼近输入模拟量对应值。

n 位逐次比较型 A/D 转换器框图如图 16-12 所示。它由控制逻辑电路、数据寄存器、移位寄存器、D/A 转换器及电压比较器组成，其工作原理如下：电路由启动脉冲启动后，在第一个时钟脉冲作用下，控制电路使移位寄存器的最高位置 1，其他位置 0，其输出经数据寄存器将 100…0，送入 D/A 转换器。输入电压首先与 D/A 转换器输出电压（$V_{REF}/2$）相比较，如 $u_i \geqslant V_{REF}/2$，比较器输出为 1，若 $u_i < V_{REF}/2$，则为 0，比较结果存于数据寄存器的 D_{n-1} 位。然后在第二个时钟脉冲作用下，移位寄存器的次高位置 1，其他低位置 0。如最高位已存 1，则此时 $u_o' = (3/4)V_{REF}$。于是 u_i 再与 $(3/4)V_{REF}$ 相比较，如 $u_i \geqslant (3/4)V_{REF}$，则次高位 D_{n-2} 存 1，否则存 0；如最高位为 0，则 $u_o' = V_{REF}/4$，u_i 与 u_o' 比较，如 $u_i \geqslant V_{REF}/4$，则 D_{n-2} 位存 1，否则存 0。依次类推，逐次比较得到输出数字量。

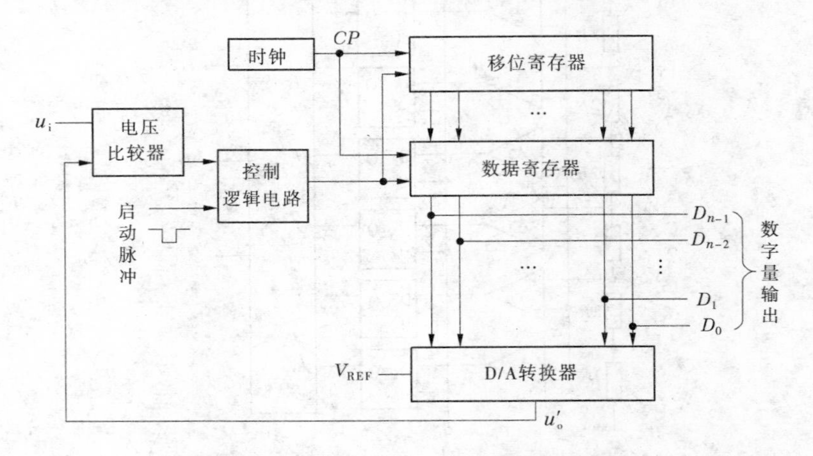

图 16-12 逐次比较型 A/D 转换器框图

为进一步理解逐次比较 A/D 转换器的工作原理及转换过程，下面用实例加以说明。

设 $n=8$，即为 8 位 A/D 转换器，输入模拟量 $u_i = 6.84$ V，D/A 转换器基准电压 $V_{REF} = 10$ V。

根据逐次比较 D/A 转换器的工作原理，可画出在转换过程中 CP、启动脉冲、$D_7 \sim D_0$ 及 D/A 转换器输出电压 u_o' 的波形，如图 16-13 所示。

由图 16-13 可见，当启动脉冲低电平到来后转换开始。在第一个 CP 作用下，数据寄存器将 $D_7 \sim D_0 = 10000000$ 送入 D/A 转换器，其输出电压 $u_o' = 5$ V，u_i 与 u_o' 比较，$u_i > u_o'$，D_7 存 1；第二个 CP 到来时，寄存器输出 $D_7 \sim D_0 = 11000000$，u_o'为 7.5 V，u_i 再与 7.5 V 比较，因为 $u_i < 7.5$ V，所以 D_6 存 0；输入第三个 CP 时，$D_7 \sim D_0 = 10100000$，$u_o' = 6.25$ V，u_i 再与 u_o'比较……如此重复比较下去，经 8 个时钟周期，转换结束。由图中 u_o' 的波形可见，在逐次比较过程中，与输出数字量对应的模拟电压u_o'逐渐逼近 u_i 值，最后得到 A/D 转换器转换结果，$D_7 \sim D_0$ 为 10101111。该数字量所对应的模拟电压为 6.835 937 5 V，与实际输入的模拟电压 6.84 V 的相对误差仅为 0.06%。

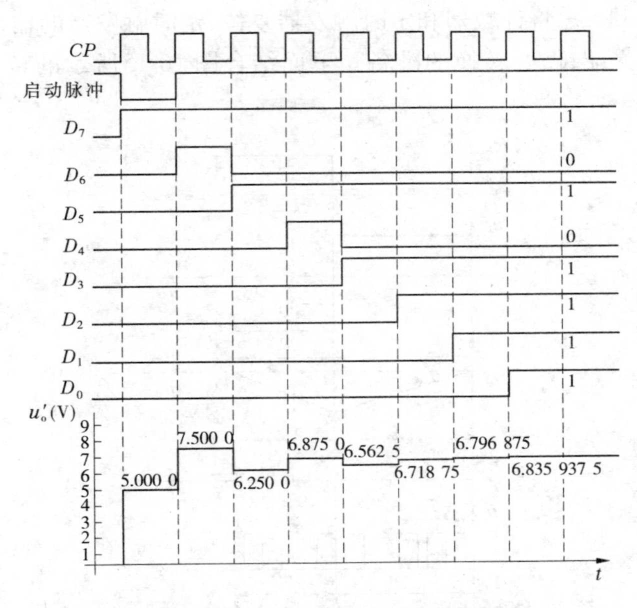

图 16-13　8 位逐次比较型 A/D 转换器波形

3. 双积分型 A/D 转换器

双积分型 A/D 转换器是一种间接型 A/D 转换器。它的基本原理是将输入的模拟电压 u_i 先转换成与 u_i 成正比的时间间隔,在此时间内用计数器对恒定频率的时钟脉冲计数,计数结束时,计数器记录的数字量正比于输入的模拟电压,从而实现模拟量到数字量的转换。

图 16-14 所示为双积分型 A/D 转换器的原理图。它由基准电压 V_{REF}、积分器、比较器、计数器和定时触发器组成,其中基准电压要与输入模拟电压极性相反。转换开始前,控制信号 u_s 为低电平,它使开关 S_1 闭合,使积分电容上没有电荷,积分器输出 $u_o=0$, 比

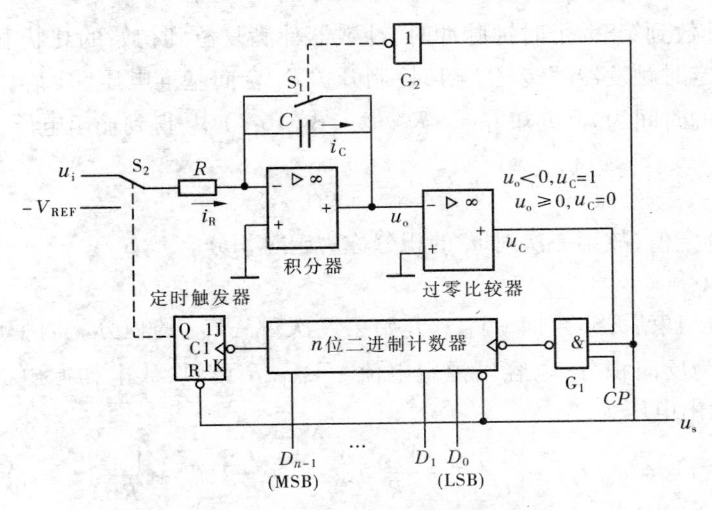

图 16-14　双积分型 A/D 转换器原理图

较器输出 $u_C=0$。同时 u_s 将计数器和定时触发器复位,定时触发器的输出 $Q_n=0$,使开关 S_2 合向模拟信号输入端,做好转换的准备。下面结合图 16-15所示的转换波形说明其工作原理。

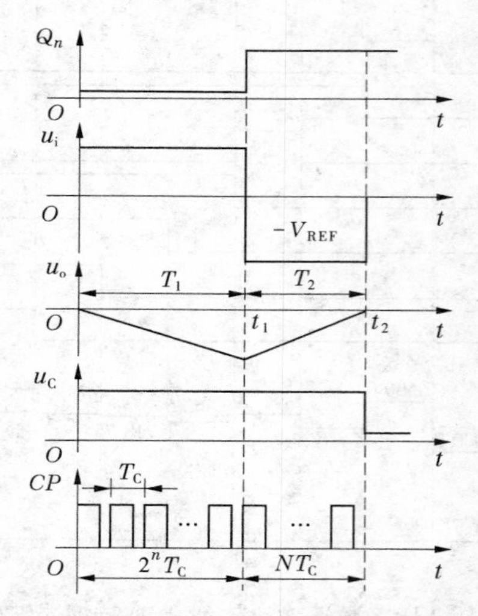

图 16-15　双积分型 A/D 转换器工作波形

1)第一次积分

当转换控制信号 u_s 变为高电平时,转换开始。此时 S_1 断开,积分电路开始第一次对 u_i 积分,u_i 经电阻 R 对电容 C 充电,充电电流为 u_i/R,积分器输出电压由 0 变负,经比较器后输出一个高电平,即 $u_C=1$,把 G_1 打开,计数器对周期为 T_C 的时钟脉冲 CP 开始计数。在此期间,由于输入信号 u_i 是一个常数,所以积分器的输出电压为

$$u_o(t) = -\frac{1}{RC}\int_0^t u_i \mathrm{d}t = -\frac{u_i}{RC}t \tag{16-8}$$

对应的积分器输出波形见图 16-15 中 u_o 波形的 $0\sim t_1$ 段。

当计数器计数到第 2^n 个时钟脉冲时,计数器计满复位到初始的 0 状态,同时送出一个进位脉冲,使定时触发器翻转,$Q_n=1$,控制开关 S_2 合向基准电压 $-V_{REF}$。到此,第一次积分结束,对应的时间为 t_1,可知 $t_1=2^nT_C$,代入式(16-8)中,得到输出电压

$$u_o(t_1) = -\frac{u_i}{RC}2^nT_C \tag{16-9}$$

由于 $t_1=2^nT_C$ 为定值,故第一次对 u_i 的积分称为定时积分。

2)第二次积分

第一次积分结束后,S_2 合向 $-V_{REF}$,开始第二次对 $-V_{REF}$ 的积分。因 $-V_{REF}$ 与 u_i 极性相反,故第二次为反向积分,电容以恒定电流 $-V_{REF}/R$ 放电,放电初始电压为 $-u_i2^nT_C/(RC)$,积分器输出电压为

$$u_o(t) = u_o(t_1) - \frac{1}{C}\int_{t_1}^t \left(-\frac{V_{REF}}{R}\right)\mathrm{d}t = -\frac{u_i}{RC}2^nT_C + \frac{V_{REF}}{RC}(t-t_1) \tag{16-10}$$

对应的积分器输出波形见图 16-15 中 u_o 波形的 $t_1\sim t_2$ 段。

由于积分器输出小于0,比较器输出仍然是高电平 $u_C=1$,所以计数器同时从 0 状态重新开始计数,直到电容器电荷放完。积分器输出电压达到 0 V 时,比较器输出为低电平 $u_C=0$,将 G_1 门关闭,计数器停止计数,这时的计数值记为 N,对应于时间 t_2,代入式(16-10)中,得到在 t_2 时刻积分器的输出电压为

$$u_o(t_2)=-\frac{u_i}{RC}2^nT_C+\frac{V_{REF}}{RC}(t_2-t_1) \tag{16-11}$$

式中,t_2-t_1 为第二次积分的时间,记为 T_2,则 $T_2=NT_C$,代入式(16-11),整理后有

$$N=\frac{2^n}{V_{REF}}\cdot u_i \tag{16-12}$$

式(16-12)说明第二次积分结束后,计数值 N 与输入的模拟电压 u_i 成正比,从而实现了模拟量到数字量的转换。计数器的输出就是 A/D 转换器输出的二进制数,所以计数器的位数就是 A/D 转换器的位数。由于进行了正、反两次积分,所以称为双积分型 A/D 转换器。

需要指出的是,只有 $-V_{REF}$ 与 u_i 极性相反,且 $|-V_{REF}|>|u_i|$ 时,转换结果才是正确的。否则,如果 $|-V_{REF}|<|u_i|$,第二次计数将会产生溢出,导致错误的结果。

并联比较型、逐次比较型和双积分型 A/D 转换器各有特点,在不同的应用场合,应选用不同类型的 A/D 转换器。高速场合下,可选用并联比较型 A/D 转换器,但受位数限制,精度不高,且价格贵;在低速场合,可选用双积分型 A/D 转换器,它精度高,抗干扰能力强;逐次比较型 A/D 转换器兼顾了上述两种 A/D 转换器的优点,速度较快、精度较高、价格适中,因此应用比较普遍。

16.2.3 A/D 转换器的主要技术参数

1. 分辨率

分辨率是指 A/D 转换器输出数字量的最低位变化一个数码时,对应输入模拟量的变化量。显然A/D转换器的位数越多,分辨最小模拟电压的值就越小。

2. 相对精度

相对精度是指 A/D 转换器实际输出数字量与理论输出数字量之间的最大差值。通常用最低有效位 LSB 的倍数来表示。如相对精度不大于 1 LSB,就说明实际输出数字量与理论输出数字量的最大误差不超过 1/2 LSB。

3. 转换速度

转换速度是指 A/D 转换器完成一次转换所需要的时间,即从转换开始到输出端出现稳定的数字信号所需要的时间。

16.2.4 集成 A/D 转换器

目前单片集成的 A/D 转换器种类很多,如 ADC0801、ADC0804、ADC0809 等,下面以 ADC0809 为例作简单介绍。

ADC0809 是用 CMOS 工艺制成的双列直插式 8 位 A/D 转换芯片,内部采用逐次逼近原理,具有 8 路模拟量输入通道,输出具有三态锁存和缓冲能力,易与微处理机相连,是应

用较广的一种 A/D 转换芯片。

1. 内部结构和外引脚功能

ADC0809 内部结构框图如图 16-16 所示。它由 8 路模拟通道选择开关、地址锁存器和译码器、比较器、8 位逐次逼近寄存器 SAR、8 位 D/A 转换电路、控制逻辑和 8 位三态输出锁存缓冲器构成。ADC0809 的外引脚排列图如图 16-17 所示。

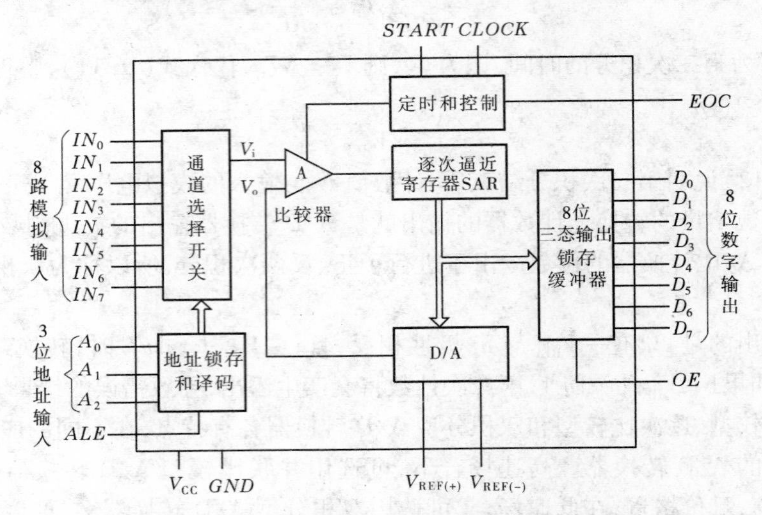

图 16-16　ADC0809 内部结构框图

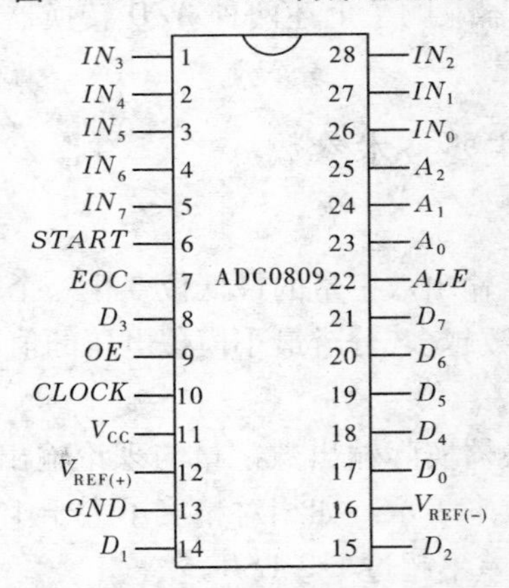

图 16-17　ADC0809 的外引脚排列

ADC0809 的外引脚功能如下：

V_{CC}：主电源输入端。

GND：接地端。

$V_{REF(+)}$、$V_{REF(-)}$：基准电压输入端。

A_0、A_1、A_2：8 路模拟开关的 3 位地址选通输入端。

$IN_0 \sim IN_7$：8 路模拟量输入端。

$D_0 \sim D_7$：8 位数字量输出端。

$CLOCK$：时钟输入端。

START:启动信号控制端,下边沿启动 A/D 转换。

ALE:模拟量输入通道地址锁存信号控制端,上边沿锁存选择的模拟通道。

EOC:转换结束标志端。当转换结束时,$EOC=1$;正在转换时,$EOC=0$。

OE:输出允许控制端。*OE* 为低电平时,三态锁存器为高阻态;*OE* 为高电平时,打开三态输出锁存器,将转换结果数字量输出到数据总线上。

2. 工作原理

当地址锁存信号控制端 *ALE* 为高电平时,3 位地址输入端(A_2、A_1、A_0)根据地址 $A_2A_1A_0$,从 8 路模拟量中选一路送入转换器,并通过选择开关加至比较器一端。例如 $A_2A_1A_0=001$,则选 IN_1 送入比较器的一端。再由 *START* 信号启动 A/D 转换,在外加脉冲(*CLOCK*)的控制下,把输入的模拟量转换为数字量。当转换结束后,8 位数字信息先存入 8 位缓冲器,同时送出一个转换结束的信号(*EOC*),CPU 接收转换结束的信号后,发出输出允许信号,送给 *OE* 端。*OE* 得到信号打开缓冲器,将已经转换好的数字量输出。

本章小结

1. D/A 和 A/D 转换器是现代数字系统的重要部件,它们是沟通模拟量和数字量的桥梁,应用日益广泛。

2. D/A 转换器将输入的二进制数字量转换成与之成正比的模拟量。实现数/模转换有多种方式,常用的是电阻网络 D/A 转换器,有 $R-2R$ T 形电阻网络和 $R-2R$ 倒 T 形电阻网络 D/A 转换器,其中以 $R-2R$ 倒 T 形电阻网络 D/A 转换器速度快、性能好,适合于集成工艺制造,因而被广泛采用。电阻网络 D/A 转换器的转换原理都是把输入的数字量转换为权电流之和,所以在应用时,要外接求和运算放大器,把电阻网络的输出电流转换成输出电压。D/A 转换器的分辨率和转换精度都与 D/A 转换器的位数有关,位数越多,分辨率和精度越高。

3. A/D 转换将输入的模拟电压转换成与之成正比的二进制数字量。A/D 转换分直接转换型和间接转换型。直接转换型速度快,如并联比较型 A/D 转换器。间接转换型速度慢,如双积分型 A/D 转换器。逐次比较型 A/D 转换器也属于直接转换型,但要进行多次反馈比较,所以速度比并联比较型慢,但比间接转换型快。

4. A/D 转换要经过取样与保持、量化与编码两步实现。取样—保持电路对输入模拟信号抽取样值,并展宽(保持);量化是对样值脉冲进行分级,编码是将分级后的信号转换成二进制代码。在对模拟信号进行采样时,必须满足取样定理:取样脉冲的频率 f_s 应不小于输入模拟信号最高频率分量的 2 倍,即 $f_s \geq 2f_{max}$。这样才能做到不失真地恢复原模拟信号。

5. 不论是 D/A 转换还是 A/D 转换,基准电压 V_{REF} 都是一个很重要的应用参数,要理解基准电压的作用,尤其是在 A/D 转换中,它的值对量化误差、分辨率都有影响。一般应按器件手册给出的电压范围取用,并且保证输入的模拟电压最大值不能大于基准电压值。

思考题与习题

16-1　D/A 转换器有哪几种基本类型？倒 T 形电阻网络 D/A 转换器和权电流型 D/A 转换器各有什么特点？

16-2　为使倒 T 形电阻网络 D/A 转换器有足够的转换精度，在电路器件及参数选择上应有什么基本要求？

16-3　如 D/A 转换器输出电压的误差电压 Δu_o 与输入数字量无关，在温度一定时为恒定值，这种误差属于什么误差？引起此误差的原因是什么？

16-4　已知某 D/A 转换器满刻度输出电压为 10 V，试问要求 1 mV 的分辨率，其输入数字量的位数 n 至少是多少？

16-5　实现模/数转换一般要经过哪四个过程？按工作原理不同分类，A/D 转换器可分为哪两种？

16-6　什么是量化单位和量化误差？减小量化误差可从哪些方面考虑？

16-7　双积分型数字电压表是否需要取样—保持电路？请说明理由。

16-8　在双积分型 A/D 转换器中，对基准电压 V_{REF} 有什么要求？

16-9　A/D 转换器的分辨率和相对精度与什么有关？

16-10　比较并联比较型 A/D 转换器、逐次比较型 A/D 转换器、双积分型 A/D 转换器的优缺点，试问应如何根据实际系统要求合理选用？

16-11　简述集成 A/D 转换器和集成 D/A 转换器的主要技术指标。

16-12　试述 $R-2R$ 倒 T 形电阻网络实现 D/A 转换的原理。

16-13　一个 8 位 $R-2R$ 倒 T 形电阻网络 D/A 转换器，如 $R_F=3R$，$V_{REF}=6$ V，试求输入数字量为 00000001、10000000 和 01111111 时的输出电压值。

16-14　设 D/A 转换器的输出电压为 0 ~ 5 V，对于 12 位 D/A 转换器，试求它的分辨率。

16-15　已知 D/A 转换器的最小输出电压 $u_{LSB}=5$ mV，最大输出电压 $u_{FSR}=10$ V，该 D/A 转换器的位数是多少？

16-16　某双积分型 A/D 转换器中，计数器为十进制计数器，其最大计数容量为 $(3000)_{10}$。已知计数时钟频率 $f_{CP}=30$ kHz，积分器中 $R=100$ kΩ，$C=1$ μF，输入电压 u_i 的变化范围为 0 ~ 5 V，试求：

(1) 第一次积分时间；

(2) 求积分器的最大输出电压 $|u_{omax}|$；

(3) 当 $V_{REF}=10$ V，第二次积分计数器计数值 $\lambda=(1500)_{10}$ 时，输入电压的平均值 u_i 为多少？

第 17 章　半导体存储器和可编程逻辑器件简介

知识与技能要求

1. 知识点和教学要求

(1)掌握:半导体存储器和可编程逻辑器件的结构类型与特点。

(2)理解:半导体存储器和可编程逻辑器件的工作原理。

(3)了解:可编程逻辑器件的编程方法。

2. 能力培养要求

具有半导体存储器与可编程逻辑器件的基本应用能力。

半导体存储器与可编程逻辑器件都属于大规模集成电路,广泛应用于计算机硬件、工业控制、智能仪表、通信设备等多个领域。本章将对半导体存储器和可编程逻辑器件进行简单介绍。

17.1　半导体存储器

半导体存储器是一种能存储大量二进制数据的半导体器件。它的种类很多,按存取功能可分为只读存储器 ROM 和随机存储器 RAM。只读存储器在正常工作状态下只能从中读出数据而不能快速地随时修改或重新写入数据,断电后不丢失数据。随机存储器在正常工作状态下能随时向存储器里写入数据或从中读出数据。按制造工艺,存储器可分为双极型和 MOS 型。由于 MOS 电路特别是 CMOS 电路有比双极型电路更多的优点,目前大量存储器都采用 MOS 工艺制造。

17.1.1　只读存储器(ROM)

只读存储器 ROM 是存储固定信息的存储器件。按电路结构不同,ROM 可分为固定 ROM、可编程 ROM(简称 PROM)和可擦除可编程 ROM(简称 EPROM)等几种类型。

1. 固定 ROM

固定 ROM 也称为掩膜只读存储器,是采用掩膜工艺制造的 ROM 器件,它的内部电路结构固定,存储的数据不可更改。

ROM 的电路结构含三个部分:存储矩阵、地址译码器和输出缓冲器。存储矩阵由大量存储单元电路构成,它是 ROM 的核心。存储单元电路可以由二极管、三极管或 MOS 管构成。每个单元只能存储一位二进制数信息,矩阵的信息是在制造时一次性存入的。

图 17-1 为一个 4 ×4 位的 MOS ROM 电路。现在以它为例来说明掩膜型 ROM 的电路

结构和工作原理。

表 17-1 是图 17-1 所示 ROM 的地址和存储内容对照表。

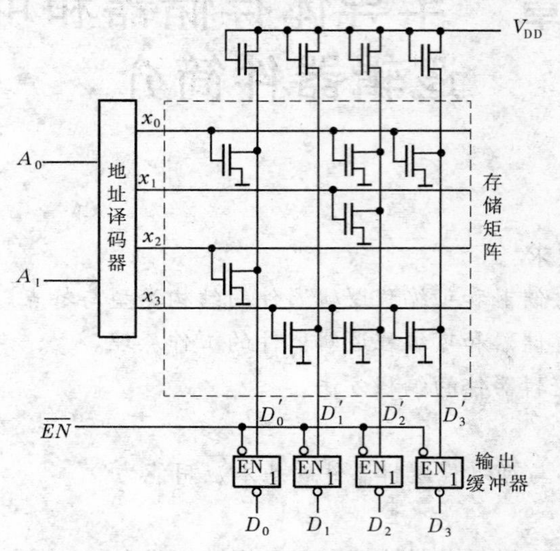

图 17-1　4×4 位 MOS ROM 电路

存储矩阵的行线 $x_0 \sim x_3$ 叫字线,代表地址译码器的输出;列线 $D_0' \sim D_3'$ 叫位线,选中的信号从位线上输出。行线和位线的交会处为一个存储单元,有 MOS 管表示存储数据 1,无 MOS 管表示存储数据 0。有管或无管是根据电路设计方案需要人为设置的。A_1A_0 是地址译码器的输入地址码,$x_0 \sim x_3$ 是地址译码器的 4 条输出线(即字线)。每条字线可选中一组 4 个存储单元。输出缓冲器由 4 个三态门组成,数据 $D_0' \sim D_3'$ 可经 $\overline{EN}$ 控制反相输出为 $D_0 \sim D_3$。

表 17-1　图 17-1 所示 ROM 的地址和存储内容对照表

地址		字线				存储内容			
A_1	A_0	x_0	x_1	x_2	x_3	D_0	D_1	D_2	D_3
0	0	1	0	0	0	1	0	1	1
0	1	0	1	0	0	0	0	1	0
1	0	0	0	1	0	1	0	0	0
1	1	0	0	0	1	0	1	1	1

结合图 17-1 和表 17-1 可以看出,对于给定的地址,相应一条字线输出高电平,与该字线有 MOS 管相连接的或门输出为 1,未连接的或门输出为 0。

存储器中所存储二进制信息的总位数称为存储器的存储容量。一个具有 n 根地址输入线(2^n 根字线)和 m 根输出线(m 根位线)的 ROM,其存储容量为

$$存储容量 = 字线数 \times 位线数 = 2^n \times m \quad (位)$$

2. 可编程 ROM(PROM)

PROM 的总体结构与掩膜 ROM 大体相同,由存储矩阵、地址译码器和输出电路组成。

不同的是 PROM 出厂时已在存储矩阵的所有交叉点上全部制作了存储元件,即相当于在所有存储单元中都存入了“1”。

PROM 的存储单元电路也可以由二极管、三极管或 MOS 管组成,如图 17-2 所示为二极管、三极管和 MOS 管存储电路原理图。出厂时芯片的每个单元均由二极管、三极管或 MOS 管通过熔丝连通。PROM 中存储元件被熔断了的存储单元表示存有“0”,没有被熔断存储元件的存储单元表示存有“1”。用户写入信息时,由特殊电路将存放“0”的单元通以大电流,使熔丝熔断,存“1”时单元不必修改。这样就实现了用户一次性编程。因熔丝熔断后,再不能恢复,所以信息写入后不能再更改。

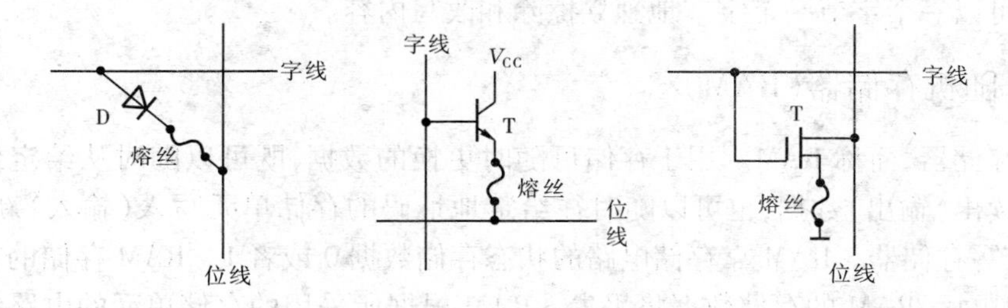

图 17-2　PROM 电路原理图

3. 可擦除可编程 ROM(EPROM)

EPROM 是一种既可擦除又可重新编程的只读存储器,即:一方面,当停电后,信息可以长期保存;另一方面,当这些信息不要时又可以擦除重新编程。EPROM 可以多次擦除重写。按擦除方式不同,EPROM 又可以分为两种:紫外线擦除的 EPROM 和电擦除的 EPROM(EEPROM)。

EPROM 的结构与 PROM 相同,只是基本存储单元使用了不同的器件,如图 17-3(a)所示。EPROM 采用叠栅注入 MOS 管(简称 SIMOS 管)作为存储单元。SIMOS 管的结构和符号如图 17-3(b)、(c)所示,它比普通的 MOS 管多了一个浮置栅,浮置栅周围都是氧化物绝缘材料,与外界没有任何导电连接,可以长时间地保存电荷。数据就是由浮置栅中是否有电荷来表示的,而数据的擦除就是去掉浮置栅中的电荷。

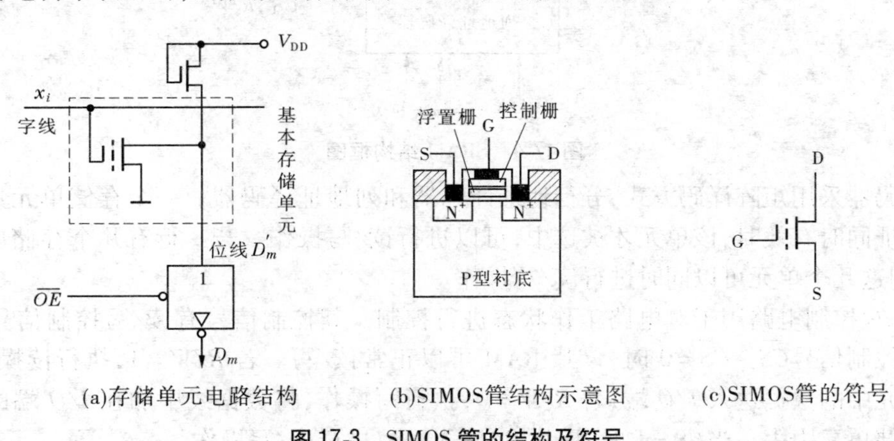

图 17-3　SIMOS 管的结构及符号

1）紫外线擦除的 EPROM

紫外线擦除的 EPROM 的封装上有一个供紫外线擦除数据的透明石英玻璃窗。擦除时，用紫外线照射 SIMOS 管，将在 SiO_2 层产生临时释放通道，使注入的电荷放电，数据恢复全为 1，然后重新编程。它的缺点是即使只需修改一个存储单元的信息，也必须对全部存储内容擦除后重新编程。

2）电擦除的 EPROM（EEPROM）

EEPROM 存储单元的结构与 EPROM 相似，不同的是，在浮置栅上增加一个隧道管，使电荷可以通过隧道泻放，从而不再需要紫外线激发，即编程和擦除均可用电来完成。它的优点是可以一个字节一个字节地独立擦除和改写内容。

17.1.2 随机存储器（RAM）

随机存储器，简称 RAM。用于存储可随时更换的数据，既可以随时从给定地址码的存储单元读出（输出）数据，也可以随时往给定地址码的存储单元写入（输入）新数据，故也称为读/写存储器。RAM 靠存储电路的状态存储数据 0 或者 1。RAM 存储的信息是易失的，即掉电后，RAM 的存储数据将丢失。RAM 根据所采用的存储单元的电路结构和工作原理的不同，分为静态随机存储器 SRAM 和动态随机存储器 DRAM。

1. 静态随机存储器（SRAM）

SRAM 的结构如图 17-4 所示。由存储矩阵、地址译码器和读/写控制电路（也叫输入/输出电路）三部分组成。存储矩阵由许多存储单元排列而成，每个存储单元存放一位二进制数（0 或 1），在译码器和控制电路的作用下进行读/写操作。

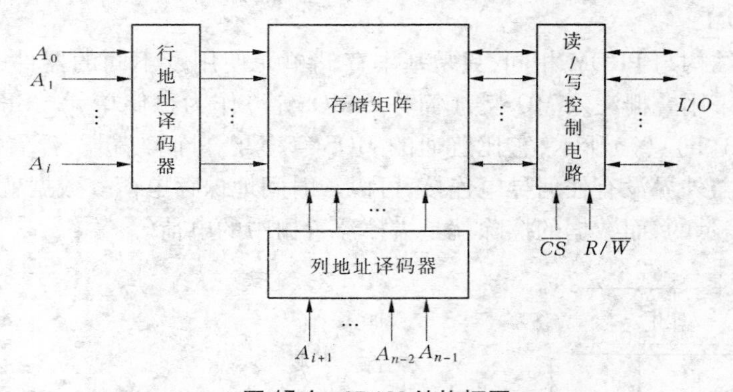

图 17-4 SRAM 结构框图

译码器采用矩阵译码方式，分行地址译码器和列地址译码器。一个存储单元只有当行列地址同时有效时，该单元才被选中，可以进行读/写操作。若一行有几个存储单元被选中，则这几个单元可以同时进行读/写操作。

读/写控制电路用于对电路工作状态进行控制。其控制信号有读/写控制信号 $R/\overline{W}$ 和片选控制信号 $\overline{CS}$。$\overline{CS}=0$ 时，该片 RAM 可以正常读/写。若 $R/\overline{W}=1$，执行读操作，将存储单元中的数据送入 I/O 端；若 $R/\overline{W}=0$，执行写操作，将数据线中加在 I/O 端的数据写入存储单元中去。当 $\overline{CS}=1$ 时，该片 RAM 不可以进行读/写操作。

静态存储单元是在触发器的基础上附加门控电路构成的。图 17-5 所示为用 6 只

NMOS 管组成的静态存储单元。其中，$T_1 \sim T_4$ 组成基本 RS 触发器，用于记忆一位二进制数码。T_5、T_6 是门控管，作为模拟开关使用。当存储单元所在的行列被同时选中后，$X_i=1$、$Y_j=1$ ，T_5、T_6、T_7、T_8 均处于导通状态，和位线 B_j、$\overline{B}_j$ 接通。此时，若 $\overline{CS}=0$，则此存储单元就可以进行读/写操作。

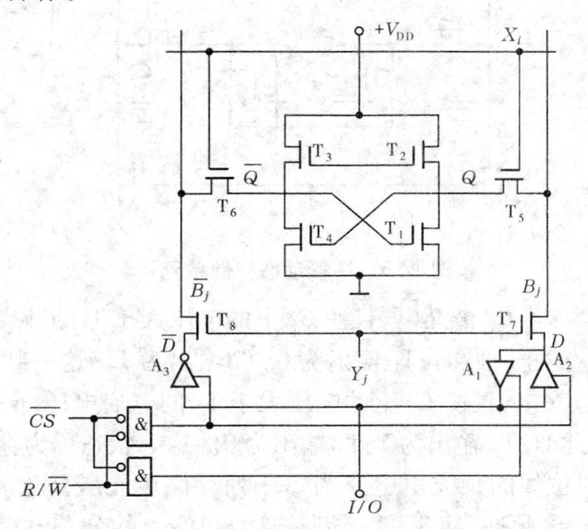

图 17-5　由 NMOS 管组成的静态存储单元

其工作原理如下：

（1）读操作（$\overline{CS}=0$，$R/\overline{W}=1$）。

$X_i=1$ 时，T_5、T_6 导通，$\overline{Q}$ 与 Q 分别与位线 B_j 和 $\overline{B}_j$ 接通；同时 $Y_j=1$，T_7、T_8 导通，存储单元的状态由位线经 T_7、T_8 传送到 $\overline{D}$ 和 D 端，经 I/O 端输出。

（2）写操作（$\overline{CS}=0$，$R/\overline{W}=0$）。

$X_i=1$ 且 $Y_j=1$ 时，I/O 端数据传送至 $\overline{D}$ 和 D，它们通过 T_7、T_8、T_5、T_6 传送到 T_1、T_4 的栅极，强迫基本触发器状态发生相应的变化，将信息写入存储单元。

（3）禁止读写操作。

当 $X_i=0$ 时，T_5、T_6 截止，触发器的输出与位线断开，触发器保持原状态不变；列选信号 $Y_j=0$ 时，T_7、T_8 截止，不能进行读写操作。

2. 动态随机存储器（DRAM）

动态随机存储器的存储单元是利用 MOS 管的栅极电容可以存储电荷的原理制成的。但由于栅极电容的容量很小（通常仅为几皮法），而且又不能保证漏电绝对为零，所以电荷保存的时间有限。为了避免因漏电而导致存储的信息丢失，必须定时给栅极电容补充电荷。通常把这种补充电荷的操作称为刷新或再生，因此 DRAM 工作时必须辅之以刷新控制电路。

图 17-6 是四管动态存储单元结构。T_1、T_2 是 N 沟道增强型 MOS 管，它们的栅极和漏极交叉相连，数据以电荷形式存储在 T_1、T_2 的栅极电容 C_1、C_2 上，而 C_1、C_2 上的电压又反过来控制着 T_1、T_2 的导通或截止，从而产生位线 B 和 $\overline{B}$ 上的高低电平。

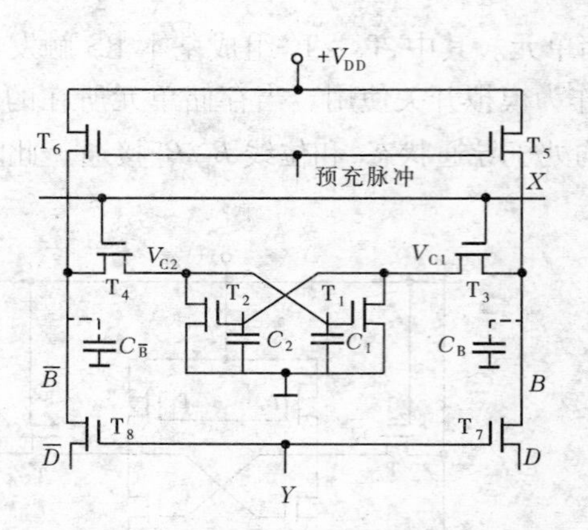

图 17-6　四管动态存储单元

电路的工作原理为：若 C_1 被充电，且使 C_1 上的电压大于 T_1 的开启电压，同时 C_2 没有被充电，则 T_1 导通、T_2 截止。此时，T_1 输出为 0，T_2 输出为 1。这一状态称为存储单元的 0 状态。反之，若 C_2 被充电，且使 C_2 上的电压大于 T_2 的开启电压，同时 C_1 没有被充电，则 T_1 截止、T_2 导通。此时，T_1 输出为 1，T_2 输出为 0。这一状态称为存储单元的 1 状态。

T_5、T_6 所组成的对位线的预充电电路为每一列存储单元所公用。读操作开始时，先给 T_5、T_6 的栅极加预充电脉冲，使 T_5、T_6 导通，这时位线上的分布电容器 C_B 和 $C_{\overline{B}}$ 被充至高电平。预充电控制脉冲消失后，位线上的高电平在短时间内由 C_B 和 $C_{\overline{B}}$ 维持。当 X 、Y 同为高电平后，T_3、T_4、T_7、T_8 均导通，存储单元被选中，存储的数据被读出。假设存储单元为 0 状态，即 T_1 导通、T_2 截止，此时，C_B 将通过 T_3、T_1 放电，位线 B 变成低电平。而此时，T_2 因为截止，位线 $\overline{B}$ 上的 $C_{\overline{B}}$ 一直维持高电平，从而使 $\overline{B}$ 线也保持了高电平。这正好符合存储单元所存数据的特征。这也相当于把存储单元的状态读到 B 和 $\overline{B}$ 上，再经 T_7、T_8 便可把 B 上的 0 和 $\overline{B}$ 上的 1 送到 D 和 $\overline{D}$ 上。

由于预充电作用，在 T_3、T_4 导通前，C_B 和 $C_{\overline{B}}$ 的电压被充至接近 V_{DD}。读操作开始后，由于 $C_{\overline{B}}$ 的电压比 C_1 上的电压还要高，故 C_1 上的电荷不仅没有损失反而被补充，相当于进行了一次刷新。由于 T_2 的截止，$C_{\overline{B}}$ 可以对 C_1 刷新，而由于 T_1 的导通，C_B 将直接经 T_1 放电，同时 C_2 上的电压也维持 0 不变。若没有 T_3、T_4 导通前（即读操作前）的预充电作用，那么 T_3 导通后，B 线上由于 C_2 无电荷而读得正确的电平后仍得以维持原数据，但 T_4 的导通，则使 $\overline{B}$ 上的高电平要靠 C_1 上的电荷向 $C_{\overline{B}}$ 充电来建立，才能读得正确的高电平"1"数据。$\overline{B}$ 上这种数据的读取方法势必造成 C_1 上电荷的损失，更重要的是位线上的器件较多，且分布电容 $C_{\overline{B}}$ 比 C_1 大很多，这样就有可能在读取数据的同时将 C_1 上的高电平破坏，从而造成存储的数据丢失。由此可见，对位线的预充电有着十分重要的作用。

在进行写入操作时，X 、Y 同时为高电平后，存储单元被选中，加在 D 和 $\overline{D}$ 上的输入数据通过 T_7、T_8 传到位线 B 和 $\overline{B}$ 上，再经 T_3、T_4 将数据写入 C_1、C_2 中。若 $D=0$，$\overline{D}=1$，则 C_1 被充电而 C_2 没有被充电，这样便使 T_1 导通、T_2 截止，从而得到 $V_{C1}=0$、$V_{C2}=1$，这即是表示存储单元中存储了数据"0"。反之，若 $D=1$，$\overline{D}=0$，则 C_2 被充电、C_1 没有被充电，T_1 截止、T_2 导通，$V_{C1}=1$、$V_{C2}=0$，这即是表示存储单元中存储了数据"1"。

17.2　可编程逻辑器件

可编程逻辑器件——PLD(Programmable Logic Device)是20世纪70年代发展起来的新型通用型逻辑器件,是一种由用户自定义的逻辑器件,即用户通过对器件的编程而自行设定其逻辑功能。在高度集成的PLD上,设计人员通过编程可以把一数字系统“集成”在PLD上,而不必请芯片制造厂商设计和制作专用集成电路芯片。

自20世纪80年代以来,PLD得到非常迅速的发展。目前,生产和使用的主要产品有:可编程阵列逻辑PAL、通用阵列逻辑GAL、可擦除可编程逻辑器件EPLD、现场可编程门阵列FPGA、复杂可编程逻辑器件CPLD等。

本节简单介绍PLD的分类、电路结构、设计过程,具体编程方法不作介绍,感兴趣的读者可查阅有关资料。

17.2.1　PLD的分类

目前,PLD的分类方式很多,下面介绍几种比较常用的分类方法。

1. 按集成密度分类

集成密度是集成电路一项重要的指标。PLD从集成密度上可分为低密度可编程逻辑器件LDPLD和高密度可编程逻辑器件HDPLD两类。可编程逻辑器件按集成密度的具体分类如下:

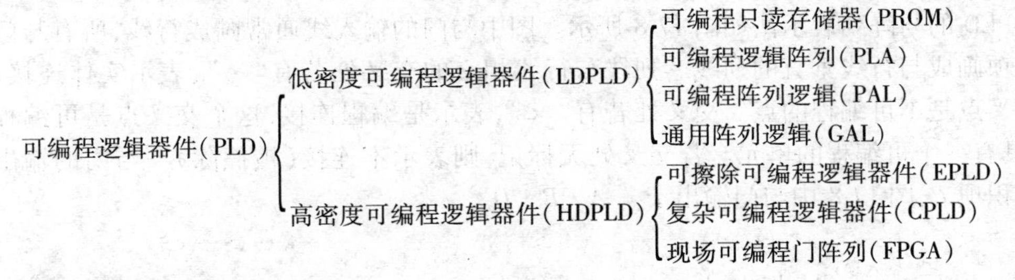

2. 按编程方式分类

PLD的编程方式分为两类:一次性编程OTP器件和多次编程MTP器件。

根据各种PLD的可编程元件的结构及编程方式,PLD通常又可以分为如下四类:

(1)采用一次性编程的熔丝或反熔丝元件的PLD,如PROM、PAL和EPLD等。

(2)采用紫外线擦除、电可编程元件的PLD,即采用EPROM、UVCMOS工艺结构的可多次编程器件。

(3)采用电擦除、电可编程元件的PLD,其中一种是采用EEPROM工艺结构的PLD,另一种是采用快闪存储器单元(Flash Memory)结构的可多次编程器件。

(4)基于查找表LUT(Look-Up Table)技术、SRAM工艺的FPGA。

基于EPROM、EEPROM和快闪存储器单元的PLD的优点是系统断电后,编程信息不丢失。其中,基于EEPROM和快闪存储器单元的PLD,可以编程100次以上。系统编程器件(ISP)就是利用EEPROM或快闪存储器来存储编程信息的。此外,基于只读存储器的 PLD 还设有保密位,可以防止非法复制。

3. 按结构特点分类

PLD 从结构上可分为阵列型 PLD 和现场可编程门阵列型 FPGA 两大类。

阵列型 PLD 的基本结构由“与阵列”和“或阵列”组成。简单 PLD(PROM、PLA、PAL、GAL)属于阵列型 PLD,EPLD 和 CPLD 也属于阵列型 PLD。

现场可编程门阵列型 FPGA,也称为单元型 PLD,它具有门阵列的结构形式,由许多可编程单元(或称逻辑功能块)排成阵列组成。

17.2.2 PLD 的电路表示法

由于 PLD 内部电路的连接规模很大,不能用常规的方法表示。为了便于阅读,常用简化符号表示。

1. 变量输入和互补输出的 PLD 缓冲器的表示方法

PLD 的输入、输出缓冲器都采用了互补输出结构,其表示法如图 17-7 所示。

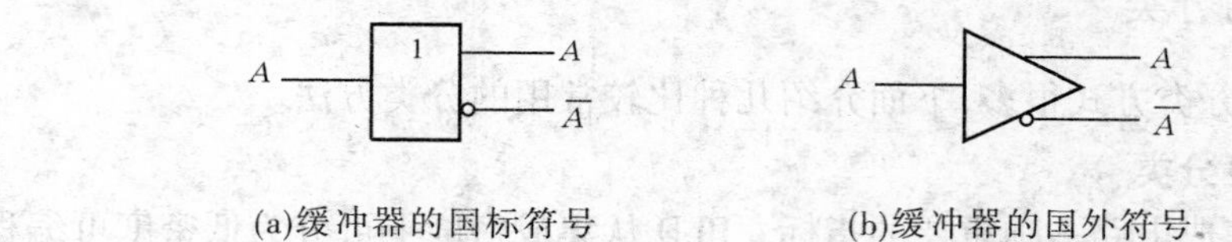

图 17-7 PLD 缓冲器的表示方法

2. PLD 多端与阵列的表示方法

PLD 的与阵列表示法如图 17-8 所示。图中与门的输入线通常画成行线,所有与门的输入项画成与行线垂直的列线。列线与行线相交的交叉处若有“·”,表示实体连接,这个交叉点是不可编程的点。交叉处若有“×”,表示是编程连接,这个交叉点是可编程的点,具有一个可编程的单元。若交叉处无标记,则表示不连接(被擦除)。与门的输出称为乘积项 P,图 17-8 中与门输出 $P = A \cdot B \cdot D$。

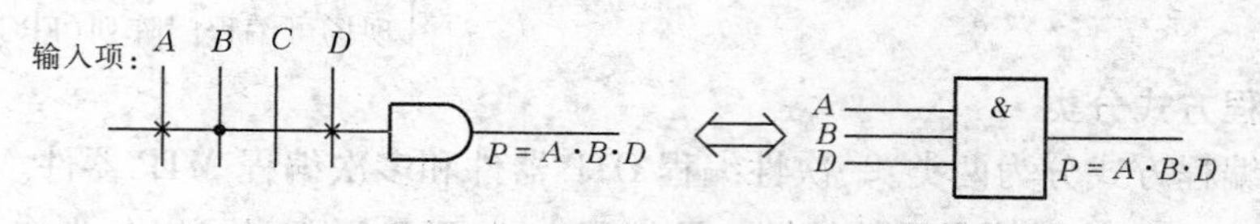

图 17-8 PLD 缓冲器的多端与阵列

3. PLD 多端或阵列的表示方法

或阵列可以用类似与阵列的方法表示,如图 17-9 所示。

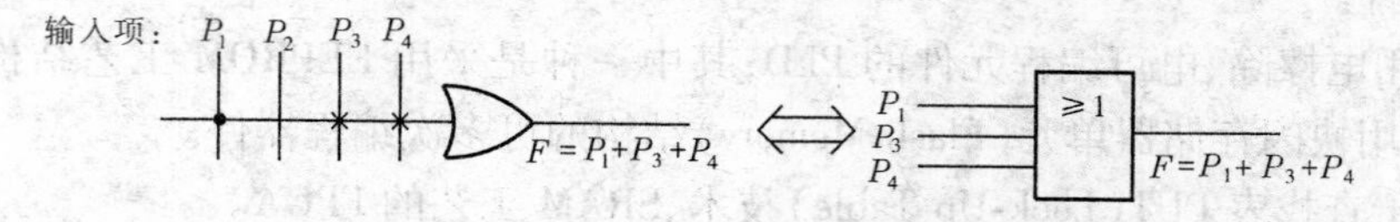

图 17-9 PLD 的多端或阵列

4. 二变量 PLD 电路

图 17-10 为最简单的二变量 PLD 电路,输入变量经互补缓冲器得到 A_0、$\overline{A_0}$、A_1、$\overline{A_1}$,经

与阵列编程后输出 $A_0\overline{A_1}$、$\overline{A_0}A_1$ 两个乘积项，经或阵列得

$$Y = A_0\overline{A_1} + \overline{A_0}A_1$$

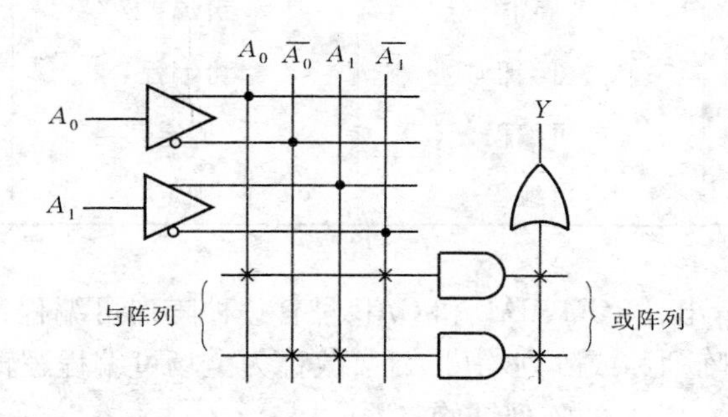

图 17-10　二变量 PLD 电路

17.2.3　PLD 的基本结构

了解和掌握 PLD 的结构特点，对于 PLD 的设计和开发应用都非常重要。在这里，分别介绍阵列型 PLD 和现场可编程门阵列型 FPGA 两大类的基本结构。

1. 阵列型 PLD

1) 简单 PLD 的基本结构

由图 17-10 可知，简单 PLD 由输入电路、与阵列电路、或阵列电路、输出电路构成，其基本结构框图如图 17-11 所示。与阵列和或阵列主要用来实现组合逻辑函数，它是简单 PLD 电路的主体，输入电路使输入信号具有足够的驱动能力，并产生互补输入信号，它由缓冲器组成。输出电路可以提供不同的输出方式，如直接输出的组合方式或通过寄存器输出的时序方式，输出端口上往往带有三态门，通过三态门来控制数据直接输出或反馈到输入端。

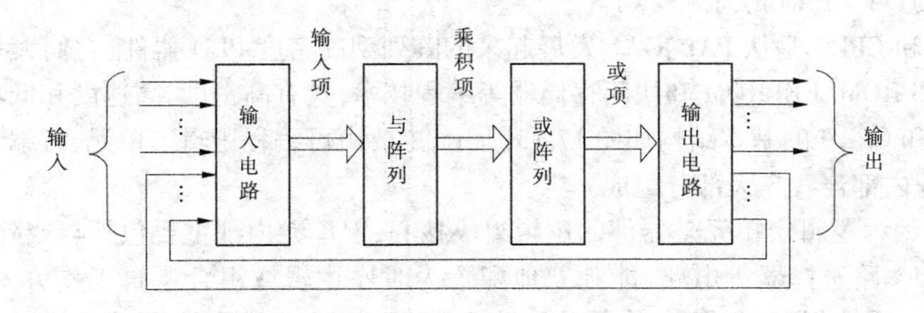

图 17-11　简单 PLD 的基本结构框图

简单 PLD 包括 PROM、PLA、PAL 和 GAL。通常 PLD 电路中只有部分电路可以编程或组态，PROM、PLA、PAL 和 GAL 4 种 PLD 电路主要是编程和输出结构不同，因而电路结构也不相同，表 17-2 列出了 4 种 PLD 电路的内部可编程情况。

表 17-2　4 种 PLD 电路的内部可编程情况

类型	与阵列	或阵列	输出电路
PROM	固定	可编程	固定
PLA	可编程	可编程	固定
PAL	可编程	固定	固定
GAL	可编程	固定	可组态(用户定义)

由表 17-2 可以看出,PROM、PAL 和 GAL 只有一种阵列可编程,故称为半场可编程逻辑器件,而 PLA 的与阵列和或阵列均可编程,故称为全场可编程逻辑器件。图 17-12 画出了 PROM、PLA 和 PAL、GAL 的阵列结构。

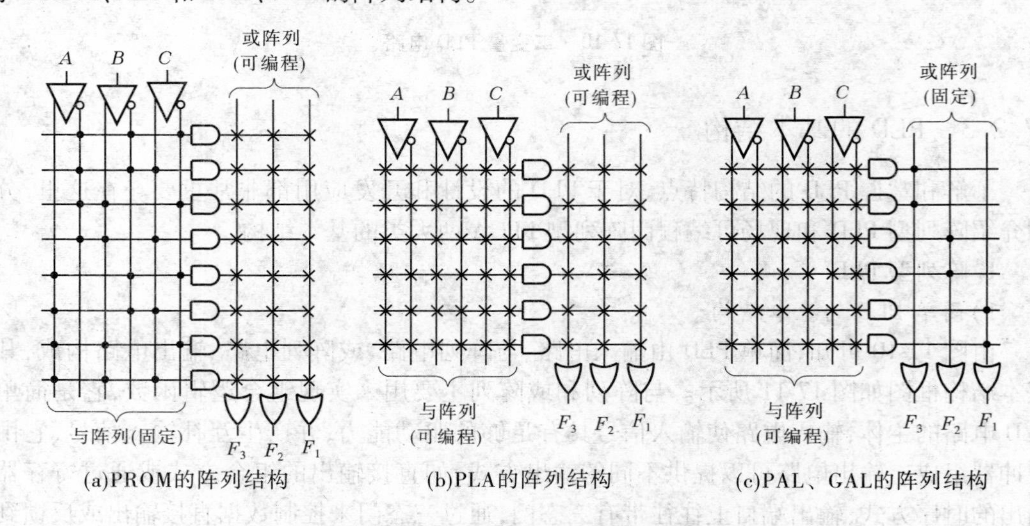

图 17-12　简单 PLD 的阵列结构

2)EPLD 和 CPLD 的基本结构

EPLD 和 CPLD 是从 PAL、GAL 发展起来的阵列型高密度 PLD 器件,它们大多数采用了 CMOS EPROM、EEPROM 和快闪存储器等编程技术,具有高密度、高速度和低功耗等特点。EPLD 和 CPLD 的基本结构如图 17-13 所示,主要由可编程逻辑宏单元、可编程 I/O 单元和可编程内部连线 3 大部分组成。

(1)可编程逻辑宏单元是器件的逻辑组成核心,宏单元内部主要包括与或阵列、可编程触发器和多路选择器等电路,能独立地配置为时序逻辑或组合逻辑工作方式。EPLD 器件与 GAL 器件相似,但其宏单元及与阵列数目比 GAL 大得多,且和 I/O 做在一起。CPLD 器件的宏单元在芯片内部,称为内部逻辑宏单元。

(2)可编程 I/O 单元即输入/输出单元,也称 IOC 单元,它是芯片内部信号到 I/O 引脚的接口部分。由于阵列型 HDPLD 通常只有少数几个专用输入端,大部分端口均为 I/O 端,而且系统的输入信号常常需要锁存,因此 I/O 常作为一个独立单元来处理。

(3)可编程内部连线。EPLD 和 CPLD 器件提供丰富的内部可编程连线资源。可编

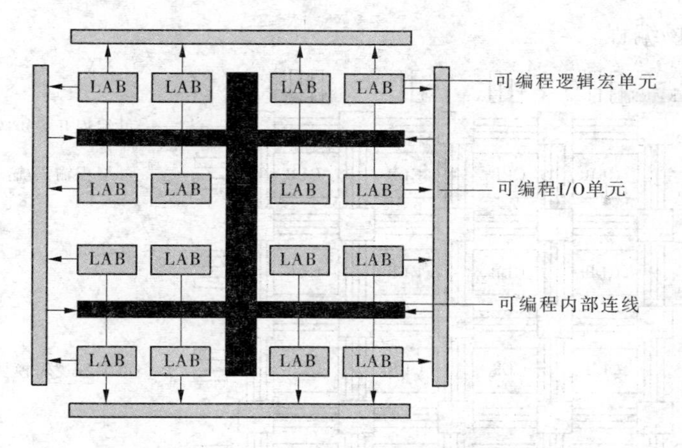

图 17-13　EPLD 和 CPLD 的基本结构

程内部连线的作用是给各逻辑宏单元之间及逻辑宏单元与 I/O 单元之间提供互联网络。各逻辑宏单元通过可编程内部连线接收来自专用输入端或通用输入端的信号,并将宏单元的信号反馈到其需要到达的目的地。这种互联机制有很大的灵活性,它允许在不影响引脚分配的情况下改变内部的设计。

2. 现场可编程门阵列型 FPGA

1)基本结构

FPGA 是 20 世纪 80 年代中期出现的高密度 PLD。它是 PLD 器件向着更高速度、更高密度、更强功能、更加灵活方向发展的产物。Xilinx(赛灵思)公司率先提出了 FPGA 的概念。FPGA 技术随着亚微米 CMOS 集成电路制造技术的成熟和发展,器件集成度不断增大,器件价格不断下降。使用 FPGA 器件,用户可现场设计、现场修改、现场验证、现场实现一个数万门级的单片化数字系统。

FPGA 具有掩膜可编程门阵列(MPGA)的通用结构,它由许多独立的可编程逻辑模块排成阵列,用户可以通过编程将这些模块连接起来实现不同的设计。FPGA 兼容了 MPGA 和阵列型 PLD 两者的优点,具有更高的集成度、更强的逻辑实现能力和更好的设计灵活性。

下面以 Xilinx 公司的 FPGA 为例,分析其结构特点。FPGA 的基本结构如图 17-14 所示。FPGA 一般由 3 种可编程电路和一个用于存放编程数据的静态存储器 SRAM 组成。这 3 种可编程电路是:可编程逻辑模块 CLB(Configurable Logic Block)、可编程输入/输出模块 IOB(I/O Block)和可编程互联资源 IR(Interconnect Resource)。可编程逻辑模块 CLB 是实现逻辑功能的基本单元,它们通常规则地排列成一个阵列,散布于整个芯片中;可编程输入/输出模块 IOB 主要完成芯片上的逻辑与外部封装引脚的接口,通常排列在芯片的四周;可编程互联资源 IR 包括各种长度的连线线段和一些可编程连接开关,它们将各个 CLB 之间或 CLB、IOB 之间及 IOB 之间连接起来,构成特定功能的电路。FPGA 的功能由逻辑结构的配置数据决定,工作时,这些配置数据存放在片内的 SRAM 或熔丝组上。基于 SRAM 的 FPGA 器件,在工作前需要从芯片外部加载配置数据,配置数据可以存储在片外的 EPROM 或其他存储体上。用户可以控制加载过程,在现场修改器件的逻辑功能，即所谓现场编程。

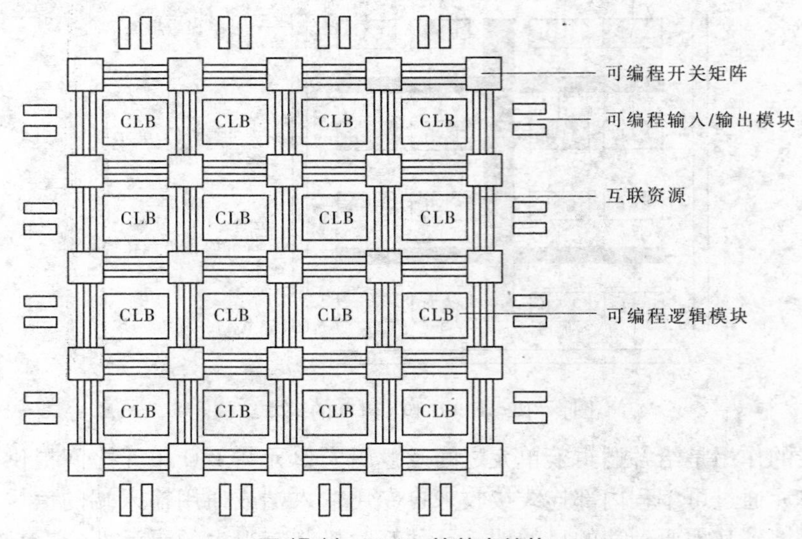

图 17-14　FPGA 的基本结构

(1)可编程逻辑模块(CLB)。CLB 是 FPGA 的主要组成部分，它主要由逻辑函数发生器、触发器、数据选择器和变换电路等组成。

(2)可编程输入/输出模块(IOB)。IOB 提供了器件引脚和内部逻辑阵列之间的连接。它主要由输入触发器、输入缓冲器和输出触发/锁存器、输出缓冲器组成。每个 IOB 控制一个引脚，它们可被配置为输入、输出或双向 I/O 功能。

(3)可编程互联资源(IR)。可编程互联资源可以将 FPGA 内部的 CLB 和 CLB 之间、CLB 和 IOB 之间连接起来，构成各种具有复杂功能的系统。IR 主要由许多金属线段构成，这些金属线段带有可编程开关，通过自动布线实现各种电路的连接。

2)基于查找表(LUT)的结构

基于查找表(Look-Up Table，LUT)结构的 PLD 芯片也可以称为 FPGA，如 Altera 公司的 ACEX、APEX 系列，Xilinx 公司的 Spartan、Virtex 系列等。

(1)LUT 原理。

LUT 本质上就是一个 RAM。FPGA 中大多数使用 4 输入的 LUT，每一个 LUT 都可以看成一个有 4 位地址线的 16×1 位的 RAM。当用户通过原理图或硬件描述语言 HDL 描述了一个逻辑电路以后，FPGA 开发软件会自动计算逻辑电路的所有可能结果，并把结果事先写入 RAM。也就是说，每输入一个信号进行逻辑运算就相当于输入一个地址进行查表，找出地址对应的内容，然后输出相应的结果。

图 17-15 所示为 LUT 的实现方式。例如用其实现 4 输入端或门，当用户通过原理图或 HDL 语言描述了一个 4 输入端或门以后，FPGA 开发软件会自动计算 4 输入端或门的所有可能结果，并把结果事先写入 RAM。即当只有 $abcd = 0000$ 时，写入 RAM 中的值是“0”，当 $abcd$ 为 0001～1111 这 15 种组合时，写入 RAM 中的值都是“1”。这样 4 输入端或门每输入一组信号就等于输入一个地址进行查表，找出地址对应的内容，然后输出。

(2)基于 LUT 的 FPGA 的结构。

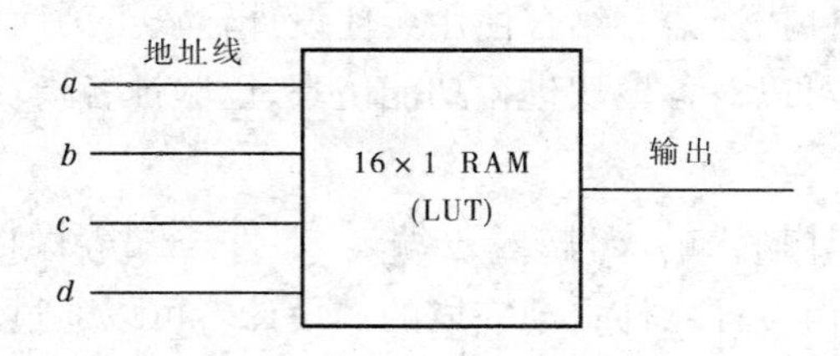

图 17-15　LUT 的实现方式

如图 17-16 所示是 Altera 公司的 FLEX/ACEX 等芯片的结构。FLEX/ACEX 的结构主要包括逻辑阵列(LAB)模块、I/O 模块、RAM 模块(未表示出)和可编程连线资源。在 FLEX/ACEX 中,一个 LAB 模块包括 8 个逻辑单元(LE),每个 LE 包括一个 LUT、一个触发器和相关的逻辑。LE 是 FPGA 内部最小的逻辑组成部分,它是 FLEX/ACEX 芯片实现逻辑运算的最基本结构。在 FPGA 中,可编程连线资源起着非常关键的作用。

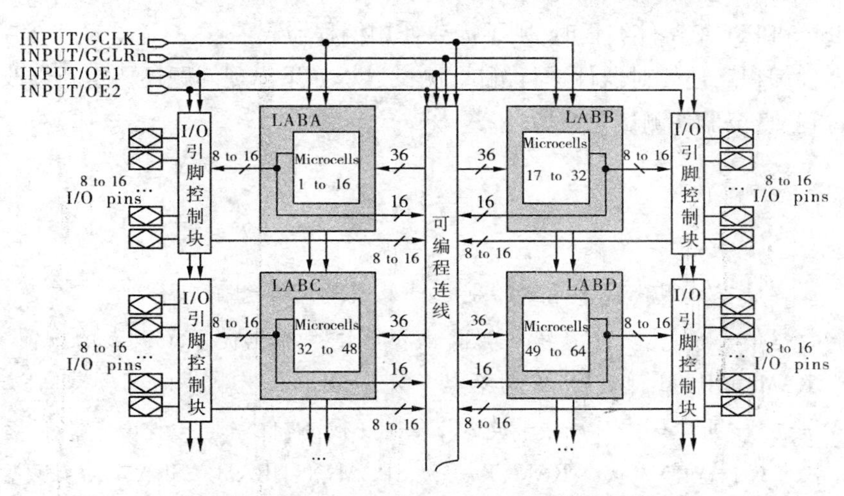

图 17-16　Altera 公司的 FLEX/ACEX 等芯片的结构

17.2.4　PLD 设计过程简介

现代的 PLD 设计主要依靠功能强大的电子计算机和 EDA(电子设计自动化)工具软件来实现。EDA 工具可以通过概念(电路图、公式、真值表、程序等)的输入,由计算机自动生成各种设计结果。在这里只简单介绍 PLD 的设计过程。具体的实际开发过程可查阅有关资料。

PLD 器件的设计一般要经过设计输入、设计实现和器件编程三个步骤。在这三个步骤中穿插功能仿真、延时仿真及测试三个设计验证过程。

1. 设计输入

设计输入是设计者对器件进行功能描述的过程。描述方法最常用的有两种:电路图和硬件描述语言。用电路图描述器件功能时,设计软件需提供必需的元件库或逻辑宏单元。硬件描述语言 HDL 在 EDA 技术中得到广泛应用,VHDL 和 Verilog 作为行为描述语言,具有很强的逻辑描述和仿真功能,是硬件设计语言的主流。硬件描述语言更适合描述逻辑功能。电路图和硬件描述语言结合使用会使设计输入更为简捷方便。

在设计输入过程中可以对各模块进行功能仿真,以验证各模块逻辑的正确性。

2. 设计实现

设计实现是根据设计输入的文件,经过编译、器件适配等操作得到熔丝图文件的过程。通常设计实现都是由设计软件自动完成的。设计者可以通过设置一些控制参数来控制设计实现过程。设计实现一般要经过优化(逻辑化简)、合并(多模块文件合并)、映射(与器件适配)、布局、布线等过程直至生成熔丝图文件,即 JEDEC 文件(简称 JED 文件)。在设计实现过程中可以进行对器件的延时仿真,以估算系统的延时是否满足设计要求。

3. 器件编程

器件编程即是将 JED 文件下载到器件的过程。由于器件编程需要满足一定的条件,如编程电压、编程时序及编程算法等,因此对不具备编程能力的器件要使用专门的编程器。而对 ISP 和 FPGA 器件编程时,则不需要使用编程器。

在对器件编程后还要对器件进行测试,测试过程如果出现问题还要重新修改设计,并重复上述过程,直至器件测试完全通过。

本章小结

1. 半导体存储器是现代数字系统特别是计算机的重要组成部分,它们在数字系统中扮演着存储数据的角色,为数字系统的智能化和操作灵活化提供了极大的方便。半导体存储器分为 RAM 和 ROM 两大类,它们绝大多数是 MOS 工艺制作的大规模集成电路。

2. RAM 是一种可读写的时序逻辑电路,集成度很高,但它是一种易失性存储器件,断电后 RAM 中的数据全部消失。RAM 又分为 SRAM 和 DRAM。SRAM 由触发器记忆数据,在不断电的情况下,SRAM 中的数据可以长期保存;而 DRAM 则是依靠 MOS 管栅极电容存储数据,即使在不断电的情况下也必须定期刷新,以保持其中的数据不变。

3. ROM 是一种只能读出数据的非易失性半导体存储器,一般用来存储一些固定使用的数据。ROM 分为固定 ROM 和可编程 ROM(PROM)、EPROM、EEPROM 和快闪存储器几种。特别是 EEPROM 和快闪存储器,由于它们的电擦除功能使其兼有了 RAM 的特性而得到广泛的应用。

4. PLD 作为一种新型的半导体数字集成电路,其最大特点是可通过编程的方法设置其逻辑功能。它们的出现和使用正改变着大规模集成电路的设计与制造方法。其灵活的编程设计器件逻辑功能的特性,让设计人员在实验室就能得到专用集成电路,从而使 PLD 在各专业领域都有着广泛的应用。

目前已开发出的 PLD 产品有 PLA、PAL、GAL、EPLD、CPLD 及 FPGA 等几种类型。各种 PLD 器件的编程都需要开发系统的支持,在专用编程语言和编程软件的帮助下,设计人员通过编程可将各 PLD 器件设计制作成为所需要的逻辑器件。

思考题与习题

17-1 什么是 RAM？什么是 ROM？它们各有什么特点？

17-2 什么叫静态存储器？什么叫动态存储器？它们在工作原理、电路结构和读/写操作上有何特点？

17-3 若 ROM 的存储容量为 1 K×8 位，它的地址线和数据线各有多少条？

17-4 PLD 的分类方法有几种？具体是怎样分类的？

17-5 PAL、GAL、EPLD、CPLD 和 FPGA 有何异同？

17-6 PLA 和 PAL 在结构方面有何区别？

17-7 PLD 常用的存储元件有几种？各有哪些特点？

17-8 PLD 开发的基本过程是怎样的？

17-9 如图 17-17 所示电路，为用 PROM 实现的组合电路。

(1)分析电路的功能，写出 $Y_1 Y_2$ 的表达式；

(2)说明电路的特点和该电路矩阵容量的大小。

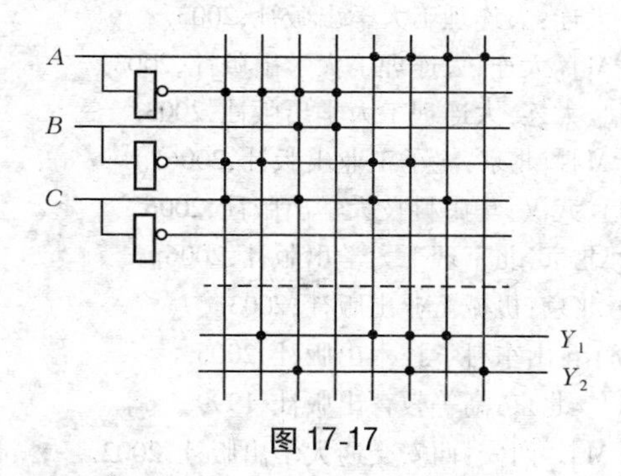

图 17-17

17-10 已知函数 $Y_1 \sim Y_4$ 如下：

$$Y_1 = \overline{A}\,\overline{B} + \overline{B}\,\overline{D} + A\,\overline{C}\,D + BCD$$

$$Y_2 = \overline{A}\,\overline{D} + BC\,\overline{D} + A\,\overline{B}\,\overline{C}D$$

$$Y_3 = \overline{A}\,B\,\overline{C} + \overline{A}CD + A\,\overline{C}\,D + ABC$$

$$Y_4 = A\,\overline{C} + \overline{A}C + \overline{B} + \overline{D}$$

试用 PROM 实现上述函数，并画出相应的存储矩阵点阵结构。

参 考 文 献

[1] 付植桐. 电子技术[M]. 北京:高等教育出版社,2000.
[2] 任中民. 数字电子技术[M]. 北京:清华大学出版社,2005.
[3] 蔡惟铮. 基础电子技术[M]. 北京:高等教育出版社,2004.
[4] 吴广祥. 电工电子技术[M]. 郑州:黄河水利出版社,2007.
[5] 胡宴如. 模拟电子技术[M]. 北京:高等教育出版社,2000.
[6] 李建民. 模拟电子技术[M]. 北京:清华大学出版社,2006.
[7] 李加生. 电子技术[M]. 北京:冶金工业出版社,2008.
[8] 徐正惠. 实用模拟电子技术教程[M]. 北京:科学出版社,2007.
[9] 殷瑞祥. 模拟电子技术[M]. 广州:华南理工大学出版社,2003.
[10] 张树江. 模拟电子技术[M]. 大连:大连理工大学出版社,2005.
[11] 金玉善. 模拟电子技术基础[M]. 北京:中国铁道出版社,2009.
[12] 杨志忠. 数字电子技术[M]. 北京:高等教育出版社,2000.
[13] 胡锦. 数字电路与逻辑设计[M]. 北京:高等教育出版社,2002.
[14] 李春林. 电子技术[M]. 大连:大连理工大学出版社,2003.
[15] 王贺明. 模拟电子技术[M]. 大连:大连理工大学出版社,2003.
[16] 郝波. 数字电子技术[M]. 大连:大连理工大学出版社,2003.
[17] 徐旻. 电子基础与技能[M]. 北京:电子工业出版社,2006.
[18] 黄洁. 电子技术基础[M]. 武汉:华中科技大学出版社,2006.
[19] 刘阿玲. 电子技术[M]. 北京:北京理工大学出版社,2006.
[20] 周连贵. 电子技术[M]. 北京:机械工业出版社,2003.
[21] 周斌. 电子技术[M]. 济南:山东科学技术出版社,2005.
[22] 叶挺秀. 电工电子学[M]. 北京:高等教育出版社,1999.
[23] 李守成. 电工电子技术[M]. 西安:西安交通大学出版社,2002.
[24] 李忠波. 电子技术[M]. 北京:机械工业出版社,1998.
[25] 李新平. 应用电子技术[M]. 北京:电子工业出版社,2001.
[26] 郭汀. 新编电气图形符号标准手册[M]. 北京:中国标准出版社,2005.
[27] 刘征宇. 最新 74 系列 IC 特性代换手册[M]. 福州:福建科学技术出版社,2002.